Arbeitsbuch zur linearen Algebra

Laurenz Göllmann · Christian Henig

Arbeitsbuch zur linearen Algebra

Aufgaben, Lösungen und Vertiefungen

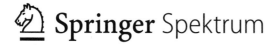

Springer Spektrum

Laurenz Göllmann
Fachbereich Maschinenbau
Fachhochschule Münster
Steinfurt, Deutschland

Christian Henig
Management, Kultur und Technik
Hochschule Osnabrück
Lingen, Deutschland

ISBN 978-3-662-58765-2   ISBN 978-3-662-58766-9   (eBook)
https://doi.org/10.1007/978-3-662-58766-9

Die Deutsche Nationalbibliothek verzeichnet diese Publikation in der Deutschen Nationalbibliografie; detaillierte bibliografische Daten sind im Internet über http://dnb.d-nb.de abrufbar.

Springer Spektrum

Planung/Lektorat: Iris Ruhmann

Springer Spektrum ist ein Imprint der eingetragenen Gesellschaft Springer-Verlag GmbH, DE und ist ein Teil von Springer Nature
Die Anschrift der Gesellschaft ist: Heidelberger Platz 3, 14197 Berlin, Germany

Vorwort

Wer sich mit den Inhalten der linearen Algebra auseinandersetzt, verspürt vielleicht den Wunsch, das erworbene Wissen auszuprobieren, zu vertiefen und in der Praxis anzuwenden.

Das vorliegende Buch ergänzt das Lehrbuch *Lineare Algebra* [5], indem es die dort genannten Aufgaben aufgreift und deren vollständige Lösung ausführlich darstellt. Dabei entspricht die thematische Gliederung der des Lehrbuchs. Dennoch kann dieses Übungsbuch auch losgelöst vom Lehrbuch verwendet werden. Darüber hinaus werden die Übungen durch weitere, thematisch verwandte Aufgaben ergänzt, die die Inhalte des Lehrbuchs weiter vertiefen, aber auch in neue Themen einführen. So werden Aspekte der numerischen linearen Algebra behandelt wie beispielsweise Matrixnormen, Singulärwertzerlegung und lineare Ausgleichsprobleme. Zudem haben wir Wert darauf gelegt, dass sich die Aufgaben nicht allein den theoretischen Hintergründen widmen, sondern auch den Praxiseinsatz der linearen Algebra verdeutlichen.

Trotz der heute verfügbaren, leistungsfähigen mathematischen Software halten wir die Beschäftigung mit einfachsten Hilfsmitteln („Papier und Bleistift") für elementar wichtig, um ein tiefgreifendes Verständnis der Zusammenhänge zu erlangen. Dennoch ist uns bewusst, dass ein zeitgemäßer Umgang mit der linearen Algebra auch den Einsatz rechnergestützter Verfahren einschließt. Aus diesem Grund sind in diesem Buch zahlreiche Beispiele aufgeführt, die den Einsatz von MATLAB® illustrieren.

Einige Aufgaben stellen Varianten einer bestehenden Aufgabe dar oder stehen in direktem Kontext zu einer vorausgegangenen Aufgabe. Um die Nummerierung des Lehrbuchs nicht zu verändern, sind derartige Aufgaben mit einer dreigliedrigen Nummer versehen, die den Bezug zur vorausgegangenen Aufgabe verdeutlicht.

Wir wünschen den Leserinnen und Lesern eine anregende Lektüre und hoffen, dass das Interesse an diesem faszinierenden Teilgebiet der Mathematik weiter gesteigert werde.

Wir danken an dieser Stelle Frau Agnes Herrmann und Frau Iris Ruhmann vom Springer-Verlag für die gute Zusammenarbeit.

Steinfurt und Lingen, im Februar 2019   *Laurenz Göllmann, Christian Henig*

Inhaltsverzeichnis

Symbolverzeichnis

Innerhalb dieses Buches werden die folgenden Symbole und Bezeichnungen verwendet. Zu beachten ist, dass die spitzen Klammern $\langle\,\rangle$ sowohl für lineare Erzeugnisse als auch für Skalarprodukte Verwendung finden. Aus dem Kontext erschließt sich aber stets die jeweilige Bedeutung.

$\langle B \rangle$	lineares Erzeugnis der Vektormenge B
$\langle \mathbf{v}, \mathbf{w} \rangle$	Skalarprodukt der Vektoren $\mathbf{v}$ und $\mathbf{w}$
$0_{m \times n}$	$m \times n$-Matrix aus lauter Nullen (Nullmatrix)
A^{-1}	Inverse der regulären Matrix A
A^T	Transponierte der Matrix A
A^*	Adjungierte der Matrix A
$A \sim B$	A ist äquivalent zu B
$A \approx B$	A ist ähnlich zu B
$A \simeq B$	A ist kongruent zu B
$\tilde{A}_{ij}$	Streichungsmatrix, die aus A durch Streichen von Zeile i und Spalte j entsteht
$\mathrm{alg}_A(\lambda)$	algebraische Ordnung des Eigenwertes λ der Matrix A
Bild A bzw. Bild f	Bild der Matrix A bzw. Bild des Homomorphismus f
$\mathbf{c}_B(\mathbf{v})$	Koordinatenvektor zur Basis B des Vektors $\mathbf{v}$
$\mathbf{c}_B^{-1}(\mathbf{x})$	Basisisomorphismus zur Basis B vom Koordinatenvektor $\mathbf{x} \in \mathbb{K}^n$
$\deg p$	Grad des Polynoms p
$\det A$ bzw. $\det f$	Determinante der quadratischen Matrix A bzw. Determinante des Endomorphismus f
$\dim V$	Dimension des Vektorraums V
E_n	$n \times n$-Einheitsmatrix
$\mathrm{End}(V)$	Menge der Endomorphismen $f : V \to V$ auf dem Vektorraum V
$\mathrm{FNF}(A)$	Frobenius-Normalform von A
$\mathrm{geo}_A(\lambda)$	geometrische Ordnung des Eigenwertes λ der Matrix A
$\mathrm{GL}(n, \mathbb{K})$	allgemeine lineare Gruppe über $\mathbb{K}$
$\mathrm{Hom}(V \to W)$	Menge der Homomorphismen $f : V \to W$ vom Vektorraum V in den Vektorraum W
$\mathbb{K}$	Körper

Kern A bzw. Kern f	Kern der Matrix A bzw. Kern des Homomorphismus f
$\mathrm{M}(m \times n, R)$	Menge der $m \times n$-Matrizen über dem Ring R (in der Regel ist R ein Körper)
$\mathrm{M}(n, R)$	Menge (Matrizenring) der quadratischen Matrizen mit n Zeilen und Spalten über dem Ring R (in der Regel ist R ein Körper)
$M_C^B(f)$	Koordinatenmatrix bezüglich der Basen B von V und C von W des Homomorphismus $f : V \to W$
$M_B(f) = M_B^B(f)$	Koordinatenmatrix bezüglich der Basis B von V des Endomorphismus $f : V \to V$
$\mathrm{O}(n)$	orthogonale Gruppe vom Grad n
R^*	Einheitengruppe des Rings R
Rang A bzw. Rang f	Rang der Matrix A bzw. Rang des Homomorphismus f
$\mathrm{SL}(n, \mathbb{K})$	spezielle lineare Gruppe über $\mathbb{K}$
$\mathrm{SNF}(A)$	Smith-Normalform von A
$\mathrm{SO}(n)$	spezielle orthogonale Gruppe vom Grad n
$\mathrm{SU}(n)$	spezielle unitäre Gruppe vom Grad n
$\mathrm{U}(n)$	unitäre Gruppe vom Grad n
$V_{A,\lambda}$	Eigenraum zum Eigenwert λ der Matrix A
$V_1 \oplus V_2$	direkte Summe der Teilräume V_1 und V_2
$\mathrm{WNF}_{\mathbb{K}}(A)$	Weierstraß-Normalform von A bezüglich $\mathbb{K}$

Kapitel 1
Algebraische Strukturen

1.1 Gruppen und Ringe

Aufgabe 1.1 Es sei R ein Ring. Zeigen Sie für alle $a, b \in R$

a) $a * 0 = 0 = 0 * a$,
b) $-(-a) = a$,
c) $-(a * b) = (-a) * b = a * (-b)$,
d) $(-a) * (-b) = -(a * (-b)) = -(-(a * b)) = a * b$.

Lösung

Es sei R ein Ring und $a, b \in R$.

a) Es ist $0 = 0 + 0$. Nach Multiplikation von links mit a folgt hieraus

$$a * 0 = a * (0 + 0) = a * 0 + a * 0.$$

Addition von $-a * 0$ ergibt $0 = a * 0$. Analog ergibt sich $0 * a = 0$.

b) Es ist $-a \in R$. Somit gibt es auch für $-a$ ein additiv-inverses Element $-(-a) \in R$ mit $0 = (-a) + (-(-a))$. Addition von a von links auf beiden Seiten ergibt $a = -(-a)$.

c) Es gilt

$$a * b + (-a) * b = (a + (-a)) * b = 0 * b = 0$$

und damit $a * b + (-a) * b = 0$. Die Addition von $-(a * b)$ auf beiden Seiten ergibt dann $(-a) * b = -(a * b)$. Ähnlich kann gezeigt werden: $a * (-b) = -(a * b)$.

d) Aus der vorausgegangenen Aussage folgt auch

$$(-a) * (-b) = -(a * (-b)) = -(-(a * b)) = a * b.$$

© Springer-Verlag GmbH Deutschland, ein Teil von Springer Nature 2019
L. Göllmann und C. Henig, *Arbeitsbuch zur linearen Algebra*,
https://doi.org/10.1007/978-3-662-58766-9_1

Aufgabe 1.2 Es sei R ein Ring mit Einselement $1 \neq 0$. Zeigen Sie: Die Einheitengruppe R^* bildet zusammen mit der in R gegebenen Multiplikation eine Gruppe. Weshalb ist es gerechtfertigt, von *dem* inversen Element zu sprechen?

Lösung

Ein Element a eines Rings $(R, +, *)$ mit Einselement $1 \neq 0$ heißt Einheit, wenn es ein Element $a^{-1} \in R$ gibt, mit $a * a^{-1} = 1 = a^{-1} * a$. Die Menge der Einheiten von R wird mit R^* bezeichnet und heißt Einheitengruppe. Wir zeigen nun, dass tatsächlich die Gruppenaxiome für R^* erfüllt sind. Wegen der Assoziativität der Multiplikation in R folgt die Assoziativität in R^*. Das Einselement ist wegen $1 * 1 = 1$ eine Einheit und gehört daher zu R^*. Für jede Einheit $a \in R^*$ gibt es nach Definition der Einheit ein Element $a^{-1} \in R$ mit $a * a^{-1} = 1 = a^{-1} * a$. Wir können dies auch so lesen, dass es mit a ein Element aus R gibt, sodass $a^{-1} * a = 1 = a * a^{-1}$ gilt. Dadurch ist definitionsgemäß auch das links- und rechtsinverse Element a^{-1} eine Einheit und gehört somit ebenfalls zu R^*.

Es seien nun $a, b \in R^*$. Dann gibt es für a und b definitionsgemäß $a^{-1}, b^{-1} \in R$ mit $a * a^{-1} = 1 = a^{-1} * a$ und $b * b^{-1} = 1 = b^{-1} * b$. Es gilt

$$(a * b) * (b^{-1} * a^{-1}) = a * (b * b^{-1}) * a^{-1} = a * 1 * a^{-1} = a * a^{-1} = 1$$

sowie

$$(b^{-1} * a^{-1}) * (a * b) = b^{-1} * (a^{-1} * a) * b = b^{-1} * 1 * b = b^{-1} * b = 1.$$

Das Produkt $a * b$ ist daher eine Einheit und gehört somit auch zu R^*. Die Menge der Einheiten ist daher multiplikativ abgeschlossen. Das Element $b^{-1} * a^{-1}$ ist links- und rechtsinvers zu $a * b$. Wir haben bereits gesehen, dass $b^{-1} * a^{-1}$ als links- und rechtsinverses Element einer Einheit selbst eine Einheit ist, sodass $b^{-1} * a^{-1}$ ebenfalls in R^* liegt.

Die Einheiten R^* bilden also bezüglich der Ringmultiplikation eine Gruppe. Bei Gruppen sind inverse Elemente darüber hinaus eindeutig bestimmt, sodass die Schreib- bzw. Sprechweise „a^{-1}" für *das* inverse Element von a gerechtfertigt ist.

Aufgabe 1.3 Zeigen Sie, dass die Einheitengruppe eines Rings mit Einselement $1 \neq 0$ eine Teilmenge seiner Nichtnullteiler ist.

Lösung

Es sei R ein Ring mit Einselement $1 \neq 0$ und $a \in R^*$ eine Einheit von R. Es gibt dann $a^{-1} \in R$ mit $a^{-1} * a = 1 = a * a^{-1}$. Angenommen, es gäbe ein $b \in R$, $b \neq 0$ mit $0 = a * b$ oder $0 = b * a$, so wäre auch

$$0 = a^{-1} * 0 = a^{-1} * (a * b) = (a^{-1} * a) * b = b$$

oder

$$0 = 0 * a - 1 = (b * a) * a^{-1} = b * (a * a^{-1}) = b.$$

In beiden Fällen folgt also $b = 0$ im Widerspruch zu $b \neq 0$.

1.2 Restklassen und Körper

Aufgabe 1.4 Berechnen Sie alle Werte von $a + b$ und ab für $a, b \in \mathbb{Z}_4$. Bestimmen Sie zudem die Einheitengruppe $\mathbb{Z}_4^*$ dieser Restklassen. Wie lauten jeweils die multiplikativ-inversen Elemente der Einheiten?

Lösung

Für die Menge $\mathbb{Z}_4 = \{0, 1, 2, 3\}$ ergeben Addition und Multiplikation die folgenden Werte:

$$
\begin{array}{c||cccc}
+ & 0 & 1 & 2 & 3 \\
\hline\hline
0 & 0 & 1 & 2 & 3 \\
1 & 1 & 2 & 3 & 0 \\
2 & 2 & 3 & 0 & 1 \\
3 & 3 & 0 & 1 & 2
\end{array}
\qquad
\begin{array}{c||cccc}
\cdot & 0 & 1 & 2 & 3 \\
\hline\hline
0 & 0 & 0 & 0 & 0 \\
1 & 0 & 1 & 2 & 3 \\
2 & 0 & 2 & 0 & 2 \\
3 & 0 & 3 & 2 & 1
\end{array}
$$

Die Einheitengruppe von $\mathbb{Z}_4$ lautet

$$\mathbb{Z}_4^* = \{1, 3\}.$$

Die multiplikativ-inversen Elemente der Einheiten sind dabei

$$1^{-1} = 1, \qquad 3^{-1} = 3.$$

Aufgabe 1.5 Multiplizieren Sie das Polynom

$$(x - 1)(x - 2)(x - 3) \in \mathbb{Z}_5[x]$$

über $\mathbb{Z}_5$ vollständig aus. Lösen Sie die Gleichung

$$x(x + 4) = 4x + 1$$

innerhalb des Körpers $\mathbb{Z}_5$.

Lösung

Die additiv-inversen Elemente von $\mathbb{Z}_5$ lauten

$$
\begin{array}{c||ccccc}
a & 0 & 1 & 2 & 3 & 4 \\
\hline
-a & 0 & 4 & 3 & 2 & 1
\end{array}.
$$

Da $\mathbb{Z}_5$ einen Körper darstellt, ist $\mathbb{Z}_5^* = \mathbb{Z}_5 \setminus \{0\}$. Es gilt für die Einheiten

$$\frac{a}{a^{-1}} \begin{array}{|cccc} 1 & 2 & 3 & 4 \\ \hline 1 & 3 & 2 & 4 \end{array}.$$

Es gilt

$$\begin{aligned}
(x-1)(x-2)(x-3) &= (x+4)(x+3)(x+2) \\
&= (x+4)(x^2+3x+2x+3\cdot 2) \\
&= (x+4)(x^2+0x+1) \\
&= x^3+4x^2+x+4.
\end{aligned}$$

Da $\mathbb{Z}_5$ endlich ist, können wir prinzipiell mit endlichem Aufwand durch Einsetzen der Elemente Gleichungen auf Lösbarkeit prüfen bzw. lösen. Dennoch wollen wir die zu lösende Gleichung durch Äquivalenzumformungen innerhalb von $\mathbb{Z}_5$ lösen:

$$\begin{aligned}
& & x(x+4) &= 4x+1 \\
&\Longleftrightarrow & x^2+4x &= 4x+1 \\
&\Longleftrightarrow & x^2 &= 1 \\
&\Longleftrightarrow & x^2-1 &= 0 \\
&\Longleftrightarrow & x^2+4 &= 0 \\
&\Longleftrightarrow & (x+4)(x+1) &= 0 \\
&\Longleftrightarrow & x &\in \{1,4\}.
\end{aligned}$$

Aufgabe 1.6

a) Zeigen Sie: $|\{i^k : k \in \mathbb{N}\}| = 4$.
b) Wie viele verschiedene komplexe Zahlen ergibt der Term $\exp(\frac{\pi \cdot i}{3} \cdot k)$, für $k \in \mathbb{Z}$?
c) Bringen Sie $z_0 = 1$, $z_1 = 1+i$, $z_2 = i$, $z_3 = -1+i$, $z_4 = -1$, $z_5 = -1-i$, $z_6 = -i$ und $z_7 = \overline{z_1}$ in die Darstellung $z_i = r\exp(i \cdot \varphi)$, skizzieren Sie die Lage der z_i in der Gauß'schen Zahlenebene.
d) Zeigen Sie, dass für alle $z = r\exp(i \cdot \varphi)$ mit $r, \varphi \in \mathbb{R}$ gilt: $\bar{z} = r\exp(-i \cdot \varphi)$.
e) Berechnen Sie die 19-te Potenz der komplexen Zahl $z = -i(2+2i)$.

Lösung

a) Es gilt

$$i^0 = 1, \quad i^1 = i, \quad i^2 = -1, \quad i^3 = -i, \quad i^4 = 1, \quad i^5 = i, \quad \ldots$$

Es entsteht damit ein Viererzyklus, d. h., es gilt offenbar

$$i^k = i^{k \bmod 4}, \quad \text{für alle} \quad k \in \mathbb{Z}.$$

Die mit $\zeta_4 := i$ definierten vier Zahlen $\zeta_4^0 = i^0 = 1$, $\zeta_4^1 = i^1 = i$, $\zeta_4^2 = i^2 = -1$ und $\zeta_4^3 = i^3 = -i$ lösen alle die Gleichung $z^4 = 1$. Es sind auch die einzigen Lösungen dieser Gleichung, denn es ist bereits

$$
\begin{aligned}
(z-1)(z-\mathrm{i})(z-(-1))(z-(-\mathrm{i})) &= (z-1)(z-\mathrm{i})(z+1)(z+\mathrm{i}) \\
&= (z^2-1)(z^2-\mathrm{i}^2) \\
&= (z^2-1)(z^2+1) \\
&= z^4-1
\end{aligned}
$$

ein Polynom vierten Grades. Gäbe es eine weitere Lösung, so ergäbe das entsprechende Produkt der Linearfaktoren ein Polynom höheren Grades.

Bemerkung 1.1 *Die vier Zahlen $\zeta_4^0, \zeta_4^1, \zeta_4^2, \zeta_4^3$ werden auch als vierte Einheitswurzeln bezeichnet, da sie die komplexen Lösungen der Gleichung $z^4 = 1$ darstellen. Diese Zahlen liegen auf dem Einheitskreis in der komplexen Ebene und teilen ihn in vier Sektoren mit jeweiligem Winkel von $\frac{2\pi}{4} = \frac{\pi}{2} = 90°$ auf (vgl. Abb. 1.1). Dabei können wir diese vier Lösungen auch mithilfe der komplexen Exponentialfunktion*

$$
\zeta_4 := \exp\left(\frac{2\pi\mathrm{i}}{4}\right) = \mathrm{i}
$$

$$
\zeta_4^k = \exp\left(\frac{k \cdot 2\pi\mathrm{i}}{4}\right) = \mathrm{i}^k, \qquad k = 0, 1, 2, 3
$$

darstellen.

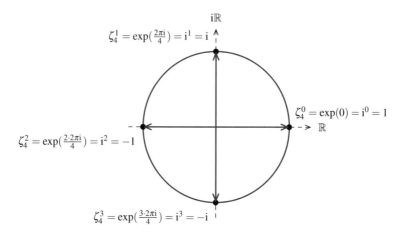

Abb. 1.1 Vierte Einheitswurzeln in $\mathbb{C}$

b) Es gilt

$$\exp\left(\frac{0\cdot\pi i}{3}\right) = e^0 = 1,$$

$$\exp\left(\frac{1\cdot\pi i}{3}\right) = \frac{1}{2}+i\cdot\frac{\sqrt{3}}{2},$$

$$\exp\left(\frac{2\cdot\pi i}{3}\right) = -\frac{1}{2}+i\cdot\frac{\sqrt{3}}{2},$$

$$\exp\left(\frac{3\cdot\pi i}{3}\right) = -1+i\cdot 0 = -1,$$

$$\exp\left(\frac{4\cdot\pi i}{3}\right) = -\frac{1}{2}-i\cdot\frac{\sqrt{3}}{2},$$

$$\exp\left(\frac{5\cdot\pi i}{3}\right) = \frac{1}{2}-i\cdot\frac{\sqrt{3}}{2},$$

$$\exp\left(\frac{6\cdot\pi i}{3}\right) = \exp(2\pi i) = 1,$$

$$\exp\left(\frac{7\cdot\pi i}{3}\right) = \frac{1}{2}+i\cdot\frac{\sqrt{3}}{2},$$

$$\vdots$$

Es ergeben sich mit $\zeta_6 := \exp\left(\frac{\pi i}{3}\right) = \exp\left(\frac{2\pi i}{6}\right)$ genau sechs verschiedene komplexe Zahlen:

$$\zeta_6^k = \left(\exp\frac{2\pi i}{6}\right)^k = \exp\left(\frac{k\cdot 2\pi i}{6}\right), \qquad k = 0,1,\ldots,5.$$

Diese Zahlen sind genau die sechs Lösungen der Gleichung $z^6 = 1$. Diese sechsten Einheitswurzeln liegen ebenfalls auf dem Einheitskreis und teilen ihn in sechs Sektoren des Winkels $\frac{2\pi}{6} = \frac{\pi}{3} = 60°$ auf (vgl. Abb. 1.2).

Bemerkung 1.2 *Wir können mit den Potenzen*

$$\zeta_n^k = \left(\exp\frac{2\pi i}{n}\right)^k = \exp\left(\frac{k\cdot 2\pi i}{n}\right) = \exp\left(\frac{(k\bmod n)\cdot 2\pi i}{n}\right), \qquad k = 0,1,\ldots,n-1,$$

von $\zeta_n := \exp\left(\frac{2\pi i}{n}\right)$, welche die n komplexen Lösungen der Gleichung $z^n = 1$ darstellen, den Einheitskreis in n Sektoren des Winkels $\frac{2\pi}{n} = \frac{360°}{n}$ gleichmäßig aufteilen, denn man überzeugt sich leicht davon, dass $(\zeta_n^k)^n = 1$ ist. Diese n Lösungen bezeichnen wir als n-te Einheitswurzeln. Für jedes $k \in \mathbb{Z}$ gilt dabei $\zeta_n^k = \zeta_n^{k\bmod n}$. Außerdem ist $\zeta_n^{-k} = (\zeta_n^k)^{-1} = \overline{\zeta_n^k}$.

c) Die in kartesischer Darstellung vorliegenden Zahlen $z_0 = 1$, $z_1 = 1+i$, $z_2 = i$, $z_3 = -1+i$, $z_4 = -1$, $z_5 = -1-i$, $z_6 = -i$ und $z_7 = \overline{z_1}$ ergeben die Polardarstellungen:

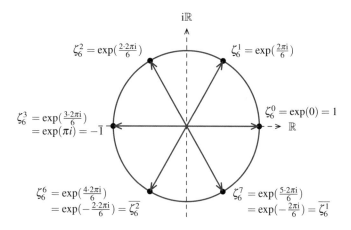

Abb. 1.2 Sechste Einheitswurzeln in $\mathbb{C}$

$$z_0 = 1 = 1 \cdot \exp(\mathrm{i} \cdot 0), \quad z_1 = 1 + \mathrm{i} = \sqrt{2}\exp(\mathrm{i}\tfrac{\pi}{4})$$
$$z_2 = \mathrm{i} = \exp(\mathrm{i}\tfrac{\pi}{2}), \quad z_3 = -1 + \mathrm{i} = \sqrt{2}\exp(\mathrm{i}\tfrac{3\pi}{4})$$
$$z_4 = -1 = \exp(\mathrm{i}\pi), \quad z_5 = -1 - \mathrm{i} = \sqrt{2}\exp(\mathrm{i}\tfrac{5\pi}{4})$$
$$z_6 = -\mathrm{i} = \exp(\mathrm{i}\tfrac{3\pi}{2}), \quad z_7 = \overline{z_1} = \sqrt{2}\exp(-\mathrm{i}\tfrac{\pi}{4}) = \sqrt{2}\exp(\mathrm{i}\tfrac{7\pi}{4}).$$

Hierzu beachten wir, dass diese komplexen Zahlen, wie in Abb. 1.3 dargestellt, auf dem Rand eines Quadrats in der Ebene liegen. Hierdurch ergeben sich die Winkel als Vielfaches von $\frac{2\pi\mathrm{i}}{8} = \frac{\pi}{4} = 45°$. Die Eckpunkte z_1, z_3, z_5 und z_7 haben nach dem Satz des Pythagoras den Abstand $\sqrt{2}$ zum Nullpunkt. Die Beträge können aber auch durch $|z_k| = \sqrt{(\operatorname{Re}z)^2 + (\operatorname{Im}z)^2}$ ermittelt werden.

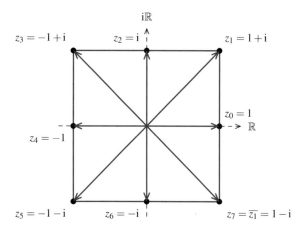

Abb. 1.3 Quadrat in der Ebene

d) Hat man $z = r\exp(i\varphi) = r(\cos\varphi + i\sin\varphi)$, so folgt für die komplexe Konjugation:

$$\bar{z} = r(\cos\varphi - i\sin\varphi) = r(\cos(-\varphi) + i\sin(-\varphi)) = r\exp(-i\varphi),$$

da der Kosinus gerade ist, d. h. $\cos(x) = \cos(-x)$, während es sich beim Sinus um eine ungerade Funktion handelt, d. h. $-\sin(x) = \sin(-x)$.

e) Es gibt zwei Lösungsvarianten, um für $z = -i(2 + 2i)$ die 19-te Potenz zu berechnen.

Variante 1: Mithilfe der Polardarstellung:

$$z = -i(2 + 2i) = 2 - 2i = 2(1 - i) = 2\sqrt{2}\exp\left(i\frac{7\pi}{4}\right),$$

damit ist

$$z^{19} = (2\sqrt{2})^{19}\left(\exp\left(7 \cdot \frac{2 \cdot \pi i}{2 \cdot 4}\right)\right)^{19} = \sqrt{2}^{57}\exp\left(\frac{2\pi i}{8}\right)^{19 \cdot 7}$$

$$= \sqrt{2}^{57}\exp\left(\frac{2\pi i}{8}\right)^{133} = 2^{57/2}\exp\left(\frac{2\pi i}{8}\right)^{133\,\mathrm{mod}\,8}$$

$$= 2^{57/2}\exp\left(\frac{2\pi i}{8}\right)^{5} = 2^{57/2}\exp\left(5\cdot\frac{2\pi i}{8}\right)$$

$$= 2^{57/2}\left(-\frac{1}{\sqrt{2}} - \frac{1}{\sqrt{2}}i\right) = 2^{56/2}(-1 - i)$$

$$= 2^{28}(-1 - i).$$

Variante 2: Durch Abspaltung von Zweierpotenzen und binomischer Formel:

$$z^{19} = z^{18}z = (z^2)^9 z = ((2 - 2i)^2)^9 \cdot (2 - 2i)$$

$$= ((2(1 - i))^2)^9 \cdot 2 \cdot (1 - i) = (4(1 - i)^2)^9 \cdot 2 \cdot (1 - i)$$

$$= (4(1 - 2i + i^2))^9 \cdot 2 \cdot (1 - i) = 4^9 \cdot (-2i)^9 \cdot 2 \cdot (1 - i)$$

$$= 2^{18} \cdot (-2)^9 \cdot i^9 \cdot 2 \cdot (1 - i)$$

$$= -2^{19} \cdot 2^9 \cdot i^1 \cdot (1 - i) = -2^{28} \cdot (i + 1)$$

$$= 2^{28}(-1 - i).$$

> **Aufgabe 1.6.1** Es sei $c = |c| e^{\varphi i} \in \mathbb{C}$ eine beliebige komplexe Zahl mit $\varphi \in \mathbb{R}$ sowie $n \in \mathbb{N}, n \geq 1$.
>
> a) Zeigen Sie
>
> $$z^n = c \iff z \in \{\sqrt[n]{|c|} \cdot e^{\frac{\varphi}{n} \cdot i} \cdot \zeta_n^k : k = 0, 1, \ldots, n-1\}.$$
>
> b) Bestimmen Sie sämtliche Lösungen der Gleichung $z^4 = 8(\sqrt{3}i - 1)$.

Lösung

a) Für jedes $k \in \{0, 1, \ldots, n-1\}$ gilt in der Tat

$$\left(\sqrt[n]{|c|} \cdot e^{\frac{\varphi}{n} \cdot i} \cdot \zeta_n^k\right)^n = \left(\sqrt[n]{|c|}\right)^n \cdot \left(e^{\frac{\varphi}{n} \cdot i}\right)^n \cdot \left(\zeta_n^k\right)^n = |c| e^{\varphi i} = c.$$

Mehr als n Lösungen kann es für $z^n - c = 0$ nicht geben, sodass hiermit alle komplexen Lösungen dieser Gleichung vorliegen.

b) Hier ist zunächst $8(\sqrt{3}i - 1) = 8 \cdot 2(-\frac{1}{2} + \frac{\sqrt{3}}{2}i) = 16 e^{120° \cdot i} = 16 \cdot e^{2/3 \cdot \pi i}$. Damit gilt

$$z^4 = 8(\sqrt{3}i - 1) = 16 e^{2/3 \cdot \pi i} \iff z \in \{\sqrt[4]{16} \cdot e^{\frac{2}{3 \cdot 4} \pi i} \cdot e^{\frac{2\pi i}{4} \cdot k} : k = 0, 1, 2, 3\}$$

$$= \{2 \cdot e^{\frac{\pi}{6} i} \cdot i^k : k = 0, 1, 2, 3\}.$$

Es ergeben sich damit die folgenden vier Lösungen:

$$z_0 := 2 e^{\frac{\pi}{6} i} i^0 = 2(\tfrac{\sqrt{3}}{2} + \tfrac{1}{2}i) = \sqrt{3} + i$$

$$z_1 := 2 e^{\frac{\pi}{6} i} i = (\sqrt{3} + i)i = -1 + \sqrt{3}i$$

$$z_2 := 2 e^{\frac{\pi}{6} i} i^2 = (\sqrt{3} + i) \cdot (-1) = -\sqrt{3} - i$$

$$z_3 := 2 e^{\frac{\pi}{6} i} i^3 = (\sqrt{3} + i) \cdot (-i) = 1 - \sqrt{3}i.$$

Diese Lösungen liegen auf einem Kreis mit Radius 2 und teilen ihn gleichmäßig in vier Segmente, beginnend bei $z_0 = 2 e^{\pi i / 6} = \sqrt{3} + i$. Es wird also beim Übergang von z_k zu z_{k+1} stets ein Winkel von $\pi/2 = 90°$ hinzuaddiert. Die Lösungen entsprechen den um den Faktor $\sqrt[4]{|c|} = 2$ gestreckten vierten Einheitswurzeln, deren Winkel jeweils um $\pi/6 = 30° = \frac{120°}{4}$ gegen den Uhrzeigersinn verdreht sind (vgl. Abb. 1.4).

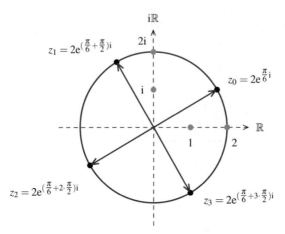

Abb. 1.4 Lösungen von $z^4 = 8(\sqrt{3}i - 1) = 16e^{2/3 \cdot \pi i}$

Aufgabe 1.7 Ein Zahnrad mit 120 Zähnen werde durch einen Schrittmotor in der Weise angesteuert, dass pro Impuls des Steuersystems das Zahnrad um einen Zahn entgegen dem Uhrzeigersinn gedreht wird (entspricht einem Drehwinkel um $360°/120 = 3°$). Leider funktioniert der Schrittmotor nur in dieser Drehrichtung.

a) Um welchen Winkel ist das Zahnrad in seiner Endstellung im Vergleich zur Ausgangsstellung nach

    (i) 12 345 Impulsen,
   (ii) 990 Impulsen,
  (iii) 540 Impulsen,
  (iv) 720 000 Impulsen

verdreht?

b) Wie viele Impulse sind mindestens notwendig, um das Zahnrad so zu drehen,

    (i) dass es in der Endstellung um einen Zahn im Uhrzeigersinn weitergedreht ist,
   (ii) dass es in der Endstellung um 90° im Uhrzeigersinn weitergedreht ist?

c) Das Zahnrad soll direkt den Sekundenzeiger einer Uhr, der ebenfalls auf der Zahnradachse montiert ist, antreiben. Wie viele Impulse sind mindestens in einer Sekunde von der Steuerung und der Mechanik zu verarbeiten? Welche Besonderheit weist der Gang des Sekundenzeigers auf?

Lösung

a) Der Endwinkel dieser Konfiguration verhält sich in 3°-Abschnitten zyklisch. Wir rechnen also in der Restklasse modulo 120, d. h. im Restklassenring $\mathbb{Z}_{120}$.

  (i) 12 345 Impulse erzeugen den gleichen Endwinkel wie $12\,345 \bmod 120 = 105$ Impulse, dies entspricht damit einem Endwinkel von 315°.

(ii) 990 Impulse erzeugen den gleichen Endwinkel wie $990 \bmod 120 = 30$ Impulse, dies entspricht damit einem Endwinkel von $90°$.

(iii) 540 Impulse erzeugen den gleichen Endwinkel wie $540 \bmod 120 = 60$ Impulse, dies entspricht damit einem Endwinkel von $180°$.

(iv) 720 000 Impulse erzeugen den gleichen Endwinkel wie $720\,000 \bmod 120 = 0$ Impulse, der Endwinkel stimmt also mit dem Anfangswinkel überein.

b) Mindestimpulszahlen

(i) -1 entspricht $120 - 1$ im Restklassenring $\mathbb{Z}_{120}$. Daher bewegen 119 Impulse das Rad im Endeffekt um $3°$ entgegen der Drehrichtung des Schrittmotors, d. h. im Uhrzeigersinn.

(ii) $90°$ *im* Uhrzeigersinn entsprechen $30 \cdot (-1) = -30$ in $\mathbb{Z}_{120}$. Es entspricht -30 dem Wert $120 - 30 = 90$ in $\mathbb{Z}_{120}$. Es erzeugen daher 90 Impulse einen Winkel von $270°$ entgegen dem Uhrzeigersinn und damit einen Winkel von $90°$ im Uhrzeigersinn.

c) Eine Sekunde entspricht $6° = 2 \cdot 3°$ im Uhrzeigersinn. Dieser Winkel wird von $2 \cdot (-1)$, also 118 Impulsen erzeugt. Die Konfiguration muss also imstande sein, 118 Impulse pro Sekunde zu verarbeiten. Der Sekundenzeiger läuft von Sekunde zu Sekunde $354°$ entgegen dem Uhrzeigersinn.

1.3 Vektorräume

Aufgabe 1.8 Zeigen Sie, dass die Menge aller Nullfolgen $M_0 := \{(a_n)_n : \lim a_n = 0\}$ bezüglich der gliedweisen Addition $(a_n)_n + (b_n)_n := (a_n + b_n)_n$ und der gliedweisen skalaren Multiplikation $\alpha(a_n)_n := (\alpha a_n)_n$, $\alpha \in \mathbb{R}$, einen Vektorraum über $\mathbb{R}$ bildet, die Menge $M_1 := \{(a_n)_n : \lim a_n = 1\}$ aller reellen Folgen, die gegen den Wert 1 konvergieren, aber keinen $\mathbb{R}$-Vektorraum darstellt. Stellt M_1 einen $\mathbb{R}$-Vektorraum dar, wenn man die gliedweise Addition in M_1 durch die gliedweise Multiplikation in M_1 ersetzt?

Lösung

Wir führen uns zunächst noch einmal die formale Definition des Vektorraums vor Augen. Es sei K ein Körper, z. B. einer der Zahlkörper $\mathbb{Q}, \mathbb{R}, \mathbb{C}$ oder ein Restklassenring $\mathbb{Z}_p$ mit einer Primzahl p. Ein *Vektorraum* V über dem Körper K ist eine Menge mit einer inneren Addition:

$$+ : V \times V \to V$$
$$(\mathbf{x}, \mathbf{y}) \mapsto \mathbf{x} + \mathbf{y}$$

und einer skalaren Multiplikation:

$$\cdot : K \times V \to V$$
$$(a, \mathbf{y}) \mapsto a \cdot \mathbf{y},$$

sodass folgende Rechengesetze gelten:

(i) $\mathbf{x} + (\mathbf{y} + \mathbf{z}) = (\mathbf{x} + \mathbf{y}) + \mathbf{z}$,

(ii) $\mathbf{x} + \mathbf{y} = \mathbf{y} + \mathbf{x}$,

(iii) es gibt einen Nullvektor $\mathbf{0} \in V$ mit $\mathbf{x} + \mathbf{0} = \mathbf{x}$,

(iv) zu jedem Vektor $\mathbf{x} \in V$ gibt es einen inversen Vektor $-\mathbf{x} \in V$ mit $\mathbf{x} + (-\mathbf{x}) = \mathbf{0}$,

(v) $(ab) \cdot \mathbf{x} = a \cdot (b \cdot \mathbf{x})$,

(vi) $1 \cdot \mathbf{x} = \mathbf{x}$,

(vii) $a \cdot (\mathbf{x} + \mathbf{y}) = a \cdot \mathbf{x} + a \cdot \mathbf{y}$,

(viii) $(a + b) \cdot \mathbf{x} = a \cdot \mathbf{x} + b \cdot \mathbf{x}$,

für alle $\mathbf{x}, \mathbf{y}, \mathbf{z} \in V$ und $a, b \in K$. Der Nullvektor und der jeweilige inverse Vektor sind hierbei eindeutig bestimmt, da insbesondere $(V, +)$ eine (abelsche) Gruppe ist.

Nun betrachten wir die Menge M_0 aller reellen Nullfolgen. Für diese Menge definieren wir eine innere Addition, indem die Summe zweier Nullfolgen $(x_n)_n, (y_n)_n \in M_0$ durch die Folge der Summe ihrer einzelnen Folgenglieder definiert wird:

$$(x_n)_n + (y_n)_n := (x_n + y_n)_n.$$

Eine skalare Multiplikation definieren wir ebenfalls gliedweise:

$$a \cdot (x_n)_n := (ax_n)_n.$$

Stellt nun die Menge M_0 aller Nullfolgen mit diesen beiden Verknüpfungen einen $\mathbb{R}$-Vektorraum dar? Die acht Rechengesetze gelten aufgrund der Rechengesetze für Addition und Multiplikation im Körper $\mathbb{R}$ der reellen Zahlen, denn die Addition zweier Folgen und die skalare Multiplikation sind ja in ihren Definitionen auf die Addition und Multiplikation reeller Zahlen jeweils direkt zurückgeführt worden. Der Nullvektor ist die Folge, deren Glieder alle verschwinden $(0)_n = (0, 0, \ldots) \in M_0$, Für eine beliebige Nullfolge $(x_n)_n \in M_0$ ist die Folge $(-x_n)_n$ ebenfalls eine Nullfolge mit der Eigenschaft $(x_n)_n + (-x_n)_n = (x_n - x_n)_n = (0)_n$. Damit existiert für jede Folge aus M_0 auch eine inverse Folge in M_0.

Es bleibt lediglich die Frage, ob es sich bei der so definierten Addition und Multiplikation überhaupt um innere Verknüpfungen handelt, ob also die Summenfolge oder die skalar multiplizierte Folge wieder in M_0 liegt. Aus der Analysis wissen wir, dass die Summe zweier konvergenter Folgen ebenfalls konvergent ist und sich ihr Grenzwert aus der Summe der Einzelgrenzwerte ergibt. Für Folgen $(x_n)_n, (y_n)_n \in M_0$ bedeutet dies

$$\lim_{n \to \infty} (x_n + y_n) = \lim_{n \to \infty} x_n + \lim_{n \to \infty} y_n = 0 + 0 = 0.$$

Daher ist auch $(x_n)_n + (y_n)_n \in M_0$. Ebenfalls ein Ergebnis der Analysis ist, dass bei einer konvergenten Folge ein konstanter Faktor aus dem lim-Symbol vor das lim-Symbol gezogen werden kann:

$$\lim_{n \to \infty} ax_n = a \lim_{n \to \infty} x_n = a \cdot 0 = 0,$$

also ist auch $a \cdot (x_n)_n \in M_0$. Bei beiden Verknüpfungen handelt es sich somit um innere Verknüpfungen. Alles in allem ist die Menge M_0 aller Nullfolgen in dieser Weise ein $\mathbb{R}$-Vektorraum. Die einzelnen Nullfolgen stellen somit die Vektoren dar.

Betrachtet man nun die Menge M_1 aller reellen Folgen mit Grenzwert 1, so ergibt diese Menge mit der oben eingeführten gliedweisen Addition und gliedweisen skalaren Multiplikation keinen $\mathbb{R}$-Vektorraum mehr. Denn die Addition zweier Folgen mit Grenzwert 1 führt zu einer Folge mit Grenzwert 2. Die Summenfolge liegt damit nicht mehr in M_1. Entsprechendes gilt für die skalar multiplizierte Folge $a \cdot (x_n)_n \notin M_1$ für $a \neq 1$. Es handelt sich hier nicht mehr um innere Verknüpfungen.

Nun könnte man die Addition zweier Folgen aus M_1 auch wie folgt definieren, um Abhilfe zu schaffen und somit an eine innere Addition zu kommen:

$$(x_n)_n + (y_n)_n := (x_n y_n)_n.$$

Wir addieren also zwei Folgen, indem wir ihre jeweiligen Folgenglieder miteinander multiplizieren. Auf diese Weise ist die Summe zweier Folgen aus M_1 wieder eine Folge mit Grenzwert 1. Die Addition führt damit wieder in die Menge M_1 zurück. Der Nullvektor wäre die Folge $(1)_n = (1, 1 \ldots) \in M_1$. Wir bekommen aber Probleme mit den Rechengesetzen, da in einem Vektorraum beispielsweise nach Axiom (vii) verlangt wird:

$$a \cdot (\mathbf{x} + \mathbf{y}) = a \cdot \mathbf{x} + a \cdot \mathbf{y}$$

für alle $a \in K$, $\mathbf{x}, \mathbf{y} \in V$. Nun gilt hier für alle $a \in \mathbb{R}$, und $(x_n)_n, (y_n)_n \in M_1$

$$a \cdot \big((x_n)_n + (y_n)_n\big) = a \cdot (x_n y_n)_n = (a x_n y_n)_n.$$

Nach Axiom (vii) müsste aber

$$a \cdot \big((x_n)_n + (y_n)_n\big) = a \cdot (x_n)_n + a \cdot (y_n)_n = (a x_n)_n + (a y_n)_n = (a^2 x_n y_n)_n$$

gelten. Für $a \notin \{1, 0\}$ gilt aber $a \neq a^2$. Mit dieser umdefinierten Addition ist also M_1 noch kein $\mathbb{R}$-Vektorraum. Dies hätte man auch daran bereits erkennen können, dass die skalare Multiplikation für $a \neq 1$ aus der Menge M_1 herausführt.

Aufgabe 1.9 Es sei V ein Vektorraum über dem Körper K. Zeigen Sie allein durch Verwendung der Vektorraumaxiome, dass für jeden Vektor $\mathbf{x} \in V$ und jeden Skalar $\lambda \in K$ die folgenden Regeln gelten:

(i) $(-\lambda) \cdot \mathbf{x} = \lambda \cdot (-\mathbf{x}) = -(\lambda \mathbf{x})$.
(ii) Gilt $\lambda \mathbf{x} = \mathbf{0}$, so ist $\lambda = 0$ oder $\mathbf{x} = \mathbf{0}$.
(iii) $0 \cdot \mathbf{x} = \mathbf{0} = \lambda \cdot \mathbf{0}$.

Lösung

Es sei $\mathbf{x} \in V$ ein Vektor und $\lambda \in K$ ein Skalar. Wir zeigen zunächst das dritte Gesetz. Es gilt

$$0 \cdot \mathbf{x} = (0 + 0) \cdot \mathbf{x} = 0 \cdot \mathbf{x} + 0 \cdot \mathbf{x}.$$

Nach Addition von $-(0 \cdot \mathbf{x})$ auf beiden Seiten folgt $\mathbf{0} = 0 \cdot \mathbf{x}$. Zudem ist

$$\lambda \cdot \mathbf{0} = \lambda \cdot (\mathbf{0} + \mathbf{0}) = \lambda \cdot \mathbf{0} + \lambda \cdot \mathbf{0}.$$

Nach Addition von $-(\lambda \cdot \mathbf{0})$ auf beiden Seiten folgt $\mathbf{0} = \lambda \cdot \mathbf{0}$. Das erste Gesetz ergibt sich nun wie folgt: Es gilt

$$\lambda \cdot \mathbf{x} + (-\lambda) \cdot \mathbf{x} = (\lambda + (-\lambda))\mathbf{x} = 0 \cdot \mathbf{x} = \mathbf{0} = \lambda \cdot \mathbf{x} + (-(\lambda \cdot \mathbf{x})).$$

Nach Addition von $-(\lambda \cdot \mathbf{x})$ folgt $(-\lambda) \cdot \mathbf{x} = -(\lambda \cdot \mathbf{x})$. Zudem gilt

$$\lambda \cdot \mathbf{x} + \lambda \cdot (-\mathbf{x}) = \lambda \cdot (\mathbf{x} + (-\mathbf{x})) = \lambda \mathbf{0} = \mathbf{0} = \lambda \cdot \mathbf{x} + (-(\lambda \cdot \mathbf{x})).$$

Nach Addition von $-(\lambda \cdot \mathbf{x})$ folgt $\lambda \cdot (-\mathbf{x}) = -(\lambda \cdot \mathbf{x})$. Um das zweite Gesetz zu zeigen, betrachten wir für $\lambda \neq 0$ die Gleichung

$$\lambda \cdot \mathbf{x} \stackrel{!}{=} \mathbf{0}.$$

Nach Multiplikation mit λ^{-1} ergibt sich

$$\lambda^{-1} \cdot (\lambda \cdot \mathbf{x}) = (\lambda^{-1}\lambda) \cdot \mathbf{x} = 1 \cdot \mathbf{x} = \mathbf{x} \stackrel{!}{=} \lambda^{-1} \cdot \mathbf{0} = \mathbf{0}.$$

Daher folgt $\mathbf{x} = \mathbf{0}$.

Aufgabe 1.10 Zeigen Sie, dass die Menge $C^0(\mathbb{R})$ der stetigen Funktion $\mathbb{R} \to \mathbb{R}$ bezüglich der punktweisen Addition,

$$(f + g)(x) := f(x) + g(x),$$

und der punktweisen skalaren Multiplikation,

$$(\lambda \cdot f)(x) := \lambda \cdot f(x),$$

für alle $f, g \in C^0(\mathbb{R})$ und $\lambda \in \mathbb{R}$, einen $\mathbb{R}$-Vektorraum bildet.

Lösung

Aus der Analysis ist bekannt, dass die Summe stetiger Funktionen eine stetige Funktion ergibt. Außerdem ändert ein konstanter Faktor nichts an der Stetigkeit einer Funktion. Diese beiden Rechenoperationen führen also wieder in die Menge $C^0(\mathbb{R})$ zurück. Die Rechengesetze eines Vektorraums ergeben sich dann aus der Körpereigenschaft von $\mathbb{R}$. Die Nullfunktion $\mathbf{0}(x) := 0$ für alle $x \in \mathbb{R}$ übernimmt die Rolle des Nullvektors. Für eine stetige Funktion $f \in C^0(\mathbb{R})$ ist dann die Funktion $-f$ definiert durch $(-f)(x) := -f(x)$ für alle $x \in \mathbb{R}$ eine additiv inverse Funktion mit der Eigenschaft $f + (-f) = \mathbf{0}$. In diesem Sinne ist also $C^0(\mathbb{R})$ ein $\mathbb{R}$-Vektorraum. Dies trifft im Übrigen in analoger Weise auch auf die Menge $C^k(\mathbb{R})$ der k-mal stetig differenzierbaren Funktionen auf der Menge $\mathbb{R}$ zu.

Aufgabe 1.11 Inwiefern stellt die Menge aller Polynome $\mathbb{K}[x]$ in der Variablen x und Koeffizienten aus $\mathbb{K}$ einen $\mathbb{K}$-Vektorraum dar?

Lösung

Es seien

$$p = a_n x^n + a_{n-1} x^{n-1} + \cdots + a_1 x + a_0, \quad q = b_m x^m + b_{m-1} x^{m-1} + \cdots + b_1 x + b_0$$

zwei Polynome aus $\mathbb{K}[x]$ mit $n = \deg p$ und $m = \deg q$. Für $m = n$ definieren wir die Summe aus beiden Polynomen durch Zusammenfassen der Koeffizienten:

$$\begin{aligned}
p + q &= (a_n x^n + a_{n-1} x^{n-1} + \cdots + a_1 x + a_0) + (b_m x^m + b_{m-1} x^{m-1} + \cdots + b_1 x + b_0) \\
&:= (a_n + b_n) x^n + (a_{n-1} + b_{n-1}) x^{n-1} + \cdots + (a_1 + b_1) x + (a_0 + b_0).
\end{aligned} \tag{1.1}$$

Für $m \neq n$, also etwa $m < n$, definieren wir die Summe durch

$$\begin{aligned}
p + q &= (a_n x^n + a_{n-1} x^{n-1} + \cdots + a_1 x + a_0) + (b_m x^m + b_{m-1} x^{m-1} + \cdots + b_1 x + b_0) \\
&:= a_n x^n + \cdots + a_{m+1} x^{m+1} \\
&\quad + (a_m + b_m) x^m + (a_{m-1} + b_{m-1}) x^{m-1} + \cdots + (a_1 + b_1) x + (a_0 + b_0).
\end{aligned}$$

Wir könnten alternativ die Summe aus p und q in dieser Situation auch durch Definition von $b_i := 0$ für $i = m+1, \ldots, n$ gemäß (1.1) definieren.

Als skalare Multiplikation von $p \in \mathbb{K}[x]$ mit $\lambda \in \mathbb{K}$ liegt es nahe,

$$\begin{aligned}
\lambda \cdot p &= \lambda \cdot (a_n x^n + a_{n-1} x^{n-1} + \cdots + a_1 x + a_0) \\
&:= (\lambda a_n) x^n + (\lambda a_{n-1}) x^{n-1} + \cdots + (\lambda a_1) x + (\lambda a_0)
\end{aligned}$$

zu definieren. Die Rechengesetze des Körpers $\mathbb{K}$ liefern dann die Rechengesetze eines $\mathbb{K}$-Vektorraums für $\mathbb{K}[x]$. Der Nullvektor ist das Nullpolynom $0 \in \mathbb{K}[x]$. Für $p \in \mathbb{K}[x]$ ist $-p := (-1) \cdot p$ das zu p additiv inverse Polynom.

Aufgabe 1.11.1 Warum bildet für $n \in \mathbb{N}$ die Menge

$$\mathbb{K}[x]_{\leq n} := \{p \in \mathbb{K}[x] : \deg p \leq n\}$$

aller Polynome in x und Koeffizienten aus $\mathbb{K}$ maximal n-ten Grades ebenfalls einen $\mathbb{K}$-Vektorraum, die Menge

$$\mathbb{K}[x]_{=n} := \{p \in \mathbb{K}[x] : \deg p = n\}$$

aller Polynome in x und Koeffizienten aus $\mathbb{K}$ vom Grad n dagegen nicht?

Lösung

Zwei Polynome maximal n-ten Grades ergeben in Summe wieder ein Polynom maximal n-ten Grades. Wird ein Polynom maximal n-ten Grades mit einem Skalar aus $\mathbb{K}$ multipliziert, so kann dies ebenfalls nicht zur Gradsteigerung führen. Beide Rechenoperationen führen also nicht aus $\mathbb{K}[x]_{\leq n}$ hinaus. Da $\mathbb{K}[x]_{\leq n} \subset \mathbb{K}[x]$ und $\mathbb{K}[x]$ ein $\mathbb{K}$-Vektorraum ist, gelten die Rechenregeln des Vektorraums $\mathbb{K}[x]$ auch in $\mathbb{K}[x]_{\leq n}$. Der Raum $\mathbb{K}[x]_{\leq n}$ ist also ein Teilraum von $\mathbb{K}[x]$.

Die Teilmenge $\mathbb{K}[x]_{=n}$ aller Polynome vom Grad n ist nicht additiv abgeschlossen. Es gilt beispielsweise für $n > 0$

$$(x^n + 1) + (-x^n) = 1 \overset{n>0}{\notin} \mathbb{K}[x]_{=n}.$$

Da definitionsgemäß $\deg 0 = -\infty$ ist, gilt sogar $0 \notin \mathbb{K}[x]_{=0}$, sodass auch $\mathbb{K}[x]_{=0}$ kein Vektorraum ist. Hierbei müssen wir beachten, dass $\mathbb{K}[x]_{=0}$ wegen des nicht vorhandenen Nullpolynoms eine echte Teilmenge des $\mathbb{K}$-Vektorraums $\mathbb{K}$ ist.

Wir können auch ganz kurz argumentieren: $\mathbb{K}[x]_{=n}$ ist kein $\mathbb{K}$-Vektorraum, weil der Nullvektor für kein $n \in \mathbb{N}$ in $\mathbb{K}[x]_{=n}$ enthalten ist. Auch hierbei beachten wir, dass $\mathbb{K}[x]_{=0} = \mathbb{K} \setminus \{0\}$ gilt, denn $\deg 0 = -\infty$.

1.4 Vertiefende Aufgaben

Aufgabe 1.12 Zeigen Sie: Ist R ein Integritätsring, dann ist der Polynomring $R[x]$ ebenfalls ein Integritätsring.

Lösung

Wir zeigen, dass $R[x]$ nullteilerfrei ist. Es seien $p, q \in R[x]$ mit $p \neq 0 \neq q$. Wir betrachten die beiden Leitkoeffizienten a von p und b von q. Es sind $a \neq 0 \neq b$. Der Leitkoeffizient c des Produkts pq ist damit das Produkt der beiden Leitkoeffizienten $c = ab$. Da R nullteilerfrei ist, folgt $c = ab \neq 0$. Das Produktpolynom kann dann nicht das Nullpolynom sein.

Aufgabe 1.13 Zeigen Sie, dass das Polynom $f = x^2 + x + 1 \in \mathbb{Z}_2[x]$ innerhalb $\mathbb{Z}_2[x]$ irreduzibel ist.

Lösung

Wir versuchen, f in zwei Linearfaktoren zu zerlegen:

$$f = x^2 + x + 1 \overset{!}{=} (x+a)(x+b), \quad \text{mit} \quad a, b \in \mathbb{Z}_2.$$

Hieraus folgt nach Ausmultiplizieren

$$x^2 + x + 1 = x(x+b) + a(x+b) = x^2 + bx + ax + ab = x^2 + (a+b)x + ab.$$

Ein Koeffizientenvergleich liefert $a + b = 1$ und $ab = 1$. Für kein einziges der vier möglichen Paare $(a,b) \in \mathbb{Z}_2 \times \mathbb{Z}_2$ sind diese beiden Bedingungen erfüllt.

Aufgabe 1.13.1 Es werde ein beliebiges Polynom $p \in \mathbb{Z}_2[x]$ mittels Polynomdivision durch das irreduzible Polynom $x^2 + x + 1$ wie folgt zerlegt:

$$p = q \cdot (x^2 + x + 1) + r_p, \qquad \deg r_p < 2.$$

Welche möglichen Divisionsreste können sich auf diese Weise ergeben? Zeigen Sie, dass sich durch die Restabbildung $p \bmod (x^2 + x + 1) := r_p$ eine Menge

$$F := \{ r_p = p \bmod (x^2 + x + 1) : p \in \mathbb{Z}_2[x] \}$$

ergibt, die bezüglich der Polynomaddition

$$f +_r g := f + g$$

und der Polynommultiplikation

$$f \cdot_r g := (fg) \bmod (x^2 + x + 1)$$

einen Körper der Charakteristik $\operatorname{char} F = 2$ bildet.

Lösung

Die möglichen Divisionsreste müssen vom Grad kleiner $\deg(x^2 + x + 1) = 2$ sein. Es gibt nur vier Polynome aus $\mathbb{Z}_2[x]$ mit Grad < 2:

$$0, \quad 1, \quad x, \quad x+1.$$

Diese Polynome ergeben sich selbst als Rest, wenn sie in $\cdot \bmod (x^2 + x + 1)$ eingesetzt werden. Sie treten also alle in F auf. Damit ist $F = \{0, 1, x, x+1\}$. Wir sehen uns nun sämtliche additiven und multiplikativen Verknüpfungen in F an:

$+_r$	0	1	x	$x+1$		$\cdot_r$	0	1	x	$x+1$
0	0	1	x	$x+1$		0	0	0	0	0
1	1	0	$x+1$	x		1	0	1	x	$x+1$
x	x	$x+1$	0	1		x	0	x	$x+1$	1
$x+1$	$x+1$	x	1	0		$x+1$	0	$x+1$	1	x

Wir erkennen, dass jedes $p \in F$ über ein multiplikativ inverses Element verfügt. Offensichtlich gelten sämtliche Körperaxiome. Wegen $1 +_r 1 = 0$ ist zudem $\operatorname{char} p = 2$.

Bemerkung 1.3 *Auf ähnliche Weise zeigt man, dass beispielsweise $x^3 + x + 1$ ein irreduzibles Polynom in $\mathbb{Z}_2[x]$ ist. Die Menge der Divisionsreste $G := \{ r_p = p \bmod (x^3 + x + 1) : p \in \mathbb{Z}_2[x] \}$ ergibt dann bezüglich der Polynomaddition und -multiplikation*

$$f +_r g := f + g, \quad f \cdot_r g := (fg) \bmod (x^3 + x + 1)$$

einen Körper

$$G := \{0, 1, x, x+1, x^2, x^2+1, x^2+x, x^2+x+1\}.$$

mit den $2^3 = 8$ Restpolynomen des Grades < 3. Ist p eine Primzahl und $f \in \mathbb{Z}_p[x]$ ein irreduzibles Polynom des Grades n, so ist die Menge der Divisionsreste

$$F = \{r_p = p \bmod f : p \in \mathbb{Z}_p[x]\}$$

bezüglich der Polynomaddition und -multiplikation

$$f +_r g := f + g, \quad f \cdot_r g := (fg) \bmod f$$

ein Körper mit den verbleibenden p^n Restpolynomen des Grades $< n$. Einen Körper dieser Art bezeichnen wir als Galois-Feld $\mathbb{F}_{p^n}$ mit p^n Elementen.

Aufgabe 1.14 Es seien $(R_1, +_1, *_1)$ und $(R_2, +_2, *_2)$ zwei Ringe. Das kartesische Produkt $R_1 \times R_2$ ist hinsichtlich der komponentenweisen Addition und Multiplikation

$$(a_1, a_2) + (b_1, b_2) := (a_1 +_1 b_1, a_2 +_2 b_2), \qquad (a_1, a_2) \cdot (b_1, b_2) := (a_1 *_1 b_1, a_2 *_2 b_2)$$

für $(a_1, a_2), (b_1, b_2) \in R_1 \times R_2$ ebenfalls ein Ring, dessen Nullelement $(0_1, 0_2)$ sich aus den Nullelementen 0_1 von R_1 und 0_2 von R_2 zusammensetzt. Wir bezeichnen diesen Ring als direktes Produkt aus R_1 und R_2. Warum kann $R_1 \times R_2$ kein Integritätsring sein, selbst wenn R_1 und R_2 Integritätsringe sind?

Lösung

Sind $a_1 \in R_1 \setminus \{0_1\}$ und $a_2 \in R_2 \setminus \{0_2\}$ zwei vom jeweiligen Nullelement verschiedene Elemente, so sind $(a_1, 0_2) \neq (0_1, 0_2) \neq (0_1, a_2)$. Das Produkt

$$(a_1, 0_2) \cdot (0_1, a_2) = (a_1 *_1 0_1, 0_2 *_2 a_2) = (0_1, 0_2)$$

ergibt jedoch das Nullelement von $R_1 \times R_2$. Es liegen damit zwei Nullteiler aus $R_1 \times R_2$ vor.

Aufgabe 1.15 (Direktes Produkt von Vektorräumen) Es seien V und W zwei $\mathbb{K}$-Vektorräume. Zeigen Sie, dass das kartesische Produkt $V \times W$ bezüglich der komponentenweisen Addition und skalaren Multiplikation

$$(\mathbf{v}_1, \mathbf{w}_1) + (\mathbf{v}_2, \mathbf{w}_2) := (\mathbf{v}_1 + \mathbf{v}_2, \mathbf{w}_1 + \mathbf{w}_2)$$
$$\lambda(\mathbf{v}, \mathbf{w}) := (\lambda \mathbf{v}, \lambda \mathbf{w})$$

für $(\mathbf{v}, \mathbf{w}), (\mathbf{v}_1, \mathbf{w}_1), (\mathbf{v}_2, \mathbf{w}_2) \in V \times W$ und $\lambda \in \mathbb{K}$ einen $\mathbb{K}$-Vektorraum bildet. Dieser Vektorraum wird als direktes Produkt von V und W bezeichnet.

Lösung

Die Vektorraumeigenschaft von $V \times W$ ergibt sich unmittelbar aus der Vektorraumeigenschaft von V und W. Auch wenn dies im Grunde klar ist, bestätigen wir diesen Sachverhalt einmal mit expliziter Rechnung. Dabei benutzen wir innerhalb von $V \times W$ dieselben Verknüpfungssymbole $+$ und $\cdot$ wie in V und in W bzw. in $\mathbb{K}$. Es ist stets durch den Kontext klar, in welchem Sinne die jeweilige Addition und skalare Multiplikation erfolgt. Sind nun

$$(\mathbf{v}, \mathbf{w}), (\mathbf{v}_1, \mathbf{w}_1), (\mathbf{v}_2, \mathbf{w}_2), (\mathbf{v}_3, \mathbf{w}_3) \in V \times W$$

und $a, b \in \mathbb{K}$, so gilt Folgendes:

(i) Assoziativität der Addition:

$$
\begin{aligned}
(\mathbf{v}_1, \mathbf{w}_1) + \Big((\mathbf{v}_2, \mathbf{w}_2) + (\mathbf{v}_3, \mathbf{w}_3) \Big) &= (\mathbf{v}_1, \mathbf{w}_1) + (\mathbf{v}_2 + \mathbf{v}_3, \mathbf{w}_2 + \mathbf{w}_3) \\
&= (\mathbf{v}_1 + (\mathbf{v}_2 + \mathbf{v}_3), \mathbf{w}_1 + (\mathbf{w}_2 + \mathbf{w}_3)) \\
&= ((\mathbf{v}_1 + \mathbf{v}_2) + \mathbf{v}_3, (\mathbf{w}_1 + \mathbf{w}_2) + \mathbf{w}_3) \\
&= (\mathbf{v}_1 + \mathbf{v}_2, \mathbf{w}_1 + \mathbf{w}_2) + (\mathbf{v}_3, \mathbf{w}_3) \\
&= \Big((\mathbf{v}_1, \mathbf{w}_1) + (\mathbf{v}_2, \mathbf{w}_2) \Big) + (\mathbf{v}_3, \mathbf{w}_3),
\end{aligned}
$$

(ii) Kommutativität der Addition:

$$
\begin{aligned}
(\mathbf{v}_1, \mathbf{w}_1) + (\mathbf{v}_2, \mathbf{w}_2) &= (\mathbf{v}_1 + \mathbf{v}_2, \mathbf{w}_1 + \mathbf{w}_2) \\
&= (\mathbf{v}_2 + \mathbf{v}_1, \mathbf{w}_2 + \mathbf{w}_1) \\
&= (\mathbf{v}_2, \mathbf{w}_2) + (\mathbf{v}_1, \mathbf{w}_1),
\end{aligned}
$$

(iii) mit den Nullvektoren $\mathbf{0}_v \in V$ und $\mathbf{0}_w \in W$ ist $(\mathbf{0}_v, \mathbf{0}_w)$ ein additiv neutraler Vektor:

$$(\mathbf{v}, \mathbf{w}) + (\mathbf{0}_v, \mathbf{0}_w) = (\mathbf{v} + \mathbf{0}_v, \mathbf{w} + \mathbf{0}_w) = (\mathbf{v}, \mathbf{w}),$$

(iv) der Vektor $(-\mathbf{v}, -\mathbf{w}) \in V \times W$ ist additiv invers zu $(\mathbf{v}, \mathbf{w})$:

$$(\mathbf{v}, \mathbf{w}) + (-\mathbf{v}, -\mathbf{w}) = (\mathbf{v} + (-\mathbf{v}), \mathbf{w} + (-\mathbf{w})) = (\mathbf{0}_v, \mathbf{0}_w),$$

(v) gemischte Assoziativität der Multiplikationen:

$$
\begin{aligned}
(ab) \cdot (\mathbf{v}, \mathbf{w}) &= ((ab) \cdot \mathbf{v}, (ab) \cdot \mathbf{w}) \\
&= (a \cdot (b \cdot \mathbf{v}), a \cdot (b \cdot \mathbf{w})) \\
&= a \cdot (b \cdot \mathbf{v}, b \cdot \mathbf{w}) \\
&= a \cdot \Big(b \cdot (\mathbf{v}, \mathbf{w}) \Big),
\end{aligned}
$$

(vi) das Einselement $1 \in \mathbb{K}$ ist auch hinsichtlich der Skalarmultiplikation ein neutrales Element:

$$1 \cdot (\mathbf{v}, \mathbf{w}) = (1 \cdot \mathbf{v}, 1 \cdot \mathbf{w}) = (\mathbf{v}, \mathbf{w}),$$

(vii) Distributivität bei Vektoraddition:

$$
\begin{aligned}
a \cdot \Big((\mathbf{v}_1, \mathbf{w}_1) + (\mathbf{v}_2, \mathbf{w}_2) \Big) &= a \cdot ((\mathbf{v}_1 + \mathbf{v}_2, \mathbf{w}_1 + \mathbf{w}_2)) \\
&= (a \cdot (\mathbf{v}_1 + \mathbf{v}_2), a \cdot (\mathbf{w}_1 + \mathbf{w}_2)) \\
&= (a \cdot \mathbf{v}_1 + a \cdot \mathbf{v}_2, a \cdot \mathbf{w}_1 + a \cdot \mathbf{w}_2) \\
&= (a \cdot \mathbf{v}_1, a \cdot \mathbf{w}_1) + (a \cdot \mathbf{v}_2, a \cdot \mathbf{w}_2) \\
&= a \cdot (\mathbf{v}_1, \mathbf{w}_1) + a \cdot (\mathbf{v}_2, \mathbf{w}_2),
\end{aligned}
$$

(viii) Distributivität bei Skalaraddition:

$$
\begin{aligned}
(a+b) \cdot (\mathbf{v}, \mathbf{w}) &= ((a+b) \cdot \mathbf{v}, (a+b) \cdot \mathbf{w}) \\
&= (a \cdot \mathbf{v} + b \cdot \mathbf{v}, a \cdot \mathbf{w} + b \cdot \mathbf{w}) \\
&= (a \cdot \mathbf{v}, a \cdot \mathbf{w}) + (b \cdot \mathbf{v}, b \cdot \mathbf{w}) \\
&= a \cdot (\mathbf{v}, \mathbf{w}) + b \cdot (\mathbf{v}, \mathbf{w}).
\end{aligned}
$$

Kapitel 2
Lineare Gleichungssysteme, Matrizen und Determinanten

2.1 Lineare Gleichungssysteme

Aufgabe 2.1 Lösen Sie die folgenden linearen Gleichungssysteme durch das Gauß'sche Eliminationsverfahren. Bringen Sie die linearen Gleichungssysteme zuvor in Matrix-Vektor-Schreibweise.

a) $\quad x_1 + 2x_2 - 3 = 0$
$\quad\quad\quad 3x_1 + 6x_3 = 6 + x_2$
$\quad\quad 5x_1 - x_2 + 9x_3 = 10$

b) $\quad x_1 + x_2 + x_3 + 2x_4 = 1$
$\quad\quad x_1 + 2x_2 + 2x_3 + 4x_4 = 2$
$\quad\quad x_1 + x_2 + 2x_3 + 4x_4 = 0$
$\quad\quad x_1 + x_2 + x_3 + 4x_4 = 2$

c) $\quad\quad 2(x_1 + x_2) = -x_3$
$\quad\quad 3x_1 + 2x_2 + x_3 = -2x_2$
$\quad\quad 7x_1 + 2(4x_2 + x_3) = 0$

Lösung

a) Das lineare Gleichungssystem (LGS) lautet in Matrix-Vektor-Schreibweise

$$\begin{pmatrix} 1 & 2 & 0 \\ 3 & -1 & 6 \\ 5 & -1 & 9 \end{pmatrix} \begin{pmatrix} x_1 \\ x_2 \\ x_3 \end{pmatrix} = \begin{pmatrix} 3 \\ 6 \\ 10 \end{pmatrix}$$

bzw. in Kurzform als Tableau, das mit dem Gauß'schen Verfahren transformiert wird:

$$\left[\begin{array}{ccc|c} 1 & 2 & 0 & 3 \\ 3 & -1 & 6 & 6 \\ 5 & -1 & 9 & 10 \end{array}\right] \longrightarrow \cdots \longrightarrow \left[\begin{array}{ccc|c} 1 & 0 & 0 & 1 \\ 0 & 1 & 0 & 1 \\ 0 & 0 & 1 & \frac{2}{3} \end{array}\right].$$

© Springer-Verlag GmbH Deutschland, ein Teil von Springer Nature 2019
L. Göllmann und C. Henig, *Arbeitsbuch zur linearen Algebra*,
https://doi.org/10.1007/978-3-662-58766-9_2

Hieraus lesen wir die eindeutig bestimmte Lösung ab, sie lautet in vektorieller Schreibweise

$$\mathbf{x} = \begin{pmatrix} x_1 \\ x_2 \\ x_3 \end{pmatrix} = \begin{pmatrix} 1 \\ 1 \\ \frac{2}{3} \end{pmatrix}.$$

b) Das LGS lautet in Matrix-Vektor-Schreibweise

$$\begin{pmatrix} 1 & 1 & 1 & 2 \\ 1 & 2 & 2 & 4 \\ 1 & 1 & 2 & 4 \\ 1 & 1 & 1 & 4 \end{pmatrix} \begin{pmatrix} x_1 \\ x_2 \\ x_3 \\ x_4 \end{pmatrix} = \begin{pmatrix} 1 \\ 2 \\ 0 \\ 2 \end{pmatrix}$$

bzw. in Tableauform, die nach wenigen Gauß-Eliminationen in die Lösungsform gebracht
werden kann:

$$\begin{bmatrix} 1 & 1 & 1 & 2 & | & 1 \\ 1 & 2 & 2 & 4 & | & 2 \\ 1 & 1 & 2 & 4 & | & 0 \\ 1 & 1 & 1 & 4 & | & 2 \end{bmatrix} \longrightarrow \cdots \longrightarrow \begin{bmatrix} 1 & 0 & 0 & 0 & | & 0 \\ 0 & 1 & 0 & 0 & | & 2 \\ 0 & 0 & 1 & 0 & | & -2 \\ 0 & 0 & 0 & 1 & | & \frac{1}{2} \end{bmatrix}.$$

Hieraus lesen wir die eindeutige Lösung ab:

$$\mathbf{x} = \begin{pmatrix} x_1 \\ x_2 \\ x_3 \\ x_4 \end{pmatrix} = \begin{pmatrix} 0 \\ 2 \\ -2 \\ \frac{1}{2} \end{pmatrix}.$$

c) Das *homogene* LGS lautet in Matrix-Vektor-Schreibweise

$$\begin{pmatrix} 2 & 2 & 1 \\ 3 & 4 & 1 \\ 7 & 8 & 2 \end{pmatrix} \begin{pmatrix} x_1 \\ x_2 \\ x_3 \end{pmatrix} = \begin{pmatrix} 0 \\ 0 \\ 0 \end{pmatrix}.$$

In der Tableauform können wir die rechte Seite weglassen, da sie nur aus Nullen besteht.
Im Zuge des Gauß'schen Verfahrens würde sich ja hier nichts ändern, warum sollten wir
dann die Nullen stets mitschreiben? Das Tableau lautet also

$$\begin{bmatrix} 2 & 2 & 1 \\ 3 & 4 & 1 \\ 7 & 8 & 2 \end{bmatrix}.$$

Da wir bereits wissen, dass jedes homogene LGS die triviale Lösung $\mathbf{x} = \mathbf{0}$ besitzt, stellt
sich die Frage, ob wir hier überhaupt noch weiterrechnen müssen. Nun ist aber noch nicht
klar, ob die triviale Lösung auch die einzige Lösung ist, mit anderen Worten: Besteht
die Lösungsmenge evtl. aus mehr als einem Vektor? Bei den Aufgaben zuvor zeigt das
Gauß'sche Verfahren, dass die berechnete Lösung jeweils eindeutig ist, denn eine Tableauform der Art

$$\begin{bmatrix} 1 & 0 & \cdots & 0 & c_1 \\ 0 & 1 & & \vdots & c_2 \\ \vdots & & \ddots & 0 & \vdots \\ 0 & \cdots & 0 & 1 & c_n \end{bmatrix}$$

lautet zurückübersetzt in ein LGS

$$\left\{ \begin{array}{cccc} x_1 & & & = c_1 \\ & x_2 & & = c_2 \\ & & \ddots & \vdots \\ & & & x_n = c_n \end{array} \right\},$$

hieraus lesen wir die eindeutige Lösung in vektorieller Schreibweise ab:

$$\mathbf{x} = \begin{pmatrix} x_1 \\ x_2 \\ \vdots \\ x_n \end{pmatrix} = \begin{pmatrix} c_1 \\ c_2 \\ \vdots \\ c_n \end{pmatrix} \in \mathbb{R}^n.$$

Wenn die triviale Lösung ebenfalls die einzige Lösung für das LGS der Teilaufgabe c) ist, dann müsste sich durch das Gauß'sche Verfahren die 3×3-Einheitsmatrix aus dem Tableau erzeugen lassen. Wir probieren dies nun aus. Um das Rechnen mit Brüchen während der elementaren Umformungen möglichst zu vermeiden und erst zum Schluss durchzuführen (mögliche Rechenfehler!), multiplizieren wir die zweite und die dritte Zeile so durch, dass die Zahl 2 links oben in der ersten Spalte einen gemeinsamen Teiler der übrigen beiden Einträge darstellt:

$$\begin{bmatrix} 2 & 2 & 1 \\ 3 & 4 & 1 \\ 7 & 8 & 2 \end{bmatrix} \begin{array}{c} \\ \cdot 2 \\ \cdot 2 \end{array} \rightarrow \begin{bmatrix} 2 & 2 & 1 \\ 6 & 8 & 2 \\ 14 & 16 & 4 \end{bmatrix} \begin{array}{c} \cdot(-3),\ \cdot(-7) \\ \hookleftarrow \\ \hookleftarrow \end{array} \rightarrow \begin{bmatrix} 2 & 2 & 1 \\ 0 & 2 & -1 \\ 0 & 2 & -3 \end{bmatrix} \begin{array}{c} \\ \cdot(-1) \\ \hookleftarrow \end{array} \rightarrow \begin{bmatrix} 2 & 2 & 1 \\ 0 & 2 & -4 \\ 0 & 0 & -2 \end{bmatrix}.$$

Alternativ hätten wir auch im Anfangstableau eine 1 in der ersten Spalte erzeugen können, indem wir die erste Zeile von der zweiten Zeile subtrahiert und danach die ersten beiden Zeilen vertauscht hätten. Wir könnten dann mit der 1 in der linken oberen Position bequem die Eliminationen durchführen, ohne Brüche oder größere Zahlen in Kauf nehmen zu müssen.

Eine weitere Variante wäre beispielsweise der Tausch der ersten und letzten Spalte. Mit der dann links oben stehenden 1 lassen sich bequem die beiden darunter befindlichen Elemente 1 und 2 eliminieren. Für die Beantwortung der Frage, ob es nur die triviale Lösung gibt, müsste dieser Spaltentausch auch nicht wieder rückgängig gemacht werden. Denn es reicht ja hierfür zu klären, ob voller Rang vorliegt oder nicht.

Wir haben nun eine sogenannte obere Dreiecksmatrix erreicht, deren Diagonalkomponenten (2,2 und -2) nicht verschwinden. An dieser Stelle ist bereits erkennbar, dass die 3×3-Einheitsmatrix hieraus durch weitere elementare Umformungen erzeugbar ist, indem u. a. das obere Dreieck ebenfalls eliminiert werden kann. Es hat sich also – und das ist entscheidend – keine Nullzeile ergeben. Die triviale Lösung ist daher die einzige Lösung.

Aufgabe 2.1.1 Gegeben sei das inhomogene lineare Gleichungssystem

$$\left\{ \begin{array}{l} 3x_1 + 2x_2 + 5x_3 + 12x_4 = 19 \\ 2x_1 + 1x_2 + 3x_3 + 7x_4 = 12 \\ 5x_1 + 4x_2 + 9x_3 + 22x_4 = 33 \end{array} \right\}.$$

a) Wie lautet die Koeffizientenmatrix A und der Vektor **b** der rechten Seite dieses Systems?

b) Lösen Sie das Gleichungssystem ohne Verwendung von Brüchen und geben Sie dabei die Lösungsmenge in der üblichen Kurzschreibweise als lineares Erzeugnis an, also unter Verwendung der spitzen Klammern $\langle \ldots \rangle$.

c) Welchen Rang besitzt die Koeffizientenmatrix A?

d) Ergänzen Sie die folgenden Vektoren zu Lösungsvektoren des obigen LGS:

$$\mathbf{v}_1 = \begin{pmatrix} \square \\ \square \\ 1 \\ 1 \end{pmatrix}, \quad \mathbf{v}_2 = \begin{pmatrix} 0 \\ \square \\ -1 \\ \square \end{pmatrix}, \quad \mathbf{v}_3 = \begin{pmatrix} 0 \\ 0 \\ \square \\ \square \end{pmatrix}.$$

Lösung

a) Die Koeffizientenmatrix und der Vektor der rechten Seite lauten

$$A = \begin{pmatrix} 3 & 2 & 5 & 12 \\ 2 & 1 & 3 & 7 \\ 5 & 4 & 9 & 22 \end{pmatrix}, \qquad \mathbf{b} = \begin{pmatrix} 19 \\ 12 \\ 33 \end{pmatrix}.$$

b) Zur Lösung von $A\mathbf{x} = \mathbf{b}$ verwenden wir die Tableauform:

$$[A \,|\, \mathbf{b}] = \left[\begin{array}{cccc|c} 3 & 2 & 5 & 12 & 19 \\ 2 & 1 & 3 & 7 & 12 \\ 5 & 4 & 9 & 22 & 33 \end{array} \right] \;-\; \rightarrow \left[\begin{array}{cccc|c} 1 & 1 & 2 & 5 & 7 \\ 2 & 1 & 3 & 7 & 12 \\ 5 & 4 & 9 & 22 & 33 \end{array} \right] \begin{array}{l} \cdot(-2),\ \cdot(-5) \end{array}$$

$$\rightarrow \left[\begin{array}{cccc|c} 1 & 1 & 2 & 5 & 7 \\ 0 & -1 & -1 & -3 & -2 \\ 0 & -1 & -1 & -3 & -2 \end{array} \right] \begin{array}{l} +,\ \cdot(-1) \end{array} \rightarrow \left[\begin{array}{cccc|c} 1 & 0 & 1 & 2 & 5 \\ 0 & 1 & 1 & 3 & 2 \\ 0 & 0 & 0 & 0 & 0 \end{array} \right].$$

Die Lösungsmenge lautet nach der Ableseregel (vgl. [5])

$$\begin{pmatrix} 5 \\ 2 \\ 0 \\ 0 \end{pmatrix} + \left\langle \begin{pmatrix} -1 \\ -1 \\ 1 \\ 0 \end{pmatrix}, \begin{pmatrix} -2 \\ -3 \\ 0 \\ 1 \end{pmatrix} \right\rangle.$$

c) Es gilt $\operatorname{Rang} A = 2$.

d) Es sind

$$\mathbf{v}_1 = \begin{pmatrix} \boxed{2} \\ \boxed{-2} \\ 1 \\ 1 \end{pmatrix}, \quad \mathbf{v}_2 = \begin{pmatrix} 0 \\ \boxed{-6} \\ -1 \\ \boxed{3} \end{pmatrix}, \quad \mathbf{v}_3 = \begin{pmatrix} 0 \\ 0 \\ \boxed{11} \\ \boxed{-3} \end{pmatrix}.$$

Aufgabe 2.1.2 Gegeben sei ein lineares Gleichungssystem $A\mathbf{x} = \mathbf{b}$ über $\mathbb{R}$ und die Menge

$$L = \begin{pmatrix} 7 \\ -2 \\ 4 \\ 0 \end{pmatrix} + \left\langle \begin{pmatrix} 2 \\ 1 \\ 0 \\ 0 \end{pmatrix}, \begin{pmatrix} 0 \\ 0 \\ 1 \\ 0 \end{pmatrix}, \begin{pmatrix} -1 \\ 0 \\ 0 \\ 1 \end{pmatrix} \right\rangle \subset \mathbb{R}^4.$$

Es gelte nun $A\mathbf{x} = \mathbf{b} \iff \mathbf{x} \in L$.

a) Welche Spaltenzahl besitzt die Matrix A, und wie lautet ihr Rang?
b) Geben Sie ein zur Menge L passendes Zieltableau an.

Lösung

a) Bei A muss es sich um eine Matrix aus vier Spalten handeln, da das lineare Gleichungssystem vier Unbekannte besitzt, denn die angegebene Lösungsmenge besteht aus Vektoren des $\mathbb{R}^4$. Es gilt dabei $\operatorname{Rang} A = 1$.

b) Um ein Zieltableau zu finden, das durch die Ableseregel die Lösungsmenge L ergibt, muss der obige Stützvektor durch einen Stützvektor ersetzt werden, der in den unteren drei Komponenten aus Nullen besteht, denn es ist $\operatorname{Rang} A = 1$. Der neue Stützvektor muss dabei ebenfalls ein Lösungsvektor sein, also in L liegen. Wir konstruieren daher den neuen Stützvektor wie folgt:

$$\begin{pmatrix} 7 \\ -2 \\ 4 \\ 0 \end{pmatrix} + 2 \cdot \begin{pmatrix} 2 \\ 1 \\ 0 \\ 0 \end{pmatrix} - 4 \cdot \begin{pmatrix} 0 \\ 0 \\ 1 \\ 0 \end{pmatrix} + 0 \cdot \begin{pmatrix} -1 \\ 0 \\ 0 \\ 1 \end{pmatrix} = \begin{pmatrix} 11 \\ 0 \\ 0 \\ 0 \end{pmatrix}.$$

Es ist dann

$$L = \begin{pmatrix} 11 \\ 0 \\ 0 \\ 0 \end{pmatrix} + \left\langle \begin{pmatrix} 2 \\ 1 \\ 0 \\ 0 \end{pmatrix}, \begin{pmatrix} 0 \\ 0 \\ 1 \\ 0 \end{pmatrix}, \begin{pmatrix} -1 \\ 0 \\ 0 \\ 1 \end{pmatrix} \right\rangle$$

und beispielsweise

$$\left[\begin{array}{cccc|c} 1 & -2 & 0 & 1 & 11 \\ 0 & 0 & 0 & 0 & 0 \\ 0 & 0 & 0 & 0 & 0 \end{array}\right]$$

ein Zieltableau, das nach Anwenden der Ableseregel die Lösungsmenge L in der letztgenannten Form ergibt. In diesem Zieltableau dürfen wir beliebig viele weitere Nullzeilen ergänzen, ohne dass sich die Lösungsmenge ändert.

Aufgabe 2.2 Die Lösungsmenge eines homogenen linearen Gleichungssystems ist ein Teilraum, während die Lösungsmenge eines inhomogenen linearen Gleichungssystems einen affinen Teilraum darstellt. In dieser Aufgabe soll insbesondere die Ableseregel zur Bestimmung dieser Räume trainiert werden.

a) Bestimmen Sie die (affinen) Lösungsräume folgender linearer Gleichungssysteme über dem Körper $\mathbb{R}$:

$$\begin{pmatrix} 4 & 3 & 3 & 10 & 9 & 7 & 0 \\ 2 & 3 & 2 & 5 & 7 & 4 & 0 \\ 2 & 2 & 3 & 9 & 8 & 5 & 0 \\ 1 & 1 & 1 & 3 & 3 & 2 & 0 \end{pmatrix} \mathbf{x} = \mathbf{0}, \qquad \begin{pmatrix} 2 & 1 & 2 & 5 & 4 \\ 1 & 3 & 6 & 10 & 2 \\ 1 & 2 & 4 & 7 & 2 \end{pmatrix} \mathbf{x} = \begin{pmatrix} 5 \\ 0 \\ 1 \end{pmatrix}.$$

b) Bestimmen Sie die Lösungsmenge des linearen Gleichungssystems

$$\begin{pmatrix} 1 & 2 & 1 & 1 \\ 2 & 0 & 0 & 1 \\ 1 & 1 & 2 & 0 \end{pmatrix} \mathbf{x} = \begin{pmatrix} 2 \\ 1 \\ 2 \end{pmatrix}$$

über dem Körper $\mathbb{Z}_3$.

c) Lösen Sie das lineare Gleichungssystem

$$\begin{pmatrix} 2t(1-t) & -2t^2 & -t \\ 2(t-1) & t & 1 \\ t-1 & 0 & 1 \end{pmatrix} \mathbf{x} = \begin{pmatrix} -2t^4 - t^3 - 2t^2 - t \\ t^3 + t^2 + 2t + 2 \\ t^2 + 2t + 2 \end{pmatrix}$$

über dem Quotientenkörper von $\mathbb{R}[t]$.

Lösung

a) Durch elementare Zeilenumformungen können wir eine Zeile komplett eliminieren und das Tableau schließlich in Normalform überführen:

$$\left[\begin{array}{ccccccc} 4 & 3 & 3 & 10 & 9 & 7 & 0 \\ 2 & 3 & 2 & 5 & 7 & 4 & 0 \\ 2 & 2 & 3 & 9 & 8 & 5 & 0 \\ 1 & 1 & 1 & 3 & 3 & 2 & 0 \end{array}\right] \rightarrow \left[\begin{array}{ccccccc} 1 & 1 & 1 & 3 & 3 & 2 & 0 \\ 2 & 3 & 2 & 5 & 7 & 4 & 0 \\ 2 & 2 & 3 & 9 & 8 & 5 & 0 \\ 4 & 3 & 3 & 10 & 9 & 7 & 0 \end{array}\right] \rightarrow \dots \rightarrow \left[\begin{array}{ccccccc} 1 & 0 & 0 & 1 & 0 & 1 & 0 \\ 0 & 1 & 0 & -1 & 1 & 0 & 0 \\ 0 & 0 & 1 & 3 & 2 & 1 & 0 \end{array}\right].$$

Die Ableseregel liefert uns als Lösungsmenge einen vierdimensionalen Teilraum des $\mathbb{R}^7$:

$$L_0 = \left\langle \begin{pmatrix} -1 \\ 1 \\ -3 \\ 1 \\ 0 \\ 0 \\ 0 \end{pmatrix}, \begin{pmatrix} 0 \\ -1 \\ -2 \\ 0 \\ 1 \\ 0 \\ 0 \end{pmatrix}, \begin{pmatrix} -1 \\ 0 \\ -1 \\ 0 \\ 0 \\ 1 \\ 0 \end{pmatrix}, \begin{pmatrix} 0 \\ 0 \\ 0 \\ 0 \\ 0 \\ 0 \\ 1 \end{pmatrix} \right\rangle.$$

Im Tableau des inhomogenen linearen Gleichungssystems lässt sich eine Zeile eliminieren, sodass wir nach wenigen Schritten zur Normalform gelangen:

$$\begin{bmatrix} 2 & 1 & 2 & 5 & 4 & | & 5 \\ 1 & 3 & 6 & 10 & 2 & | & 0 \\ 1 & 2 & 4 & 7 & 2 & | & 1 \end{bmatrix} \to \begin{bmatrix} 1 & 3 & 6 & 10 & 2 & | & 0 \\ 2 & 1 & 2 & 5 & 4 & | & 5 \\ 1 & 2 & 4 & 7 & 2 & | & 1 \end{bmatrix} \to \dots \to \begin{bmatrix} 1 & 0 & 0 & 1 & 2 & | & 3 \\ 0 & 1 & 2 & 3 & 0 & | & -1 \end{bmatrix}.$$

Die Ableseregel liefert die Lösungsmenge als affinen Teilraum des $\mathbb{R}^5$

$$L = \begin{pmatrix} 3 \\ -1 \\ 0 \\ 0 \\ 0 \end{pmatrix} + \left\langle \begin{pmatrix} 0 \\ -2 \\ 1 \\ 0 \\ 0 \end{pmatrix}, \begin{pmatrix} -1 \\ -3 \\ 0 \\ 1 \\ 0 \end{pmatrix}, \begin{pmatrix} -2 \\ 0 \\ 0 \\ 0 \\ 1 \end{pmatrix} \right\rangle.$$

Um die durch Zeilenumformungen bestimmte Normalform des Tableaus durch MATLAB® ermitteln zu lassen, können wir die Funktion **rref** (reduced row echelon form) verwenden:

```
>> A=[2,1,2,5,4,5; 1,3,6,10,2,0; 1,2,4,7,2,1]

A =

     2     1     2     5     4     5
     1     3     6    10     2     0
     1     2     4     7     2     1

>> rref(A)

ans =

     1     0     0     1     2     3
     0     1     2     3     0    -1
     0     0     0     0     0     0
```

b) In $\mathbb{Z}_3$ haben wir folgende inverse Elemente:

$$\begin{array}{c||c c c} x & 0 & 1 & 2 \\ \hline\hline -x & 0 & 2 & 1 \\ x^{-1} & - & 1 & 2 \end{array},$$

die wir für die weitere Rechnung benötigen, um das Tableau des zu lösenden linearen Gleichungssystems mit elementaren Umformungen über dem Körper $\mathbb{Z}_3$ in die Normalform zu bringen:

$$\begin{bmatrix} 1 & 2 & 1 & 1 & | & 2 \\ 2 & 0 & 0 & 1 & | & 1 \\ 1 & 1 & 2 & 0 & | & 2 \end{bmatrix} \overset{\cdot(-2)=1,\ \cdot(-1)=2}{\longrightarrow} \begin{bmatrix} 1 & 2 & 1 & 1 & | & 2 \\ 0 & 2 & 1 & 2 & | & 0 \\ 0 & 2 & 1 & 2 & | & 0 \end{bmatrix} \overset{-,\ \cdot 2^{-1}=2}{}$$

$$\rightarrow \begin{bmatrix} 1 & 2 & 1 & 1 & | & 2 \\ 0 & 1 & 2 & 1 & | & 0 \\ 0 & 0 & 0 & 0 & | & 0 \end{bmatrix} \overset{\cdot(-2)=1}{\longrightarrow} \rightarrow \begin{bmatrix} 1 & 0 & 0 & 2 & | & 2 \\ 0 & 1 & 2 & 1 & | & 0 \\ 0 & 0 & 0 & 0 & | & 0 \end{bmatrix}.$$

Hieraus lesen wir die Lösungsmenge ab. Sie lautet

$$\begin{pmatrix} 2 \\ 0 \\ 0 \\ 0 \end{pmatrix} + \left\langle \begin{pmatrix} 0 \\ -2 \\ 1 \\ 0 \end{pmatrix}, \begin{pmatrix} -2 \\ -1 \\ 0 \\ 1 \end{pmatrix} \right\rangle = \begin{pmatrix} 2 \\ 0 \\ 0 \\ 0 \end{pmatrix} + \left\langle \begin{pmatrix} 0 \\ 1 \\ 1 \\ 0 \end{pmatrix}, \begin{pmatrix} 1 \\ 2 \\ 0 \\ 1 \end{pmatrix} \right\rangle.$$

Da wir $\mathbb{Z}_3$ als Körper zugrunde gelegt haben, ergibt sich eine endliche Lösungsmenge aus $3^2 = 9$ Lösungen:

$$\mathbf{x} \in \left\{ \begin{pmatrix} 2 \\ 0 \\ 0 \\ 0 \end{pmatrix}, \begin{pmatrix} 0 \\ 2 \\ 0 \\ 1 \end{pmatrix}, \begin{pmatrix} 1 \\ 1 \\ 0 \\ 2 \end{pmatrix}, \begin{pmatrix} 2 \\ 1 \\ 1 \\ 0 \end{pmatrix}, \begin{pmatrix} 0 \\ 0 \\ 1 \\ 1 \end{pmatrix}, \begin{pmatrix} 1 \\ 2 \\ 1 \\ 2 \end{pmatrix}, \begin{pmatrix} 2 \\ 2 \\ 2 \\ 0 \end{pmatrix}, \begin{pmatrix} 0 \\ 1 \\ 2 \\ 1 \end{pmatrix}, \begin{pmatrix} 1 \\ 0 \\ 2 \\ 2 \end{pmatrix} \right\}.$$

c) Im Tableau vertauschen wir zunächst die erste und die letzte Zeile und führen dann weitere elementare Zeilenumformungen unter Verwendung von Skalaren aus dem Quotientenkörper von $\mathbb{R}[t]$ durch. Dies ist der Körper der reellen rationalen Funktionen in der Variablen t. Wir erhalten:

$$\begin{bmatrix} 2t(1-t) & -2t^2 & -t & | & -2t^4 - t^3 - 2t^2 - t \\ 2(t-1) & t & 1 & | & t^3 + t^2 + 2t + 2 \\ t-1 & 0 & 1 & | & t^2 + 2t + 2 \end{bmatrix}$$

$$\rightarrow \begin{bmatrix} t-1 & 0 & 1 & | & t^2 + 2t + 2 \\ 2(t-1) & t & 1 & | & t^3 + t^2 + 2t + 2 \\ 2t(1-t) & -2t^2 & -t & | & -2t^4 - t^3 - 2t^2 - t \end{bmatrix} \overset{\cdot(-2),\ \cdot 2t}{}$$

$$\rightarrow \begin{bmatrix} t-1 & 0 & 1 & | & t^2 + 2t + 2 \\ 0 & t & -1 & | & t^3 - t^2 - 2t - 2 \\ 0 & -2t^2 & t & | & -2t^4 + t^3 + 2t^2 \end{bmatrix} \overset{\cdot 2t}{}$$

$$\rightarrow \begin{bmatrix} t-1 & 0 & 1 \\ 0 & t & -1 \\ 0 & 0 & -t \end{bmatrix} \left.\begin{matrix} t^2+2t+2 \\ t^3-t^2-2t-2 \\ -t^3-2t^2-t \end{matrix}\right] \cdot(-\tfrac{1}{t})$$

$$\rightarrow \begin{bmatrix} t-1 & 0 & 1 \\ 0 & t & -1 \\ 0 & 0 & 1 \end{bmatrix} \left.\begin{matrix} t^2+2t+2 \\ t^3-t^2-2t-2 \\ t^2+2t+1 \end{matrix}\right] \begin{matrix} \\ + & - \end{matrix}$$

$$\rightarrow \begin{bmatrix} t-1 & 0 & 0 \\ 0 & t & 0 \\ 0 & 0 & 1 \end{bmatrix} \left.\begin{matrix} 1 \\ t^3-1 \\ t^2+2t+1 \end{matrix}\right] \begin{matrix} \cdot\frac{1}{t-1} \\ \cdot\frac{1}{t} \\ \end{matrix} \rightarrow \begin{bmatrix} 1 & 0 & 0 \\ 0 & 1 & 0 \\ 0 & 0 & 1 \end{bmatrix} \left.\begin{matrix} \frac{1}{t-1} \\ t^2-\frac{1}{t} \\ t^2+2t+1 \end{matrix}\right].$$

Die eindeutige Lösung ist also $x_1 = \frac{1}{t-1}$, $x_2 = t^2 - \frac{1}{t}$ und $x_3 = (t+1)^2$ aus dem Quotientenkörper von $\mathbb{R}[t]$.

Aufgabe 2.2.1 Für ein Aquarium sollen die Wassertemperaturen im stationären Zustand auf halber Höhe näherungsweise ermittelt werden. Hierzu wird nur die Wärmeleitung im Wasser betrachtet, Einflüsse durch Konvektion sollen vernachlässigt werden. Vereinfachend wird das Inventar des Aquariums (Fische, Pflanzen und anderes) vernachlässigt, sodass das Wasser als homogenes Material betrachtet werden kann. Das Aquarium habe einen fünfeckigen Querschnitt, wie in Abb. 2.1 gezeigt. Das Aquarium soll in einer Raumecke aufgestellt werden, sodass für die beiden langen Seiten, die der schrägen Seite gegenüberliegen, eine Temperatur von 24 °C angenommen werden soll. Für die übrigen Seiten kann eine Temperatur von 20 °C unterstellt werden. Zum Erwärmen des Wassers sind in der Nähe der Ecken gegenüber der schrägen Seite Heizelemente positioniert, in Abb. 2.1 bezeichnet mit H_1 und H_2, die die Umgebung auf eine einstellbare Temperatur bringen können.

Zur Berechnung der Wassertemperaturen wird der Querschnitt des Aquariums mit einem äquidistanten Raster versehen (siehe Abb. 2.1). An den Kreuzungspunkten des Rasters sollen die Temperaturen x_i bestimmt werden. Da das Wasser vereinfachend als homogenes Medium betrachtet wird, kann angenommen werden, dass die Temperatur an jedem Raumpunkt annähernd der arithmetische Mittelwert der Temperaturen der nächsten Nachbarpunkte in vertikaler und horizontaler Richtung ist. Für die Berechnung der Temperaturen bietet es sich an, eine Mathematiksoftware wie z. B. MATLAB® zu verwenden.

a) Die Temperatur der beiden Heizelemente sei jeweils 30 °C. Stellen Sie das Gleichungssystem für die Temperaturen x_i an den 13 Punkten auf und berechnen Sie diese. Ermitteln Sie die Durchschnittstemperatur des Wassers.

b) Finden Sie durch Probieren heraus, auf welche Temperatur die beiden Heizelemente eingestellt werden müssen, damit die Temperatur im Durchschnitt etwa 25 °C beträgt.

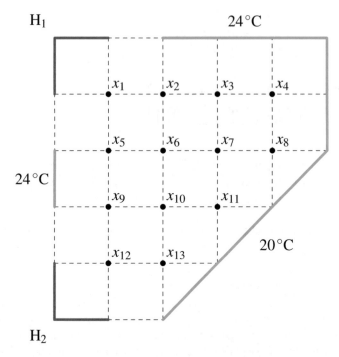

Abb. 2.1 Äquidistantes Raster zur Bestimmung der Temperaturverteilung im Aquarium

Lösung

a) Der Übersichtlichkeit halber werden die Temperaturen ohne Berücksichtigung der Einheit berechnet. Für die 13 Temperaturen ergibt sich folgendes LGS:

$$
\begin{aligned}
x_1 &= \tfrac{1}{4}(x_2 + 30 + 30 + x_5) \\
x_2 &= \tfrac{1}{4}(x_3 + 24 + x_1 + x_6) \\
x_3 &= \tfrac{1}{4}(x_4 + 24 + x_2 + x_7) \\
x_4 &= \tfrac{1}{4}(20 + 24 + x_3 + x_8) \\
x_5 &= \tfrac{1}{4}(x_6 + x_1 + 24 + x_9) \\
x_6 &= \tfrac{1}{4}(x_7 + x_2 + x_5 + x_{10}) \\
x_7 &= \tfrac{1}{4}(x_8 + x_3 + x_6 + x_{11}) \\
x_8 &= \tfrac{1}{4}(20 + x_4 + x_7 + 20) \\
x_9 &= \tfrac{1}{4}(x_{10} + x_5 + 24 + x_{12}) \\
x_{10} &= \tfrac{1}{4}(x_{11} + x_6 + x_9 + x_{13}) \\
x_{11} &= \tfrac{1}{4}(20 + x_7 + x_{10} + 20) \\
x_{12} &= \tfrac{1}{4}(x_{13} + x_9 + 30 + 30) \\
x_{13} &= \tfrac{1}{4}(20 + x_{10} + x_{12} + 20).
\end{aligned}
$$

Bringen wir alle Unbekannten des LGS auf die linke Seite und multiplizieren alle Gleichungen mit 4, um Brüche zu vermeiden, lautet das LGS in Matrix-Vektor-Schreibweise:

$$\begin{pmatrix} 4 & -1 & 0 & 0 & -1 & 0 & 0 & 0 & 0 & 0 & 0 & 0 & 0 \\ -1 & 4 & -1 & 0 & 0 & -1 & 0 & 0 & 0 & 0 & 0 & 0 & 0 \\ 0 & -1 & 4 & -1 & 0 & 0 & -1 & 0 & 0 & 0 & 0 & 0 & 0 \\ 0 & 0 & -1 & 4 & 0 & 0 & 0 & -1 & 0 & 0 & 0 & 0 & 0 \\ -1 & 0 & 0 & 0 & 4 & -1 & 0 & 0 & -1 & 0 & 0 & 0 & 0 \\ 0 & -1 & 0 & 0 & -1 & 4 & -1 & 0 & 0 & -1 & 0 & 0 & 0 \\ 0 & 0 & -1 & 0 & 0 & -1 & 4 & -1 & 0 & 0 & -1 & 0 & 0 \\ 0 & 0 & 0 & -1 & 0 & 0 & -1 & 4 & 0 & 0 & 0 & 0 & 0 \\ 0 & 0 & 0 & 0 & -1 & 0 & 0 & 0 & 4 & -1 & 0 & -1 & 0 \\ 0 & 0 & 0 & 0 & 0 & -1 & 0 & 0 & -1 & 4 & -1 & 0 & -1 \\ 0 & 0 & 0 & 0 & 0 & 0 & -1 & 0 & 0 & -1 & 4 & 0 & 0 \\ 0 & 0 & 0 & 0 & 0 & 0 & 0 & 0 & -1 & 0 & 0 & 4 & -1 \\ 0 & 0 & 0 & 0 & 0 & 0 & 0 & 0 & 0 & -1 & 0 & -1 & 4 \end{pmatrix} \begin{pmatrix} x_1 \\ x_2 \\ x_3 \\ x_4 \\ x_5 \\ x_6 \\ x_7 \\ x_8 \\ x_9 \\ x_{10} \\ x_{11} \\ x_{12} \\ x_{13} \end{pmatrix} = \begin{pmatrix} 60 \\ 24 \\ 24 \\ 44 \\ 24 \\ 0 \\ 0 \\ 40 \\ 24 \\ 0 \\ 40 \\ 60 \\ 40 \end{pmatrix}.$$

Dieses LGS kann z. B. mithilfe des Programms MATLAB® leicht gelöst werden. Im Folgenden ist ein möglicher Einsatz von MATLAB® dargestellt:

```
>> % LGS: A*x=b
>> % Koeffizientenmatrix A:
>> A=[ 4, -1,  0,  0, -1,  0,  0,  0,  0,  0,  0,  0,  0;
      -1,  4, -1,  0,  0, -1,  0,  0,  0,  0,  0,  0,  0;
       0, -1,  4, -1,  0,  0, -1,  0,  0,  0,  0,  0,  0;
       0,  0, -1,  4,  0,  0,  0, -1,  0,  0,  0,  0,  0;
      -1,  0,  0,  0,  4, -1,  0,  0, -1,  0,  0,  0,  0;
       0, -1,  0,  0, -1,  4, -1,  0,  0, -1,  0,  0,  0;
       0,  0, -1,  0,  0, -1,  4, -1,  0,  0, -1,  0,  0;
       0,  0,  0, -1,  0,  0, -1,  4,  0,  0,  0,  0,  0;
       0,  0,  0,  0, -1,  0,  0,  0,  4, -1,  0, -1,  0;
       0,  0,  0,  0,  0, -1,  0,  0, -1,  4, -1,  0, -1;
       0,  0,  0,  0,  0,  0, -1,  0,  0, -1,  4,  0,  0;
       0,  0,  0,  0,  0,  0,  0,  0, -1,  0,  0,  4, -1;
       0,  0,  0,  0,  0,  0,  0,  0,  0, -1,  0, -1,  4];
>> % Vektor b (rechte Seite):
>> b=[60, 24, 24, 44, 24, 0,  0, 40, 24, 0, 40, 60, 40]';
>> % Berechung der Lösung des LGS:
>> x=A\b

x =

   27.3917
   24.6036
   23.2690
   22.0968
   24.9632
   23.7537
   22.3757
   21.1181
   24.7072
   23.0724
   21.3620
   26.7934
   22.4664
```

Der Lösungsvektor des LGS ist

$$
\mathbf{x} = \begin{pmatrix}
27.3917 \\
24.6036 \\
23.2690 \\
22.0968 \\
24.9632 \\
23.7537 \\
22.3757 \\
21.1181 \\
24.7072 \\
23.0724 \\
21.3620 \\
26.7934 \\
22.4664
\end{pmatrix} .
$$

Schließlich kann noch der Mittelwert der berechneten Temperaturwerte bestimmt werden:

```
>> mean(x)

ans =

23.6903
```

b) Das Ergebnis aus a) zeigt, dass der Mittelwert der Temperaturen kleiner als 25 °C ist. Daher muss die Temperatur der Heizelemente erhöht werden. Durch einfaches Ausprobieren erhält man eine passende Lösung, nämlich eine Temperatur von 36 °C je Heizelement. Die Änderung der Temperatur der Heizelemente betrifft auf der rechten Seite des LGS nur die Komponenten b_1 und b_{12}. Alle anderen Komponenten und die Koeffizientenmatrix bleiben davon unberührt. Die neue rechte Seite lautet:

$$
\begin{pmatrix}
72 \\
24 \\
24 \\
44 \\
24 \\
0 \\
0 \\
40 \\
24 \\
0 \\
40 \\
72 \\
40
\end{pmatrix} .
$$

Unter Einsatz des Programms MATLAB® können wir die Lösung durch die Verwendung des Ausdrucks **A\b** auf folgende Weise bestimmen lassen:

```
 1  >> b=[72, 24, 24, 44, 24, 0,  0, 40, 24, 0, 40, 72, 40]';
 2  >> x=A\b
 3
 4  x =
 5
 6  31.1395
 7  25.9643
 8  23.7980
 9  22.2762
10  26.5935
11  24.9199
12  22.9513
13  21.3069
14  26.3148
15  24.1704
16  21.7804
17  30.4953
18  23.6664
19
20  >> mean(x)
21
22  ans =
23
24  25.0290
```

2.2 Matrizenmultiplikation

Aufgabe 2.3 Verifizieren Sie die Blockmultiplikationsregel des Matrixprodukts, Satz 2.11 aus [5], an einem Beispiel.

Lösung

Es seien beispielsweise

$$A = \begin{pmatrix} 1 & 2 & 3 & -1 & 2 \\ 0 & -2 & 1 & 1 & 4 \\ 2 & 0 & -1 & 3 & -2 \end{pmatrix}, \quad B = \begin{pmatrix} 1 & 3 & 4 & 0 \\ 4 & -2 & 2 & -1 \\ -1 & 2 & 2 & 0 \\ 1 & 1 & 3 & 2 \\ 0 & 4 & 2 & -1 \end{pmatrix}.$$

Wir berechnen zunächst das Produkt aus A und B nach der üblichen Methode. Das Ergebnis ist die 3×4-Matrix

$$AB = \begin{pmatrix} 5 & 12 & 15 & -6 \\ -8 & 23 & 9 & 0 \\ 6 & -1 & 11 & 8 \end{pmatrix}.$$

Nun können wir die beiden Matrizen auch blockweise betrachten. Mit

$$A_{11} = \begin{pmatrix} 1 & 2 \\ 0 & -2 \end{pmatrix}, \quad A_{12} = \begin{pmatrix} 3 & -1 & 2 \\ 1 & 1 & 4 \end{pmatrix}$$

$$A_{21} = \begin{pmatrix} 2 & 0 \end{pmatrix}, \quad A_{22} = \begin{pmatrix} -1 & 3 & -2 \end{pmatrix}$$

und

$$B_{11} = \begin{pmatrix} 1 & 3 \\ 4 & -2 \end{pmatrix}, \quad B_{12} = \begin{pmatrix} 4 & 0 \\ 2 & -1 \end{pmatrix}$$

$$B_{21} = \begin{pmatrix} -1 & 2 \\ 1 & 1 \\ 0 & 4 \end{pmatrix}, \quad B_{22} = \begin{pmatrix} 2 & 0 \\ 3 & 2 \\ 2 & -1 \end{pmatrix}$$

ist das Blockprodukt

$$\begin{pmatrix} A_{11} & A_{12} \\ A_{21} & A_{22} \end{pmatrix} \begin{pmatrix} B_{11} & B_{12} \\ B_{21} & B_{22} \end{pmatrix} = \begin{pmatrix} A_{11}B_{11} + A_{12}B_{21} & A_{11}B_{12} + A_{12}B_{22} \\ A_{21}B_{11} + A_{22}B_{21} & A_{21}B_{12} + A_{22}B_{22} \end{pmatrix}$$

$$= \begin{pmatrix} \begin{pmatrix} 9 & -1 \\ -8 & 4 \end{pmatrix} + \begin{pmatrix} -4 & 13 \\ 0 & 19 \end{pmatrix} & \begin{pmatrix} 8 & -2 \\ -4 & 2 \end{pmatrix} + \begin{pmatrix} 7 & -4 \\ 13 & -2 \end{pmatrix} \\ \begin{pmatrix} 2 & 6 \end{pmatrix} + \begin{pmatrix} 4 & -7 \end{pmatrix} & \begin{pmatrix} 8 & 0 \end{pmatrix} + \begin{pmatrix} 3 & 8 \end{pmatrix} \end{pmatrix}$$

$$= \begin{pmatrix} \begin{pmatrix} 5 & 12 \\ -8 & 23 \end{pmatrix} & \begin{pmatrix} 15 & -6 \\ 9 & 0 \end{pmatrix} \\ \begin{pmatrix} 6 & -1 \end{pmatrix} & \begin{pmatrix} 11 & 8 \end{pmatrix} \end{pmatrix}$$

identisch mit dem Matrixprodukt AB. Natürlich können wir die Blöcke auch anders aufteilen. Entscheidend ist jedoch, dass die einzelnen Blöcke ein miteinander multiplizierbares Format besitzen.

Aufgabe 2.4 Es seien $A, B \in \mathrm{M}(n, \mathbb{K})$ quadratische Matrizen über einem Körper $\mathbb{K}$ der Form

$$A = \begin{pmatrix} 0 & * & \cdots & * \\ 0 & 0 & \ddots & \vdots \\ \vdots & \ddots & \ddots & * \\ 0 & \cdots & 0 & 0 \end{pmatrix}, \quad B = \begin{pmatrix} d_1 & * & \cdots & * \\ 0 & d_2 & \ddots & \vdots \\ \vdots & \ddots & \ddots & * \\ 0 & \cdots & 0 & d_n \end{pmatrix}$$

mit $d_1, \ldots, d_n \neq 0$. Zeigen Sie

$$A \cdot B = 0_{n \times n} \Longrightarrow A = 0_{n \times n}.$$

Lösung

Für die Matrix A gilt zunächst $a_{ij} = 0$ für $1 \le j \le i \le n$, während für B nur das untere Dreieck aus Nullen besteht, d. h. $b_{ij} = 0$ für $1 \le j < i \le n$. Die Diagonalkomponenten von B sind dabei alle ungleich null: $b_{ii} = d_i \neq 0$ für $1 \le i \le n$. Zu zeigen ist, dass aus $AB = 0_{n \times n}$

folgt $A = 0_{n \times n}$. Nehmen wir an, es gäbe einen Eintrag im oberen Dreieck von A mit $a_{ij} \neq 0$ für $1 \leq i < j \leq n$. Hierbei sei $j > i$ der kleinste Spaltenindex, für den $a_{ij} \neq 0$ ist, d. h., in Zeile i gilt für alle vorausgehenden Spalten, dass $a_{ik} = 0$ ist mit $1 \leq k < j$. Wir berechnen die Komponente c_{ij} in Zeile i und Spalte j der Produktmatrix AB:

$$c_{ij} = \sum_{k=1}^{n} a_{ik} b_{kj} = \sum_{k=1}^{i} \underbrace{a_{ik}}_{=0} b_{kj} + \sum_{k=i+1}^{n} a_{ik} b_{kj} = \sum_{k=i+1}^{n} a_{ik} b_{kj}.$$

Da $i < j$ gilt, ist $j \in \{i+1, \ldots, n\}$. Für die letzte Summe gilt somit

$$\sum_{k=i+1}^{n} a_{ik} b_{kj} = \sum_{k=i+1}^{j-1} \underbrace{a_{ik}}_{=0} b_{kj} + a_{ij} b_{jj} + \sum_{k=j+1}^{n} a_{ik} \underbrace{b_{kj}}_{=0} = a_{ij} b_{jj} = a_{ij} d_j \neq 0.$$

Das Produkt AB wäre dann nicht die Nullmatrix.

Aufgabe 2.5 Zeigen Sie: Das Produkt zweier oberer (bzw. unterer) Dreiecksmatrizen ist wieder eine obere (bzw. untere) Dreiecksmatrix. Die Inverse einer regulären oberen (bzw. unteren) Dreiecksmatrix ist ebenfalls eine obere (bzw. untere) Dreiecksmatrix.

Lösung

Es seien $A, B \in M(n, \mathbb{K})$ zwei obere Dreieckmatrizen. Es gilt also $a_{ij} = 0 = b_{ij}$ für $1 \leq j < i \leq n$. Wir zeigen, dass die Produktmatrix AB ebenfalls eine obere Dreiecksmatrix ist. Es gilt

$$AB = \left(\sum_{k=1}^{n} a_{ik} b_{kj} \right)_{1 \leq i, j, \leq k}.$$

Es sei nun $i, j \in \{1, \ldots, n\}$ mit $i > j$. Für die Komponente in der Zeile i und der Spalte j der Produktmatrix AB gilt

$$\sum_{k=1}^{n} a_{ik} b_{kj} \quad = \quad \sum_{k=i}^{n} a_{ik} b_{kj} \quad = \quad 0.$$

$$\begin{array}{cc} \uparrow & \uparrow \\ a_{ik} = 0 & b_{kj} = 0, \\ \text{für } k < i & \text{da } k \geq i > j \end{array}$$

Die transponierten Matrizen B^T und A^T sind untere Dreiecksmatrizen. Ihr Produkt $B^T \cdot A^T = (AB)^T$ ist daher als Transponierte von AB eine untere Dreiecksmatrix. Daher gilt die Aussage in analoger Weise auch für untere Dreiecksmatrizen.

Ist A eine reguläre obere Dreiecksmatrix, so können wir allein durch Zeileneliminationen, die nach oben wirken, das obere Dreieck von A eliminieren. Die entsprechenden Eliminationsmatrizen sind obere Dreiecksmatrizen. Das Produkt Λ dieser Eliminationsmatrizen ist ebenfalls eine obere Dreiecksmatrix. Die verbleibende Diagonale der diagonalisierten Matrix ΛA kann dann durch eine Diagonalmatrix D mit den Kehrwerten der

Diagonalkomponenten von ΛA in die Einheitsmatrix E überführt werden: $D\Lambda A = E$. Da D als Diagonalmatrix ebenfalls obere Dreiecksgestalt besitzt, ist das Produkt $A^{-1} = D\Lambda$ eine obere Dreiecksmatrix.

Ist A dagegen eine reguläre untere Dreiecksmatrix, so ist A^T eine reguläre obere Dreiecksmatrix, deren Inverse $(A^T)^{-1}$ ebenfalls obere Dreiecksstruktur besitzt. Nun gilt $(A^{-1})^T = (A^T)^{-1}$. Damit hat $A^{-1} = ((A^T)^{-1})^T$ untere Dreiecksgestalt.

Aufgabe 2.6 Zeigen Sie: Für jede obere (bzw. untere) Dreiecksmatrix $A \in \mathrm{M}(n, \mathbb{K})$ und $\mathbb{N} \ni p > 0$ gilt:
$$(A^p)_{ii} = a_{ii}^p, \quad \text{für alle} \quad 1 \le i \le n.$$

Lösung

Es sei A eine obere Dreiecksmatrix. Zu zeigen ist für $p \in \mathbb{N}$, $p \ge 1$:
$$(A^p)_{ii} = a_{ii}^p, \quad \text{für alle} \quad 1 \le i \le n.$$

Für $k = 1$ ist die Behauptung trivial (mit $k = 0$ und $A^0 := E_n$ gilt sie ebenfalls trivialerweise). Wir zeigen die Behauptung für $k = 2$. Für höhere Potenzen folgt sie induktiv. Da $a_{kl} = 0$ für $1 \le l < k \le n$, gilt für alle $1 \le i, j \le n$:

$$(A^2)_{ij} = \sum_{k=1}^{n} a_{ik} a_{kj} = \sum_{k=i}^{n} a_{ik} a_{kj}.$$

Speziell gilt für die Diagonalkomponenten von A^2:

$$(A^2)_{ii} = \sum_{k=i}^{n} a_{ik} a_{ki} = \sum_{k=i}^{i} a_{ik} a_{ki} = a_{ii} a_{ii} = a_{ii}^2.$$

Für $p \ge 2$ gilt nun mit $(\alpha_{ik})_{1 \le i,j \le n} := A^p$ und der Induktionsvoraussetzung (IV) $\alpha_{ii} = a_{ii}^p$:

$$(A^{p+1})_{ii} = (A^p A)_{ii} = \sum_{k=1}^{n} \alpha_{ik} a_{ki}$$

$$= \sum_{k=i}^{n} \alpha_{ik} a_{ki}$$

$$= \sum_{k=i}^{i} \alpha_{ik} a_{ki}$$

$$= \alpha_{ii} a_{ii}$$

$$\overset{\text{IV}}{=} a_{ii}^p a_{ii} = a_{ii}^{p+1}.$$

2.3 Inversion von Matrizen

Aufgabe 2.7 Invertieren Sie die folgenden regulären Matrizen

$$A = \begin{pmatrix} 1 & 0 & 1 \\ 0 & 1 & 0 \\ 1 & 0 & 2 \end{pmatrix}, \quad B = \begin{pmatrix} 1 & 0 & i \\ 0 & i & 0 \\ i & 0 & 1 \end{pmatrix}$$

über $\mathbb{R}$ bzw. $\mathbb{C}$. Hierbei ist $i \in \mathbb{C}$ die imaginäre Einheit.

Lösung

Es ergeben sich nach kurzer Rechnung durch das Gauß'sche Eliminationsverfahren:

$$A^{-1} = \begin{pmatrix} 2 & 0 & -1 \\ 0 & 1 & 0 \\ -1 & 0 & 1 \end{pmatrix}, \quad B^{-1} = \begin{pmatrix} 1/2 & 0 & -i/2 \\ 0 & -i & 0 \\ -i/2 & 0 & 1/2 \end{pmatrix}.$$

Aufgabe 2.7.1 Bestimmen Sie die Inverse der regulären Matrix

$$M = \begin{pmatrix} n & n-1 & \cdots & 3 & 2 & 1 \\ n-1 & n-2 & \cdots & 2 & 1 & 0 \\ n-2 & n-3 & \cdots & 1 & 0 & 0 \\ \vdots & \vdots & \ddots & \vdots & \vdots & \vdots \\ 3 & 2 & \cdots & 0 & 0 & 0 \\ 2 & 1 & \cdots & 0 & 0 & 0 \\ 1 & 0 & \cdots & 0 & 0 & 0 \end{pmatrix} \in \mathrm{GL}(n,\mathbb{R}).$$

Lösung

Zur Inversion von A wenden wir das Gauß'sche Eliminationsverfahren auf $[M \,|\, E_n]$ an. Es bietet sich an, im Tableau die Zeilen sofort in umgekehrter Reihenfolge aufzuschreiben.

$$\left[\begin{array}{ccccc|ccccc} 1 & 0 & 0 & \cdots & 0 & 0 & \cdots & 0 & 0 & 1 \\ 2 & 1 & 0 & \cdots & 0 & 0 & \cdots & 0 & 1 & 0 \\ 3 & 2 & 1 & \cdots & 0 & 0 & \cdots & 1 & 0 & 0 \\ \vdots & \vdots & \vdots & \ddots & \vdots & \vdots & & & \vdots & \vdots \\ n & n-1 & n-2 & \cdots & 1 & 1 & 0 & \cdots & 0 & 0 \end{array} \right] \begin{array}{l} \cdot(-2),\ \cdot(-3)\cdots,\ \cdot(-n) \\ \end{array}$$

$$\rightarrow \left[\begin{array}{ccccc|ccccc} 1 & 0 & 0 & \cdots & 0 & 0 & \cdots & 0 & 0 & 1 \\ 0 & 1 & 0 & \cdots & 0 & 0 & \cdots & 0 & 1 & -2 \\ 0 & 2 & 1 & \cdots & 0 & 0 & \cdots & 1 & 0 & -3 \\ \vdots & \vdots & \vdots & \ddots & \vdots & \vdots & & & \vdots & \vdots \\ 0 & n-1 & n-2 & \cdots & 1 & 1 & 0 & \cdots & 0 & -n \end{array}\right] \begin{array}{l} \cdot(-2),\ \cdots,\ \cdot(1-n) \\ \hookleftarrow \end{array}$$

$$\rightarrow \left[\begin{array}{ccccc|ccccc} 1 & 0 & 0 & \cdots & 0 & 0 & \cdots & 0 & 0 & 1 \\ 0 & 1 & 0 & \cdots & 0 & 0 & \cdots & 0 & 1 & -1 \\ 0 & 0 & 1 & \cdots & 0 & 0 & \cdots & 1 & -2 & 1 \\ \vdots & \vdots & \vdots & \ddots & \vdots & \vdots & & & \vdots & \vdots \\ 0 & 0 & n-2 & \cdots & 1 & 1 & 0 & \cdots & 1-n & -1 \end{array}\right] \begin{array}{l} \cdot(-2),\ \cdots,\ \cdot(2-n) \\ \hookleftarrow \end{array}$$

$$\vdots$$

$$\rightarrow \left[\begin{array}{ccccc|ccccc} 1 & 0 & 0 & \cdots & 0 & 0 & \cdots & 0 & 0 & 1 \\ 0 & 1 & 0 & \cdots & 0 & 0 & \cdots & 0 & 1 & -2 \\ 0 & 0 & 1 & \cdots & 0 & 0 & \cdots & 1 & -2 & 1 \\ \vdots & \vdots & \vdots & \ddots & \vdots & \vdots & & & \vdots & \vdots \\ 0 & 0 & 0 & \cdots & 0 & 1 & -2 & 1 & \cdots & 0 \end{array}\right].$$

Die Inverse von M lautet also

$$M^{-1} = \begin{pmatrix} 0 & 0 & 0 & 0 & \cdots & 0 & 0 & 1 \\ 0 & 0 & 0 & 0 & \cdots & 0 & 1 & -2 \\ 0 & 0 & 0 & 0 & \cdots & 1 & -2 & 1 \\ 0 & 0 & 0 & 0 & \cdots & -2 & 1 & 0 \\ \vdots & \vdots & \vdots & \vdots & & \vdots & \vdots & \vdots \\ 0 & 0 & 1 & -2 & \cdots & 0 & 0 & 0 \\ 0 & 1 & -2 & 1 & \cdots & 0 & 0 & 0 \\ 1 & -2 & 1 & 0 & \cdots & 0 & 0 & 0 \end{pmatrix}.$$

Aufgabe 2.7.2 Bestimmen Sie die Inverse der regulären Matrix

$$N = \begin{pmatrix} 1 & 2 & 1 & 2 \\ 1 & 1 & 2 & 1 \\ 1 & 1 & 1 & 2 \\ 1 & 1 & 1 & 1 \end{pmatrix} \in \mathrm{GL}(n, \mathbb{Z}_3).$$

Lösung

Zur Inversion von N über $\mathbb{Z}_3$ sehen wir uns zunächst die additiv- und multiplikativ-inversen Elemente dieses Körpers an:

$$
\begin{array}{c||ccc}
x & 0 & 1 & 2 \\
\hline
-x & 0 & 2 & 1 \\
x^{-1} & - & 1 & 2
\end{array} .
$$

Wir wenden nun das Gauß'sche Verfahren über $\mathbb{Z}_3$ an:

$$[N|E_4]$$
$$\|$$

$$
\begin{bmatrix}
1 & 2 & 1 & 2 & 1 & 0 & 0 & 0 \\
1 & 1 & 2 & 1 & 0 & 1 & 0 & 0 \\
1 & 1 & 1 & 2 & 0 & 0 & 1 & 0 \\
1 & 1 & 1 & 1 & 0 & 0 & 0 & 1
\end{bmatrix}
\begin{smallmatrix} \cdot 2 \\ \leftarrow \\ \leftarrow \\ \leftarrow \end{smallmatrix}
\rightarrow
\begin{bmatrix}
1 & 2 & 1 & 2 & 1 & 0 & 0 & 0 \\
0 & 2 & 1 & 2 & 2 & 1 & 0 & 0 \\
0 & 2 & 0 & 0 & 2 & 0 & 1 & 0 \\
0 & 2 & 0 & 2 & 2 & 0 & 0 & 1
\end{bmatrix}
\begin{smallmatrix} \\ \cdot 2 \\ \leftarrow \\ \leftarrow \end{smallmatrix}
\rightarrow
\begin{bmatrix}
1 & 2 & 1 & 2 & 1 & 0 & 0 & 0 \\
0 & 2 & 1 & 2 & 2 & 1 & 0 & 0 \\
0 & 0 & 2 & 1 & 0 & 2 & 1 & 0 \\
0 & 0 & 2 & 0 & 0 & 2 & 0 & 1
\end{bmatrix}
\begin{smallmatrix} \\ \\ \cdot 2 \\ \leftarrow \end{smallmatrix}
$$

$$
\rightarrow
\begin{bmatrix}
1 & 2 & 1 & 2 & 1 & 0 & 0 & 0 \\
0 & 2 & 1 & 2 & 2 & 1 & 0 & 0 \\
0 & 0 & 2 & 1 & 0 & 2 & 1 & 0 \\
0 & 0 & 0 & 2 & 0 & 0 & 2 & 1
\end{bmatrix}
\begin{smallmatrix} \\ \\ \\ \cdot 2 \end{smallmatrix}
\rightarrow
\begin{bmatrix}
1 & 2 & 1 & 2 & 1 & 0 & 0 & 0 \\
0 & 2 & 1 & 2 & 2 & 1 & 0 & 0 \\
0 & 0 & 2 & 1 & 0 & 2 & 1 & 0 \\
0 & 0 & 0 & 1 & 0 & 0 & 1 & 2
\end{bmatrix}
\begin{smallmatrix} \nwarrow \\ \nwarrow \\ \nwarrow \\ \cdot 2, + \end{smallmatrix}
\rightarrow
\begin{bmatrix}
1 & 2 & 1 & 0 & 1 & 0 & 1 & 2 \\
0 & 2 & 1 & 0 & 2 & 1 & 1 & 2 \\
0 & 0 & 2 & 0 & 0 & 2 & 0 & 1 \\
0 & 0 & 0 & 1 & 0 & 0 & 1 & 2
\end{bmatrix}
\begin{smallmatrix} \nwarrow \\ \nwarrow \\ + \\ \end{smallmatrix}
$$

$$
\rightarrow
\begin{bmatrix}
1 & 2 & 0 & 0 & 1 & 2 & 1 & 0 \\
0 & 2 & 0 & 0 & 2 & 0 & 1 & 0 \\
0 & 0 & 2 & 0 & 0 & 2 & 0 & 1 \\
0 & 0 & 0 & 1 & 0 & 0 & 1 & 2
\end{bmatrix}
\begin{smallmatrix} \nwarrow \\ \cdot 2 \\ \\ \end{smallmatrix}
\rightarrow
\begin{bmatrix}
1 & 0 & 0 & 0 & 2 & 2 & 0 & 0 \\
0 & 2 & 0 & 0 & 2 & 0 & 1 & 0 \\
0 & 0 & 2 & 0 & 0 & 2 & 0 & 1 \\
0 & 0 & 0 & 1 & 0 & 0 & 1 & 2
\end{bmatrix}
\begin{smallmatrix} \\ \cdot 2 \\ \cdot 2 \\ \end{smallmatrix}
\rightarrow
\begin{bmatrix}
1 & 0 & 0 & 0 & 2 & 2 & 0 & 0 \\
0 & 1 & 0 & 0 & 1 & 0 & 2 & 0 \\
0 & 0 & 1 & 0 & 0 & 1 & 0 & 2 \\
0 & 0 & 0 & 1 & 0 & 0 & 1 & 2
\end{bmatrix} .
$$

Wir lesen die Inverse von N aus dem Zieltableau ab:

$$
N^{-1} = \begin{pmatrix}
2 & 2 & 0 & 0 \\
1 & 0 & 2 & 0 \\
0 & 1 & 0 & 2 \\
0 & 0 & 1 & 2
\end{pmatrix} .
$$

Um zu testen, ob wir fehlerfrei gerechnet haben, können wir das Produkt aus N und N^{-1} bestimmen. Dabei können wir auch das Produkt zunächst über $\mathbb{Z}$ bilden, um anschließend jede Komponente in die Restklassenabbildung mod 3 einzusetzen:

$$
N \cdot N^{-1} = \begin{pmatrix}
1 & 2 & 1 & 2 \\
1 & 1 & 2 & 1 \\
1 & 1 & 1 & 2 \\
1 & 1 & 1 & 1
\end{pmatrix} \cdot \begin{pmatrix}
2 & 2 & 0 & 0 \\
1 & 0 & 2 & 0 \\
0 & 1 & 0 & 2 \\
0 & 0 & 1 & 2
\end{pmatrix} = \begin{pmatrix}
4 & 3 & 6 & 6 \\
3 & 4 & 3 & 6 \\
3 & 3 & 4 & 6 \\
3 & 3 & 3 & 4
\end{pmatrix} \bmod 3 = \begin{pmatrix}
1 & 0 & 0 & 0 \\
0 & 1 & 0 & 0 \\
0 & 0 & 1 & 0 \\
0 & 0 & 0 & 1
\end{pmatrix} .
$$

2.4 Regularität und Singularität

Aufgabe 2.8 Zeigen Sie: Sind $A \in M(m \times n, \mathbb{K})$ und $B \in M(n \times p, \mathbb{K})$ zwei Matrizen, so gilt für die Transponierte des Produkts

$$(A \cdot B)^T = B^T \cdot A^T \in M(p \times m, \mathbb{R}).$$

Lösung

Für $A \in M(m \times n, \mathbb{K})$ und $B \in M(n \times p, \mathbb{K})$ gilt mit den Komponentendarstellungen

$$A = (a_{ij})_{\substack{1 \le i \le m \\ 1 \le j \le n}}, \qquad B = (b_{ij})_{\substack{1 \le i \le n \\ 1 \le j \le p}}$$

für das Matrixprodukt

$$B^T A^T = \left(\sum_{k=1}^{n} b_{kj} a_{ik} \right)_{\substack{1 \le j \le p \\ 1 \le i \le m}} = \left(\sum_{k=1}^{n} a_{ik} b_{kj} \right)_{\substack{1 \le j \le p \\ 1 \le i \le m}} = \left(\left(\sum_{k=1}^{n} a_{ik} b_{kj} \right)_{\substack{1 \le i \le m \\ 1 \le j \le p}} \right)^T = (AB)^T.$$

Aufgabe 2.9 Zeigen Sie: Für zwei gleichformatige symmetrische Matrizen A und B gilt $AB = (BA)^T$.

Lösung

Da A und B symmetrisch sind, gilt $AB = A^T B^T = (BA)^T$.

Aufgabe 2.10 Zeigen Sie, dass für eine reguläre Matrix A Transponieren und Invertieren miteinander vertauschbar sind, dass also $(A^{-1})^T = (A^T)^{-1}$ gilt.

Lösung

Zunächst ist mit A auch A^T regulär, da $\det A = \det(A^T)$. Es gilt

$$A^T (A^{-1})^T = (A^{-1}A)^T = E^T = E.$$

Die Multiplikation beider Seiten mit $(A^T)^{-1}$ von links liefert die Behauptung $(A^{-1})^T = (A^T)^{-1}$.

Aufgabe 2.11 Das Produkt symmetrischer Matrizen muss nicht symmetrisch sein. Konstruieren Sie ein Beispiel hierzu.

Lösung

Die Matrizen

$$A = \begin{pmatrix} 1 & -1 \\ -1 & 2 \end{pmatrix}, \quad B = \begin{pmatrix} 0 & 1 \\ 1 & 0 \end{pmatrix}$$

sind symmetrisch, das Produkt

$$AB = \begin{pmatrix} -1 & 1 \\ 2 & -1 \end{pmatrix}$$

dagegen nicht.

2.5 Faktorisierungen

Aufgabe 2.12 Mit dieser Aufgabe soll die Darstellung von elementaren Zeilen- und Spaltenumformungen mithilfe von Umformungsmatrizen geübt werden.

a) Bestimmen Sie für die Matrix

$$A = \begin{pmatrix} 4 & 2 & 0 & 1 \\ 5 & 3 & 0 & 1 \\ 2 & -2 & 1 & -2 \\ 3 & 2 & 0 & 1 \end{pmatrix}$$

eine Zeilenumformungsmatrix $Z \in \mathrm{GL}(4, \mathbb{R})$ mit $ZA =$ obere Dreiecksmatrix.

b) Bestimmen Sie für die Matrix

$$B = \begin{pmatrix} 3 & 3 & 3 & 4 \\ 0 & 1 & 0 & 0 \\ 0 & 0 & 1 & 0 \\ 2 & 1 & 2 & 3 \end{pmatrix}$$

eine Spaltenumformungsmatrix $S \in \mathrm{GL}(4, \mathbb{R})$ mit $BS =$ untere Dreiecksmatrix.

Lösung

a) Wir bestimmen eine reguläre 4×4-Matrix Z, sodass ZA obere Dreiecksform hat. Wir führen hierzu elementare Zeilenumformungen an A durch, die wir in identischer Weise an E_4 vollziehen. Sinnvoll ist es, hierzu A und E_4 in ein gemeinsames Tableau aufzunehmen:

$$[A\,|\,E_4]$$
$$\|$$

$$
\begin{bmatrix}
4 & 2 & 0 & 1 & | & 1 & 0 & 0 & 0 \\
5 & 3 & 0 & 1 & | & 0 & 1 & 0 & 0 \\
2 & -2 & 1 & -2 & | & 0 & 0 & 1 & 0 \\
3 & 2 & 0 & 1 & | & 0 & 0 & 0 & 1
\end{bmatrix}_{\cdot(-1)}
\quad\to\quad
\begin{bmatrix}
1 & 0 & 0 & 0 & | & 1 & 0 & 0 & -1 \\
5 & 3 & 0 & 1 & | & 0 & 1 & 0 & 0 \\
2 & -2 & 1 & -2 & | & 0 & 0 & 1 & 0 \\
3 & 2 & 0 & 1 & | & 0 & 0 & 0 & 1
\end{bmatrix}
{}^{\cdot(-5),\ \cdot(-2),\ \cdot(-3)}
$$

$$
\to
\begin{bmatrix}
1 & 0 & 0 & 0 & | & 1 & 0 & 0 & -1 \\
0 & 3 & 0 & 1 & | & -5 & 1 & 0 & 5 \\
0 & -2 & 1 & -2 & | & -2 & 0 & 1 & 2 \\
0 & 2 & 0 & 1 & | & -3 & 0 & 0 & 4
\end{bmatrix}
\quad\to\quad
\begin{bmatrix}
1 & 0 & 0 & 0 & | & 1 & 0 & 0 & -1 \\
0 & 1 & 1 & -1 & | & -7 & 1 & 1 & 7 \\
0 & -2 & 1 & -2 & | & -2 & 0 & 1 & 2 \\
0 & 2 & 0 & 1 & | & -3 & 0 & 0 & 4
\end{bmatrix}
{}^{\cdot 2,\ \cdot(-2)}
$$

$$
\to
\begin{bmatrix}
1 & 0 & 0 & 0 & | & 1 & 0 & 0 & -1 \\
0 & 1 & 1 & -1 & | & -7 & 1 & 1 & 7 \\
0 & 0 & 3 & -4 & | & -16 & 2 & 3 & 16 \\
0 & 0 & -2 & 3 & | & 11 & -2 & -2 & -10
\end{bmatrix}
\quad\to\quad
\begin{bmatrix}
1 & 0 & 0 & 0 & | & 1 & 0 & 0 & -1 \\
0 & 1 & 1 & -1 & | & -7 & 1 & 1 & 7 \\
0 & 0 & 1 & -1 & | & -5 & 0 & 1 & 6 \\
0 & 0 & -2 & 3 & | & 11 & -2 & -2 & -10
\end{bmatrix}
{}^{\cdot 2}
$$

$$
\to
\begin{bmatrix}
1 & 0 & 0 & 0 & | & 1 & 0 & 0 & -1 \\
0 & 1 & 1 & -1 & | & -7 & 1 & 1 & 7 \\
0 & 0 & 1 & -1 & | & -5 & 0 & 1 & 6 \\
0 & 0 & 0 & 1 & | & 1 & -2 & 0 & 2
\end{bmatrix}.
$$

Mit

$$
U=\begin{pmatrix}
1 & 0 & 0 & 0 \\
0 & 1 & 1 & -1 \\
0 & 0 & 1 & -1 \\
0 & 0 & 0 & 1
\end{pmatrix},
\qquad
Z=\begin{pmatrix}
1 & 0 & 0 & -1 \\
-7 & 1 & 1 & 7 \\
-5 & 0 & 1 & 6 \\
1 & -2 & 0 & 2
\end{pmatrix}
$$

folgt $ZA = U$.

b) Wir bestimmen nun eine reguläre 4×4-Matrix S, sodass BS untere Dreiecksgestalt hat. Hierzu führen wir elementare Spaltenumformungen durch, die wir analog an E_4 durchführen. Im Gegensatz zu Zeilenumformungen ordnen wir die beiden Matrizen untereinander in einem gemeinsamen Tableau an:

$$
\left[\dfrac{B}{E_4}\right]=
\begin{bmatrix}
3 & 3 & 3 & 4 \\
0 & 1 & 0 & 0 \\
0 & 0 & 1 & 0 \\
2 & 1 & 2 & 3 \\
\hline
1 & 0 & 0 & 0 \\
0 & 1 & 0 & 0 \\
0 & 0 & 1 & 0 \\
0 & 0 & 0 & 1
\end{bmatrix}
\to
\begin{bmatrix}
3 & 3 & 3 & 1 \\
0 & 1 & 0 & 0 \\
0 & 0 & 1 & 0 \\
2 & 1 & 2 & 1 \\
\hline
1 & 0 & 0 & -1 \\
0 & 1 & 0 & 0 \\
0 & 0 & 1 & 0 \\
0 & 0 & 0 & 1
\end{bmatrix}
{}_{\cdot(-3)}
\to
\begin{bmatrix}
1 & 3 & 3 & 3 \\
0 & 1 & 0 & 0 \\
0 & 0 & 1 & 0 \\
1 & 1 & 2 & 2 \\
\hline
-1 & 0 & 0 & 1 \\
0 & 1 & 0 & 0 \\
0 & 0 & 1 & 0 \\
1 & 0 & 0 & 0
\end{bmatrix}
\to
\begin{bmatrix}
1 & 0 & 0 & 0 \\
0 & 1 & 0 & 0 \\
0 & 0 & 1 & 0 \\
1 & -2 & -1 & -1 \\
\hline
-1 & 3 & 3 & 4 \\
0 & 1 & 0 & 0 \\
0 & 0 & 1 & 0 \\
1 & -3 & -3 & -3
\end{bmatrix}.
$$

Mit

$$L = \begin{pmatrix} 1 & 0 & 0 & 0 \\ 0 & 1 & 0 & 0 \\ 0 & 0 & 1 & 0 \\ 1 & -2 & -1 & -1 \end{pmatrix}, \qquad S = \begin{pmatrix} -1 & 3 & 3 & 4 \\ 0 & 1 & 0 & 0 \\ 0 & 0 & 1 & 0 \\ 1 & -3 & -3 & -3 \end{pmatrix}$$

folgt $BS = L$. Die Zerlegungen in Teil a) und b) sind allerdings nicht eindeutig.

Aufgabe 2.13 Bestimmen Sie für die Matrix

$$A = \begin{pmatrix} 2 & 2 & 2 & 1 \\ 2 & 2 & 3 & 2 \\ 1 & 3 & 4 & 4 \\ 1 & 2 & 2 & 2 \end{pmatrix}$$

eine Permutation P, eine linke Dreiecksmatrix L mit Einsen auf der Hauptdiagonalen und eine obere Dreiecksmatrix U, sodass $PA = LU$ gilt.

Lösung

Wir überprüfen, ob für die geplante Zerlegung von

$$A = \begin{pmatrix} 2 & 2 & 2 & 1 \\ 2 & 2 & 3 & 2 \\ 1 & 3 & 4 & 4 \\ 1 & 2 & 2 & 2 \end{pmatrix}$$

Zeilenvertauschungen notwendig sind. Hierzu betrachten wir die Hauptabschnittsmatrizen. Die erste Hauptabschnittsmatrix $(2) \neq (0)$ ist regulär. Für die zweite Hauptabschnittsmatrix

$$\begin{pmatrix} 2 & 2 \\ 2 & 2 \end{pmatrix}$$

ergibt sich eine singuläre Matrix. Nach Vertauschen der zweiten und dritten Zeile in A ergibt sich eine reguläre zweite Hauptabschnittsmatrix:

$$\begin{pmatrix} 2 & 2 \\ 1 & 3 \end{pmatrix}.$$

Auch die dritte Hauptabschnittsmatrix der zeilenvertauschten Matrix $P_{23}A$ ist regulär, da

$$\det \begin{pmatrix} 2 & 2 & 2 \\ 1 & 3 & 4 \\ 2 & 2 & 3 \end{pmatrix} = \det \begin{pmatrix} 2 & 2 & 2 \\ 1 & 3 & 4 \\ 0 & 0 & 1 \end{pmatrix} = 2 \cdot 3 - 1 \cdot 2 = 4.$$

Wir können nun die LU-Zerlegung der zeilenpermutierten Matrix $P_{23}A$ durchführen. Es ergibt sich dann das folgende Zerlegungsverfahren:

$$P_{23}A = \begin{pmatrix} 2\;2\;2\;1 \\ 1\;3\;4\;4 \\ 2\;2\;3\;2 \\ 1\;2\;2\;2 \end{pmatrix} \begin{matrix} \cdot(-1/2),\; \cdot(-1),\; \cdot(-1/2) \end{matrix} .$$

Wir wählen also die Frobenius-Matrix $F_1 := F(-1/2, -1, -1/2)$ und erhalten

$$F_1 P_{23}A = \begin{pmatrix} 2\;2\;2\;\;1 \\ 0\;2\;3\;7/2 \\ 0\;0\;1\;\;1 \\ 0\;1\;1\;3/2 \end{pmatrix} \cdot(-1/2) .$$

Mit der Frobenius-Matrix $F_2 := F(0, -1/2)$ folgt

$$F_2 F_1 P_{23}A = \begin{pmatrix} 2\;2\;\;2\;\;\;1 \\ 0\;2\;\;3\;\;\;7/2 \\ 0\;0\;\;1\;\;\;1 \\ 0\;0\;-1/2\;-1/4 \end{pmatrix} \cdot 1/2 .$$

Die Frobenius-Matrix $F_3 := F(1/2)$ liefert

$$F_3 F_2 F_1 P_{23}A = \begin{pmatrix} 2\;2\;2\;1 \\ 0\;2\;3\;7/2 \\ 0\;0\;1\;1 \\ 0\;0\;0\;1/4 \end{pmatrix} =: U.$$

Mit der unteren Dreiecksmatrix

$$L := (F_3 F_2 F_1)^{-1} = F_1^{-1} F_2^{-1} F_3^{-1} = F(1/2, 1, 1/2) F(0, 1/2) F(-1/2)$$

$$= \begin{pmatrix} 1 & 0 & 0 & 0 \\ 1/2 & 1 & 0 & 0 \\ 1 & 0 & 1 & 0 \\ 1/2 & 1/2 & -1/2 & 1 \end{pmatrix}$$

gilt demnach mit $P = P_{23}$ die Zerlegung $PA = LU$. Diese Zerlegung ist nach Wahl der Permutation P eindeutig. Wie vergleichen unser Ergebnis mit dem Resultat, das uns MATLAB® liefert.

```
1   >> A=[2,2,2,1; 2,2,3,2; 1,3,4,4; 1,2,2,2]
2
3   A =
4
5          2      2      2      1
6          2      2      3      2
7          1      3      4      4
8          1      2      2      2
9
10  >> [L,U,P]=lu(A)
11
```

```
12   L =
13
14       1.0000             0             0             0
15       0.5000        1.0000             0             0
16       1.0000             0        1.0000             0
17       0.5000        0.5000       -0.5000        1.0000
18
19
20   U =
21
22       2.0000        2.0000        2.0000        1.0000
23            0        2.0000        3.0000        3.5000
24            0             0        1.0000        1.0000
25            0             0             0        0.2500
26
27
28   P =
29
30       1        0        0        0
31       0        0        1        0
32       0        1        0        0
33       0        0        0        1
```

In diesem Fall stimmt das Resultat von MATLAB® mit unserem Ergebnis überein. Auch hier werden die mittleren beiden Zeilen von A durch P vertauscht. Alternativ hätte aber die Vertauschung der ersten und letzten Zeile in A uns ebenfalls eine Zerlegung dieser Art ermöglicht. Dann hätten wir mit $P_{14}A = L'U'$ jedoch andere Matrixfaktoren $L' \neq L$ und $U' \neq U$ erhalten.

Aufgabe 2.13.1 Bestimmen Sie für die reelle 3×4-Matrix

$$A = \begin{bmatrix} 3 & 4 & 2 & 3 \\ 4 & 7 & 3 & 5 \\ 8 & 9 & 5 & 7 \end{bmatrix}$$

reguläre Matrizen $Z \in \mathrm{GL}(3, \mathbb{R})$ und $S \in \mathrm{GL}(4, \mathbb{R})$ mit

$$ZAS = \begin{bmatrix} E_r & 0_{r \times r} \\ 0_{m-r \times r} & 0_{m-r \times n-r} \end{bmatrix} = N,$$

wobei $r = \mathrm{Rang}\,A$ ist. Dabei sollen die Matrizen Z und S nur aus ganzen Zahlen bestehen. Bestimmen Sie aus der ZAS-Zerlegung die Lösungsmenge von

$$A\mathbf{x} = \begin{pmatrix} 1 \\ 2 \\ 2 \end{pmatrix},$$

indem Sie $\mathbf{y} := S^{-1}\mathbf{x}$ substituieren.

Lösung

Wir führen elementare Zeilen- und Spaltenumformungen an A durch und achten darauf, im ganzzahligen Bereich zu bleiben. Um Z und S zu bestimmen, führen wir die Zeilen- bzw. Spaltenumformungen in analoger Weise an E_3 bzw. E_4 durch:

Matrix	Zeilenumformungen	Spaltenumformungen

$$A = \begin{bmatrix} 3 & 4 & 2 & 3 \\ 4 & 7 & 3 & 5 \\ 8 & 9 & 5 & 7 \end{bmatrix} \begin{smallmatrix} \\ -,\ \cdot(-2) \\ \ \end{smallmatrix} \qquad \begin{bmatrix} 1 & 0 & 0 \\ 0 & 1 & 0 \\ 0 & 0 & 1 \end{bmatrix} \begin{smallmatrix} \\ -,\ \cdot(-2) \\ \ \end{smallmatrix}$$

$$\rightarrow \begin{bmatrix} -1 & -3 & -1 & -2 \\ 4 & 7 & 3 & 5 \\ 0 & -5 & -1 & -3 \end{bmatrix} \cdot 4 \qquad \begin{bmatrix} 1 & -1 & 0 \\ 0 & 1 & 0 \\ 0 & -2 & 1 \end{bmatrix} \cdot 4$$

$$\rightarrow \begin{bmatrix} -1 & -3 & -1 & -2 \\ 0 & -5 & -1 & -3 \\ 0 & -5 & -1 & -3 \end{bmatrix} - \qquad \begin{bmatrix} 1 & -1 & 0 \\ 4 & -3 & 0 \\ 0 & -2 & 1 \end{bmatrix} - \qquad \begin{bmatrix} 1 & 0 & 0 & 0 \\ 0 & 1 & 0 & 0 \\ 0 & 0 & 1 & 0 \\ 0 & 0 & 0 & 1 \end{bmatrix}$$

$$\rightarrow \begin{bmatrix} -1 & -1 & -3 & -2 \\ 0 & -1 & -5 & -3 \\ 0 & 0 & 0 & 0 \end{bmatrix} \begin{smallmatrix} \cdot(-1) \\ \cdot(-1) \\ \ \end{smallmatrix} \qquad \begin{bmatrix} 1 & -1 & 0 \\ 4 & -3 & 0 \\ -4 & 1 & 1 \end{bmatrix} \begin{smallmatrix} \cdot(-1) \\ \cdot(-1) \\ \ \end{smallmatrix} \qquad \begin{bmatrix} 1 & 0 & 0 & 0 \\ 0 & 0 & 1 & 0 \\ 0 & 1 & 0 & 0 \\ 0 & 0 & 0 & 1 \end{bmatrix}$$

$\cdot(-1)$ $\cdot(-3)$ $\cdot(-2)$ $\cdot(-1)$ $\cdot(-3)$ $\cdot(-2)$

$$\rightarrow \begin{bmatrix} 1 & 0 & 0 & 0 \\ 0 & 1 & 5 & 3 \\ 0 & 0 & 0 & 0 \end{bmatrix} \qquad \begin{bmatrix} -1 & 1 & 0 \\ -4 & 3 & 0 \\ -4 & 1 & 1 \end{bmatrix} =: Z \qquad \begin{bmatrix} 1 & -1 & -3 & -2 \\ 0 & 0 & 1 & 0 \\ 0 & 1 & 0 & 0 \\ 0 & 0 & 0 & 1 \end{bmatrix}$$

$\cdot(-5)$ $\cdot(-3)$ $\cdot(-5)$ $\cdot(-3)$

$$\rightarrow \begin{bmatrix} 1 & 0 & 0 & 0 \\ 0 & 1 & 0 & 0 \\ 0 & 0 & 0 & 0 \end{bmatrix} \qquad\qquad\qquad\qquad \begin{bmatrix} 1 & -1 & 2 & 1 \\ 0 & 0 & 1 & 0 \\ 0 & 1 & -5 & -3 \\ 0 & 0 & 0 & 1 \end{bmatrix} =: S.$$

Mit Z und S gilt also

$$ZAS = \begin{bmatrix} 1 & 0 & 0 & 0 \\ 0 & 1 & 0 & 0 \\ 0 & 0 & 0 & 0 \end{bmatrix} = N.$$

Diese Zerlegung können wir nun zur Lösung von linearen Gleichungssystemen verwenden, sofern Lösungen existieren. Hierzu betrachten wir das Problem

$$Ax = b, \qquad b = \begin{pmatrix} 1 \\ 2 \\ 2 \end{pmatrix}.$$

Linksmultiplikation mit Z liefert

$$ZAx = Zb \iff ZASS^{-1}x = Zb.$$

Nun substituieren wir $y := S^{-1}x$. Wir erhalten ein neues Gleichungssystem

$$ZASy = Zb \iff Ny = Zb$$

mit sehr einfacher Tableauform

$$\begin{bmatrix} 1 & 0 & 0 & 0 & | \\ 0 & 1 & 0 & 0 & Zb \\ 0 & 0 & 0 & 0 & | \end{bmatrix}.$$

Da die unterste Komponente des Vektors

$$Zb = \begin{bmatrix} -1 & 1 & 0 \\ -4 & 3 & 0 \\ -4 & 1 & 1 \end{bmatrix} \begin{pmatrix} 1 \\ 2 \\ 2 \end{pmatrix} = \begin{pmatrix} 1 \\ 2 \\ 0 \end{pmatrix}$$

verschwindet, existieren Lösungen. Die Ableseregel für die Lösungsmenge liefert zunächst

$$y \in \begin{pmatrix} Zb \\ 0 \end{pmatrix} + \langle \hat{e}_3, \hat{e}_4 \rangle.$$

Hierbei sind $\hat{e}_3$ und $\hat{e}_4$ kanonische Einheitsvektoren des $\mathbb{R}^4$. Das lineare Gleichungssystem besteht aus schließlich vier Unbekannten. Zudem mussten wir den Vektor Zb und eine 0 als vierte Komponente ergänzen. Wegen $x = Sy$ ist jeder Vektor

$$x \in S \begin{pmatrix} Zb \\ 0 \end{pmatrix} + \langle S\hat{e}_3, S\hat{e}_4 \rangle = \begin{bmatrix} 1 & -1 & 2 & 1 \\ 0 & 0 & 1 & 0 \\ 0 & 1 & -5 & -3 \\ 0 & 0 & 0 & 1 \end{bmatrix} \begin{pmatrix} 1 \\ 2 \\ 0 \\ 0 \end{pmatrix} + \langle S\hat{e}_3, S\hat{e}_4 \rangle$$

$$= \begin{pmatrix} -1 \\ 0 \\ 2 \\ 0 \end{pmatrix} + \underbrace{\left\langle \begin{pmatrix} 2 \\ 1 \\ -5 \\ 0 \end{pmatrix}, \begin{pmatrix} 1 \\ 0 \\ -3 \\ 1 \end{pmatrix} \right\rangle}_{= \text{Kern} A}$$

ein Lösungsvektor des ursprünglichen Gleichungssystems und jeder Lösungsvektor des ursprünglichen Gleichungssystems auch ein Vektor dieser Menge.

2.6 Determinanten und Cramer'sche Regel

> **Aufgabe 2.14** Warum ist die Determinante einer quadratischen Matrix aus ganzen Zahlen ebenfalls ganzzahlig?

Lösung

Ist $A \in \mathrm{M}(n, \mathbb{Z})$, so ist nach der Determinantenformel von Leibniz (Satz 2.73 aus [5])

$$\det A = \sum_{\pi \in S_n} \mathrm{sign}(\pi) \prod_{i=1}^{n} a_{i, \pi(i)}$$

eine Summe ganzer Zahlen und damit ebenfalls ganzzahlig.

> **Aufgabe 2.15** Aus welchem Grund ist die Inverse einer regulären Matrix A, die aus ganzen Zahlen besteht und für deren Determinante $\det A = \pm 1$ gilt, ebenfalls eine ganzzahlige Matrix?

Lösung

Nach der Cramer'schen Regel zur Matrixinversion, Satz 2.68 aus [5], gilt für die Inverse von A

$$A^{-1} = \frac{1}{\det A} \left((-1)^{i+j} \det (\tilde{A}^T)_{ij} \right)_{1 \le i,j \le n}.$$

Da $(\tilde{A}^T)_{ij}$ durch Streichen der i-ten Zeile und j-ten Spalte aus A^T hervorgeht, sind deren Komponenten wie die von A ganzzahlig. Da $\det A = \pm 1$ ist, bleibt die Ganzzahligkeit bei Division durch $\det A$ erhalten.

Wir können die Ganzzahligkeit von A^{-1} noch einfacher begründen: Da $\det A = \pm 1 \in \mathbb{Z}^*$ eine Einheit im Ring $\mathbb{Z}$ ist, folgt nach dem Invertierbarkeitskriterium gemäß Satz 2.78 aus [5] die Invertierbarkeit der Matrix A im Matrizenring $\mathrm{M}(n, \mathbb{Z})$.

> **Aufgabe 2.16** Zeigen Sie: Ist $A \in \mathrm{M}(n, \mathbb{K})$ eine reguläre obere (bzw. untere) Dreiecksmatrix, so ist A^{-1} ebenfalls eine reguläre obere (bzw. untere) Dreiecksmatrix mit Diagonalkomponenten $\frac{1}{a_{11}}, \dots, \frac{1}{a_{nn}}$.

Lösung

Es sei $A \in \mathrm{GL}(n, \mathbb{K})$ eine obere Dreiecksmatrix. Es sei $A^{-1} = (b_{ij})_{1 \le i,j \le n}$. Zunächst zeigen wir, dass A^{-1} ebenfalls eine obere Dreiecksmatrix ist. Hierzu betrachten wir ein Indexpaar (i, j) des unteren Dreiecks, d. h. $1 \le j < i \le n$. Es gilt nun aufgrund der Cramer'schen Regel für die Inversion von Matrizen für das Element b_{ij} in Zeile i und Spalte j von A^{-1}:

$$b_{ij} = \frac{1}{\det A} ((-1)^{i+j} \det (\tilde{A}^T)_{ij}).$$

Wir betrachten also die transponierte Matrix A^T, die eine untere Dreiecksmatrix ist, und streichen in ihr Zeile i und Spalte j. Der Kreuzungspunkt der Streichung befindet sich wegen $i > j$ im unteren Dreieck von A^T. Da das obere Dreieck von A^T nur aus Nullen besteht, verbleibt mit $(\widetilde{A^T})_{ij}$ eine Matrix, die eine Nullspalte ($i = n$) bzw. Nullzeile ($j = 1$) oder linear abhängige Zeilen oder Spalten besitzt, da durch die Streichung auf der Diagonalen eine Stufung mit einer Null entsteht. Diese Streichungsmatrix ist also singulär. Es gilt daher $\det(\widetilde{A^T})_{ij} = 0$ und damit $b_{ij} = 0$. Wir zeigen nun, dass die Diagonalkomponenten von A^{-1} die Kehrwerte der Diagonalkomponenten von A sind. Es sei wieder $A^{-1} = (b_{ij})_{1 \le i, j \le n}$. Es gilt nun

$$E_n = A \cdot A^{-1} = \left(\sum_{k=1}^{n} a_{ik} b_{kj} \right)_{1 \le i, j, \le k}.$$

Wir werten diese Gleichung auf der Hauptdiagonalen aus, also für $i \in \{1, \ldots, n\}$, und beachten dabei, ähnlich wie bei Aufgabe 2.5, welchen Effekt einerseits die obere Dreiecksmatrix A nach sich zieht und dass $b_{ki} = 0$ gilt für $k > i$:

$$1 = \sum_{k=1}^{n} a_{ik} b_{ki} = \sum_{k=i}^{n} a_{ik} b_{ki} = \sum_{k=i}^{i} a_{ik} b_{ki} = a_{ii} b_{ii}.$$

Es folgt $b_{ii} = \frac{1}{a_{ii}}$. Mit A ist A^T eine untere Dreiecksmatrix. Die Inverse der Transponierten, also die Matrix

$$(A^T)^{-1} = (A^{-1})^T,$$

ist daher als Transponierte von A^{-1} eine untere Dreiecksmatrix. Die Aussage gilt demnach in analoger Weise auch für untere Dreiecksmatrizen.

Aufgabe 2.17 Beweisen Sie die nützliche Kästchenformel zur Berechnung der Determinanten (vgl. Satz 2.72 aus [5]): Es seien $M_1 \in M(n_1, \mathbb{K})$, $M_2 \in M(n_2, \mathbb{K})$, ..., $M_p \in M(n_p, \mathbb{K})$ quadratische Matrizen. Dann gilt

$$\det \begin{pmatrix} \boxed{M_1} & * & \cdots & * \\ 0 & \boxed{M_2} & \ddots & \vdots \\ \vdots & \ddots & \ddots & * \\ 0 & \cdots & 0 & \boxed{M_p} \end{pmatrix} = \prod_{k=1}^{p} \det M_k. \tag{2.1}$$

Lösung

Es reicht aus, die Kästchenformel für eine Blocktrigonalmatrix mit zwei Blöcken zu zeigen. Es ist aufgrund der Blockmultiplikationsregel und des Multiplikationssatzes

$$\det \begin{pmatrix} \boxed{M_1} & * \\ 0 & \boxed{M_2} \end{pmatrix} = \det \left(\begin{pmatrix} \boxed{E_{n_1}} & * \\ 0 & \boxed{M_2} \end{pmatrix} \begin{pmatrix} \boxed{M_1} & 0 \\ 0 & \boxed{E_{n_2}} \end{pmatrix} \right)$$

$$= \det \begin{pmatrix} \boxed{E_{n_1}} & * \\ 0 & \boxed{M_2} \end{pmatrix} \cdot \det \begin{pmatrix} \boxed{M_1} & 0 \\ 0 & \boxed{E_{n_2}} \end{pmatrix}.$$

Durch n_1-fach verschachtelte Spaltenentwicklung der linken und n_2-fach verschachtelte Spaltenentwicklung der rechten Determinante folgt dann

$$\det \begin{pmatrix} \boxed{M_1} & * \\ 0 & \boxed{M_2} \end{pmatrix} = \underbrace{1 \cdot 1 \cdots 1}_{n_1 \text{ mal}} \cdot \det M_2 \cdot \underbrace{1 \cdot 1 \cdots 1}_{n_2 \text{ mal}} \cdot \det M_1$$

$$= \det M_2 \cdot \det M_1.$$

Sollte die Blocktrigonalmatrix aus mehr als zwei Blöcken bestehen, so können wir sie zunächst in zwei Blöcke aufteilen und die obige Argumentation mehrmals hintereinander führen. Beispielsweise gilt dann für eine aus drei Blöcken bestehende Blocktrigonalmatrix

$$\det \begin{pmatrix} \boxed{M_1} & * & * \\ 0 & \boxed{M_2} & * \\ 0 & 0 & \boxed{M_3} \end{pmatrix} = \det M_1 \cdot \det \begin{pmatrix} \boxed{M_2} & * \\ 0 & \boxed{M_3} \end{pmatrix}$$

$$= \det M_1 \cdot \det M_2 \cdot \det M_3.$$

Aufgabe 2.17.1 Warum gilt die Kästchenformel in entsprechender Weise auch für untere Blocktrigonalmatrizen? Weshalb ist also für quadratische Blöcke $M_k \in \mathrm{M}(n_k, \mathbb{K})$

$$\det \begin{pmatrix} \boxed{M_1} & 0 & \cdots & 0 \\ * & \boxed{M_2} & \ddots & \vdots \\ \vdots & & \ddots & 0 \\ * & \cdots & * & \boxed{M_p} \end{pmatrix} = \prod_{k=1}^{p} \det M_k ?$$

Lösung

Dies folgt direkt aus der Symmetrieeigenschaft der Determinante, also $\det(A^T) = \det A$, und der Kästchenformel für obere Blocktrigonalmatrizen (2.1).

Aufgabe 2.17.2 Berechnen Sie die folgenden Determinanten über $\mathbb{R}$.

a) $\begin{vmatrix} 1 & 2 & 3 \\ 2 & 3 & 1 \\ 3 & 1 & 2 \end{vmatrix}$

b) $\begin{vmatrix} 0 & 3 & 2 & 1 \\ 3 & 0 & 4 & 2 \\ 2 & 4 & 0 & 3 \\ 1 & 0 & 0 & 0 \end{vmatrix}$

c) $\begin{vmatrix} 1 & 2 & 3 & 4 & 5 & 6 & 7 \\ 2 & 3 & 1 & 2 & 8 & 6 & 1 \\ 3 & 1 & 2 & 0 & 3 & 7 & 9 \\ 0 & 0 & 0 & 0 & 3 & 2 & 1 \\ 0 & 0 & 0 & 3 & 0 & 4 & 2 \\ 0 & 0 & 0 & 2 & 4 & 0 & 3 \\ 0 & 0 & 0 & 1 & 0 & 0 & 0 \end{vmatrix}$

d) $\begin{vmatrix} 1 & 2 & 3 & 4 \\ 0 & 2 & 0 & -1 \\ -1 & 5 & 2 & 4 \\ 1 & 3 & 0 & 3 \end{vmatrix}$

e) $\begin{vmatrix} 207 & 323 & 114 & 315 & -112 \\ 414 & 646 & 228 & 630 & -224 \\ 121 & 133 & -121 & 101 & 502 \\ 491 & 411 & -123 & 312 & 131 \\ 415 & 115 & 512 & 710 & 100 \end{vmatrix}$

Lösung

a) Es handelt sich um eine 3×3-Matrix. Nach der Formel von Sarrus gilt für die Determinante:

$$\begin{vmatrix} 1 & 2 & 3 \\ 2 & 3 & 1 \\ 3 & 1 & 2 \end{vmatrix} = 1 \cdot 3 \cdot 2 + 2 \cdot 1 \cdot 3 + 3 \cdot 2 \cdot 1 - 3^3 - 2^3 - 1^3 = -18.$$

b) Wir entwickeln beispielsweise nach der vierten Zeile:

$$\begin{vmatrix} 0 & 3 & 2 & 1 \\ 3 & 0 & 4 & 2 \\ 2 & 4 & 0 & 3 \\ 1 & 0 & 0 & 0 \end{vmatrix} = -1 \cdot \begin{vmatrix} 3 & 2 & 1 \\ 0 & 4 & 2 \\ 4 & 0 & 3 \end{vmatrix} = -36.$$

c) Hier bietet sich die Kästchenformel an:

$$\begin{vmatrix} 1 & 2 & 3 & 4 & 5 & 6 & 7 \\ 2 & 3 & 1 & 2 & 8 & 6 & 1 \\ 3 & 1 & 2 & 0 & 3 & 7 & 9 \\ 0 & 0 & 0 & 0 & 3 & 2 & 1 \\ 0 & 0 & 0 & 3 & 0 & 4 & 2 \\ 0 & 0 & 0 & 2 & 4 & 0 & 3 \\ 0 & 0 & 0 & 1 & 0 & 0 & 0 \end{vmatrix} = \begin{vmatrix} 1 & 2 & 3 \\ 2 & 3 & 1 \\ 3 & 1 & 2 \end{vmatrix} \cdot \begin{vmatrix} 0 & 3 & 2 & 1 \\ 3 & 0 & 4 & 2 \\ 2 & 4 & 0 & 3 \\ 1 & 0 & 0 & 0 \end{vmatrix} \overset{\text{a), b)}}{=} (-18) \cdot (-36) = 648.$$

d) Es bietet sich die Entwicklung nach der zweiten Zeile oder nach der dritten Spalte an. Letzteres ergibt im Detail:

$$\begin{vmatrix} 1 & 2 & 3 & 4 \\ 0 & 2 & 0 & -1 \\ -1 & 5 & 2 & 4 \\ 1 & 3 & 0 & 3 \end{vmatrix} = 3 \cdot \begin{vmatrix} 0 & 2 & -1 \\ -1 & 5 & 4 \\ 1 & 3 & 3 \end{vmatrix} + 2 \cdot \begin{vmatrix} 1 & 2 & 4 \\ 0 & 2 & -1 \\ 1 & 3 & 3 \end{vmatrix} = 64.$$

Da die Determinante invariant ist unter elementaren Zeilen- oder Spaltenumformungen des Typs I, können wir alternativ auch zunächst weitere Nullen erzeugen. So könnten wir beispielsweise innerhalb der ersten Spalte zunächst die -1 in der dritten und die 1 in der vierten Zeile durch Addition bzw. Subtraktion der ersten Zeile eliminieren, um danach die Determinante nach der ersten Spalte zu entwickeln. Die Determinante der einzig verbleibenden 3×3-Streichungsmatrix können wir mit der Formel von Sarrus berechnen:

$$\begin{vmatrix} 1 & 2 & 3 & 4 \\ 0 & 2 & 0 & -1 \\ -1 & 5 & 2 & 4 \\ 1 & 3 & 0 & 3 \end{vmatrix} = \begin{vmatrix} 1 & 2 & 3 & 4 \\ 0 & 2 & 0 & -1 \\ 0 & 7 & 5 & 8 \\ 0 & 1 & -3 & -1 \end{vmatrix} = 1 \cdot \begin{vmatrix} 2 & 0 & -1 \\ 7 & 5 & 8 \\ 1 & -3 & -1 \end{vmatrix} = -10 + 0 + 21 + 5 + 48 - 0 = 64.$$

e) Die zweite Zeile ist das Doppelte der ersten Zeile dieser Matrix. Aus diesem Grund hat die Matrix keinen vollen Rang und ist daher singulär. Die Determinante verschwindet demnach:

$$\begin{vmatrix} 207 & 323 & 114 & 315 & -112 \\ 414 & 646 & 228 & 630 & -224 \\ 121 & 133 & -121 & 101 & 502 \\ 491 & 411 & -123 & 312 & 131 \\ 415 & 115 & 512 & 710 & 100 \end{vmatrix} = 0.$$

Aufgabe 2.17.3 Bestimmen Sie

$$\det A(x) \quad \text{mit} \quad A(x) = \begin{pmatrix} 3-x & -2 & 0 \\ 1 & -x & 0 \\ -3 & 3 & 3-x \end{pmatrix} \in M(3, \mathbb{R}[x]).$$

Für welche $x \in \mathbb{R}$ ist die Matrix $A(x)$ singulär?

Lösung

Es bietet sich die Entwicklung der Determinante von $A(x)$ nach der dritten Spalte an:

$$\det A(x) = \det \begin{pmatrix} 3-x & -2 & 0 \\ 1 & -x & 0 \\ -3 & 3 & 3-x \end{pmatrix} = (3-x)(x^2 - 3x + 2) = (3-x)(x-1)(x-2).$$

Betrachten wir $A(x)$ mit $x \in \mathbb{R}$ als reelle Matrix, so wird $A(x)$ für $x \in \{3, 1, 2\}$ singulär.

Aufgabe 2.17.4 Es seien

$$A = \begin{pmatrix} 1 & 0 & 1 \\ 1 & 2 & 0 \\ 1 & 1 & 2 \end{pmatrix}, \qquad B = \begin{pmatrix} 2 & 1 & 1 \\ 3 & 2 & -2 \\ -1 & 0 & -3 \end{pmatrix}, \qquad C = \begin{pmatrix} 1 & 1 & 0 \\ 1 & 0 & 1 \\ 0 & 1 & 1 \end{pmatrix}.$$

Berechnen Sie mit möglichst wenig Aufwand:

a) $\det(ABC)$,
b) $\det(A^T C^T)$,
c) $\det(C^{-1} B^{-1}) \frac{1}{|A^{-1}|}$,
d) $\det \begin{pmatrix} A & A \\ C & B+C \end{pmatrix}$.

Lösung

Man berechnet zunächst $\det A = |A| = 3$, $\det B = |B| = 1$ und $\det C = |C| = -2$.

a) $\det(ABC) = \det(A)\det(B)\det(C) = -6$

b) $\det(A^T C^T) = \det(A^T)\det(C^T) = \det(A)\det(C) = -6$

c) $\det(C^{-1} B^{-1}) \frac{1}{|A^{-1}|} = \det(C^{-1})\det(B^{-1})\det(A) = \frac{1}{|C|}\frac{1}{|B|}|A| = -\frac{3}{2}$

Bemerkung 2.1 *Wir haben hierbei den Multiplikationssatz für Determinanten verwendet, d. h., wir bestimmen die Determinante des Produkts zweier quadratischer Matrizen, indem wir das Produkt ihrer Determinanten berechnen: $\det(AB) = \det(A)\det(B)$. Dies gilt im Allgemeinen allerdings nicht in entsprechender Weise für die Addition, wie das folgende Gegenbeispiel zeigt:*

$$A = \begin{pmatrix} 1 & 0 \\ 0 & 2 \end{pmatrix}, \qquad B = \begin{pmatrix} 1 & 1 \\ 1 & 2 \end{pmatrix}.$$

Es ist

$$\det(A+B) = \det\left(\begin{pmatrix} 1 & 0 \\ 0 & 2 \end{pmatrix} + \begin{pmatrix} 1 & 1 \\ 1 & 2 \end{pmatrix} \right) = \det \begin{pmatrix} 2 & 1 \\ 1 & 4 \end{pmatrix} = 7,$$

während jedoch

$$\det(A) + \det(B) = 2 + 1 = 3 \neq 7 = \det(A+B).$$

Eine Folge des Multiplikationssatzes ist, dass für eine reguläre Matrix A die Determinante ihrer Inversen der Kehrwert der Determinante von A ist, denn es gilt $1 = \det(A^{-1}A) = \det(A^{-1})\det(A)$.

d) Es handelt sich um die Determinante einer blockweise zusammengesetzten 6×6-Matrix. Durch elementare Spaltenumformungen des Typs I ist der rechte 3×3-Block A im oberen Teil der Matrix eliminierbar, ohne dass sich dabei die Determinante ändert. Wir subtrahieren daher die erste Spalte von der dritten Spalte, die zweite Spalte von der vierten Spalte und die dritte Spalte von der letzten Spalte. Elementare Umformungen des Typs I haben keinen Einfluss auf die Determinante. Danach können wir die Kästchenformel für untere Blocktrigonalmatrizen anwenden. Es ist also

$$\det \begin{pmatrix} A & A \\ C & B+C \end{pmatrix} = \det \begin{pmatrix} A & 0 \\ C & B \end{pmatrix} = \det(A) \cdot \det(B) = 3 \cdot 1 = 3.$$

Aufgabe 2.18 Zeigen Sie: Für jede $n \times n$-Matrix A gilt $\det A = \det(S^{-1}AS)$ mit jeder regulären $n \times n$-Matrix S.

Lösung

Es gilt nach dem Multiplikationssatz für die Determinante und wegen $\det(S^{-1}) = (\det S)^{-1}$

$$\det(S^{-1}AS) = \det(S^{-1})\det(A)\det(S) = \frac{1}{\det S}\det(A)\det S = \frac{1}{\det S}\det(S)\det A = \det A.$$

Aufgabe 2.19 Es sei $A \in \mathrm{M}(n, \mathbb{K}[x])$ eine quadratische Polynommatrix über dem Polynomring $\mathbb{K}[x]$. Warum gilt

$$A \text{ invertierbar} \iff \deg \det A = 0 \text{ (also } \det A \in \mathbb{K} \setminus \{0\})?$$

Lösung

Da es sich bei A um eine quadratische Matrix über dem Ring $\mathbb{K}[x]$ handelt, gilt nach dem Invertierbarkeitskriterium

$$A \in (\mathrm{M}(n, \mathbb{K}[x]))^* \iff \det A \in (\mathbb{K}[x])^* = \{p \in \mathbb{K}[x] : \deg p = 0\} = \mathbb{K} \setminus \{0\}.$$

Aufgabe 2.20 Es sei $A \in \mathrm{M}(n, \mathbb{Z})$ eine nicht über $\mathbb{Z}$ invertierbare ganzzahlige $n \times n$-Matrix und $\mathbf{b} \in \mathbb{Z}^n$ ein Vektor aus ganzen Zahlen. Unter welchen Umständen besitzt das lineare Gleichungssystem $A\mathbf{x} = \mathbf{b}$ dennoch eine eindeutige ganzzahlige Lösung $\mathbf{x} \in \mathbb{Z}^n$? Finden Sie ein Beispiel hierzu.

Lösung

Wir betrachten das ganzzahlige lineare Gleichungssystem $A\mathbf{x} = \mathbf{b}$ zunächst über dem Quotientenkörper $\mathbb{Q} = Q(\mathbb{Z})$. Eine eindeutige Lösung über $\mathbb{Q}$ gibt es genau dann, wenn A über $\mathbb{Q}$ regulär ist, wenn also $\det A \neq 0$ gilt. Laut Cramer'scher Regel für lineare Gleichungssysteme gelten für die Komponenten x_i des Lösungsvektors

$$x_i = \frac{\det(\mathbf{a}_1 \mid \cdots \mid \mathbf{a}_{i-1} \mid \mathbf{b} \mid \mathbf{a}_{i+1} \mid \cdots \mid \mathbf{a}_n)}{\det A} \in \mathbb{Q}.$$

Sowohl die im Zähler als auch die im Nenner auftretende Determinante sind dabei ganzzahlig. Gelten nun darüber hinaus die Teilbarkeitsbedingungen

$$\det A \;\Big|\; \det(\mathbf{a}_1 \mid \cdots \mid \mathbf{a}_{i-1} \mid \mathbf{b} \mid \mathbf{a}_{i+1} \mid \cdots \mid \mathbf{a}_n)$$

für $i = 1,\ldots,n$, so sind alle Lösungskomponenten ganzzahlig (vgl. hierzu auch Cramer'sche Regel für lineare Gleichungssysteme über Integritätsringen innerhalb von Satz 2.78 aus [5]). Ein Beispiel ist sehr schnell gefunden: Für $x_1 = 6$ und $x_2 = 3$ gilt beispielsweise

$$\left\{ \begin{array}{l} 4x_1 + 2x_2 = 30 \\ 2x_1 + 3x_2 = 21 \end{array} \right\}.$$

In Matrix-Vektor-Notation $A\mathbf{x} = \mathbf{b}$ formuliert ist hierbei

$$A = \begin{pmatrix} 4 & 2 \\ 2 & 3 \end{pmatrix}, \qquad \mathbf{b} = \begin{pmatrix} 30 \\ 21 \end{pmatrix}.$$

Wegen $\det A = 8$ ist zwar A über $\mathbb{Q}$ invertierbar, nicht jedoch über $\mathbb{Z}$, da $\det A \notin \{-1,1\} = \mathbb{Z}^*$. Es gilt aber

$$8 = \det A \,\Big|\, 48 = \det \begin{pmatrix} 30 & 2 \\ 21 & 3 \end{pmatrix}, \qquad 8 = \det A \,\Big|\, 24 = \det \begin{pmatrix} 4 & 30 \\ 2 & 21 \end{pmatrix},$$

woraus sich nach der Cramer'schen Regel die beiden ganzzahligen Lösungen

$$x_1 = \frac{\det \begin{pmatrix} 30 & 2 \\ 21 & 3 \end{pmatrix}}{\det A} = 6 \quad \text{und} \quad x_1 = \frac{\det \begin{pmatrix} 4 & 30 \\ 2 & 21 \end{pmatrix}}{\det A} = 3$$

ergeben.

Aufgabe 2.20.1 Es seien

$$A = \begin{pmatrix} 1 & 2 \\ 2 & 8 \end{pmatrix}, \qquad B = \begin{pmatrix} 1 & 4 & 7 \\ 2 & 5 & 8 \\ 3 & 6 & 9 \end{pmatrix}, \qquad C = \begin{pmatrix} 1 & 1 & 2 \\ 1 & 2 & 3 \\ 0 & 0 & 1 \end{pmatrix}, \qquad D = \begin{pmatrix} 0 & 1 & 1 & 0 \\ 1 & 1 & 0 & 1 \\ 0 & 1 & 1 & 1 \\ 0 & 0 & 1 & 1 \end{pmatrix}.$$

a) Überprüfen Sie anhand der Determinante, ob die oben angegebenen Matrizen regulär sind.

b) Lösen Sie folgende lineare Gleichungssysteme mithilfe der Cramer'schen Regel zur Matrixinversion oder per Cramer'scher Regel für lineare Gleichungssysteme:

$$A \begin{pmatrix} x_1 \\ x_2 \end{pmatrix} = \begin{pmatrix} 16 \\ 20 \end{pmatrix}, \qquad C \begin{pmatrix} x_1 \\ x_2 \\ x_3 \end{pmatrix} = \begin{pmatrix} 3 \\ 6 \\ 9 \end{pmatrix}, \qquad D \begin{pmatrix} x_1 \\ x_2 \\ x_2 \\ x_4 \end{pmatrix} = \begin{pmatrix} 2 \\ -4 \\ 5 \\ -6 \end{pmatrix}.$$

Lösung

a) Es ist $\det A = 4 \neq 0$ und A somit regulär. Zudem ist $\det B = 0$ und daher B singulär, also nicht invertierbar. Des Weiteren sind $\det C = 1 \neq 0$ und $\det D = 1 \neq 0$, sodass C und D regulär sind.

b) Berechnung von A^{-1} nach der Cramer'schen Regel:

$$A^{-1} = \frac{1}{\det A} \begin{pmatrix} 8 & -2 \\ -2 & 1 \end{pmatrix} = \begin{pmatrix} 2 & -\frac{1}{2} \\ -\frac{1}{2} & \frac{1}{4} \end{pmatrix}.$$

Damit berechnen wir für das LGS $A\mathbf{x} = (16, 20)^T$ die Lösung $\mathbf{x} = A^{-1}(16, 20)^T = (22, -3)^T$.

Berechnung von C^{-1} nach der Cramer'schen Regel: Zunächst empfiehlt sich die Aufstellung der transponierten Matrix C^T, da für die Anwendung der Cramer'schen Regel in dieser Matrix Zeilen und Spalten gemäß der Formel zu streichen sind. Es ist

$$C^T = \begin{pmatrix} 1 & 1 & 0 \\ 1 & 2 & 0 \\ 2 & 3 & 1 \end{pmatrix}.$$

Mithilfe der Cramer'schen Regel invertieren wir nun C. Für die Unterdeterminanten streichen wir aus C^T entsprechend der Position in C^{-1}. So ergibt beispielsweise die Streichung der ersten Spalte und zweiten Zeile aus C^T die Unterdeterminante zur Berechnung des Elementes in der ersten Spalte und zweiten Zeile der inversen Matrix. Wir erhalten

$$C^{-1} = \frac{1}{\det C} \begin{pmatrix} +\begin{vmatrix} 2 & 0 \\ 3 & 1 \end{vmatrix} & -\begin{vmatrix} 1 & 0 \\ 2 & 1 \end{vmatrix} & +\begin{vmatrix} 1 & 2 \\ 2 & 3 \end{vmatrix} \\ -\begin{vmatrix} 1 & 0 \\ 3 & 1 \end{vmatrix} & +\begin{vmatrix} 1 & 0 \\ 2 & 1 \end{vmatrix} & -\begin{vmatrix} 1 & 1 \\ 2 & 3 \end{vmatrix} \\ +\begin{vmatrix} 1 & 0 \\ 2 & 0 \end{vmatrix} & -\begin{vmatrix} 1 & 0 \\ 1 & 0 \end{vmatrix} & +\begin{vmatrix} 1 & 1 \\ 1 & 2 \end{vmatrix} \end{pmatrix} = \begin{pmatrix} 2 & -1 & -1 \\ -1 & 1 & -1 \\ 0 & 0 & 1 \end{pmatrix}.$$

Damit berechnen wir für das LGS $C\mathbf{x} = (3, 6, 9)^T$ die Lösung

$$\mathbf{x} = C^{-1}(3, 6, 9)^T = (-9, -6, 9)^T.$$

Wir berechnen D^{-1} nach der Cramer'schen Regel. Zunächst erfolgt wieder die Aufstellung von D^T, da in dieser Matrix Zeilen und Spalten nach der Cramer'schen Regel gestrichen werden:

$$D^T = \begin{pmatrix} 0 & 1 & 0 & 0 \\ 1 & 1 & 1 & 0 \\ 1 & 0 & 1 & 1 \\ 0 & 1 & 1 & 1 \end{pmatrix}.$$

Hiermit berechnen wir

$$D^{-1} = \frac{1}{\det D} \begin{pmatrix} +\begin{vmatrix} 1 & 1 & 0 \\ 0 & 1 & 1 \\ 1 & 1 & 1 \end{vmatrix} & -\begin{vmatrix} 1 & 1 & 0 \\ 1 & 1 & 1 \\ 0 & 1 & 1 \end{vmatrix} & +\begin{vmatrix} 1 & 1 & 0 \\ 1 & 0 & 1 \\ 0 & 1 & 1 \end{vmatrix} & -\begin{vmatrix} 1 & 1 & 1 \\ 1 & 0 & 1 \\ 0 & 1 & 1 \end{vmatrix} \\[3mm] -\begin{vmatrix} 1 & 0 & 0 \\ 0 & 1 & 1 \\ 1 & 1 & 1 \end{vmatrix} & +\begin{vmatrix} 0 & 0 & 0 \\ 1 & 1 & 1 \\ 0 & 1 & 1 \end{vmatrix} & -\begin{vmatrix} 0 & 1 & 0 \\ 1 & 0 & 1 \\ 0 & 1 & 1 \end{vmatrix} & +\begin{vmatrix} 0 & 1 & 0 \\ 1 & 0 & 1 \\ 0 & 1 & 1 \end{vmatrix} \\[3mm] +\begin{vmatrix} 1 & 0 & 0 \\ 1 & 1 & 0 \\ 1 & 1 & 1 \end{vmatrix} & -\begin{vmatrix} 0 & 0 & 0 \\ 1 & 1 & 0 \\ 0 & 1 & 1 \end{vmatrix} & +\begin{vmatrix} 0 & 1 & 0 \\ 1 & 1 & 0 \\ 0 & 1 & 1 \end{vmatrix} & -\begin{vmatrix} 0 & 1 & 0 \\ 1 & 1 & 1 \\ 0 & 1 & 1 \end{vmatrix} \\[3mm] -\begin{vmatrix} 1 & 0 & 0 \\ 1 & 1 & 0 \\ 0 & 1 & 1 \end{vmatrix} & +\begin{vmatrix} 0 & 0 & 0 \\ 1 & 1 & 0 \\ 1 & 1 & 1 \end{vmatrix} & -\begin{vmatrix} 0 & 1 & 0 \\ 1 & 1 & 0 \\ 1 & 0 & 1 \end{vmatrix} & +\begin{vmatrix} 0 & 1 & 0 \\ 1 & 1 & 1 \\ 1 & 0 & 1 \end{vmatrix} \end{pmatrix} = \begin{pmatrix} 1 & 1 & -2 & 1 \\ 0 & 0 & 1 & -1 \\ 1 & 0 & -1 & 1 \\ -1 & 0 & 1 & 0 \end{pmatrix}.$$

Es ergibt sich nun für das LGS $D\mathbf{x} = (2, -4, 5, -6)^T$ die Lösung

$$\mathbf{x} = D^{-1}(2, -4, 5, -6)^T = (-18, 11, -9, 3)^T.$$

Wir haben diese linearen Gleichungssysteme mit der Cramer'schen Regel für die Matrix-inversion gelöst. Die Berechnung der Lösung ist aber auch ohne explizite Berechnung der inversen Matrix möglich. Hierzu kann alternativ die Cramer'sche Regel für lineare Gleichungssysteme verwendet werden. Dabei benötigen wir zur Bestimmung von x_k neben der Determinante der Koeffizientenmatrix die Determinante der Matrix, die sich ergibt, wenn die k-te Spalte der Koeffizientenmatrix ersetzt wird durch den Spaltenvektor der rechten Seite des linearen Gleichungssystems. Bildet man die Quotienten aus jeder diesen Determinanten mit der Determinante der Koeffizientenmatrix, so ergeben sich die Unbekannten des linearen Gleichungssystems. Für $A\mathbf{x} = (16, 20)^T$ ergibt dies

$$x_1 = \frac{1}{\det A} \det \begin{pmatrix} 16 & 2 \\ 20 & 8 \end{pmatrix} = \frac{88}{4} = 22,$$

$$x_2 = \frac{1}{\det A} \det \begin{pmatrix} 1 & 16 \\ 2 & 20 \end{pmatrix} = \frac{-12}{4} = -3.$$

Für $C\mathbf{x} = (3, 6, 9)^T$ ergibt dies

$$x_1 = \frac{1}{\det C} \det \begin{pmatrix} 3 & 1 & 2 \\ 6 & 2 & 3 \\ 9 & 0 & 1 \end{pmatrix} = \frac{-9}{1} = -9,$$

$$x_2 = \frac{1}{\det C} \det \begin{pmatrix} 1 & 3 & 2 \\ 1 & 6 & 3 \\ 0 & 9 & 1 \end{pmatrix} = \frac{-6}{1} = -6,$$

$$x_3 = \frac{1}{\det C} \det \begin{pmatrix} 1 & 1 & 3 \\ 1 & 2 & 6 \\ 0 & 0 & 9 \end{pmatrix} = \frac{9}{1} = 9.$$

Für $D\mathbf{x} = (2, -4, 5, -6)^T$ ergibt dies

$$x_1 = \frac{1}{\det D} \det \begin{pmatrix} 2 & 1 & 1 & 0 \\ -4 & 1 & 0 & 1 \\ 5 & 1 & 1 & 1 \\ -6 & 0 & 1 & 1 \end{pmatrix} = \frac{-18}{1} = -18,$$

$$x_2 = \frac{1}{\det D} \det \begin{pmatrix} 0 & 2 & 1 & 0 \\ 1 & -4 & 0 & 1 \\ 0 & 5 & 1 & 1 \\ 0 & -6 & 1 & 1 \end{pmatrix} = \frac{11}{1} = 11,$$

$$x_3 = \frac{1}{\det D} \det \begin{pmatrix} 0 & 1 & 2 & 0 \\ 1 & 1 & -4 & 1 \\ 0 & 1 & 5 & 1 \\ 0 & 0 & -6 & 1 \end{pmatrix} = \frac{-9}{1} = -9,$$

$$x_4 = \frac{1}{\det D} \det \begin{pmatrix} 0 & 1 & 1 & 2 \\ 1 & 1 & 0 & -4 \\ 0 & 1 & 1 & 5 \\ 0 & 0 & 1 & -6 \end{pmatrix} = \frac{3}{1} = 3.$$

Bemerkung 2.2 *Auch wenn es zunächst attraktiv erscheint, eine reguläre Matrix per Cramer'scher Regel zu invertieren oder lineare Gleichungssysteme über die Cramer'sche Regel zu lösen, so darf nicht darüber hinweggesehen werden, dass dies in der Regel mit hohem Rechenaufwand verbunden ist. Es müssen rekursiv Unterdeterminanten bestimmt werden. Die Berechnung von Determinanten ist dabei im Allgemeinen sehr rechenintensiv. Ob die Verwendung der Cramer'schen Regel dem Gauß-Verfahren oder anderen, numerisch günstigeren Verfahren vorzuziehen ist, liegt an der jeweiligen Situation. Für Systeme mit zwei Variablen ist die Lösung per Cramer'scher Regel sehr schnell ermittelt. Das Gauß-Verfahren ist in dieser Situation aber dann ebenfalls nicht mit viel Aufwand verbunden. Die Cramer'sche Regel hat aber eine hohe theoretische Bedeutung. Sie lässt erkennen, in welcher Weise die Lösung von den Eingangsdaten eines linearen Gleichungssystems abhängt. So können wir beispielsweise Bedingungen für Lösungen mit ganzzahligen Komponenten aufstellen (vgl. hierzu auch Aufgaben 2.15 und 2.20).*

2.7 Invariantenteiler

Aufgabe 2.21 Bestimmen Sie die Invariantenteiler d_1, d_2, $d_3 \in \mathbb{Q}[x]$ der Matrix

$$M = \begin{pmatrix} x-1 & -1 & 0 \\ 0 & x-1 & 0 \\ 0 & 0 & x-2 \end{pmatrix} \in \mathrm{M}(3, \mathbb{Q}[x])$$

über $\mathbb{Q}[x]$. Geben Sie dabei eine Zerlegung der Art

$$ZMS = \begin{pmatrix} d_1 & 0 & 0 \\ 0 & d_2 & 0 \\ 0 & 0 & d_3 \end{pmatrix}$$

an mit $d_1 | d_2$ und $d_2 | d_3$ sowie invertierbaren Matrizen $Z, S \in (\mathrm{M}(3, \mathbb{Q}[x]))^*$.

Lösung

Die Einträge von

$$M = \begin{pmatrix} x-1 & -1 & 0 \\ 0 & x-1 & 0 \\ 0 & 0 & x-2 \end{pmatrix} \in \mathrm{M}(3, \mathbb{Q}[x])$$

sind teilerfremde Polynome aus $\mathbb{Q}[x]$, sodass wir ohne Einschränkung von $-1 \in (\mathbb{Q}[x])^*$ als größtem gemeinsamen Teiler der Komponenten von M ausgehen. Wir werden nun durch Spaltenvertauschung zunächst das Polynom -1 links oben in der Matrix erzeugen, um anschließend die übrigen Elemente der ersten Spalte und ersten Zeile zu eliminieren. Wie üblich, führen wir sämtliche Zeilen- und Spaltenumformungen in analoger Weise jeweils an zwei 3×3-Einheitsmatrizen fortlaufend durch, um die gesuchten Transformationsmatrizen Z und S aus $(\mathrm{M}(3, \mathbb{Q}[x]))^*$ zu bestimmen:

Matrix	Zeilenumformungen	Spaltenumformungen

$$\begin{bmatrix} x-1 & -1 & 0 \\ 0 & x-1 & 0 \\ 0 & 0 & x-2 \end{bmatrix} \qquad \begin{bmatrix} 1 & 0 & 0 \\ 0 & 1 & 0 \\ 0 & 0 & 1 \end{bmatrix} \qquad \begin{bmatrix} 1 & 0 & 0 \\ 0 & 1 & 0 \\ 0 & 0 & 1 \end{bmatrix}$$

$$\rightarrow \begin{bmatrix} -1 & x-1 & 0 \\ x-1 & 0 & 0 \\ 0 & 0 & x-2 \end{bmatrix} \cdot (x-1) \quad \begin{bmatrix} 1 & 0 & 0 \\ 0 & 1 & 0 \\ 0 & 0 & 1 \end{bmatrix} \cdot (x-1) \quad \begin{bmatrix} 0 & 1 & 0 \\ 1 & 0 & 0 \\ 0 & 0 & 1 \end{bmatrix}$$

$$\rightarrow \begin{bmatrix} -1 & 0 & 0 \\ 0 & (x-1)^2 & 0 \\ 0 & 0 & x-2 \end{bmatrix} \quad \begin{bmatrix} 1 & 0 & 0 \\ x-1 & 1 & 0 \\ 0 & 0 & 1 \end{bmatrix} \quad \begin{bmatrix} 0 & 1 & 0 \\ 1 & x-1 & 0 \\ 0 & 0 & 1 \end{bmatrix}.$$

Die Polynome des verbleibenden 2×2-Blocks

$$\begin{bmatrix} (x-1)^2 & 0 \\ 0 & x-2 \end{bmatrix}$$

rechts unten sind teilerfremd. Auch in diesem Block erzeugen wir einen größten gemeinsamen Teiler, der in diesem Fall ein Element aus der Einheitengruppe $(\mathbb{Q}[x])^* = \mathbb{Q}^*$ ist. Anschließend eliminieren wir in entsprechender Weise:

$$\begin{bmatrix} -1 & 0 & 0 \\ 0 & (x-1)^2 & 0 \\ 0 & 0 & x-2 \end{bmatrix} \quad \begin{bmatrix} 1 & 0 & 0 \\ x-1 & 1 & 0 \\ 0 & 0 & 1 \end{bmatrix} \quad \begin{bmatrix} 0 & 1 & 0 \\ 1 & x-1 & 0 \\ 0 & 0 & 1 \end{bmatrix}$$

$$\rightarrow \begin{bmatrix} -1 & 0 & 0 \\ 0 & (x-1)^2 & (x-2)x \\ 0 & 0 & x-2 \end{bmatrix} \quad \begin{bmatrix} 1 & 0 & 0 \\ x-1 & 1 & x \\ 0 & 0 & 1 \end{bmatrix} \quad \begin{bmatrix} 0 & 1 & 0 \\ 1 & x-1 & 0 \\ 0 & 0 & 1 \end{bmatrix}$$

$$\rightarrow \begin{bmatrix} -1 & 0 & 0 \\ 0 & 1 & (x-2)x \\ 0 & 2-x & x-2 \end{bmatrix} \quad \begin{bmatrix} 1 & 0 & 0 \\ x-1 & 1 & x \\ 0 & 0 & 1 \end{bmatrix} \quad \begin{bmatrix} 0 & 1 & 0 \\ 1 & x-1 & 0 \\ 0 & -1 & 1 \end{bmatrix}$$

$$\rightarrow \begin{bmatrix} -1 & 0 & 0 \\ 0 & 1 & 0 \\ 0 & 0 & (x-2)(x-1)^2 \end{bmatrix} \quad \begin{bmatrix} 1 & 0 & 0 \\ x-1 & 1 & x \\ (x-1)(x-2) & x-2 & (x-1)^2 \end{bmatrix} \begin{bmatrix} 0 & 1 & x(2-x) \\ 1 & x-1 & -x(x-1)(x-2) \\ 0 & -1 & (x-1)^2 \end{bmatrix}.$$

Die Invariantenteiler von M sind somit

$$d_1 = -1, \quad d_2 = 1, \quad d_3 = (x-2)(x-1)^2.$$

Mit den Transformationsmatrizen

$$Z = \begin{pmatrix} 1 & 0 & 0 \\ x-1 & 1 & x \\ (x-1)(x-2) & x-2 & (x-1)^2 \end{pmatrix}, \quad S = \begin{pmatrix} 0 & 1 & x(2-x) \\ 1 & x-1 & -x(x-1)(x-2) \\ 0 & -1 & (x-1)^2 \end{pmatrix}$$

gilt

$$ZMS = \begin{pmatrix} -1 & 0 & 0 \\ 0 & 1 & 0 \\ 0 & 0 & (x-2)(x-1)^2 \end{pmatrix}.$$

Aufgabe 2.21.1 Bringen Sie die Matrix

$$M = \begin{pmatrix} x-1 & -1 & 0 \\ 0 & x-1 & 0 \\ 0 & 0 & x-1 \end{pmatrix} \in M(3, \mathbb{Q}[x])$$

durch elementare Umformungen über $\mathbb{Q}[x]$ in eine Smith-Normalform $D \in M(3, \mathbb{Q}[x])$. Wie lauten die Invariantenteiler von M? Geben Sie dabei eine Faktorisierung der Art $ZMS = D$ an mit invertierbaren Matrizen $Z, S \in (M(3, \mathbb{Q}[x]))^*$. Vergleichen Sie Ihr Ergebnis mit dem Resultat, das MATLAB® durch die Funktion **smithForm** liefert. Erklären Sie dabei die Variable x zuvor als symbolische Variable. Hierzu benötigen Sie die Symbolic Math Toolbox™.

Lösung

Mit dem üblichen Vorgehen gelangen wir zur Smith-Normalform von M:

Matrix	Zeilenumformungen	Spaltenumformungen

$$\begin{bmatrix} x-1 & -1 & 0 \\ 0 & x-1 & 0 \\ 0 & 0 & x-1 \end{bmatrix} \quad \begin{bmatrix} 1 & 0 & 0 \\ 0 & 1 & 0 \\ 0 & 0 & 1 \end{bmatrix} \quad \begin{bmatrix} 1 & 0 & 0 \\ 0 & 1 & 0 \\ 0 & 0 & 1 \end{bmatrix}$$

$$\to \begin{bmatrix} -1 & x-1 & 0 \\ x-1 & 0 & 0 \\ 0 & 0 & x-1 \end{bmatrix} {\cdot(x-1)} \begin{bmatrix} 1 & 0 & 0 \\ 0 & 1 & 0 \\ 0 & 0 & 1 \end{bmatrix} {\cdot(x-1)} \begin{bmatrix} 0 & 1 & 0 \\ 1 & 0 & 0 \\ 0 & 0 & 1 \end{bmatrix}$$

$$\to \begin{bmatrix} -1 & 0 & 0 \\ 0 & (x-1)^2 & 0 \\ 0 & 0 & x-1 \end{bmatrix} \begin{bmatrix} 1 & 0 & 0 \\ x-1 & 1 & 0 \\ 0 & 0 & 1 \end{bmatrix} \begin{bmatrix} 0 & 1 & 0 \\ 1 & x-1 & 0 \\ 0 & 0 & 1 \end{bmatrix}$$

$$\to \begin{bmatrix} -1 & 0 & 0 \\ 0 & x-1 & 0 \\ 0 & 0 & (x-1)^2 \end{bmatrix} \begin{bmatrix} 1 & 0 & 0 \\ 0 & 0 & 1 \\ x-1 & 1 & 0 \end{bmatrix} \begin{bmatrix} 0 & 0 & 1 \\ 1 & 0 & x-1 \\ 0 & 1 & 0 \end{bmatrix}.$$

Die Invariantenteiler von M sind somit

$$d_1 = -1, \quad d_2 = x-1, \quad d_3 = (x-1)^2.$$

Mit den Transformationsmatrizen

$$Z = \begin{bmatrix} 1 & 0 & 0 \\ 0 & 0 & 1 \\ x-1 & 1 & 0 \end{bmatrix}, \qquad S = \begin{bmatrix} 0 & 0 & 1 \\ 1 & 0 & x-1 \\ 0 & 1 & 0 \end{bmatrix}$$

können wir nun die Matrix M über $\mathbb{Q}[x]$ in eine Smith-Normalform überführen. Die entsprechende Faktorisierung lautet

$$ZMS = \begin{bmatrix} -1 & 0 & 0 \\ 0 & x-1 & 0 \\ 0 & 0 & (x-1)^2 \end{bmatrix} = D.$$

Zur Kontrolle bestimmen wir die Smith-Normalform von A mithilfe von MATLAB®.

```
1   >> syms x
2   >> M=[x-1, -1,0; 0,x-1, 0; 0,0,x-1];
3   >> smithForm(M)
4
5   ans =
6
7   [ 1,      0,              0]
8   [ 0, x - 1,              0]
9   [ 0,      0, x^2 - 2*x + 1]
```

Die Invariantenteiler von M lauten daher nach MATLAB®

$$d_1' = 1, \quad d_2' = x - 1, \quad d_3' = x^2 - 2x + 1$$

und stimmen bis auf Assoziiertheit mit den zuvor per Tableau bestimmten Invariantentei-
lern d_1, d_2 und d_3 überein. Wir erkennen auch hier die Teilbarkeitsbeziehungen $d_1' \,|\, d_2'$ und
$d_2' = x - 1 \,|\, (x-1)^2 = x^2 - 2x + 1 = d_3'$.

2.8 Vertiefende Aufgaben

Aufgabe 2.22 Es seien $A \in M(n \times m, \mathbb{K})$ und $B \in M(m \times n, \mathbb{K})$. Für diese Matrizen
sind sowohl AB als auch BA definiert. Im Allgemeinen stimmen beide Produkte nicht
überein, sind sogar für $m \neq n$ von unterschiedlichem Format. Gilt dann aber zumin-
dest Rang$(AB) = $ Rang(BA)?

Lösung

Für beliebige Matrizen $A \in M(n \times m, \mathbb{K})$ und $B \in M(m \times n, \mathbb{K})$ gilt dies im Allgemeinen
nicht. Wir betrachten ein Gegenbeispiel:

$$A = \begin{pmatrix} 1 & 0 & 0 \\ 0 & 0 & 0 \end{pmatrix}, \qquad B = \begin{pmatrix} 0 & 1 \\ 0 & 0 \\ 0 & 0 \end{pmatrix}.$$

Es ist

$$AB = \begin{pmatrix} 1 & 0 & 0 \\ 0 & 0 & 0 \end{pmatrix} \begin{pmatrix} 0 & 1 \\ 0 & 0 \\ 0 & 0 \end{pmatrix} = \begin{pmatrix} 0 & 1 \\ 0 & 0 \end{pmatrix}$$

und somit Rang$(AB) = 1$. Bei Vertauschung beider Faktoren ergibt sich dagegen die 3×3-
Matrix

$$BA = \begin{pmatrix} 0 & 1 \\ 0 & 0 \\ 0 & 0 \end{pmatrix} \begin{pmatrix} 1 & 0 & 0 \\ 0 & 0 & 0 \end{pmatrix} = \begin{pmatrix} 0 & 0 & 0 \\ 0 & 0 & 0 \\ 0 & 0 & 0 \end{pmatrix},$$

für die $\mathrm{Rang}(BA) = 0$ gilt. Selbst wenn wir uns nur auf quadratische Matrizen beschränken, sind die Ränge der Produkte AB und BA in der Regel nicht identisch, wie das Beispiel

$$A = \begin{pmatrix} 1 & 0 \\ 0 & 0 \end{pmatrix}, \qquad B = \begin{pmatrix} 0 & 1 \\ 0 & 0 \end{pmatrix}$$

erkennen lässt.

Bemerkung 2.3 *Für zwei* reguläre *Matrizen dieser Art gilt in der Tat* $\mathrm{Rang}(AB) = m = n = \mathrm{Rang}(BA)$, *denn sowohl A als auch B haben vollen Rang und sind gleichformatig, sodass auch AB und BA regulär sind und dabei das Format von A und B besitzen. Somit gilt auch* $\mathrm{Rang}(AB) = n = \mathrm{Rang}(BA)$. *Es reicht sogar aus, wenn nur ein Faktor eine reguläre Matrix ist. Ist etwa* $A \in \mathrm{GL}(n,\mathbb{K})$ *und damit* $B \in \mathrm{M}(n \times n,\mathbb{K})$ *nach Voraussetzung eine quadratische Matrix, so ändert die Multiplikation der Matrix B mit der Matrix A von links oder von rechts nicht den Rang von B. Es ist dann* $\mathrm{Rang}(AB) = \mathrm{Rang}(B) = \mathrm{Rang}(BA)$.

Aufgabe 2.23 Die $n \times n$-Matrix

$$V(x_1, x_2, \ldots, x_n) := \begin{pmatrix} 1 & x_1 & x_1^2 & \cdots & x_1^{n-1} \\ 1 & x_2 & x_2^2 & \cdots & x_2^{n-1} \\ \vdots & \vdots & \vdots & & \vdots \\ 1 & x_n & x_n^2 & \cdots & x_n^{n-1} \end{pmatrix} \in \mathrm{M}(n, \mathbb{K}[x_1, x_2, \ldots, x_n])$$

wird als Vandermonde-Matrix bezeichnet. Berechnen Sie $\det V(x_1, x_2, \ldots, x_n)$ durch geschicktes Ausnutzen der Determinantenregeln. Unter welcher Bedingung ist die Vandermonde-Matrix durch Einsetzen von $x_1, \ldots, x_n \in \mathbb{K}$ im Sinne einer Matrix aus $\mathrm{M}(n, \mathbb{K})$ invertierbar?

Lösung

Zur Berechnung der Determinante führen wir zunächst Typ-I-Spaltenumformungen an $V(x_1, x_2, \ldots, x_n)$ durch. Dadurch wird die Determinante nicht verändert:

$$\begin{vmatrix} 1 & x_1 & x_1^2 & \cdots & x_1^{n-2} & x_1^{n-1} \\ 1 & x_2 & x_2^2 & \cdots & x_2^{n-2} & x_2^{n-1} \\ \vdots & \vdots & \vdots & & & \vdots \\ 1 & x_n & x_n^2 & \cdots & x_n^{n-2} & x_n^{n-1} \end{vmatrix}$$

$\cdot(-x_1)$

$$
= \begin{vmatrix}
1 & x_1 & x_1^2 & \cdots & x_1^{n-2} & x_1^{n-1} - x_1 x_1^{n-2} \\
1 & x_2 & x_2^2 & \cdots & x_2^{n-2} & x_2^{n-1} - x_1 x_2^{n-2} \\
\vdots & \vdots & \vdots & & \vdots & \vdots \\
1 & x_n & x_n^2 & \cdots & x_n^{n-2} & x_n^{n-1} - x_1 x_n^{n-2}
\end{vmatrix}
$$

$$
= \begin{vmatrix}
1 & x_1 & x_1^2 & \cdots & x_1^{n-2} & 0 \\
1 & x_2 & x_2^2 & \cdots & x_2^{n-2} & (x_2 - x_1) x_2^{n-2} \\
\vdots & \vdots & \vdots & & \vdots & \vdots \\
1 & x_n & x_n^2 & \cdots & x_n^{n-2} & (x_n - x_1) x_n^{n-2}
\end{vmatrix}.
$$

Nun fahren wir in analoger Weise fort und eliminieren das Element x_1^{n-2} in der obersten Zeile der zweitletzten Spalte. Dazu addieren wir wieder das $-x_1$-Fache der Vorgängerspalte und erhalten

$$
\cdots = \begin{vmatrix}
1 & x_1 & x_1^2 & \cdots & 0 & 0 \\
1 & x_2 & x_2^2 & \cdots x_2^{n-2} - x_1 x_2^{n-3} & (x_2 - x_1) x_2^{n-1} \\
\vdots & \vdots & \vdots & & \vdots & \vdots \\
1 & x_n & x_n^2 & \cdots x_n^{n-2} - x_1 x_n^{n-3} & (x_n - x_1) x_n^{n-1}
\end{vmatrix}
$$

$$
= \begin{vmatrix}
1 & x_1 & x_1^2 & \cdots & 0 & 0 \\
1 & x_2 & x_2^2 & \cdots & (x_2 - x_1) x_2^{n-3} & (x_2 - x_1) x_2^{n-2} \\
\vdots & \vdots & \vdots & & \vdots & \vdots \\
1 & x_n & x_n^2 & \cdots & (x_n - x_1) x_n^{n-3} & (x_n - x_1) x_n^{n-2}
\end{vmatrix}.
$$

Wir setzen dieses Verfahren nach links hin Spalte für Spalte fort, sodass wir schließlich

$$
\cdots = \begin{vmatrix}
1 & 0 & 0 & \cdots & 0 & 0 \\
1 & x_2 - x_1 & (x_2 - x_1) x_2^1 & \cdots & (x_2 - x_1) x_2^{n-3} & (x_2 - x_1) x_2^{n-2} \\
\vdots & \vdots & \vdots & & \vdots & \vdots \\
1 & x_n - x_1 & (x_n - x_1) x_n^1 & \cdots & (x_n - x_1) x_n^{n-3} & (x_n - x_1) x_n^{n-2}
\end{vmatrix}
$$

erhalten. Durch Subtraktion der ersten Zeile von den übrigen Zeilen ergibt sich

$$
\cdots = \begin{vmatrix}
1 & 0 & 0 & \cdots & 0 & 0 \\
0 & x_2 - x_1 & (x_2 - x_1) x_2^1 & \cdots & (x_2 - x_1) x_2^{n-3} & (x_2 - x_1) x_2^{n-2} \\
\vdots & \vdots & \vdots & & \vdots & \vdots \\
0 & x_n - x_1 & (x_n - x_1) x_n^1 & \cdots & (x_n - x_1) x_n^{n-3} & (x_n - x_1) x_n^{n-2}
\end{vmatrix}.
$$

Wir extrahieren nun aus der zweiten Zeile den gemeinsamen Faktor $x_2 - x_1$, aus der dritten Zeile den Faktor $x_3 - x_1$ und fahren so fort bis zur Extraktion des Faktors $x_n - x_1$ aus der letzten Zeile. Dies liefert

$$\ldots = \left(\prod_{k=2}^{n}(x_k - x_1)\right) \cdot \begin{vmatrix} 1 & 0 & 0 & \cdots & 0 & 0 \\ 0 & 1 & x_2^1 & \cdots & x_2^{n-3} & x_2^{n-2} \\ \vdots & \vdots & \vdots & & \vdots & \vdots \\ 0 & 1 & x_n^1 & \cdots & x_n^{n-3} & x_n^{n-2} \end{vmatrix}.$$

Der verbleibende rechte untere $(n-1) \times (n-1)$-Block ist eine Vandermonde-Matrix, zu dessen Determinantenbestimmung wir analog vorgehen können. Insgesamt folgt

$$\det V(x_1, x_2, \ldots, x_n)$$

$$= \left(\prod_{k=2}^{n}(x_k - x_1)\right)\left(\prod_{k=3}^{n}(x_k - x_2)\right) \cdots \cdot (x_{n-1} - x_{n-2})(x_n - x_{n-2}) \cdot (x_n - x_{n-1})$$

$$= \prod_{1 \le i < j \le n}(x_j - x_i).$$

Hierdurch erkennen wir:

$$\det V(x_1, x_2, \ldots, x_n) = 0 \iff \text{Es gibt } j, k \in \{1, \ldots, n\}, \, j \ne k \text{ mit } x_j = x_k.$$

Die Vandermonde-Matrix $V(x_1, x_2, \ldots, x_n) \in \mathrm{M}(n, \mathbb{K})$ ist also genau dann invertierbar, falls $x_1, x_2, \ldots, x_n \in \mathbb{K}$ paarweise verschieden sind.

Bemerkung 2.4 (Interpolation) *Es seien Datenpaare* $(x_1, y_1), \ldots, (x_n, y_n) \in \mathbb{K} \times \mathbb{K}$ *gegeben. Die Bestimmung eines Polynoms des Grades* $n-1$ *der Form*

$$p(x) = a_{n-1}x^{n-1} + a_{n-2}x^{n-2} + \cdots + a_1 x + a_0 \in \mathbb{K}[x]$$

mit $p(x_i) = y_i$ *für* $i = 1, \ldots, n$ *führt auf ein lineares Gleichungssystem der Form*

$$\begin{pmatrix} 1 & x_1 & x_1^2 & \cdots & x_1^{n-1} \\ 1 & x_2 & x_2^2 & \cdots & x_2^{n-1} \\ \vdots & \vdots & \vdots & & \vdots \\ 1 & x_n & x_n^2 & \cdots & x_n^{n-1} \end{pmatrix} \cdot \begin{pmatrix} a_0 \\ a_1 \\ \vdots \\ a_{n-1} \end{pmatrix} = \begin{pmatrix} y_1 \\ y_2 \\ \vdots \\ y_n \end{pmatrix}.$$

Sind $x_1, x_2, \ldots, x_n \in \mathbb{K}$ *paarweise verschieden, so existiert eine eindeutige Lösung und damit ein eindeutig bestimmtes Interpolationspolynom. So lautet beispielsweise für* $n = 2$ *die Lösung*

$$\begin{pmatrix} a_0 \\ a_1 \end{pmatrix} = \begin{pmatrix} 1 & x_1 \\ 1 & x_2 \end{pmatrix}^{-1}\begin{pmatrix} y_1 \\ y_2 \end{pmatrix} = \frac{1}{x_2 - x_1}\begin{pmatrix} x_2 & -x_1 \\ -1 & 1 \end{pmatrix}\begin{pmatrix} y_1 \\ y_2 \end{pmatrix} = \frac{1}{x_2 - x_1}\begin{pmatrix} x_2 y_1 - x_1 y_2 \\ y_2 - y_1 \end{pmatrix},$$

woraus sich $p(x) = \frac{y_2 - y_1}{x_2 - x_1} \cdot x + \frac{x_2 y_1 - x_1 y_2}{x_2 - x_1}$ *als Interpolationsgerade ergibt.*

Kapitel 3
Erzeugung von Vektorräumen

3.1 Lineares Erzeugnis, Bild und Kern

Aufgabe 3.1 Reduzieren Sie das Vektorsystem

$$\mathbf{u}_1 = \begin{pmatrix} 1 \\ 2 \\ 3 \\ 1 \\ 0 \end{pmatrix}, \quad \mathbf{u}_2 = \begin{pmatrix} -1 \\ 2 \\ 4 \\ 2 \\ 3 \end{pmatrix}, \quad \mathbf{u}_3 = \begin{pmatrix} 2 \\ 4 \\ 0 \\ -1 \\ 4 \end{pmatrix}, \quad \mathbf{u}_4 = \begin{pmatrix} 2 \\ 8 \\ 7 \\ 2 \\ 7 \end{pmatrix}, \quad \mathbf{u}_5 = \begin{pmatrix} 2 \\ 0 \\ -1 \\ -1 \\ -3 \end{pmatrix}$$

zu einer Basis von $V = \langle \mathbf{u}_1, \mathbf{u}_2, \mathbf{u}_3, \mathbf{u}_4, \mathbf{u}_5 \rangle$.

Lösung

Wir reduzieren das Tableau der Spaltenvektoren $\mathbf{u}_1, \mathbf{u}_2, \mathbf{u}_3, \mathbf{u}_4, \mathbf{u}_5$ durch elementare Spaltenumformungen. Dadurch ändert sich nicht das lineare Erzeugnis dieser Vektoren bzw. das Bild der Tableaumatrix. Ziel ist es, durch Spaltenelimination Nullspalten zu erzeugen. Diese Nullspalten können dann aus dem linearen Erzeugnis der Tableauspalten gestrichen werden:

$$\begin{bmatrix} 1 & -1 & 2 & 2 & 2 \\ 2 & 2 & 4 & 8 & 0 \\ 3 & 4 & 0 & 7 & -1 \\ 1 & 2 & -1 & 2 & -1 \\ 0 & 3 & 4 & 7 & -3 \end{bmatrix} \rightarrow \begin{bmatrix} 1 & 0 & 0 & 0 & 0 \\ 2 & 4 & 0 & 4 & -4 \\ 3 & 7 & -6 & 1 & -7 \\ 1 & 3 & -3 & 0 & -3 \\ 0 & 3 & 4 & 7 & -3 \end{bmatrix} \rightarrow \begin{bmatrix} 1 & 0 & 0 & 0 & 0 \\ 2 & 4 & 0 & 0 & 0 \\ 3 & 7 & -6 & -6 & 0 \\ 1 & 3 & -3 & -3 & 0 \\ 0 & 3 & 4 & 4 & 0 \end{bmatrix} \rightarrow \begin{bmatrix} 1 & 0 & 0 & 0 & 0 \\ 2 & 4 & 0 & 0 & 0 \\ 3 & 7 & -6 & 0 & 0 \\ 1 & 3 & -3 & 0 & 0 \\ 0 & 3 & 4 & 0 & 0 \end{bmatrix}.$$

Durch die Stufenform erkennen wir, dass die ersten drei Spalten linear unabhängig sind. Es gilt also

© Springer-Verlag GmbH Deutschland, ein Teil von Springer Nature 2019
L. Göllmann und C. Henig, *Arbeitsbuch zur linearen Algebra*,
https://doi.org/10.1007/978-3-662-58766-9_3

$$\langle \mathbf{u}_1, \mathbf{u}_2, \mathbf{u}_3, \mathbf{u}_4, \mathbf{u}_5 \rangle = \left\langle \begin{pmatrix} 1 \\ 2 \\ 3 \\ 1 \\ 0 \end{pmatrix}, \begin{pmatrix} 0 \\ 4 \\ 7 \\ 3 \\ 3 \end{pmatrix}, \begin{pmatrix} 0 \\ 0 \\ -6 \\ -3 \\ 4 \end{pmatrix} \right\rangle.$$

Außerdem ist zu erkennen, dass es sich bei dem linearen Erzeugnis von $\mathbf{u}_1, \mathbf{u}_2, \mathbf{u}_3, \mathbf{u}_4, \mathbf{u}_5$ um einen dreidimensionalen Vektorrraum handelt.

Aufgabe 3.2 Bestimmen Sie den Kern, das Bild und den Rang folgender Matrizen:

$$A = \begin{pmatrix} 2 & 0 & 1 & 5 & -5 \\ 1 & 2 & 1 & 8 & -8 \\ 1 & 1 & 2 & 9 & -9 \\ 1 & 1 & 1 & 6 & -6 \end{pmatrix}, \quad B = \begin{pmatrix} 1 & 1 & 0 & 1 & -1 \\ 2 & 2 & 1 & 2 & -1 \\ 3 & 3 & 0 & 4 & -1 \\ 6 & 6 & 1 & 7 & -3 \end{pmatrix}, \quad C = \begin{pmatrix} 1 & -1 & 1 & -1 \\ -1 & 1 & 0 & 0 \\ 1 & 0 & 0 & 1 \\ -1 & 0 & 1 & 1 \end{pmatrix}.$$

Lösung

Es gilt: Der Kern einer Matrix ist invariant unter elementaren Zeilenumformungen, während das Bild einer Matrix invariant ist unter elementaren Spaltenumformungen. Der Rang einer Matrix ändert sich weder durch elementare Zeilen- noch durch elementare Spaltenumformungen. Zur Kernberechnung führen wir also Zeilenumformungen durch, zur Bildberechnung dagegen Spaltenumformungen. Ziel ist jeweils eine Normalform, die den Kern bzw. das Bild leicht ablesbar macht. Den Kern von A bestimmen wir nun durch elementare Zeilenumformungen:

$$\text{Kern} A = \text{Kern} \begin{pmatrix} 2 & 0 & 1 & 5 & -5 \\ 1 & 2 & 1 & 8 & -8 \\ 1 & 1 & 2 & 9 & -9 \\ 1 & 1 & 1 & 6 & -6 \end{pmatrix} = \ldots = \text{Kern} \begin{pmatrix} 1 & 0 & 0 & 1 & -1 \\ 0 & 1 & 0 & 2 & -2 \\ 0 & 0 & 1 & 3 & -3 \end{pmatrix} = \left\langle \begin{pmatrix} -1 \\ -2 \\ -3 \\ 1 \\ 0 \end{pmatrix}, \begin{pmatrix} 1 \\ 2 \\ 3 \\ 0 \\ 1 \end{pmatrix} \right\rangle.$$

Der Kern von A ist demnach ein zweidimensionaler Teilraum des $\mathbb{R}^5$. Nach der Dimensionsformel gilt also für die Bilddimension $\dim \text{Bild} A = 5 - \dim \text{Kern} A = 5 - 2 = 3$. Wir bestimmen das Bild von A nun durch elementare Spaltenumformungen und erhalten beispielsweise

$$\text{Bild} A = \text{Bild} \begin{pmatrix} 2 & 0 & 1 & 5 & -5 \\ 1 & 2 & 1 & 8 & -8 \\ 1 & 1 & 2 & 9 & -9 \\ 1 & 1 & 1 & 6 & -6 \end{pmatrix} = \ldots = \text{Bild} \begin{pmatrix} 1 & 0 & 0 \\ 1 & -1 & 0 \\ 2 & -3 & -5 \\ 1 & -1 & -1 \end{pmatrix} = \left\langle \begin{pmatrix} 1 \\ 1 \\ 2 \\ 1 \end{pmatrix}, \begin{pmatrix} 0 \\ -1 \\ -3 \\ -1 \end{pmatrix}, \begin{pmatrix} 0 \\ 0 \\ -5 \\ -1 \end{pmatrix} \right\rangle.$$

Durch die Stufenform dieser drei Vektoren ist erkennbar, dass keine weitere Spalte mehr eliminiert werden kann. Diese drei übrigbleibenden Vektoren sind somit in der Tat linear unabhängig. Rang und Bilddimension einer Matrix sind stets identisch. Es gilt also $\text{Rang} A = \dim \text{Bild} A = 3$.

Bei der Matrix B erkennen wir, dass die ersten beiden Spalten übereinstimmen. Wenn wir beim Gauß-Verfahren zur Kernberechnung anstreben, dass die größtmöglich erzeugbare Einheitsmatrix links oben erscheint, so kommen wir an einer Spaltenvertauschung nicht vorbei. Wir beginnen aber zunächst mit der Zeilenelimination in der ersten Spalte:

$$\operatorname{Kern} B = \operatorname{Kern} \begin{pmatrix} 1 & 1 & 0 & 1 & -1 \\ 2 & 2 & 1 & 2 & -1 \\ 3 & 3 & 0 & 4 & -1 \\ 6 & 6 & 1 & 7 & -3 \end{pmatrix} \begin{matrix} \cdot(-2),\ \cdot(-3),\ (-6) \\ \ \\ \ \\ \ \end{matrix} \rightarrow \begin{pmatrix} 1 & 1 & 0 & 1 & -1 \\ 0 & 0 & 1 & 0 & 1 \\ 0 & 0 & 0 & 1 & 2 \\ 0 & 0 & 1 & 1 & 3 \end{pmatrix}.$$

Um die größtmögliche Einheitsmatrix im linken Bereich zu erzeugen, müssen wir Spaltenvertauschungen durchführen, etwa dadurch, dass wir die erste Spalte nach hinten stellen und alle weiteren Spalten um eine Spalte nach links rücken. Dieser zyklische Spaltentausch muss später als Variablentausch wieder rückgängig gemacht werden, wenn wir den Kern von B angeben. An der spaltenvertauschten Matrix führen wir wieder Zeileneliminationen durch, bis wir die Normalform erreicht haben:

$$\begin{pmatrix} 1 & 0 & 1 & -1 & 1 \\ 0 & 1 & 0 & 1 & 0 \\ 0 & 0 & 1 & 2 & 0 \\ 0 & 1 & 1 & 3 & 0 \end{pmatrix} \rightarrow \cdots \rightarrow \begin{pmatrix} 1 & 0 & 0 & -3 & 1 \\ 0 & 1 & 0 & 1 & 0 \\ 0 & 0 & 1 & 2 & 0 \\ 0 & 0 & 0 & 0 & 0 \end{pmatrix}.$$

Wir lesen aus dem Zieltableau zunächst den Kern der spaltenvertauschten Matrix ab,

$$\left\langle \begin{pmatrix} 3 \\ -1 \\ -2 \\ 1 \\ 0 \end{pmatrix}, \begin{pmatrix} -1 \\ 0 \\ 0 \\ 0 \\ 1 \end{pmatrix} \right\rangle,$$

um anschließend den zyklischen Variablentausch wieder rückgängig zu machen, indem wir die jeweils untersten Komponenten an die erste Position setzen und alle weiteren Komponenten um eine Zeile nach unten rücken. Dies ergibt dann

$$\operatorname{Kern} B = \left\langle \begin{pmatrix} 0 \\ 3 \\ -1 \\ -2 \\ 1 \end{pmatrix}, \begin{pmatrix} 1 \\ -1 \\ 0 \\ 0 \\ 0 \end{pmatrix} \right\rangle.$$

Am Zieltableau erkennen wir, dass $\operatorname{Rang} B = 3$ gilt. Das Bild von B wird also durch drei Vektoren linear erzeugt. Wir bestimmen nun das Bild von B durch Spaltenelimination, bis wir drei linear unabhängige Spalten erreicht haben:

$$
\text{Bild}\,B = \text{Bild} \begin{pmatrix} 1 & 1 & 0 & 1 & -1 \\ 2 & 2 & 1 & 2 & -1 \\ 3 & 3 & 0 & 4 & -1 \\ 6 & 6 & 1 & 7 & -3 \end{pmatrix} = \text{Bild} \begin{pmatrix} 1 & 0 & 1 & -1 \\ 2 & 1 & 2 & -1 \\ 3 & 0 & 4 & -1 \\ 6 & 1 & 7 & -3 \end{pmatrix} = \text{Bild} \begin{pmatrix} 1 & 0 & 0 & 0 \\ 2 & 1 & 0 & 1 \\ 3 & 0 & 1 & 2 \\ 6 & 1 & 1 & 3 \end{pmatrix}.
$$

In der rechten Matrix ist die letzte Spalte die Summe aus der zweiten Spalte und dem Doppelten der dritten Spalte. Die letzte Spalte fällt daher weg. Es bleibt somit

$$
\text{Bild}\,B = \left\langle \begin{pmatrix} 1 \\ 2 \\ 3 \\ 6 \end{pmatrix}, \begin{pmatrix} 0 \\ 1 \\ 0 \\ 1 \end{pmatrix}, \begin{pmatrix} 0 \\ 0 \\ 1 \\ 1 \end{pmatrix} \right\rangle.
$$

Um den Kern von C zu ermitteln, verwenden wir wieder Zeilenumformungen und erhalten nach wenigen Schritten zunächst eine obere Dreiecksmatrix:

$$
C = \begin{pmatrix} 1 & -1 & 1 & -1 \\ -1 & 1 & 0 & 0 \\ 1 & 0 & 0 & 1 \\ -1 & 0 & 1 & 1 \end{pmatrix} \rightarrow \cdots \rightarrow \begin{pmatrix} 1 & -1 & 1 & -1 \\ 0 & 1 & -1 & 2 \\ 0 & 0 & 1 & -1 \\ 0 & 0 & 0 & 3 \end{pmatrix}.
$$

Wir stellen fest, dass C vollen Rang besitzt, also $\text{Rang}\,C = 4$ gilt. Die Matrix ist also regulär und besitzt daher nur den Nullvektor des $\mathbb{R}^4$ als Kern. Zudem ist jeder Vektor des $\mathbb{R}^4$ ein Bildvektor.

Aufgabe 3.3 (Durchschnitt von Vektorräumen) Zeigen Sie, dass der Schnitt zweier oder mehrerer Teilräume eines Vektorraums V ebenfalls ein Teilraum von V ist.

Lösung

Es seien $T_1, T_2 \subset V$ zwei Teilräume von V. Zunächst ist der Schnitt nicht leer, da der Nullvektor in jedem Teilraum enthalten ist. Es reicht nun zu zeigen, dass für $\mathbf{x}, \mathbf{y} \in T_1 \cap T_2$ der Summenvektor in $T_1 \cap T_2$ liegt und für jeden Skalar λ des zugrunde gelegten Körpers der Vektor $\lambda \mathbf{x}$ in $T_1 \cap T_2$ liegt. Nun gilt, da $\mathbf{x}, \mathbf{y} \in T_1$, dass auch $\mathbf{x} + \mathbf{y} \in T_1$ ist, da T_1 Vektorraumeigenschaft besitzt. Nach analoger Argumentation ist auch $\mathbf{x} + \mathbf{y} \in T_2$, und daher ist $\mathbf{x} + \mathbf{y} \in T_1 \cap T_2$. Ebenso liegt, da $\mathbf{x} \in T_1$, auch der Vektor $\lambda \mathbf{x}$ in T_1. Entsprechend argumentiert, liegt $\lambda \mathbf{x}$ auch in T_2, und daher ist $\lambda \mathbf{x} \in T_1 \cap T_2$. Die Verallgemeinerung dieser Aussage auf mehrere Teilräume ist trivial.

Aufgabe 3.3.1 (Summe von Vektorräumen) Zeigen Sie: Sind V_1 und V_2 Teilräume eines $\mathbb{K}$-Vektorraums V, so ist

$$
V_1 + V_2 = \{ \mathbf{v}_1 + \mathbf{v}_2 : \mathbf{v}_1 \in V_1, \mathbf{v}_2 \in V_2 \}
$$

ebenfalls ein Teilraum von V.

Lösung

Sind $\mathbf{x}, \mathbf{y} \in V_1 + V_2$, so ist $\mathbf{x} = \mathbf{x}_1 + \mathbf{x}_2$ und $\mathbf{y} = \mathbf{y}_1 + \mathbf{y}_2$ mit $\mathbf{x}_1, \mathbf{y}_1 \in V_1$ und $\mathbf{x}_2, \mathbf{y}_2 \in V_2$. Für die Summe gilt

$$\mathbf{x} + \mathbf{y} = \mathbf{x}_1 + \mathbf{x}_2 + \mathbf{y}_1 + \mathbf{y}_2 = \underbrace{(\mathbf{x}_1 + \mathbf{y}_1)}_{\in V_1} + \underbrace{(\mathbf{x}_2 + \mathbf{y}_2)}_{\in V_2} \in V_1 + V_2.$$

Zudem ist für jedes $\lambda \in \mathbb{K}$

$$\lambda \mathbf{x} = \lambda(\mathbf{x}_1 + \mathbf{x}_2) = \underbrace{(\lambda \mathbf{x}_1)}_{\in V_1} + \underbrace{(\lambda \mathbf{x}_2)}_{\in V_2} \in V_1 + V_2.$$

Jede Linearkombination von Vektoren aus $V_1 + V_2$ liegt wieder in $V_1 + V_2$.

Bemerkung 3.1 *Es folgt unmittelbar, dass auch die analog definierte Summe von mehr als zwei Teilräumen von V einen Vektorraum darstellt.*

Aufgabe 3.3.2 Zeigen Sie durch ein Gegenbeispiel, dass die Vereinigung zweier Teilräume eines Vektorraums im Allgemeinen keinen Vektorraum darstellt.

Lösung

Wir betrachten beispielsweise die beiden Teilräume

$$V_1 = \left\langle \begin{pmatrix} 1 \\ 0 \end{pmatrix} \right\rangle, \qquad V_2 = \left\langle \begin{pmatrix} 0 \\ 1 \end{pmatrix} \right\rangle$$

des Vektorraums $\mathbb{R}^2$. Bereits die Summe der beiden Basisvektoren

$$\begin{pmatrix} 1 \\ 0 \end{pmatrix} + \begin{pmatrix} 0 \\ 1 \end{pmatrix} = \begin{pmatrix} 1 \\ 1 \end{pmatrix}$$

befindet sich weder in V_1 noch in V_2 und damit nicht in $V_1 \cup V_2$.

Aufgabe 3.4 Berechnen Sie den Schnittraum der beiden reellen Vektorräume

$$V_1 := \left\langle \begin{pmatrix} -3 \\ 1 \\ -2 \end{pmatrix}, \begin{pmatrix} -2 \\ 1 \\ -1 \end{pmatrix}, \begin{pmatrix} 4 \\ 1 \\ 5 \end{pmatrix} \right\rangle, \qquad V_2 := \left\langle \begin{pmatrix} 2 \\ -3 \\ 3 \end{pmatrix}, \begin{pmatrix} 1 \\ -2 \\ 2 \end{pmatrix} \right\rangle.$$

Hinweis: Wenn die drei Erzeugendenvektoren der Darstellung von V_1 sich als linear unabhängig erweisen sollten, so würde V_1 mit dem $\mathbb{R}^3$ übereinstimmen. Der Schnittraum aus V_1 und V_2 wäre dann V_2 selbst. Eine Reduktion der obigen Darstellungen durch elementare Spaltenumformungen ist daher zunächst naheliegend.

Lösung

Wir reduzieren die Darstellung der beiden Vektorräume durch elementare Spaltenumformungen auf eine minimale Normalform. Für V_1 gilt

$$V_1 = \left\langle \begin{pmatrix} -3 \\ 1 \\ -2 \end{pmatrix}, \begin{pmatrix} -2 \\ 1 \\ -1 \end{pmatrix}, \begin{pmatrix} 4 \\ 1 \\ 5 \end{pmatrix} \right\rangle = \left\langle \begin{pmatrix} -3 \\ 1 \\ -2 \end{pmatrix}, \begin{pmatrix} -2 \\ 1 \\ -1 \end{pmatrix}, \begin{pmatrix} 1 \\ 2 \\ 3 \end{pmatrix} \right\rangle$$

$$= \left\langle \begin{pmatrix} -3 \\ 1 \\ -2 \end{pmatrix}, \begin{pmatrix} 1 \\ 0 \\ 1 \end{pmatrix}, \begin{pmatrix} 1 \\ 2 \\ 3 \end{pmatrix} \right\rangle = \left\langle \begin{pmatrix} 1 \\ 0 \\ 1 \end{pmatrix}, \begin{pmatrix} 1 \\ 2 \\ 3 \end{pmatrix}, \begin{pmatrix} -3 \\ 1 \\ -2 \end{pmatrix} \right\rangle$$

$$= \left\langle \begin{pmatrix} 1 \\ 0 \\ 1 \end{pmatrix}, \begin{pmatrix} 0 \\ 2 \\ 2 \end{pmatrix}, \begin{pmatrix} 0 \\ 1 \\ 1 \end{pmatrix} \right\rangle = \left\langle \begin{pmatrix} 1 \\ 0 \\ 1 \end{pmatrix}, \begin{pmatrix} 0 \\ 1 \\ 1 \end{pmatrix} \right\rangle.$$

Es bleiben zwei linear unabhängige Vektoren übrig. Damit ist $\dim V_1 = 2$. Für V_2 gilt

$$V_2 = \left\langle \begin{pmatrix} 2 \\ -3 \\ 3 \end{pmatrix}, \begin{pmatrix} 1 \\ -2 \\ 2 \end{pmatrix} \right\rangle = \left\langle \begin{pmatrix} 1 \\ -2 \\ 2 \end{pmatrix}, \begin{pmatrix} 2 \\ -3 \\ 3 \end{pmatrix} \right\rangle$$

$$= \left\langle \begin{pmatrix} 1 \\ -2 \\ 2 \end{pmatrix}, \begin{pmatrix} 0 \\ 1 \\ -1 \end{pmatrix} \right\rangle = \left\langle \begin{pmatrix} 1 \\ 0 \\ 0 \end{pmatrix}, \begin{pmatrix} 0 \\ 1 \\ -1 \end{pmatrix} \right\rangle.$$

Mit diesen reduzierten Darstellungen bestimmen wir nun sehr leicht den Schnittraum

$$V_1 \cap V_2 = \left\langle \begin{pmatrix} 1 \\ 0 \\ 1 \end{pmatrix}, \begin{pmatrix} 0 \\ 1 \\ 1 \end{pmatrix} \right\rangle \cap \left\langle \begin{pmatrix} 1 \\ 0 \\ 0 \end{pmatrix}, \begin{pmatrix} 0 \\ 1 \\ -1 \end{pmatrix} \right\rangle = \left\langle \begin{pmatrix} -2 \\ 1 \\ -1 \end{pmatrix} \right\rangle,$$

denn das lineare Gleichungssystem

$$\begin{pmatrix} 1 & 0 \\ 0 & 1 \\ 1 & 1 \end{pmatrix} \begin{pmatrix} x_1 \\ x_2 \end{pmatrix} \overset{!}{=} \begin{pmatrix} 1 & 0 \\ 0 & 1 \\ 0 & -1 \end{pmatrix} \begin{pmatrix} x_3 \\ x_4 \end{pmatrix}$$

ist gleichbedeutend mit dem homogenen System

$$\begin{pmatrix} 1 & 0 & -1 & 0 \\ 0 & 1 & 0 & -1 \\ 1 & 1 & 0 & 1 \end{pmatrix} \begin{pmatrix} x_1 \\ x_2 \\ x_3 \\ x_4 \end{pmatrix} = \mathbf{0},$$

dessen Tableau sehr schnell zu reduzieren ist:

$$\begin{bmatrix} 1 & 0 & -1 & 0 \\ 0 & 1 & 0 & -1 \\ 1 & 1 & 0 & 1 \end{bmatrix} \rightarrow \begin{bmatrix} 1 & 0 & -1 & 0 \\ 0 & 1 & 0 & -1 \\ 0 & 1 & 1 & 1 \end{bmatrix} \rightarrow \begin{bmatrix} 1 & 0 & -1 & 0 \\ 0 & 1 & 0 & -1 \\ 0 & 0 & 1 & 2 \end{bmatrix} \rightarrow \begin{bmatrix} 1 & 0 & 0 & 2 \\ 0 & 1 & 0 & -1 \\ 0 & 0 & 1 & 2 \end{bmatrix}.$$

Die Wahl von $x_1 = -2, x_2 = 1$ bzw. $x_3 = -2, x_4 = 1$ liefert den o. g. Basisvektor der Schnittgeraden.

Bemerkung 3.2 *Sind $V_1, V_2 \subset V$ endlich-dimensionale Teilräume eines gemeinsamen Vektorraums, so gilt*

$$\dim(V_1 \cap V_2) = \dim V_1 + \dim V_2 - \dim(V_1 + V_2) \quad (vgl. \ Aufgabe \ 4.11). \tag{3.1}$$

Hierbei ist $V_1 + V_2 = \{\mathbf{v}_1 + \mathbf{v}_2 : \mathbf{v}_1 \in V_1, \mathbf{v}_2 \in V_2\}$ der Summenraum aus V_1 und V_2 (vgl. Aufgabe 3.3.1). Für die beiden Teilräume V_1 und V_2 aus dieser Aufgabe gilt

$$V_1 + V_2 = \left\langle \begin{pmatrix} 1 \\ 0 \\ 1 \end{pmatrix}, \begin{pmatrix} 0 \\ 1 \\ 1 \end{pmatrix}, \begin{pmatrix} 1 \\ 0 \\ 0 \end{pmatrix}, \begin{pmatrix} 0 \\ 1 \\ -1 \end{pmatrix} \right\rangle = \left\langle \begin{pmatrix} 1 \\ 0 \\ 0 \end{pmatrix}, \begin{pmatrix} 0 \\ 1 \\ 0 \end{pmatrix}, \begin{pmatrix} 0 \\ 0 \\ 1 \end{pmatrix} \right\rangle = \mathbb{R}^3.$$

Also $\dim(V_1 + V_2) = 3$. Damit verifizieren wir die Dimensionsformel (3.1)

$$\underbrace{\dim(V_1 \cap V_2)}_{=1} = \underbrace{\dim V_1}_{=2} + \underbrace{\dim V_2}_{=2} - \underbrace{\dim(V_1 + V_2)}_{=3}.$$

Aufgabe 3.5 Beweisen Sie: In Ergänzung zu Satz 3.39 aus [5] gilt für eine beliebige $m \times n$-Matrix A über $\mathbb{K}$, eine beliebige quadratische Matrix $T \in \mathrm{M}(m, \mathbb{K})$ sowie jede reguläre $S \in \mathrm{GL}(n, \mathbb{K})$

$$T \,\mathrm{Bild}\, A = \mathrm{Bild}(TA), \qquad S \,\mathrm{Kern}\, A = \mathrm{Kern}(AS^{-1}).$$

Lösung

Wir zeigen zunächst: $T \,\mathrm{Bild}\, A = \mathrm{Bild}(TA)$. Es gilt

$$\mathbf{y} \in T \,\mathrm{Bild}\, A \iff \exists \mathbf{y}' \in \mathrm{Bild}\, A : y = T\mathbf{y}'$$
$$\iff \exists \mathbf{x} \in \mathbb{K}^n : y = TA\mathbf{x} \iff y \in \mathrm{Bild}(TA).$$

Nun zeigen wir $S \,\mathrm{Kern}\, A = \mathrm{Kern}(AS^{-1})$. Es gilt:

$$\mathbf{x} \in S \,\mathrm{Kern}\, A \iff S^{-1}\mathbf{x} \in \mathrm{Kern}\, A \iff AS^{-1}\mathbf{x} = \mathbf{0}$$
$$\iff \mathbf{x} \in \mathrm{Kern}(AS^{-1}).$$

Bemerkung 3.3 *Während Zeilenumformungen den Kern und Spaltenumformungen das Bild einer Matrix unangetastet lassen, führen in der Regel Spaltenumformungen zu Kern-*

änderungen und Zeilenumformungen zu Bildänderungen. Aus der zuvor gezeigten Behauptung folgt nun, in welcher Weise diese Änderungen vonstattengehen. Es gilt also für jede beliebige Matrix $A \in \mathrm{M}(m \times n, \mathbb{K})$ sowie zwei reguläre Matrizen $Z \in \mathrm{GL}(m, \mathbb{K})$ und $S \in \mathrm{GL}(n, \mathbb{K})$

$$\mathrm{Kern}(ZA) = \mathrm{Kern}(A), \qquad \mathrm{Bild}(AS) = \mathrm{Bild}(A),$$
$$\mathrm{Kern}(AS) = S^{-1}\,\mathrm{Kern}A, \qquad \mathrm{Bild}(ZA) = Z\,\mathrm{Bild}(A).$$

Nebenbei haben wir gezeigt: Ist $\mathbf{w} \in \mathrm{Kern}(AS)$, so ist dies gleichbedeutend mit $S\mathbf{w} \in \mathrm{Kern}A$ (vgl. hierzu Standardisierung der Lösung inhomogener linearer Gleichungssysteme, Abschnitt 3.2 aus [5]).

3.2 Äquivalente Matrizen

Aufgabe 3.6 Es seien $A, B \in \mathrm{M}(n, R)$ zwei formatgleiche, quadratische Matrizen über einem euklidischen Ring R. Zeigen Sie:

$$A \sim B \iff A \text{ und } B \text{ haben dieselben Invariantenteiler.}$$

Lösung

Wenn bei Matrizen von identischen Invariantenteilern die Rede ist, dann sollten wir dabei beachten, dass Invariantenteiler nur bis auf Assoziiertheit eindeutig sind. Der Einfachheit halber nehmen wir in den folgenden Betrachtungen ihre komplette Gleichheit an.

Es gelte zunächst $A \sim B$. Dann gibt es zwei invertierbare Matrizen $M, N \in (\mathrm{M}(n, R))^*$ mit $B = MAN$. Nach Satz 2.82 aus [5] ändert die Links- bzw. Rechtsmultiplikation mit invertierbaren Matrizen nichts an den Invariantenteilern einer Matrix. Daher hat B dieselben Invariantenteiler wie A. Haben nun umgekehrt A und B dieselben Invariantenteiler $d_1, d_2, \ldots, d_n$, so gibt es invertierbare Matrizen $Z_a, Z_b, S_a, S_b \in (\mathrm{M}(n, R))^*$ mit

$$Z_a A S_a = D = Z_b B S_b,$$

wobei D die Diagonalmatrix ist, deren Hauptdiagonale aus den Invariantenteilern d_1, $d_2, \ldots, d_n$ beider Matrizen besteht. Die Umstellung der letzten Gleichung nach B liefert die Äquivalenz von A und B:

$$B = Z_b^{-1}(Z_a A S_a)S_b^{-1} = \underbrace{(Z_b^{-1} Z_a)}_{=:M} A \underbrace{(S_a S_b^{-1})}_{=:N} = MAN.$$

> **Aufgabe 3.6.1** Zeigen Sie, dass die Äquivalenz gleichformatiger Matrizen über einem Integritätsring R eine Äquivalenzrelation darstellt. Weisen Sie also folgende Eigenschaften für $A, B, C \in M(m \times n, R)$ nach:
>
> (i) Reflexivität: $A \sim A$,
> (ii) Symmetrie: $A \sim B \Rightarrow B \sim A$,
> (iii) Transitivität; $A \sim B \wedge B \sim C \Rightarrow A \sim C$.

Lösung

Es ist $A = E_m A E_n$. Daher folgt nach Definition der Äquivalenz von Matrizen, dass $A \sim A$ gilt. Gilt $A \sim B$, so existieren invertierbare Matrizen $M \in (M(m,R))^*$ und $N \in (M(n,R))^*$ mit $B = MAN$. Hieraus folgt durch Linksmultiplikation mit M^{-1} und Rechtsmultiplikation mit N^{-1}, die Darstellung $M^{-1}BN^{-1} = A$. Definitionsgemäß ist also $B \sim A$. Gilt $A \sim B$ und $B \sim C$, so gibt es invertierbare Matrizen $M_1, M_2 \in (M(m,R))^*$, $N_1, N_2 \in (M(n,R))^*$ mit $B = M_1 A N_1$ und $C = M_2 B N_2$. Damit folgt $C = M_2(M_1 A N_1)N_2 = (M_2 M_1)A(N_1 N_2)$. Da die Menge der invertierbaren Matrizen gleichen Formats über R eine Gruppe bildet, gilt $M_2 M_1 \in (M(m,R))^*$ und $N_1 N_2 \in (M(n,R))^*$. Damit folgt $A \sim C$.

> **Aufgabe 3.6.2** Es seien $A, B \in M(m \times n, \mathbb{M})$ zwei äquivalente Matrizen über dem Körper $\mathbb{K}$. Was unterscheidet ihre Kerne bzw. Bilder, was haben ihre Kerne bzw. Bilder gemeinsam?

Lösung

Da $A \sim B$ ist, gilt $\operatorname{Rang} A = \operatorname{Rang} B$. Daher ist $\dim \operatorname{Bild} A = \dim \operatorname{Bild} B$. Nach der Dimensionsformel folgt aber auch $\dim \operatorname{Kern} A = \dim \operatorname{Kern} B$. Ihre Bilddimensionen und Kerndimensionen stimmen jeweils überein. Nun ist $B = RAC$ mit $R \in \operatorname{GL}(m, \mathbb{K})$ und $C \in \operatorname{GL}(n, \mathbb{K})$. Das Bild einer Matrix ändert sich nicht durch Rechtsmultiplikation mit regulären Matrizen, während sich der Kern einer Matrix nicht durch Linksmultiplikation mit regulären Matrizen ändert (vgl. Satz 3.39 aus [5]). Eine Linksmultiplikation mit einer regulären Matrix ändert dagegen in der Regel das Bild ebenso, wie die Rechtsmultiplikation mit einer regulären Matrix den Kern im Allgemeinen ändert. Nach Aufgabe 3.5 sind diese Änderungen allerdings kontrollierbar, sodass insgesamt folgt:

$$\operatorname{Bild} B = \operatorname{Bild}(RAC) = \operatorname{Bild}(RA) = R \operatorname{Bild} A,$$
$$\operatorname{Kern} B = \operatorname{Kern}(RAC) = \operatorname{Kern}(AC) = C^{-1} \operatorname{Kern} A.$$

3.3 Basiswahl und Koordinatenabbildung

Aufgabe 3.7 Es sei $V = \langle \mathbf{b}_1, \mathbf{b}_2 \rangle$ der von $B = (\mathbf{b}_1, \mathbf{b}_2)$ mit $\mathbf{b}_1 = \mathrm{e}^{\mathrm{i}x}$, $\mathbf{b}_2 = \mathrm{e}^{-\mathrm{i}x}$ erzeugte zweidimensionale $\mathbb{C}$-Vektorraum.

a) Bestimmen Sie die Koordinatenvektoren von $\sin, \cos \in V$ bezüglich der Basis B.

b) Zeigen Sie, dass $B' = (\mathbf{b}_1', \mathbf{b}_2')$ mit $\mathbf{b}_1' = 2\mathrm{e}^{\mathrm{i}x} + 3\mathrm{e}^{-\mathrm{i}x}$, $\mathbf{b}_2' = \mathrm{e}^{\mathrm{i}x} + 2\mathrm{e}^{-\mathrm{i}x}$ ebenfalls eine Basis von V ist.

c) Wie lautet die Übergangsmatrix $\mathbf{c}_B(B')$ von B nach B'?

d) Berechnen Sie mithilfe der inversen Übergangsmatrix $(\mathbf{c}_B(B'))^{-1} = \mathbf{c}_{B'}(B)$ die Koordinatenvektoren von $\sin, \cos \in V$ bezüglich der Basis B' und verifizieren Sie das jeweilige Ergebnis durch Einsetzen der Koordinatenvektoren in den Basisisomorphismus $\mathbf{c}_{B'}^{-1}$.

Lösung

Es ist $V = \langle \mathbf{b}_1, \mathbf{b}_2 \rangle$ mit $\mathbf{b}_1 = \mathrm{e}^{\mathrm{i}x}$ und $\mathbf{b}_2 = \mathrm{e}^{-\mathrm{i}x}$ ein zweidimensionaler $\mathbb{C}$-Vektorraum mit der Basis $B = (\mathbf{b}_1, \mathbf{b}_2)$.

a) Es sind

$$\sin x = \tfrac{1}{2\mathrm{i}}(\mathrm{e}^{\mathrm{i}x} - \mathrm{e}^{-\mathrm{i}x}) = -\tfrac{\mathrm{i}}{2}(\mathrm{e}^{\mathrm{i}x} - \mathrm{e}^{-\mathrm{i}x}) \in V,$$

$$\cos x = \tfrac{1}{2}(\mathrm{e}^{\mathrm{i}x} + \mathrm{e}^{-\mathrm{i}x}) \in V.$$

Damit lauten die Koordinatenvektoren dieser beiden Funktionen bezüglich B:

$$\mathbf{c}_B(\sin) = \begin{pmatrix} -\mathrm{i}/2 \\ \mathrm{i}/2 \end{pmatrix},$$

$$\mathbf{c}_B(\cos) = \begin{pmatrix} 1/2 \\ 1/2 \end{pmatrix}.$$

b) Es sind $\mathbf{b}_1' = 2\mathrm{e}^{\mathrm{i}x} + 3\mathrm{e}^{-\mathrm{i}x}$ und $\mathbf{b}_2' = \mathrm{e}^{\mathrm{i}x} + 2\mathrm{e}^{-\mathrm{i}x}$ zwei linear unabhängige Vektoren aus V, da für kein $\lambda \in \mathbb{C}$ gilt $\mathbf{b}_2' = \lambda \mathbf{b}_1'$. Daher ist $\langle \mathbf{b}_1', \mathbf{b}_2' \rangle$ ein zweidimensionaler Teilraum von V. Da V bereits zweidimensional ist, handelt es sich also bei $B' = (\mathbf{b}_1', \mathbf{b}_2')$ um eine Basis von V.

c) Die Übergangsmatrix von B nach B' lautet

$$\mathbf{c}_B(B') = [\mathbf{c}_B(\mathbf{b}_1') \,|\, \mathbf{c}_B(\mathbf{b}_2')] = \begin{pmatrix} 2 & 1 \\ 3 & 2 \end{pmatrix}.$$

Die Übergangsmatrix von B' nach B lautet

$$\mathbf{c}_{B'}(B) = [\mathbf{c}_{B'}(\mathbf{b}_1) \mid \mathbf{c}_{B'}(\mathbf{b}_2)] = \begin{pmatrix} 2 & -1 \\ -3 & 2 \end{pmatrix},$$

denn es gilt $\mathbf{b}_1 = 2\mathbf{b}_1' - 3\mathbf{b}_2'$ und $\mathbf{b}_2 = -\mathbf{b}_1' + 2\mathbf{b}_2'$. Alternativ können wir $\mathbf{c}_{B'}(B)$ auch durch Inversion von $\mathbf{c}_B(B')$ bestimmen:

$$\mathbf{c}_{B'}(B) = (\mathbf{c}_B(B'))^{-1} = \begin{pmatrix} 2 & 1 \\ 3 & 2 \end{pmatrix}^{-1} = \frac{1}{1} \cdot \begin{pmatrix} 2 & -1 \\ -3 & 2 \end{pmatrix}.$$

d) Wir berechnen die (neuen) Koordinatenvektoren von sin und cos bezüglich der (neuen) Basis B' mithilfe der inversen Übergangsmatrix $\mathbf{c}_B(B')^{-1} = \mathbf{c}_{B'}(B)$:

$$\mathbf{c}_{B'}(\sin) = (\mathbf{c}_B(B'))^{-1}\mathbf{c}_B(\sin) = \mathbf{c}_{B'}(B)\mathbf{c}_B(\sin) = \begin{pmatrix} 2 & -1 \\ -3 & 2 \end{pmatrix}\begin{pmatrix} -i/2 \\ i/2 \end{pmatrix} = \begin{pmatrix} -3i/2 \\ 5i/2 \end{pmatrix},$$

$$\mathbf{c}_{B'}(\cos) = (\mathbf{c}_B(B'))^{-1}\mathbf{c}_B(\cos) = \mathbf{c}_{B'}(B)\mathbf{c}_B(\cos) = \begin{pmatrix} 2 & -1 \\ -3 & 2 \end{pmatrix}\begin{pmatrix} 1/2 \\ 1/2 \end{pmatrix} = \begin{pmatrix} 1/2 \\ -1/2 \end{pmatrix}.$$

Wir verifizieren dies: Es gilt

$$-\tfrac{3i}{2}\mathbf{b}_1' + \tfrac{5i}{2}\mathbf{b}_2' = -\tfrac{i}{2}(6e^{ix} + 9e^{-ix} - 5e^{ix} - 10e^{-ix}) = -\tfrac{i}{2}(e^{ix} - e^{-ix}) = \sin x,$$

$$\tfrac{1}{2}\mathbf{b}_1' - \tfrac{1}{2}\mathbf{b}_2' = e^{ix} + \tfrac{3}{2}e^{-ix} - \tfrac{1}{2}e^{ix} - e^{-ix} = \tfrac{1}{2}(e^{ix} + e^{-ix}) = \cos x.$$

Aufgabe 3.7.1 Wir betrachten für $n \in \mathbb{N}$ den Polynomraum $\mathbb{K}[x]_{\leq n}$ der Polynome maximal n-ten Grades in der Variablen x und Koeffizienten aus $\mathbb{K}$. Mit $B = (1, x, x^2, \ldots, x^n)$ sowie $B' = (1, x - x_0, (x - x_0)^2, \ldots, (x - x_0)^n)$ liegen zwei Basen für $\mathbb{K}[x]_{\leq n}$ vor. Dabei ist $x_0 \in \mathbb{K}$. Bestimmen Sie von $p = a_0 + a_1 x + a_2 x^2 + \cdots + a_n x^n \in \mathbb{K}[x]_{\leq n}$ den Koordinatenvektor bezüglich der Basis B' aus dem Koordinatenvektor von p bezüglich B. Bringen Sie das Polynom $q = 1 + 2x + 3x^2 \in \mathbb{R}[x]_{\leq 2}$ in die Form $\lambda_1 + \lambda_2(x - 5) + \lambda_3(x - 5)^2$.

Lösung

Für den Koordinatenvektor von p bezüglich B gilt

$$\mathbf{c}_B(p) = \begin{pmatrix} a_0 \\ a_1 \\ \vdots \\ a_n \end{pmatrix} \in \mathbb{K}^n.$$

Nach dem binomischen Lehrsatz ist

$$(x - x_0)^n = \sum_{k=0}^{n} \binom{n}{k} x^k (-x_0)^{n-k} = \sum_{k=0}^{n} \binom{n}{k} (-1)^{n-k} x_0^{n-k} x^k.$$

Hierbei bedeutet der Binomialkoeffizient das $\binom{n}{k}$-fache Aufsummieren der $1 \in \mathbb{K}$. Die Übergangsmatrix von B nach B' ist die $(n+1) \times (n+1)$-Matrix

$$\mathbf{c}_B(B') = (\mathbf{c}_B(1) \,|\, \mathbf{c}_B(x-x_0) \,|\, \cdots \,|\, \mathbf{c}_B(x-x_0)^n)$$

$$= \begin{pmatrix} 1 & -x_0 & x_0^2 & -x_0^3 & \cdots & (-1)^n \binom{n}{0} x_0^n \\ 0 & 1 & -2x_0 & 3x_0^2 & \cdots & (-1)^{n-1} \binom{n}{1} x_0^{n-1} \\ 0 & 0 & 1 & -3x_0 & \cdots & (-1)^{n-2} \binom{n}{2} x_0^{n-2} \\ 0 & 0 & 0 & 1 & \cdots & (-1)^{n-3} \binom{n}{3} x_0^{n-3} \\ \vdots & \vdots & \vdots & \vdots & & \vdots \\ 0 & 0 & 0 & 0 & \cdots & 1 \end{pmatrix}.$$

Diese obere Dreiecksmatrix besitzt die Determinante 1 und ist regulär. Ihre Inverse kann direkt angegeben werden. Sie lautet

$$\mathbf{c}_{B'}(B) = \begin{pmatrix} 1 & x_0 & x_0^2 & x_0^3 & \cdots & \binom{n}{0} x_0^n \\ 0 & 1 & 2x_0 & 3x_0^2 & \cdots & \binom{n}{1} x_0^{n-1} \\ 0 & 0 & 1 & 3x_0 & \cdots & \binom{n}{2} x_0^{n-2} \\ 0 & 0 & 0 & 1 & \cdots & \binom{n}{3} x_0^{n-3} \\ \vdots & \vdots & \vdots & \vdots & & \vdots \\ 0 & 0 & 0 & 0 & \cdots & 1 \end{pmatrix}.$$

Ihr Eintrag in Zeile $i+1$ und Spalte $j+1$ ist $\binom{j}{i} x_0^{j-i}$ für $0 \le i \le j \le n$. Damit lautet der Koordinatenvektor von p bezüglich B'

$$\mathbf{c}_{B'}(p) = \mathbf{c}_{B'}(B) \cdot \mathbf{c}_B(p)$$

$$= \begin{pmatrix} 1 & x_0 & x_0^2 & x_0^3 & \cdots & \binom{n}{0} x_0^n \\ 0 & 1 & 2x_0 & 3x_0^2 & \cdots & \binom{n}{1} x_0^{n-1} \\ 0 & 0 & 1 & 3x_0 & \cdots & \binom{n}{2} x_0^{n-2} \\ 0 & 0 & 0 & 1 & \cdots & \binom{n}{3} x_0^{n-3} \\ \vdots & \vdots & \vdots & \vdots & & \vdots \\ 0 & 0 & 0 & 0 & \cdots & 1 \end{pmatrix} \begin{pmatrix} a_0 \\ a_1 \\ a_2 \\ a_3 \\ \vdots \\ a_n \end{pmatrix}$$

$$= \begin{pmatrix} p(x_0) \\ \vdots \\ \sum_{k=i}^n \binom{k}{i} x_0^{k-i} a_k \\ \vdots \\ a_n \end{pmatrix} \leftarrow i+1\text{-te Komponente } (i = 0, \ldots, n).$$

Der Koordinatenvektor von $q = 1 + 2x + 3x^2 \in \mathbb{R}[x]_{\le 2}$ bezüglich $B = (1, x, x^2)$ lautet

$$\mathbf{c}_B(q) = \begin{pmatrix} 1 \\ 2 \\ 3 \end{pmatrix}.$$

Zur Umrechnung in die Koordinaten bezüglich $B' = (1, x - 5, (x - 5)^2)$ nutzen wir die Inverse der Übergangsmatrix von B nach B' mit $x_0 = 5$ nach obiger Überlegung:

$$\mathbf{c}_{B'}(q) = \begin{pmatrix} 1 & 5 & 25 \\ 0 & 1 & 10 \\ 0 & 0 & 1 \end{pmatrix} \begin{pmatrix} 1 \\ 2 \\ 3 \end{pmatrix} = \begin{pmatrix} 86 \\ 32 \\ 3 \end{pmatrix}.$$

Damit ist $q = 1 + 2x + x^2 = 86 + 32(x - 5) + 3(x - 5)^2$.

3.4 Vertiefende Aufgaben

Aufgabe 3.8 Es sei A eine quadratische Matrix. Zeigen Sie:

a) Für jede natürliche Zahl k gilt: $\operatorname{Kern} A^k \subset \operatorname{Kern} A^{k+1}$ (hierbei ist $A^0 := E$).

b) Falls für ein $v \in \mathbb{N}$ gilt $\operatorname{Kern} A^v = \operatorname{Kern} A^{v+1}$, so muss auch $\operatorname{Kern} A^{v+1} = \operatorname{Kern} A^{v+2} = \operatorname{Kern} A^{v+3} = \ldots$ gelten.

c) Für alle $k \in \mathbb{N} \setminus \{0\}$ gilt: $\mathbf{v} \in \operatorname{Kern} A^k \Longleftrightarrow A\mathbf{v} \in \operatorname{Kern} A^{k-1}$.

d) Für $\mathbf{v} \in \operatorname{Kern} A$ gilt: Ist $\mathbf{w}$ eine Lösung des LGS $A\mathbf{x} = \mathbf{v}$, so folgt: $\mathbf{w} \in \operatorname{Kern} A^2$. Finden Sie ein Beispiel mit einem nicht-trivialen Vektor $\mathbf{v} \in \operatorname{Kern} A \cap \operatorname{Bild} A$ hierzu.

e) Liegt A in Normalform

$$A = N_{r,*} := \begin{pmatrix} E_r & | & * \\ \hline 0_{n-r \times n} \end{pmatrix}$$

vor (vgl. Satz 2.39 aus [5]), so ist der Schnitt aus Kern und Bild trivial, besteht also nur aus dem Nullvektor. Eine derartige Matrix kann also nicht als Beispiel für die vorausgegangene Aussage dienen.

Lösung

a) Behauptung: $\operatorname{Kern} A^k \subset \operatorname{Kern} A^{k+1}$, für alle $A \in \operatorname{M}(n, \mathbb{K})$ und $k \in \mathbb{N}$.
Beweis. Es seien $A \in \operatorname{M}(n, \mathbb{K})$, $k \in \mathbb{N}$ und $\mathbf{v} \in \operatorname{Kern} A^k$. Es gilt dann $A^k \mathbf{v} = \mathbf{0}$. Nach Multiplikation dieser Gleichung von links mit A folgt $A^{k+1} \mathbf{v} = \mathbf{0}$, woraus $\mathbf{v} \in \operatorname{Kern} A^{k+1}$ folgt.

b) Behauptung: Es sei A eine quadratische Matrix. Falls für ein $v \in \mathbb{N}$ gilt $\operatorname{Kern} A^v = \operatorname{Kern} A^{v+1}$, so muss auch $\operatorname{Kern} A^{v+1} = \operatorname{Kern} A^{v+2}$ gelten.
Beweis. Zu zeigen ist:

$$\operatorname{Kern} A^v = \operatorname{Kern} A^{v+1} \Rightarrow \operatorname{Kern} A^{v+1} = \operatorname{Kern} A^{v+2}.$$

Wenn also einmal die Matrixpotenz A^v zu einem nicht größer werdenden Kern bei der Folgepotenz A^{v+1} führt, so bleibt der Kern für alle weiteren Potenzen stabil und wird nicht größer. Wir zeigen die Gleichheit $\operatorname{Kern} A^{v+1} = \operatorname{Kern} A^{v+2}$. Da wir bereits wissen, dass

$$\operatorname{Kern} A^{v+1} \subset \operatorname{Kern} A^{v+2}$$

gilt, bleibt nur die umgekehrte Inklusion

$$\operatorname{Kern} A^{v+1} \supset \operatorname{Kern} A^{v+2}$$

zu zeigen. Es sei $\mathbf{x} \in \operatorname{Kern} A^{v+2}$. Damit gilt

$$\mathbf{0} = A^{v+2}\mathbf{x} = A^{v+1}(A\mathbf{x}) \Rightarrow (A\mathbf{x}) \in \operatorname{Kern} A^{v+1} \overset{\text{Vor.}}{=} \operatorname{Kern} A^{v}.$$

Also gilt

$$\mathbf{0} = A^{v}(A\mathbf{x}) = A^{v+1}\mathbf{x},$$

woraus $\mathbf{x} \in \operatorname{Kern} A^{v+1}$ folgt.

c) Behauptung: Für jede quadratische Matrix A gilt: $\mathbf{v} \in \operatorname{Kern} A^k \iff A\mathbf{v} \in \operatorname{Kern} A^{k-1}$ für alle $k \in \mathbb{N} \setminus \{0\}$.
Beweis. Es seien $A \in \mathrm{M}(n,\mathbb{K})$ und $0 \neq k \in \mathbb{N}$. Es gilt $\mathbf{v} \in \operatorname{Kern} A^k \iff \mathbf{0} = A^k\mathbf{v} = A^{k-1}A\mathbf{v} \iff A\mathbf{v} \in \operatorname{Kern} A^{k-1}$.

d) Es sei A eine quadratische Matrix und $\mathbf{v} \in \operatorname{Kern} A$. Behauptung: Ist $\mathbf{w}$ eine Lösung des LGS $A\mathbf{x} = \mathbf{v}$, so folgt: $\mathbf{w} \in \operatorname{Kern} A^2$. Die Umkehrung gilt im Allgemeinen nicht.
Beweis. Wir setzen also für den Vektor $\mathbf{v} \in \operatorname{Kern} A$ voraus, dass er auch im Bild von A liegt. Dann gibt es eine Lösung $\mathbf{w}$ des linearen Gleichungssystems $A\mathbf{x} = \mathbf{v}$. Es gilt also $A\mathbf{w} = \mathbf{v}$. Nach Linksmultiplikation mit A folgt $A^2\mathbf{w} = A\mathbf{v} = \mathbf{0}$, woraus $\mathbf{w} \in \operatorname{Kern} A^2$ folgt.

Wir betrachten beispielsweise die Matrix

$$A = \begin{pmatrix} 1 & -1 & 0 \\ 1 & -1 & 0 \\ 0 & 0 & 1 \end{pmatrix}.$$

Der Vektor

$$\mathbf{v} = \begin{pmatrix} 2 \\ 2 \\ 0 \end{pmatrix}$$

liegt im Kern von A, aber auch im Bild von A, da

$$\begin{pmatrix} 1 & -1 & 0 \\ 1 & -1 & 0 \\ 0 & 0 & 1 \end{pmatrix} \begin{pmatrix} 1 \\ -1 \\ 0 \end{pmatrix} = \begin{pmatrix} 2 \\ 2 \\ 0 \end{pmatrix}.$$

Mit $\mathbf{w} = (1, -1, 0)^T$ gilt nun

$$A^2\mathbf{w} = \begin{pmatrix} 0 & 0 & 0 \\ 0 & 0 & 0 \\ 0 & 0 & 1 \end{pmatrix} \begin{pmatrix} 1 \\ -1 \\ 0 \end{pmatrix} = \begin{pmatrix} 0 \\ 0 \\ 0 \end{pmatrix},$$

womit $\mathbf{w} \in \operatorname{Kern} A^2$ gilt. Allerdings ist auch der Nullvektor oder der Vektor $\mathbf{w}' = (-1, 1, 0)^T$ im Kern von A^2. Es gilt aber nicht $A\mathbf{w}' = \mathbf{v}$.

e) Behauptung: Für eine quadratische Matrix in Normalform $N_{r,*}$ ist der Schnitt aus Kern und Bild trivial.
Beweis. Da die $n \times n$-Matrix A in Normalform vorliegt, gilt mit $r = \operatorname{Rang} A$

$$A = N_{r,*} = \begin{pmatrix} E_r & * \\ 0 & 0 \end{pmatrix} = \begin{pmatrix} 1 & 0 & \cdots & 0 & * & \cdots & * \\ 0 & 1 & & 0 & * & \cdots & * \\ \vdots & & \ddots & \vdots & \vdots & & \vdots \\ 0 & \cdots & \cdots & 1 & * & \cdots & * \\ 0 & \cdots & \cdots & 0 & 0 & \cdots & 0 \\ \vdots & & & \vdots & \vdots & & \vdots \\ 0 & \cdots & \cdots & 0 & 0 & \cdots & 0 \end{pmatrix}.$$

Hieraus lesen wir den Kern von A ab:

$$\operatorname{Kern} A = \left\langle \begin{pmatrix} * \\ \vdots \\ * \\ 1 \\ 0 \\ \vdots \\ 0 \end{pmatrix}, \begin{pmatrix} * \\ \vdots \\ * \\ 0 \\ 1 \\ \vdots \\ 0 \end{pmatrix}, \dots, \begin{pmatrix} * \\ \vdots \\ * \\ 0 \\ \vdots \\ 0 \\ 1 \end{pmatrix} \right\rangle \leftarrow \text{Zeile } r+1.$$

Das Bild von A ist das lineare Erzeugnis ihrer Spalten, also hier bereits das lineare Erzeugnis der ersten r Spalten, da die weiteren $n - r$ Spalten aus ihnen linear kombiniert werden können. Es folgt also

$$\operatorname{Bild} A = \left\langle \begin{pmatrix} 1 \\ 0 \\ \vdots \\ 0 \\ 0 \\ \vdots \\ 0 \end{pmatrix}, \begin{pmatrix} 0 \\ 1 \\ \vdots \\ 0 \\ 0 \\ \vdots \\ 0 \end{pmatrix}, \dots, \begin{pmatrix} 0 \\ \vdots \\ 0 \\ 1 \\ 0 \\ \vdots \\ 0 \end{pmatrix} \right\rangle \leftarrow \text{Zeile } r.$$

Kein Basisvektor des Bildes kann durch die Basisvektoren des Kerns linear kombiniert werden und umgekehrt. Bis auf den Nullvektor hat das Bild mit dem Kern von A demnach keinen gemeinsamen Vektor.

Aufgabe 3.9 Es sei $V = (\mathbb{Z}_2)^3$ der Spaltenvektorraum über dem Restklassenkörper $\mathbb{Z}_2 = \mathbb{Z}/2\mathbb{Z}$. Geben Sie alle Vektoren seines Teilraums

$$T := \left\langle \begin{pmatrix} 1 \\ 1 \\ 0 \end{pmatrix}, \begin{pmatrix} 0 \\ 1 \\ 1 \end{pmatrix} \right\rangle$$

an. Bestimmen Sie zudem sämtliche Vektoren des Quotientenvektorraums V/T. Welche Dimension hat dieser Raum? Sind die Vektoren

$$\begin{pmatrix} 1 \\ 1 \\ 0 \end{pmatrix}, \begin{pmatrix} 0 \\ 1 \\ 1 \end{pmatrix}, \begin{pmatrix} 1 \\ 0 \\ 1 \end{pmatrix}$$

linear unabhängig über $\mathbb{Z}_2$?

Lösung

Der Vektorraum $V = (\mathbb{Z}_2)^3$ besteht aus $2^3 = 8$ Vektoren. Es gilt also

$$V = \left\{ \begin{pmatrix} 0 \\ 0 \\ 0 \end{pmatrix}, \begin{pmatrix} 1 \\ 0 \\ 0 \end{pmatrix}, \begin{pmatrix} 0 \\ 1 \\ 0 \end{pmatrix}, \begin{pmatrix} 1 \\ 1 \\ 0 \end{pmatrix}, \begin{pmatrix} 0 \\ 0 \\ 1 \end{pmatrix}, \begin{pmatrix} 1 \\ 0 \\ 1 \end{pmatrix}, \begin{pmatrix} 0 \\ 1 \\ 1 \end{pmatrix}, \begin{pmatrix} 1 \\ 1 \\ 1 \end{pmatrix} \right\}.$$

Für seinen Teilraum T gilt

$$T = \left\langle \begin{pmatrix} 1 \\ 1 \\ 0 \end{pmatrix}, \begin{pmatrix} 0 \\ 1 \\ 1 \end{pmatrix} \right\rangle = \left\{ \lambda \begin{pmatrix} 1 \\ 1 \\ 0 \end{pmatrix} + \mu \begin{pmatrix} 0 \\ 1 \\ 1 \end{pmatrix} : \lambda, \mu \in \{0,1\} \right\}$$

$$= \left\{ \begin{pmatrix} 0 \\ 0 \\ 0 \end{pmatrix}, \begin{pmatrix} 1 \\ 1 \\ 0 \end{pmatrix}, \begin{pmatrix} 0 \\ 1 \\ 1 \end{pmatrix}, \begin{pmatrix} 1 \\ 0 \\ 1 \end{pmatrix} \right\}.$$

Wir bestimmen nun die Elemente des Quotientenvektorraums V/T und bilden hierzu die affinen Teilräume der Form

$$\mathbf{v} + T, \qquad \mathbf{v} \in V.$$

Für die vier Vektoren aus V, die dabei in T liegen, muss sich der Nullvektor $\mathbf{0} + T = T$ des Quotientenraums V/T ergeben. Eine explizite Berechnung aller Vektoren aus V/T ergibt nun

$$\mathbf{v}_1 = \mathbf{0} + \left\{ \begin{pmatrix} 0 \\ 0 \\ 0 \end{pmatrix}, \begin{pmatrix} 1 \\ 1 \\ 0 \end{pmatrix}, \begin{pmatrix} 0 \\ 1 \\ 1 \end{pmatrix}, \begin{pmatrix} 1 \\ 0 \\ 1 \end{pmatrix} \right\} = \left\{ \begin{pmatrix} 0 \\ 0 \\ 0 \end{pmatrix}, \begin{pmatrix} 1 \\ 1 \\ 0 \end{pmatrix}, \begin{pmatrix} 0 \\ 1 \\ 1 \end{pmatrix}, \begin{pmatrix} 1 \\ 0 \\ 1 \end{pmatrix} \right\} = T,$$

$$\mathbf{v}_2 = \begin{pmatrix} 1 \\ 0 \\ 0 \end{pmatrix} + \left\{ \begin{pmatrix} 0 \\ 0 \\ 0 \end{pmatrix}, \begin{pmatrix} 1 \\ 1 \\ 0 \end{pmatrix}, \begin{pmatrix} 0 \\ 1 \\ 1 \end{pmatrix}, \begin{pmatrix} 1 \\ 0 \\ 1 \end{pmatrix} \right\} = \left\{ \begin{pmatrix} 1 \\ 0 \\ 0 \end{pmatrix}, \begin{pmatrix} 0 \\ 1 \\ 0 \end{pmatrix}, \begin{pmatrix} 1 \\ 1 \\ 1 \end{pmatrix}, \begin{pmatrix} 0 \\ 0 \\ 1 \end{pmatrix} \right\},$$

$$\mathbf{v}_3 = \begin{pmatrix} 0 \\ 1 \\ 0 \end{pmatrix} + \left\{ \begin{pmatrix} 0 \\ 0 \\ 0 \end{pmatrix}, \begin{pmatrix} 1 \\ 1 \\ 0 \end{pmatrix}, \begin{pmatrix} 0 \\ 1 \\ 1 \end{pmatrix}, \begin{pmatrix} 1 \\ 0 \\ 1 \end{pmatrix} \right\} = \left\{ \begin{pmatrix} 0 \\ 1 \\ 0 \end{pmatrix}, \begin{pmatrix} 1 \\ 0 \\ 0 \end{pmatrix}, \begin{pmatrix} 0 \\ 0 \\ 1 \end{pmatrix}, \begin{pmatrix} 1 \\ 1 \\ 1 \end{pmatrix} \right\} = \mathbf{v}_2,$$

$$\mathbf{v}_4 = \begin{pmatrix} 1 \\ 1 \\ 0 \end{pmatrix} + \left\{ \begin{pmatrix} 0 \\ 0 \\ 0 \end{pmatrix}, \begin{pmatrix} 1 \\ 1 \\ 0 \end{pmatrix}, \begin{pmatrix} 0 \\ 1 \\ 1 \end{pmatrix}, \begin{pmatrix} 1 \\ 0 \\ 1 \end{pmatrix} \right\} = \left\{ \begin{pmatrix} 1 \\ 1 \\ 0 \end{pmatrix}, \begin{pmatrix} 0 \\ 0 \\ 0 \end{pmatrix}, \begin{pmatrix} 1 \\ 0 \\ 1 \end{pmatrix}, \begin{pmatrix} 0 \\ 1 \\ 1 \end{pmatrix} \right\} = T,$$

$$\mathbf{v}_5 = \begin{pmatrix} 0 \\ 0 \\ 1 \end{pmatrix} + \left\{ \begin{pmatrix} 0 \\ 0 \\ 0 \end{pmatrix}, \begin{pmatrix} 1 \\ 1 \\ 0 \end{pmatrix}, \begin{pmatrix} 0 \\ 1 \\ 1 \end{pmatrix}, \begin{pmatrix} 1 \\ 0 \\ 1 \end{pmatrix} \right\} = \left\{ \begin{pmatrix} 0 \\ 0 \\ 1 \end{pmatrix}, \begin{pmatrix} 1 \\ 1 \\ 1 \end{pmatrix}, \begin{pmatrix} 0 \\ 1 \\ 0 \end{pmatrix}, \begin{pmatrix} 1 \\ 0 \\ 0 \end{pmatrix} \right\} = \mathbf{v}_2,$$

$$\mathbf{v}_6 = \begin{pmatrix} 1 \\ 0 \\ 1 \end{pmatrix} + \left\{ \begin{pmatrix} 0 \\ 0 \\ 0 \end{pmatrix}, \begin{pmatrix} 1 \\ 1 \\ 0 \end{pmatrix}, \begin{pmatrix} 0 \\ 1 \\ 1 \end{pmatrix}, \begin{pmatrix} 1 \\ 0 \\ 1 \end{pmatrix} \right\} = \left\{ \begin{pmatrix} 1 \\ 0 \\ 1 \end{pmatrix}, \begin{pmatrix} 0 \\ 1 \\ 1 \end{pmatrix}, \begin{pmatrix} 1 \\ 1 \\ 0 \end{pmatrix}, \begin{pmatrix} 0 \\ 0 \\ 0 \end{pmatrix} \right\} = T,$$

$$\mathbf{v}_7 = \begin{pmatrix} 0 \\ 1 \\ 1 \end{pmatrix} + \left\{ \begin{pmatrix} 0 \\ 0 \\ 0 \end{pmatrix}, \begin{pmatrix} 1 \\ 1 \\ 0 \end{pmatrix}, \begin{pmatrix} 0 \\ 1 \\ 1 \end{pmatrix}, \begin{pmatrix} 1 \\ 0 \\ 1 \end{pmatrix} \right\} = \left\{ \begin{pmatrix} 0 \\ 1 \\ 1 \end{pmatrix}, \begin{pmatrix} 1 \\ 0 \\ 1 \end{pmatrix}, \begin{pmatrix} 0 \\ 0 \\ 0 \end{pmatrix}, \begin{pmatrix} 1 \\ 1 \\ 0 \end{pmatrix} \right\} = T,$$

$$\mathbf{v}_8 = \begin{pmatrix} 1 \\ 1 \\ 1 \end{pmatrix} + \left\{ \begin{pmatrix} 0 \\ 0 \\ 0 \end{pmatrix}, \begin{pmatrix} 1 \\ 1 \\ 0 \end{pmatrix}, \begin{pmatrix} 0 \\ 1 \\ 1 \end{pmatrix}, \begin{pmatrix} 1 \\ 0 \\ 1 \end{pmatrix} \right\} = \left\{ \begin{pmatrix} 1 \\ 1 \\ 1 \end{pmatrix}, \begin{pmatrix} 0 \\ 0 \\ 1 \end{pmatrix}, \begin{pmatrix} 1 \\ 0 \\ 0 \end{pmatrix}, \begin{pmatrix} 0 \\ 1 \\ 0 \end{pmatrix} \right\} = \mathbf{v}_2.$$

In der Tat ergibt sich viermal der Nullvektor des Quotientenraums V/T. Dieser Raum besteht dabei aus genau zwei Vektoren:

$$V/T = \{T, \mathbf{v}_2\} = \langle \mathbf{v}_2 \rangle.$$

Da $\mathbf{v}_2 \neq T = \mathbf{0}$ gilt, ist V/T ein eindimensionaler $\mathbb{Z}_2$-Vektorraum. Wegen

$$\begin{pmatrix} 1 \\ 1 \\ 0 \end{pmatrix} + \begin{pmatrix} 0 \\ 1 \\ 1 \end{pmatrix} = \begin{pmatrix} 1 \\ 0 \\ 1 \end{pmatrix}$$

sind die drei Vektoren

$$\begin{pmatrix} 1 \\ 1 \\ 0 \end{pmatrix}, \quad \begin{pmatrix} 0 \\ 1 \\ 1 \end{pmatrix}, \quad \begin{pmatrix} 1 \\ 0 \\ 1 \end{pmatrix}$$

linear abhängig. Wir sehen, dass der zugrunde gelegte Körper in dieser Frage sehr wichtig ist. Die Komponenten dieser Vektoren bestehen nur aus dem Null- und Einselement des Skalarkörpers. Wir könnten diese Vektoren auch als Spaltenvektoren des $\mathbb{R}^3$ interpretieren. Dann wären sie aber linear unabhängig, denn es gilt

$$\det_{\mathbb{R}} \begin{pmatrix} 1 & 0 & 1 \\ 1 & 1 & 0 \\ 0 & 1 & 1 \end{pmatrix} = 1 + 1 = 2 \neq 0.$$

Hierbei soll der Index $\mathbb{R}$ des Determinantensymbols den zugrunde gelegten Körper $\mathbb{R}$ andeuten. Über den Körper $\mathbb{R}$ betrachtet ist diese Matrix damit regulär, sodass die drei Spalten linear unabhängig sind. Dagegen ist

$$\det{}_{\mathbb{Z}_2} \begin{pmatrix} 1 & 0 & 1 \\ 1 & 1 & 0 \\ 0 & 1 & 1 \end{pmatrix} = 1 + 1 = 0.$$

Über $\mathbb{Z}_2$ betrachtet ist diese Matrix singulär, woraus sich nochmals die lineare Abhängigkeit der Spalten ergibt.

Aufgabe 3.10 Zeigen Sie: Für jede reelle $m \times n$-Matrix A ist

 (i) $\text{Rang}(A^T A) = \text{Rang}(A)$,
 (ii) $\text{Rang}(A^T A) = \text{Rang}(AA^T)$.

Lösung

Es gilt einserseits

$$\mathbf{x} \in \text{Kern} A \Leftrightarrow A\mathbf{x} = \mathbf{0} \Rightarrow A^T A\mathbf{x} = \mathbf{0} \Rightarrow \mathbf{x} \in \text{Kern}(A^T A)$$

und andererseits mit $A\mathbf{x} = (y_1, \ldots, y_m)^T$

$$\begin{aligned}
\mathbf{x} \in \text{Kern}(A^T A) &\Leftrightarrow A^T A\mathbf{x} = \mathbf{0} \\
&\Rightarrow \mathbf{x}^T A^T A\mathbf{x} = \mathbf{0} \\
&\Rightarrow (A\mathbf{x})^T (A\mathbf{x}) = y_1^2 + \cdots + y_m^2 = \mathbf{0} \\
&\Rightarrow (y_1, \ldots, y_m)^T = A\mathbf{x} = \mathbf{0} \Leftrightarrow A\mathbf{x} \in \text{Kern} A.
\end{aligned}$$

Also ist $\text{Kern}(A^T A) = \text{Kern} A$ und damit $\dim \text{Kern}(A^T A) = \dim \text{Kern} A$. Nach der Dimensionsformel ist

$$\text{Rang}(A^T A) = n - \dim \text{Kern}(A^T A) = n - \dim \text{Kern} A = \text{Rang} A.$$

Bemerkung 3.4 *Für die Implikation $(A\mathbf{x})^T (A\mathbf{x}) = \mathbf{0} \Rightarrow A\mathbf{x} = \mathbf{0}$ ist der zugrunde gelegte Körper, in diesem Fall der Körper $\mathbb{R}$, schon entscheidend. Beispielsweise ist über $\mathbb{K} = \mathbb{Z}_5$*

$$(2 \ 1) \cdot \begin{pmatrix} 2 \\ 1 \end{pmatrix} = 4 + 1 = 0.$$

Über diesen Körper ist beispielsweise für

$$A = \begin{pmatrix} 2 & 0 \\ 1 & 0 \\ 0 & 0 \end{pmatrix}$$

auch tatsächlich

$$\text{Rang}(A^T A) = \text{Rang}\left(\begin{pmatrix} 2 & 1 & 0 \\ 0 & 0 & 0 \end{pmatrix} \cdot \begin{pmatrix} 2 & 0 \\ 1 & 0 \\ 0 & 0 \end{pmatrix}\right) = \text{Rang}\begin{pmatrix} 0 & 0 \\ 0 & 0 \end{pmatrix} = 0 \neq 1 = \text{Rang}(A).$$

Es ergibt sich nun durch Rollentausch von A^T und A

$$\text{Rang}(AA^T) = \text{Rang}((A^T)^T A^T) \overset{(i)}{=} \text{Rang}(A^T) = \text{Rang} A \overset{(i)}{=} \text{Rang}(A^T A).$$

Damit ist auch (ii) nachgewiesen.

Aufgabe 3.11 Es sei $\mathbb{K}$ ein Körper und M eine beliebige Menge. Zeigen Sie, dass die Menge

$$\mathbb{K}^{(M)} := \{f : M \to \mathbb{K} : f(m) \neq 0 \text{ nur für endlich viele } m \in M\} \qquad (3.2)$$

aller abbrechenden Abbildungen von M in den Körper $\mathbb{K}$ bezüglich der Addition und der skalaren Multiplikation

$$\begin{aligned} f + g & \quad \text{definiert durch} \quad (f+g)(m) := f(m) + g(m), \quad m \in M, \\ \lambda \cdot f & \quad \text{definiert durch} \quad (\lambda \cdot f)(m) := \lambda \cdot f(m), \quad m \in M, \end{aligned}$$

einen $\mathbb{K}$-Vektorraum bildet. Wie lautet der Nullvektor von $\mathbb{K}^{(M)}$? Wir bezeichnen $\mathbb{K}^{(M)}$ als freien Vektorraum. Für jede Abbildung $f : M \to \mathbb{K}$ wird die Menge $\{m \in M : f(m) \neq 0\}$ als Träger von f bezeichnet. Der freie Vektorraum $\mathbb{K}^{(M)}$ ist also der Raum der Abbildungen von M nach $\mathbb{K}$ mit endlichem Träger.

Lösung

Es seien $f, g, h \in \mathbb{K}^{(M)}$ sowie $\alpha, \beta \in \mathbb{K}$ und $m \in M$. Durch die Definition der Addition und der skalaren Multiplikation ist sichergestellt, dass sowohl $f + g$ als auch $\lambda \cdot f$ Abbildungen sind, die nur für endlich viele $m \in M$ einen Wert ungleich des Nullelements von $\mathbb{K}$ liefern. Beide Rechenoperationen führen also wieder in die Menge $\mathbb{K}^{(M)}$ zurück. Wir zeigen nun, dass die Vektorraumaxiome erfüllt sind. Da $\mathbb{K}$ ein Körper ist, folgen Kommutativität $f + g = g + f$ und die Assoziativität $f + (g + h) = (f + g) + h$ der Addition in $\mathbb{K}^{(M)}$ direkt aus der Kommutativität $f(m) + g(m) = g(m) + f(m)$ und der Assoziativität $f(m) + (g(m) + h(m)) = (f(m) + g(m)) + h(m)$ in $\mathbb{K}$. Zudem gelten aufgrund der Distributivität in $\mathbb{K}$

$$(\alpha + \beta) f(m) = \alpha f(m) + \beta f(m), \qquad \alpha(f(m) + g(m)) = \alpha f(m) + \alpha g(m)$$

und daher

$$(\alpha + \beta) \cdot f = \alpha f + \beta f, \qquad \alpha(f + g) = \alpha f + \alpha g.$$

Die Nullabbildung $0 \in \mathbb{K}^{(M)}$, definiert durch $0(m) := 0 \in \mathbb{K}$, wirkt additiv neutral und kann daher als Nullvektor von $\mathbb{K}^{(M)}$ aufgefasst werden. Mit $-f \in \mathbb{K}^{(M)}$, definiert durch $(-f)(m) := -f(m)$, ergibt sich eine Abbildung mit $-f + f = 0$. Dass $(\alpha\beta) \cdot f = \alpha \cdot (\beta \cdot f)$ gilt, folgt aus der Assoziativität der Multiplikation $(\alpha\beta) f(m) = \alpha(\beta f(m))$ in $\mathbb{K}$. Ebenso ist mit dem Einselement $1 \in \mathbb{K}$ wegen $1f(m) = f(m)$ das Vektorraumaxiom $1 \cdot f = f$ garantiert. Damit sind sämtliche acht Vektorraumaxiome gezeigt.

Aufgabe 3.12 Es sei M eine Menge und $\mathbb{K}$, wie üblich, ein Körper. Für n Elemente $m_1, \ldots, m_n \in M$ mit $n \in \mathbb{N}$ definiert der formale Ausdruck

$$\lambda_1 m_1 + \lambda_2 m_2 + \cdots + \lambda_n m_n \tag{3.3}$$

mit Skalaren $\lambda_1, \ldots, \lambda_n \in \mathbb{K}$ eine formale Linearkombination über $\mathbb{K}$. Hierbei soll es nicht auf die Reihenfolge der Summanden in (3.3) ankommen, sodass die Schreibweise mit dem Summenzeichen möglich wird:

$$\lambda_1 m_1 + \lambda_2 m_2 + \cdots + \lambda_n m_n = \sum_{i=1}^{n} \lambda_i m_i = \sum_{i \in \{1, \ldots, n\}} \lambda_i m_i.$$

Zudem dürfen identische Elemente aus M innerhalb dieses Ausdrucks durch Ausklammerung zusammengefasst werden. Es ist also $\lambda_1 m + \lambda_2 m = (\lambda_1 + \lambda_2)m$. Wir können nun davon ausgehen, dass es innerhalb (3.3) keine mehrfach auftretenden Elemente m_i gibt. Einen Faktor $\lambda_i = 1$ dürfen wir auch formal weglassen, d.h. $1m_i = m_i$. Wir definieren nun in „natürlicher Weise" eine Addition und eine skalare Multiplikation. Es seien hierzu

$$\mathbf{v} = \lambda_1 m_1 + \lambda_2 m_2 + \cdots + \lambda_n m_n, \qquad \mathbf{w} = \mu_1 m_1' + \mu_2 m_2' + \cdots + \mu_p m_p'$$

zwei formale Linearkombinationen dieser Art. Zudem sei $\alpha \in \mathbb{K}$ ein Skalar. Die Addition, definiert durch

$$\mathbf{v} + \mathbf{w} := \lambda_1 m_1 + \lambda_2 m_2 + \cdots + \lambda_n m_n + \mu_1 m_1' + \mu_2 m_2' + \cdots + \mu_p m_p', \tag{3.4}$$

ist dann wiederum eine formale Linearkombination von Elementen aus M. Eventuell gemeinsam auftretende Elemente aus M können wieder durch Ausklammerung zusammengefasst werden. Die skalare Multiplikation mit $\alpha \in \mathbb{K}$, definiert durch

$$\alpha \mathbf{v} := (\alpha \lambda_1)m_1 + (\alpha \lambda_2)m_2 + \cdots + (\alpha \lambda_n)m_n, \tag{3.5}$$

stellt ebenfalls eine formale Linearkombination von Elementen $m_1, \ldots, m_n$ aus M dar. Zeigen Sie nun, dass die Menge aller formalen Linearkombinationen

$$\langle M \rangle = \{\lambda_1 m_1 + \lambda_2 m_2 + \cdots + \lambda_n m_n : \lambda_i \in \mathbb{K}, m_i \in M, n \in \mathbb{N}\} = \langle m : m \in M \rangle$$

bezüglich der zuvor definierten Addition und skalaren Multiplikation einen $\mathbb{K}$-Vektorraum bildet. Überlegen Sie zunächst, wie der Nullvektor aussehen muss und was die spezielle Linearkombination $0 \cdot m$ für $m \in M$ ergibt. Wann könnte man zwei formale Linearkombinationen als gleich betrachten? Geben Sie ein Beispiel für einen Vektorraum formaler Linearkombinationen an.

Lösung

Der Nullvektor ist gegeben durch die leere Linearkombination

$$\mathbf{0} := \sum_{m \in \{\}} m = \sum_{i \in \{\}} m = \sum_{i \in \{\}} \lambda_i m_i,$$

denn hiermit gilt die additive Neutralität:

$$\mathbf{v} + \sum_{m \in \{\}} m = \lambda_1 m_1 + \lambda_2 m_2 + \cdots + \lambda_n m_n + \sum_{m \in \{\}} m$$

$$= \sum_{i \in \{1,\ldots,n\}} \lambda_i m_i + \sum_{i \in \{\}} \lambda_i m_i = \sum_{i \in \{1,\ldots,n\} \cup \{\}} \lambda_i m_i = \sum_{i \in \{1,\ldots,n\}} \lambda_i m_i = \mathbf{v}.$$

Im Übrigen gilt für die spezielle formale Linearkombination $0 \cdot m$, die aus der Multiplikation des Skalars $0 \in \mathbb{K}$ mit einem beliebigen Element $m \in M$ besteht, die nicht überraschende Regel

$$0 \cdot m = \left(\sum_{i \in \{\}} 1 \right) \cdot m = \sum_{i \in \{\}} 1 \cdot m = \sum_{i \in \{\}} m = \sum_{m \in \{\}} m = \mathbf{0}.$$

Es sei nun

$$\mathbf{v} = \sum_{i \in \{1,\ldots,n\}} \lambda_i m_i$$

eine formale Linearkombinationen mit paarweise verschiedenen $m_i \in M$. Da $0 \cdot m = \mathbf{0}$ für jedes $m \in M$ gilt und wir auf den Nullvektor verzichten können, ist es sinnvoll, zudem davon auszugehen, dass $\lambda_i \neq 0$ für alle $i \in \{1,\ldots,n\}$ gilt. Der Einfachheit halber bezeichnen wir dann die so vorliegende Darstellung als Normalform einer formalen Linearkombination. Zwei formale Linearkombinationen $\mathbf{v}, \mathbf{v}' \in \langle M \rangle$ sind damit identisch, wenn ihre Normalformen

$$\sum_{i \in \{1,\ldots,n\}} \lambda_i m_i, \quad \text{und} \quad \sum_{i \in \{1,\ldots,n\}} \lambda_i' m_i'$$

aus denselben Elementen von M bestehen und die entsprechenden Vorfaktoren dabei jeweils übereinstimmen:

$$\sum_{i \in \{1,\ldots,n\}} \lambda_i m_i = \sum_{i \in \{1,\ldots,n\}} \lambda_i' m_i' \quad \Longleftrightarrow \quad \left\{ \begin{array}{c} \{m_1,\ldots,m_n\} = \{m_1',\ldots,m_n'\} \\ \wedge \quad \lambda_i = \lambda_j' \quad \text{für} \quad m_i = m_j' \end{array} \right\}.$$

Da die Addition (3.4) und die skalare Multiplikation (3.5) jeweils wieder formale Linearkombinationen von Elementen aus M über $\mathbb{K}$ darstellen, führen diese Rechenoperationen wieder in die Menge $\langle M \rangle$ zurück. Da es nicht auf die Reihenfolge der Summanden innerhalb einer formalen Linearkombination ankommt, gilt die Kommutativität. Um die Assoziativität zu zeigen, betrachten wir drei formale Linearkombinationen $\mathbf{v}, \mathbf{w}, \mathbf{x} \in \langle M \rangle$. Zudem seien nun $I, J, K \subset \mathbb{N}$ endliche Indexmengen und $m_i \in M$ für $i \in I \cup J \cup K$, sodass wir die drei Linearkombinationen in der Form

$$\mathbf{v} = \sum_{i \in I} \lambda_i m_i, \quad \mathbf{w} = \sum_{j \in J} \mu_j m_j, \quad \mathbf{x} = \sum_{k \in K} \nu_k m_k$$

darstellen können. Wir definieren nun die zusätzlichen Vorfaktoren

$$\lambda_l = 0, \quad l \in (J \cup K) \setminus I,$$
$$\mu_l = 0, \quad l \in (I \cup K) \setminus J,$$
$$\nu_l = 0, \quad l \in (I \cup J) \setminus K.$$

Nun haben wir die Möglichkeit, alle drei Linearkombinationen mit identischer Summandenzahl und Indexmenge $L = I \cup J \cup K$ darzustellen:

$$\mathbf{v} = \sum_{l \in L} \lambda_l m_l, \quad \mathbf{w} = \sum_{l \in L} \mu_l m_l, \quad \mathbf{x} = \sum_{l \in L} \nu_l m_l.$$

Wegen der Assoziativität in $\mathbb{K}$ ist

$$\mathbf{v} + (\mathbf{w} + \mathbf{x}) = \sum_{l \in L} \lambda_l m_l + \left(\sum_{l \in L} \mu_l m_l + \sum_{l \in L} \nu_l m_l \right) = \sum_{l \in L} \lambda_l m_l + \sum_{l \in L} (\mu_l + \nu_l) m_l$$
$$= \sum_{l \in L} (\lambda_l + (\mu_l + \nu_l)) m_l = \sum_{l \in L} ((\lambda_l + \mu_l) + \nu_l) m_l = \sum_{l \in L} (\lambda_l + \mu_l) m_l + \sum_{l \in L} \nu_l m_l$$
$$= \left(\sum_{l \in L} \lambda_l m_l + \sum_{l \in L} \mu_l m_l \right) + \sum_{l \in L} \nu_l m_l = (\mathbf{v} + \mathbf{w}) + \mathbf{x}.$$

Zudem gelten für alle $\alpha, \beta \in \mathbb{K}$ aufgrund der Definition der skalaren Multiplikation (3.5)

$$(\alpha + \beta)\mathbf{v} = ((\alpha + \beta)\lambda_1) m_1 + \cdots + ((\alpha + \beta)\lambda_n) m_n$$
$$= (\alpha\lambda_1 + \beta\lambda_1) m_1 + \cdots + (\alpha\lambda_n + \beta\lambda_n) m_n$$
$$= (\alpha\lambda_1) m_1 + (\beta\lambda_1) m_1 + \cdots + (\alpha\lambda_n) m_n + (\beta\lambda_n) m_n$$
$$= (\alpha\lambda_1) m_1 + \cdots + (\alpha\lambda_n) m_n + (\beta\lambda_1) m_1 + \cdots + (\beta\lambda_n) m_n$$
$$= \alpha(\lambda_1 m_1 + \cdots + \lambda_n m_n) + \beta(\lambda_1 m_1 + \cdots + \lambda_n m_n) = \alpha\mathbf{v} + \beta\mathbf{v}$$

sowie

$$\alpha(\mathbf{v} + \mathbf{w}) = \alpha\mathbf{v} + \alpha\mathbf{w}.$$

Schließlich stellt für $\mathbf{v} = \lambda_1 m_1 + \lambda_2 m_2 + \cdots + \lambda_n m_n \in \langle M \rangle$ der Vektor

$$-\mathbf{v} := (-1) \cdot \mathbf{v} = (-\lambda_1) m_1 + (-\lambda_2) m_2 + \cdots + (-\lambda_n) m_n \in \langle M \rangle$$

einen inversen Vektor dar mit

$$\mathbf{v} + (-\mathbf{v}) = \lambda_1 m_1 + \lambda_2 m_2 + \cdots + \lambda_n m_n + (-\lambda_1) m_1 + (-\lambda_2) m_2 + \cdots + (-\lambda_n) m_n$$
$$= (\lambda_1 - \lambda_1) m_1 + (\lambda_2 - \lambda_2) m_2 + \cdots + (\lambda_n - \lambda_n) m_n$$
$$= 0 \cdot m_1 + 0 \cdot m_2 + \cdots + 0 \cdot m_n = \mathbf{0} + \mathbf{0} + \cdots + \mathbf{0} = \mathbf{0},$$

da $\mathbf{0}$ additiv neutral ist.

Der Polynomring $\mathbb{K}[x]$ über einem Körper $\mathbb{K}$ ist ein Beispiel für einen Vektorraum formaler Linearkombinationen mit $M = \{1, x, x^2, x^3, \ldots\}$. Die Menge $\mathbb{C}$ der komplexen Zahlen kann als $\mathbb{R}$-Vektorraum der formalen Linearkombinationen von Elementen der Menge $\{1, i\}$ aufgefasst werden.

Aufgabe 3.13 Wie lautet eine Basis des $\mathbb{K}$-Vektorraums der formalen Linearkombinationen einer Menge M?

Lösung

Die Menge M selbst bildet eine Basis des $\mathbb{K}$-Vektorraums aller formalen Linearkombinationen von Elementen aus M. Die Linearkombinationen dürfen dabei nur als formale Linearkombinationen betrachtet werden.

Bemerkung 3.5 *Ist M ein (Teil-)Raum, so sind bereits eine Addition und eine skalare Multiplikation innerhalb des Vektorraums M definiert. Wir dürfen dann die formalen Linearkombinationen der Elemente aus M nicht mit den Linearkombinationen der Elemente aus M verwechseln. Für die letzteren Linearkombinationen werden die bereits gegebene Addition und die skalare Multiplikation verwendet. Im Sinne dieser Definition der Linearkombination ist $\langle M \rangle = M$, und M ist in der Regel nicht Basis für $\langle M \rangle$. Hier müssten im Grunde zwei unterschiedliche Bezeichnungen für lineare Erzeugnisse verwendet werden.*

Aufgabe 3.14 Es sei M eine Menge und $\mathbb{K}$ ein Körper. Zeigen Sie, dass der freie Vektorraum $\mathbb{K}^{(M)}$ isomorph ist zum Vektorraum $\langle M \rangle$ der formalen Linearkombinationen der Elemente aus M über $\mathbb{K}$.

Lösung

Wir ordnen einer Abbildung $f \in \mathbb{K}^{(M)}$ eine formale Linearkombination aus $\langle M \rangle$ auf folgende Weise zu:

$$\Omega : \mathbb{K}^{(M)} \to \langle M \rangle$$
$$f \mapsto \Omega(f) := \sum_{\substack{m \in M \\ f(m) \neq 0}} f(m) \cdot m.$$

Die auf diese Weise definierte formale Linearkombination $\Omega(f)$ liegt zudem in Normalform vor. Da $f(m) \neq 0$ nur für endlich viele $m \in M$ gilt, besteht

$$\sum_{\substack{m \in M \\ f(m) \neq 0}} f(m) \cdot m$$

nur aus endlich vielen Summanden und ist daher eine formale Linearkombination aus $\langle M \rangle$. Innerhalb einer formalen Linearkombination können Summanden der Form $0 \cdot m$ auch weggelassen oder beliebig addiert werden, ohne die Linearkombination zu ändern (vgl. Aufgabe 3.12). Aus diesem Grunde können wir die Bedingung $f(m) \neq 0$ auch weglassen, sodass wir einfacher

$$\sum_{\substack{m \in M \\ f(m) \neq 0}} f(m) \cdot m = \sum_{m \in M} f(m) \cdot m$$

schreiben können.

Wir zeigen, dass die Zuordnung Ω linear und bijektiv ist. Nach Definition des freien Vektorraums ist mit $f, g \in \mathbb{K}^{(M)}$ und $\lambda \in \mathbb{K}$ für jedes $m \in M$

$$(f + g)(m) := f(m) + g(m) \quad \text{und} \quad (\lambda f)(m) := \lambda f(m).$$

Es ist nun jeweils auch $(f + g)(m) \neq 0$ und $(\lambda f)(m) \neq 0$ nur für endlich viele $m \in M$. Zudem gilt

$$\begin{aligned}
\Omega(f + g) &= \sum_{\substack{m \in M \\ (f+g)(m) \neq 0}} (f + g)(m) \cdot m = \sum_{m \in M} (f + g)(m) \cdot m \\
&= \sum_{m \in M} (f(m) + g(m)) \cdot m = \sum_{m \in M} f(m) \cdot m + \sum_{m \in M} g(m) \cdot m \\
&= \sum_{\substack{m \in M \\ f(m) \neq 0}} f(m) \cdot m + \sum_{\substack{m \in M \\ g(m) \neq 0}} g(m) \cdot m = \Omega(f) + \Omega(g).
\end{aligned}$$

Hierbei bestehen alle Summen nur aus endlich vielen Summanden ungleich null. Außerdem gilt für $\lambda \neq 0$

$$\begin{aligned}
\Omega(\lambda \cdot f) &= \sum_{\substack{m \in M \\ (\lambda \cdot f)(m) \neq 0}} (\lambda f)(m) \cdot m = \sum_{m \in M} (\lambda f)(m) \cdot m = \sum_{m \in M} \lambda f(m) \cdot m \\
&\overset{\lambda \neq 0}{=} \sum_{\substack{m \in M \\ f(m) \neq 0}} \lambda f(m) \cdot m = \lambda \sum_{\substack{m \in M \\ f(m) \neq 0}} f(m) \cdot m = \lambda \Omega(f).
\end{aligned}$$

Dies gilt auch für $\lambda = 0$, denn es ist

$$\Omega(0 \cdot f) = \Omega(\mathbf{0}) = \sum_{m \in \{\}} f(m) \cdot m = \mathbf{0} = 0 \cdot \sum_{\substack{m \in M \\ f(m) \neq 0}} f(m) \cdot m = 0 \cdot \Omega(f).$$

Die Zuordnung Ω ist daher linear. Sie ist zudem surjektiv, denn für eine beliebige, in Normalform vorliegende, formale Linearkombination

$$\lambda_1 m_1 + \lambda_2 m_2 + \cdots + \lambda_n m_n = \sum_{i \in \{1, \ldots, n\}} \lambda_i \cdot m_i \in \langle M \rangle$$

mit $0 \neq \lambda_i \in \mathbb{K}$ und paarweise verschiedenen $m_i \in M$ ist durch

$$f(m) := \begin{cases} \lambda_i, & m = m_i, (i = 1, 2, \ldots, n) \\ 0, & m \notin \{m_1, m_2, \ldots, m_n\} \end{cases}$$

eine Abbildung aus $\mathbb{K}^{(M)}$ definiert, welche die Eigenschaft

$$\Omega(f) = \sum_{\substack{m \in M \\ f(m) \neq 0}} f(m) \cdot m = \sum_{\substack{m \in \{m_1, \dots, m_n\} \\ f(m) \neq 0}} f(m) \cdot m$$

$$= \sum_{\substack{m \in \{m_1, \dots, m_n\} \\ f(m) \neq 0}} f(m) \cdot m + \sum_{\substack{m \in \{m_1, \dots, m_n\} \\ f(m) = 0}} f(m) \cdot m$$

$$= \sum_{\substack{m \in \{m_1, \dots, m_n\}}} f(m) \cdot m = \sum_{i \in \{1, \dots, n\}} f(m_i) \cdot m_i = \sum_{i \in \{1, \dots, n\}} \lambda_i \cdot m_i$$

erfüllt. Keine andere Abbildung f' aus $\mathbb{K}^{(M)}$ erfüllt diese Eigenschaft, da es dann ein $m_i \in \{m_1, \dots, m_n\}$ mit $f'(m_i) = \lambda'_i \neq \lambda_i = f(m_i)$ oder ein $m \in M$ mit $f(m) = 0 \neq f'(m)$ gäbe. Die beiden sich ergebenden formalen Linearkombinationen $\Omega(f')$ und $\Omega(f)$ wären dann aber unterschiedlich, denn sie liegen jeweils in Normalform vor und haben für m_i unterschiedliche Vorfaktoren oder unterscheiden sich um den Summanden $f'(m)m$. Die Zuordnung Ω ist somit auch injektiv, also insgesamt eine bijektive und lineare Abbildung und daher ein Vektorraumisomorphismus von $\mathbb{K}^{(M)}$ nach $\langle M \rangle$.

Aufgabe 3.15 Es seien $A \in \mathrm{M}(m \times n, \mathbb{K})$ und $B \in \mathrm{M}(n \times p, \mathbb{K})$ zwei Matrizen. Zeigen Sie mithilfe der Normalform für äquivalente $n \times p$-Matrizen die Rangungleichung

$$\mathrm{Rang}(AB) \leq \min(\mathrm{Rang}\, A, \mathrm{Rang}\, B).$$

Lösung

Nach Satz 2.41 bzw. Satz 3.42 aus [5] gibt es zwei reguläre Matrizen $Z \in \mathrm{GL}(n, \mathbb{K})$ und $S \in \mathrm{GL}(p, \mathbb{K})$ mit

$$ZBS = \begin{pmatrix} E_{r_B} & 0_{r_B \times p - r_B} \\ 0_{n - r_B \times p} \end{pmatrix} = (\hat{\mathbf{e}}_1 \mid \dots \mid \hat{\mathbf{e}}_{r_B} \mid \underbrace{\mathbf{0} \mid \dots \mid \mathbf{0}}_{p - r_B \text{ mal}}) \in \mathrm{M}(n \times p, \mathbb{K}), \quad r_B = \mathrm{Rang}\, B.$$

Hierbei sind $\hat{\mathbf{e}}_1, \dots, \hat{\mathbf{e}}_{r_B}$ die ersten r_B kanonischen Einheitsvektoren des $\mathbb{K}^n$. Da sich nach Satz 3.36 aus [5] der Rang einer Matrix durch Links- oder Rechtsmultiplikation mit regulären Matrizen nicht ändert, gilt

$$\mathrm{Rang}(AB) = \mathrm{Rang}(AZ^{-1}(\hat{\mathbf{e}}_1 \mid \dots \mid \hat{\mathbf{e}}_{r_B} \mid \mathbf{0} \mid \dots \mid \mathbf{0})S^{-1})$$

$$= \mathrm{Rang}(AZ^{-1}(\hat{\mathbf{e}}_1 \mid \dots \mid \hat{\mathbf{e}}_{r_B} \mid \mathbf{0} \mid \dots \mid \mathbf{0}))$$

$$= \mathrm{Rang}(AZ^{-1}\hat{\mathbf{e}}_1 \mid \dots \mid AZ^{-1}\hat{\mathbf{e}}_{r_B} \mid \mathbf{0} \mid \dots \mid \mathbf{0}))$$

$$= \mathrm{Rang}(AZ^{-1}\hat{\mathbf{e}}_1 \mid \dots \mid AZ^{-1}\hat{\mathbf{e}}_{r_B}) \leq r_b = \mathrm{Rang}\, B.$$

Außerdem gibt es für jeden Vektor $\mathbf{w} \in \mathrm{Bild}(AB)$ ein $\mathbf{v} \in \mathbb{K}^p$ mit $\mathbf{w} = AB\mathbf{v}$. Mit $\mathbf{x} := B\mathbf{v} \in \mathbb{K}^n$ ist also $\mathbf{w} = A\mathbf{x}$. Daher ist auch $\mathbf{w} \in \mathrm{Bild}\, A$. Es ist also $\mathrm{Bild}(AB) \subset \mathrm{Bild}\, A$ ein Teilraum von $\mathrm{Bild}\, A$. Daher gilt $\dim \mathrm{Bild}(AB) \leq \dim \mathrm{Bild}\, A$. Da die Bilddimension einer Matrix nichts anderes ist als ihr Rang, folgt auch $\mathrm{Rang}(AB) \leq \mathrm{Rang}\, A$. Insgesamt ergibt sich also $\mathrm{Rang}(AB) \leq \min(\mathrm{Rang}\, A, \mathrm{Rang}\, B)$.

Bemerkung 3.6 *Wir haben diese Rangungleichung matrizentheoretisch nachgewiesen und dabei eine Matrizennormalform verwendet. Diese Ungleichung kann viel eleganter mithilfe der Dimensionsformel für lineare Abbildungen nachgewiesen werden, vgl. Bemerkung 4.1 nach Aufgabe 4.1.3.*

Aufgabe 3.16 Es seien V und W zwei $\mathbb{K}$-Vektorräume endlicher Dimension mit den Basen $B = (\mathbf{b}_1, \ldots, \mathbf{b}_n)$ von V und $C = (\mathbf{c}_1, \ldots, \mathbf{c}_m)$ von W. Wie lautet eine Basis von $V \times W$ (vgl. Aufgabe 1.15)? Welche Dimension hat das direkte Produkt $V \times W$?

Lösung

Es bezeichne $\mathbf{0}_v$ den Nullvektor aus V und $\mathbf{0}_w$ den Nullvektor aus W. Die Vektoren

$$(\mathbf{b}_1, \mathbf{0}_w), \ldots, (\mathbf{b}_n, \mathbf{0}_w), (\mathbf{0}_v, \mathbf{c}_1), \ldots, (\mathbf{0}_v, \mathbf{c}_m) \in V \times W \tag{3.6}$$

sind imstande, jeden Vektor $(\mathbf{v}, \mathbf{w})$ des direkten Produkts als Linearkombination aus ihnen darzustellen. Denn ist $(\mathbf{v}, \mathbf{w}) \in V \times W$, so sind

$$\mathbf{v} = \sum_{i=1}^{n} \lambda_i \mathbf{b}_i, \qquad \mathbf{w} = \sum_{i=1}^{m} \mu_i \mathbf{c}_i$$

mit $\lambda_1, \ldots, \lambda_n, \mu_1, \ldots, \mu_m \in \mathbb{K}$. Damit ist aufgrund der Addition und der skalaren Multiplikation im direkten Produkt $V \times W$

$$\begin{aligned}
(\mathbf{v}, \mathbf{w}) &= (\mathbf{v}, \mathbf{0}_w) + (\mathbf{0}_v, \mathbf{w}) \\
&= \Big(\sum_{i=1}^{n} \lambda_i \mathbf{b}_i, \mathbf{0}_w \Big) + \Big(\mathbf{0}_v, \sum_{i=1}^{m} \mu_i \mathbf{c}_i \Big) \\
&= \sum_{i=1}^{n} \lambda_i (\mathbf{b}_i, \mathbf{0}_w) + \sum_{i=1}^{m} \mu_i (\mathbf{0}_v, \mathbf{c}_i).
\end{aligned}$$

Der Ansatz

$$\begin{aligned}
(\mathbf{0}_v, \mathbf{0}_w) &= \sum_{i=1}^{n} \lambda_i (\mathbf{b}_i, \mathbf{0}_w) + \sum_{i=1}^{m} \mu_i (\mathbf{0}_v, \mathbf{c}_i) \\
&= \Big(\sum_{i=1}^{n} \lambda_i \mathbf{b}_i, \mathbf{0}_w \Big) + \Big(\mathbf{0}_v, \sum_{i=1}^{m} \mu_i \mathbf{c}_i \Big) \\
&= \Big(\sum_{i=1}^{n} \lambda_i \mathbf{b}_i, \sum_{i=1}^{m} \mu_i \mathbf{c}_i \Big)
\end{aligned}$$

zur Darstellung des Nullvektors $(\mathbf{0}_v, \mathbf{0}_w)$ von $V \times W$ aus diesen Vektoren liefert

$$\mathbf{0}_v = \sum_{i=1}^{n} \lambda_i \mathbf{b}_i, \qquad \mathbf{0}_w = \sum_{i=1}^{m} \mu_i \mathbf{c}_i.$$

Als Basen bilden $\mathbf{b}_1, \ldots, \mathbf{b}_n$ und $\mathbf{c}_1, \ldots, \mathbf{c}_m$ jeweils Systeme linear unabhängiger Vektoren. Daher folgt $\lambda_1, \ldots, \lambda_n = 0$ und $\mu_1, \ldots, \mu_m = 0$. Der Nullvektor von $V \times W$ kann also nur trivial aus den Vektoren des Systems in (3.6) kombiniert werden. Die Vektoren dieses Systems sind also linear unabhängig und bilden eine Basis des direkten Produkts $V \times W$. Da das Vektorsystem in (3.6) aus $n + m$ Vektoren besteht, gilt $\dim V \times W = n + m$.

Kapitel 4
Lineare Abbildungen und Bilinearformen

4.1 Lineare Abbildungen

Aufgabe 4.1 Es sei V ein endlich-dimensionaler $\mathbb{K}$-Vektorraum und W ein $\mathbb{K}$-Vektorraum. Zeigen Sie, dass für einen beliebigen Homomorphismus $f : V \to W$ die Dimensionsformel

$$\dim V / \operatorname{Kern} f = \dim V - \dim \operatorname{Kern} f$$

gilt.

Lösung

Aufgrund des Homomorphiesatzes ist

$$V / \operatorname{Kern} f \cong \operatorname{Bild} f.$$

Somit gilt

$$\dim V / \operatorname{Kern} f = \dim \operatorname{Bild} f.$$

Die Dimensionsformel für lineare Abbildungen liefert nun

$$\dim \operatorname{Bild} f = \dim V - \dim \operatorname{Kern} f$$

und daher

$$\dim V / \operatorname{Kern} f = \dim V - \dim \operatorname{Kern} f.$$

© Springer-Verlag GmbH Deutschland, ein Teil von Springer Nature 2019
L. Göllmann und C. Henig, *Arbeitsbuch zur linearen Algebra*,
https://doi.org/10.1007/978-3-662-58766-9_4

Aufgabe 4.1.1 (Dimensionsformel für Quotientenräume) Es sei V ein endlich-dimensionaler $\mathbb{K}$-Vektorraum und $T \subset V$ ein Teilraum von V. Zeigen Sie, dass die Dimension des Quotientenraums V/T mit

$$\dim V/T = \dim V - \dim T \tag{4.1}$$

bestimmt werden kann.

Lösung

Wir können T als Kern der kanonischen Surjektion $\rho : V \to V/T$ auffassen. Nach der Aussage von Aufgabe 4.1 ist dann

$$\dim V/T = \dim V/\operatorname{Kern}\rho = \dim V - \dim \operatorname{Kern}\rho = \dim V - \dim T.$$

Aufgabe 4.1.2 Verifizieren Sie die Dimensionsformel für Quotientenräume (4.1) anhand des Beispiels aus Aufgabe 3.9. Hier ist $V = (\mathbb{Z}_2)^3$ ein Spaltenvektorraum über dem Restklassenkörper $\mathbb{Z}_2 = \mathbb{Z}/2\mathbb{Z}$ und

$$T := \left\langle \begin{pmatrix} 1 \\ 1 \\ 0 \end{pmatrix}, \begin{pmatrix} 0 \\ 1 \\ 1 \end{pmatrix} \right\rangle$$

ein Teilraum von V.

Lösung

Nach der Lösung von Aufgabe 3.9 ist der Teilraum T die endliche Menge

$$T = \left\{ \begin{pmatrix} 0 \\ 0 \\ 0 \end{pmatrix}, \begin{pmatrix} 1 \\ 1 \\ 0 \end{pmatrix}, \begin{pmatrix} 0 \\ 1 \\ 1 \end{pmatrix}, \begin{pmatrix} 1 \\ 0 \\ 1 \end{pmatrix} \right\}$$

und der Quotientenraum V/T die Menge

$$V/T = \langle \mathbf{v} \rangle$$

mit

$$\mathbf{v} = \begin{pmatrix} 1 \\ 0 \\ 0 \end{pmatrix} + \left\{ \begin{pmatrix} 0 \\ 0 \\ 0 \end{pmatrix}, \begin{pmatrix} 1 \\ 1 \\ 0 \end{pmatrix}, \begin{pmatrix} 0 \\ 1 \\ 1 \end{pmatrix}, \begin{pmatrix} 1 \\ 0 \\ 1 \end{pmatrix} \right\}$$

$$= \left\{ \begin{pmatrix} 1 \\ 0 \\ 0 \end{pmatrix}, \begin{pmatrix} 0 \\ 1 \\ 0 \end{pmatrix}, \begin{pmatrix} 1 \\ 1 \\ 1 \end{pmatrix}, \begin{pmatrix} 0 \\ 0 \\ 1 \end{pmatrix} \right\} \neq T = \mathbf{0}.$$

Damit ist $\dim V/T = 1$, was sich auch durch die Dimensionsformel für Quotientenvektor-räume (4.1)

$$\dim V/T = \dim V - \dim T = 3 - 2 = 1$$

ergibt.

Aufgabe 4.1.3 (Sylvester'sche Rangungleichung) Es seien $A \in M(m \times n, \mathbb{K})$ und $B \in M(n \times p, \mathbb{K})$ zwei Matrizen. Zeigen Sie mithilfe der Dimensionsformel für lineare Abbildungen in Ergänzung zu Aufgabe 3.15:

$$\text{Rang}(AB) \geq \text{Rang}\,A + \text{Rang}\,B - n.$$

Lösung

Wir betrachten die auf dem Vektorraum Bild B definierte lineare Abbildung

$$h : \text{Bild}\,B \to \mathbb{K}^m$$

$$\mathbf{v} \mapsto A\mathbf{v}.$$

Für diese Abbildung gilt Bild $h = \text{Bild}(AB)$. Aufgrund der Dimensionsformel für lineare Abbildungen ist

$$\dim \text{Bild}\,h = \dim \text{Bild}\,B - \dim \text{Kern}\,h = \text{Rang}\,B - \dim \text{Kern}\,h.$$

Da Bild $h = \text{Bild}(AB)$ ist, folgt nun

$$\text{Rang}(AB) = \dim \text{Bild}(AB) = \dim \text{Bild}\,h = \text{Rang}\,B - \dim \text{Kern}\,h.$$

Für jeden Vektor $\mathbf{v} \in \text{Kern}\,h$ ist $h(\mathbf{v}) = A\mathbf{v} = \mathbf{0}$. Daher ist $\mathbf{v} \in \text{Kern}\,A$. Es gilt somit Kern $h \subset$ Kern A, woraus sich $\dim \text{Kern}\,h \leq \dim \text{Kern}\,A$ ergibt. Insgesamt folgt

$$\text{Rang}(AB) = \text{Rang}\,B - \dim \text{Kern}\,h \geq \text{Rang}\,B - \dim \text{Kern}\,A$$

$$= \text{Rang}\,B - (n - \text{Rang}\,A) = \text{Rang}\,A + \text{Rang}\,B - n.$$

Bemerkung 4.1 *Die Abschätzung* $\text{Rang}(AB) \leq \min(\text{Rang}\,A, \text{Rang}\,B)$ *aus Aufgabe 3.15 ist mittels der Dimensionsformel für lineare Abbildungen viel schneller nachweisbar, denn aus der obigen Gleichung* $\text{Rang}(AB) = \dim \text{Bild}(AB) = \text{Rang}\,B - \dim \text{Kern}\,h$ *folgt* $\text{Rang}(AB) \leq \text{Rang}\,B$. *Andererseits ist* $\text{Bild}(AB) \subset \text{Bild}\,A$, *da* $\text{Bild}(B) \subset \mathbb{K}^n$. *Somit ist* $\text{Rang}(AB) = \dim \text{Bild}(AB) \leq \dim \text{Bild}\,A = \text{Rang}\,A$. *Wir halten also fest: Für* $A \in M(m \times n, \mathbb{K})$ *und* $B \in M(n \times p, \mathbb{K})$ *gelten die Rangabschätzungen*

$$\text{Rang}\,A + \text{Rang}\,B - n \leq \text{Rang}(AB) \leq \min(\text{Rang}\,A, \text{Rang}\,B).$$

Aufgabe 4.2 Es seien $V = \langle e^{3t} + t^2, t^2, 1 \rangle$ und $W = \langle e^{3t}, t \rangle$ zwei $\mathbb{R}$-Vektorräume. Betrachten Sie die lineare Abbildung

$$f : V \to W$$

$$\varphi \mapsto f(\varphi) = \frac{d\varphi}{dt}.$$

a) Bestimmen Sie die Koordinatenmatrix von f bezüglich der Basen $B = (e^{3t} + t^2, t^2, 1)$ von V und $C = (e^{3t}, t)$ von W.

b) Berechnen Sie die Ableitung von $4e^{3t} + 2$ mithilfe der unter a) berechneten Koordinatenmatrix.

c) Bestimmen Sie Bild f und Rang $f = \dim \mathrm{Bild} f$.

d) Wie lautet der Kern von f sowie dessen Dimension?

e) Bestimmen Sie neue Basen B' und C' von V bzw. W, sodass die hierzu gehörende Koordinatenmatrix von f Diagonalgestalt besitzt mit Einsen auf der Hauptdiagonalen.

Lösung

a) Die Basisvektoren der Basis B von V sind $\mathbf{b}_1 = e^{3t} + t^2$, $\mathbf{b}_2 = t^2$ und $\mathbf{b}_3 = 1$, während die Basis C von W aus den beiden Vektoren $\mathbf{c}_1 = e^{3t}$ und $\mathbf{c}_2 = t$ besteht. Wir erhalten dann für die Koordinatenmatrix von $f = \frac{d}{dt}$ bezüglich der Basen B und C die 2×3-Matrix

$$M_C^B(f) = M_C^B\left(\tfrac{d}{dt}\right) = \mathbf{c}_C(f(B)) = \left(\mathbf{c}_C\left(\tfrac{d}{dt}\mathbf{b}_1\right) \mid \mathbf{c}_C\left(\tfrac{d}{dt}\mathbf{b}_2\right) \mid \mathbf{c}_C\left(\tfrac{d}{dt}\mathbf{b}_3\right) \right)$$

$$= \left(\mathbf{c}_C(3e^{3t} + 2t) \mid \mathbf{c}_C(2t) \mid \mathbf{c}_C(0) \right) = \begin{pmatrix} 3 & 0 & 0 \\ 2 & 2 & 0 \end{pmatrix}.$$

Mithilfe der Koordinatenmatrix können wir nun den Ableitungsoperator auf V als lineare Abbildung $\mathbb{R}^3 \to \mathbb{R}^2$ in Form eines Matrix-Vektorprodukts darstellen:

$$
\begin{array}{ccc}
\varphi \in V & \xrightarrow{\;f\;} & W \ni \tfrac{d}{dt}\varphi \\
\mathbf{c}_B \downarrow & & \downarrow \mathbf{c}_C \\
\mathbf{c}_B(\varphi) \in \mathbb{R}^3 & \xrightarrow{\;M_C^B(f)\;} & \mathbb{R}^2 \ni \mathbf{c}_C(\tfrac{d}{dt}\varphi).
\end{array}
$$

b) Wir berechnen die Ableitung der Funktion $\varphi(t) = 4e^{3t} + 2$ mithilfe von $M_B^C(f)$. Dazu benötigen wir zunächst den Koordinatenvektor von φ bezüglich B. Es gilt

$$\mathbf{c}_B(\varphi) = \begin{pmatrix} 4 \\ -4 \\ 2 \end{pmatrix},$$

denn es ist $\varphi(t) = 4\mathbf{b}_1 - 4\mathbf{b}_2 + 2\mathbf{b}_3$. Damit gilt für den Koordinatenvektor seiner Ableitung bezüglich der Basis C

$$\mathbf{c}_C(\tfrac{\mathrm{d}}{\mathrm{d}t}\varphi) = M_C^B(\tfrac{\mathrm{d}}{\mathrm{d}t}) \cdot \mathbf{c}_B(\varphi) = \begin{pmatrix} 3 & 0 & 0 \\ 2 & 2 & 0 \end{pmatrix} \begin{pmatrix} 4 \\ -4 \\ 2 \end{pmatrix} = \begin{pmatrix} 12 \\ 0 \end{pmatrix}.$$

Der Basisisomorphismus $\mathbf{c}_C^{-1}$ ergibt nun die Ableitung von φ in Form einer Funktion in W als

$$\frac{\mathrm{d}}{\mathrm{d}t}\varphi(t) = \mathbf{c}_C^{-1}\left(\begin{pmatrix} 12 \\ 0 \end{pmatrix}\right) = 12\mathbf{c}_1 + 0\mathbf{c}_2 = 12e^{3t}.$$

c) Es ist Bild $f \cong \mathrm{Bild}\, M_C^B(f)$. Daher ist $\dim \mathrm{Bild}\, f = \dim \mathrm{Bild}\, M_C^B(f) = \mathrm{Rang}\, M_C^B(f) = 2$, da beide Zeilen von $M_C^B(f)$ linear unabhängig sind. Das Bild von f ist also ein zweidimensionaler Teilraum des zweidimensionalen Raums W. Daher stimmen beide Räume überein. Es gilt also Bild $f = W$. Wir erkennen dies auch an einer direkten Berechnung von Bild f aus dem Bild von $M_C^B(f)$. Da das Bild der Koordinatenmatrix invariant unter elementaren Spaltenumformungen ist, gilt zunächst

$$\mathrm{Bild}\, M_C^B(f) = \mathrm{Bild}\begin{pmatrix} 3 & 0 & 0 \\ 2 & 2 & 0 \end{pmatrix} = \mathrm{Bild}\begin{pmatrix} 1 & 0 & 0 \\ 1 & 1 & 0 \end{pmatrix} = \mathrm{Bild}\begin{pmatrix} 1 & 0 & 0 \\ 0 & 1 & 0 \end{pmatrix} = \left\langle \begin{pmatrix} 1 \\ 0 \end{pmatrix}, \begin{pmatrix} 0 \\ 1 \end{pmatrix} \right\rangle.$$

Der Basisisomorphismus $\mathbf{c}_C^{-1}$ liefert mit

$$\begin{aligned} \mathrm{Bild}\, f = \mathbf{c}_C^{-1}(\mathrm{Bild}\, M_C^B(f)) &= \left\langle \mathbf{c}_C^{-1}\left(\begin{pmatrix} 1 \\ 0 \end{pmatrix}\right), \mathbf{c}_C^{-1}\left(\begin{pmatrix} 0 \\ 1 \end{pmatrix}\right) \right\rangle \\ &= \langle 1 \cdot \mathbf{c}_1 + 0 \cdot \mathbf{c}_2, 0 \cdot \mathbf{c}_1 + 1 \cdot \mathbf{c}_2 \rangle \\ &= \langle \mathbf{c}_1, \mathbf{c}_2 \rangle = W \end{aligned}$$

das Bild von f in W, das in diesem Fall mit W übereinstimmt.

d) Der Kern von f ist isomorph zum Kern der Koordinatenmatrix von f. Ihr Kern ist invariant unter elementaren Zeilenumformungen. Wir erhalten:

$$\mathrm{Kern}\, f \cong \mathrm{Kern}\, M_C^B(f) = \mathrm{Kern}\begin{pmatrix} 3 & 0 & 0 \\ 2 & 2 & 0 \end{pmatrix} = \mathrm{Kern}\begin{pmatrix} 1 & 0 & 0 \\ 0 & 1 & 0 \end{pmatrix} = \left\langle \begin{pmatrix} 0 \\ 0 \\ 1 \end{pmatrix} \right\rangle.$$

Der Basisisomorphismus $\mathbf{c}_B^{-1}$ liefert nun diesen eindimensionalen Kern als Teilraum

$$\mathrm{Kern}\, f = \mathbf{c}_B^{-1}(\mathrm{Kern}\, M_C^B(f)) = \left\langle \mathbf{c}_B^{-1}\left(\begin{pmatrix} 0 \\ 0 \\ 1 \end{pmatrix}\right) \right\rangle = \langle 0\mathbf{b}_1 + 0\mathbf{b}_2 + 1\mathbf{b}_3 \rangle = \langle 1 \rangle$$

von V in Form einer Menge von konstanten Funktionen. Die Eindimensionalität wäre bereits vor der Kernbestimmung erkennbar gewesen. Es gilt aufgrund der Dimensionsformel für lineare Abbildungen $\dim \mathrm{Kern}\, f + \dim \mathrm{Bild}\, f = \dim V$, da V ein endlich dimensionaler Vektorraum ist. Aus diesem Grund ist $\dim \mathrm{Kern}\, f = \dim V - \dim \mathrm{Bild}\, f = 3 - 2 = 1$.

e) Wir bestimmen nun neue Basen B' von V und C' von W, sodass die Koordinatenmatrix von f bezüglich B' und C' in Normalform mit minimaler Besetzung vorliegt:

$$M_{C'}^{B'}(f) = \left(\frac{E_r|0_{r \times n-r}}{0_{m-r \times n}}\right) = \begin{pmatrix} 1 & 0 & 0 \\ 0 & 1 & 0 \end{pmatrix}.$$

Hier ist $r = \operatorname{Rang} A = 2$, $m = 2$, $n = 2$. Ausgangspunkt ist nun die Koordinatenmatrix $M_C^B(f)$ bezüglich der Basen B und C. Wir werden diese Matrix nun per *ZAS*-Zerlegung in die gewünschte Form bringen. Wie üblich führen wir die Zeilen- und Spaltenumformungen in gleicher Weise an den Einheitsmatrizen durch:

Matrix	Zeilenumformungen	Spaltenumformungen

$$\begin{bmatrix} 3 & 0 & 0 \\ 2 & 2 & 0 \end{bmatrix} \overset{\cdot 1/3}{} \begin{bmatrix} 1 & 0 \\ 0 & 1 \end{bmatrix} \qquad \begin{bmatrix} 1 & 0 & 0 \\ 0 & 1 & 0 \\ 0 & 0 & 1 \end{bmatrix}$$

$$\rightarrow \begin{bmatrix} 1 & 0 & 0 \\ 2 & 2 & 0 \end{bmatrix} \qquad \begin{bmatrix} 1/3 & 0 \\ 0 & 1 \end{bmatrix}$$

$$\rightarrow \begin{bmatrix} 1 & 0 & 0 \\ 0 & 2 & 0 \end{bmatrix} \overset{\cdot 1/2}{} \qquad \begin{bmatrix} 1 & 0 & 0 \\ -1 & 1 & 0 \\ 0 & 0 & 1 \end{bmatrix} = S$$

$$\rightarrow \begin{bmatrix} 1 & 0 & 0 \\ 0 & 1 & 0 \end{bmatrix} \qquad \begin{bmatrix} 1/3 & 0 \\ 0 & 1/2 \end{bmatrix} = Z.$$

Mit Z und S gilt nun

$$ZM_B^C(f)S \overset{!}{=} (\mathbf{c}_C(C'))^{-1} M_C^B(f) \mathbf{c}_B(B') = \begin{pmatrix} 1 & 0 & 0 \\ 0 & 1 & 0 \end{pmatrix}.$$

Wir identifizieren hierin nach Satz 4.17 aus [5] die Übergangsmatrizen mit

$$Z = (\mathbf{c}_C(C'))^{-1}$$

bzw.

$$\mathbf{c}_C(C') = Z^{-1} = \begin{pmatrix} 3 & 0 \\ 0 & 2 \end{pmatrix}$$

und

$$\mathbf{c}_B(B') = S = \begin{pmatrix} 1 & 0 & 0 \\ -1 & 1 & 0 \\ 0 & 0 & 1 \end{pmatrix}.$$

Die Spalten dieser Matrizen sind die Koordinatenvektoren der neuen Basisvektoren aus C' und B' bezüglich der alten Basen C und B. So ermitteln wir schließlich mithilfe der Basisisomorphismen $\mathbf{c}_C^{-1}$ und $\mathbf{c}_B^{-1}$ die neuen Basisvektoren

$$\mathbf{c}_1' = \mathbf{c}_C^{-1}\left(\begin{pmatrix} 3 \\ 0 \end{pmatrix}\right) = 3\mathbf{c}_1 + 0\mathbf{c}_2 = 3e^{3t},$$

$$\mathbf{c}_2' = \mathbf{c}_C^{-1}\left(\begin{pmatrix} 0 \\ 2 \end{pmatrix}\right) = 0\mathbf{c}_1 + 2\mathbf{c}_2 = 2t,$$

$$\mathbf{b}_1' = \mathbf{c}_B^{-1}\left(\begin{pmatrix} 1 \\ -1 \\ 0 \end{pmatrix}\right) = 1\mathbf{b}_1 - 1\mathbf{b}_2 + 0\mathbf{b}_3 = e^{3t},$$

$$\mathbf{b}_2' = \mathbf{c}_B^{-1}\left(\begin{pmatrix} 0 \\ 1 \\ 0 \end{pmatrix}\right) = \mathbf{b}_2 = t^2,$$

$$\mathbf{b}_3' = \mathbf{c}_B^{-1}\left(\begin{pmatrix} 0 \\ 0 \\ 1 \end{pmatrix}\right) = \mathbf{b}_3 = 1.$$

Bezüglich der neuen Basen

$$B' = (e^{3t}, t^2, 1), \qquad C' = (3e^{3t}, 2t)$$

lautet die Koordinatenmatrix von f

$$M_{C'}^{B'}(f) = \begin{pmatrix} 1 & 0 & 0 \\ 0 & 1 & 0 \end{pmatrix}.$$

Wir können uns davon überzeugen, indem wir die Koordinatenmatrix von f bezüglich B' und C' auf direktem Wege bestimmen. In der Tat ergibt sich

$$\begin{aligned} M_{C'}^{B'}(f) = M_{C'}^{B'}\left(\tfrac{\mathrm{d}}{\mathrm{d}t}\right) &= \mathbf{c}_{C'}(f(B')) \\ &= \left(\mathbf{c}_{C'}\left(\tfrac{\mathrm{d}}{\mathrm{d}t}\mathbf{b}_1'\right) \mid \mathbf{c}_{C'}\left(\tfrac{\mathrm{d}}{\mathrm{d}t}\mathbf{b}_2'\right) \mid \mathbf{c}_{C'}\left(\tfrac{\mathrm{d}}{\mathrm{d}t}\mathbf{b}_3'\right)\right) \\ &= \left(\mathbf{c}_{C'}(3e^{3t}) \mid \mathbf{c}_{C'}(2t) \mid \mathbf{c}_{C'}(0)\right) \\ &= \begin{pmatrix} 1 & 0 & 0 \\ 0 & 1 & 0 \end{pmatrix}. \end{aligned}$$

Wir haben bei der ZAS-Zerlegung sowohl Zeilen- als auch Spaltenumformungen durchgeführt. Die Koordinatenmatrix kann in diesem Beispiel auch ausschließlich durch Zeilenumformungen oder ausschließlich durch Spaltenumformungen in die Normalform

$$N := \begin{pmatrix} 1 & 0 & 0 \\ 0 & 1 & 0 \end{pmatrix}$$

überführt werden. So gilt beispielsweise bereits allein durch die Spaltenumformungsmatrix

$$S = \begin{pmatrix} 1/3 & 0 & 0 \\ -1/3 & 1/2 & 0 \\ 0 & 0 & 1 \end{pmatrix}$$

die Zerlegung $AS = N$. Daher sind $C'' := C$ und

$$B'' = (\tfrac{1}{3}\mathbf{b}_1 - \tfrac{1}{3}\mathbf{b}_2, \tfrac{1}{2}\mathbf{b}_2, \mathbf{b}_3) = (\tfrac{1}{3}e^{3t}, \tfrac{1}{2}t^2, 1)$$

zwei weitere Basen mit $M_{C''}^{B''}(f) = N$.

Aufgabe 4.3 Gegeben seien die $\mathbb{R}$-Vektorräume

$$V = \{p \in \mathbb{R}[x] : \deg p \le 2\}, \qquad W = \{p \in \mathbb{R}[x] : \deg p \le 1\}$$

sowie die Abbildung

$$\mathrm{TP} : V \to W$$
$$p \mapsto \mathrm{TP}(p) = p(1) + p'(1)(x-1),$$

die einem Polynom $p \in V$ sein Taylor-Polynom erster Ordnung um den Entwicklungspunkt $x_0 = 1$ zuweist. Des Weiteren seien $B = (x^2, x, 1)$ und $B' = (x^2 + x + 1, x+1, 1)$ sowie $C = (1, x)$ und $C' = (1, x-1)$ Basen von V bzw. W.

a) Zeigen Sie, dass TP linear ist.
b) Berechnen Sie unter Zuhilfenahme der Übergangsmatrizen die Koordinatenmatrix von TP bezüglich B' und C' aus der Koordinatenmatrix von TP bezüglich B und C.
c) Bestimmen Sie bezüglich beider Basenpaare das obige Taylor-Polynom von $(x-1)^2$.
d) Bei welchen Polynomen $p \in V$ gilt $\mathrm{TP}(p) = 0$? (Berechnen Sie Kern TP mithilfe einer der unter Teil b) bestimmten Koordinatenmatrizen, oder schließen Sie aus der Kerndimension von TP auf den Kern von TP.)
e) Bestimmen Sie neue Basen B'' und C'' von V bzw. W, sodass die hierzu gehörende Koordinatenmatrix von TP in Normalform vorliegt. (Führen Sie eine ZAS-Zerlegung an einer der beiden unter b) bestimmten Koordinatenmatrizen durch. Beachten Sie den Vorteil von reinen Spaltenumformungen bei dieser Aufgabe.)

Lösung

Mit $V = \{p \in \mathbb{R}[x] : \deg p \le 2\}$ und $W = \{p \in \mathbb{R}[x] : \deg p \le 1\}$ liegt uns ein drei- und ein zweidimensionaler $\mathbb{R}$-Vektorraum vor.

a) Wir weisen nach, dass

$$\mathrm{TP} : V \to W$$
$$p \mapsto \mathrm{TP}(p) = p(1) + p'(1)(x-1)$$

einen Homomorphismus darstellt. Zu zeigen sind daher die beiden Linearitätseigenschaften für TP. Nun gilt für alle $p, q \in V$ und alle Skalare $\lambda \in \mathbb{R}$

$$\text{TP}(p+q) = (p+q)(1) + (p+q)'(1)(x-1) = p(1) + q(1) + (p'(1) + q'(1))(x-1)$$
$$= p(1) + p'(1)(x-1) + q(1) + q'(1)(x-1)$$
$$= \text{TP}(p) + \text{TP}(q)$$

sowie

$$\text{TP}(\lambda p) = (\lambda p)(1) + (\lambda p)'(1)(x-1) = \lambda p(1) + \lambda p'(1)(x-1)$$
$$= \lambda (p(1) + p'(1)(x-1))$$
$$= \lambda \text{TP}(p).$$

Bei $\text{TP}: V \to W$ handelt es sich also um eine lineare Abbildung.

b) Zur Berechnung der Koordinatenmatrix von TP bezüglich der Basen $B = (x^2, x, 1)$ von V und $C = (1, x)$ von W werden die Bildvektoren der Basisvektoren aus B mit ihren Koordinatenvektoren bezüglich C dargestellt. Es gilt zunächst

$$\text{TP}(\mathbf{b}_1) = \text{TP}(x^2) = 1^2 + 2 \cdot 1 \cdot (x-1) = 2x - 1$$
$$\text{TP}(\mathbf{b}_2) = \text{TP}(x) = 1 + 1 \cdot (x-1) = x$$
$$\text{TP}(\mathbf{b}_3) = \text{TP}(1) = 1 + 0 \cdot (x-1) = 1.$$

Diese Bildvektoren können wir nun mithilfe der Basisvektoren $\mathbf{c}_1 = 1$ und $\mathbf{c}_2 = x$ von C darstellen, sodass wir hieraus die entsprechenden Koordinatenvektoren bezüglich C gewinnen:

$$2x - 1 = -1 \cdot \mathbf{c}_1 + 2 \cdot \mathbf{c}_2 \implies \mathbf{c}_C(2x-1) = \begin{pmatrix} -1 \\ 2 \end{pmatrix}$$

$$x = 0 \cdot \mathbf{c}_1 + 1 \cdot \mathbf{c}_2 \implies \mathbf{c}_C(x) = \begin{pmatrix} 0 \\ 1 \end{pmatrix}$$

$$1 = 1 \cdot \mathbf{c}_1 + 0 \cdot \mathbf{c}_2 \implies \mathbf{c}_C(1) = \begin{pmatrix} 1 \\ 0 \end{pmatrix}.$$

Diese Koordinatenvektoren bilden die Spalten der gesuchten Koordinatenmatrix von TP bezüglich B und C:

$$M_C^B(\text{TP}) = \mathbf{c}_C(\text{TP}(B)) = \begin{pmatrix} -1 & 0 & 1 \\ 2 & 1 & 0 \end{pmatrix}.$$

Mit $B' = (x^2 + x + 1, x^2 + x, 1)$ und $C' = (1, x-1)$ liegen zwei neue Basen vor. Um die Koordinatenmatrix bezüglich B' und C' aus der Koordinatenmatrix $M_C^B(\text{TP})$ zu bestimmen, ist eine Äquivalenztransformation gemäß Satz 4.17 aus [5] erforderlich. Hiernach gilt

$$M_{C'}^{B'}(\text{TP}) = M_{C'}^C(\text{id}_W) \cdot M_C^B(\text{TP}) \cdot M_B^{B'}(\text{id}_V)$$
$$= \mathbf{c}_{C'}(C) \cdot M_C^B(\text{TP}) \mathbf{c}_B(B').$$
$$(4.2)$$

Mit den Übergangsmatrizen

$$\mathbf{c}_{C'}(C) = \left(\mathbf{c}_{C'}(\mathbf{c}_1) \,|\, \mathbf{c}_{C'}(\mathbf{c}_2)\right) = \left(\mathbf{c}_{C'}(1) \,|\, \mathbf{c}_{C'}(x)\right) = \begin{pmatrix} 1 & 1 \\ 0 & 1 \end{pmatrix}$$

und

$$\mathbf{c}_B(B') = \left(\mathbf{c}_B(\mathbf{b}_1') \,|\, \mathbf{c}_B(\mathbf{b}_2') \,|\, \mathbf{c}_B(\mathbf{b}_3')\right) = \left(\mathbf{c}_B(x^2+x+1) \,|\, \mathbf{c}_B(x+1) \,|\, \mathbf{c}_B(1)\right) = \begin{pmatrix} 1 & 0 & 0 \\ 1 & 1 & 0 \\ 1 & 1 & 1 \end{pmatrix}$$

ergibt sich nach Einsetzen in (4.2)

$$M_{C'}^{B'}(\mathrm{TP}) = \begin{pmatrix} 1 & 1 \\ 0 & 1 \end{pmatrix} \begin{pmatrix} -1 & 0 & 1 \\ 2 & 1 & 0 \end{pmatrix} \begin{pmatrix} 1 & 0 & 0 \\ 1 & 1 & 0 \\ 1 & 1 & 1 \end{pmatrix} = \begin{pmatrix} 1 & 1 \\ 0 & 1 \end{pmatrix} \begin{pmatrix} 0 & 1 & 1 \\ 3 & 1 & 0 \end{pmatrix} = \begin{pmatrix} 3 & 2 & 1 \\ 3 & 1 & 0 \end{pmatrix}.$$

c) Wir bestimmen nun das Taylor-Polynom erster Ordnung um 1 von $(x-1)^2$ mithilfe beider Koordinatenmatrizen. Da $(x-1)^2 = x^2 - 2x + 1 = 1\mathbf{b}_1 - 2\mathbf{b}_2 + \mathbf{b}_3$ ist, wird an dieser Stelle einerseits ersichtlich, dass $(x-1)^2$ in V liegt, andererseits liefert diese Zerlegung auch den Koordinatenvektor von $(x-1)^2$ bezüglich B:

$$\mathbf{c}_B((x-2)^2) = \begin{pmatrix} 1 \\ -2 \\ 1 \end{pmatrix}.$$

Mit der Übergangsmatrix

$$\mathbf{c}_{B'}(B) = (\mathbf{c}_B(B'))^{-1} = \begin{pmatrix} 1 & 0 & 0 \\ -1 & 1 & 0 \\ 0 & -1 & 1 \end{pmatrix}$$

folgt für den Koordinatenvektor von $(x-1)^2$ bezüglich der alternativen Basis B'

$$\mathbf{c}_{B'}((x-2)^2) = \mathbf{c}_{B'}(B) \cdot \mathbf{c}_B((x-1)^2) = \begin{pmatrix} 1 & 0 & 0 \\ -1 & 1 & 0 \\ 0 & -1 & 1 \end{pmatrix} \begin{pmatrix} 1 \\ -2 \\ 1 \end{pmatrix} = \begin{pmatrix} 1 \\ -3 \\ 3 \end{pmatrix}.$$

Wir haben also für zwei unterschiedliche Basen B und B' die entsprechenden Koordinatenvektoren von $(x-1)^2$. Durch Linksmultiplikation mit den beiden Koordinatenmatrizen erhalten wir dann die jeweilige Darstellung von $\mathrm{TP}((x-1)^2)$ bezüglich C und C':

$$\mathbf{c}_C(\mathrm{TP}((x-1)^2)) = M_C^B(\mathrm{TP}) \cdot \mathbf{c}_B((x-1)^2) = \begin{pmatrix} -1 & 0 & 1 \\ 2 & 1 & 0 \end{pmatrix} \begin{pmatrix} 1 \\ -2 \\ 1 \end{pmatrix} = \begin{pmatrix} 0 \\ 0 \end{pmatrix}$$

$$\mathbf{c}_{C'}(\mathrm{TP}((x-1)^2)) = M_{C'}^{B'}(\mathrm{TP}) \cdot \mathbf{c}_{B'}((x-1)^2) = \begin{pmatrix} 3 & 2 & 1 \\ 3 & 1 & 0 \end{pmatrix} \begin{pmatrix} 1 \\ -3 \\ 3 \end{pmatrix} = \begin{pmatrix} 0 \\ 0 \end{pmatrix}.$$

Die Basisisomorphismen ergeben nun in beiden Fällen das gesuchte Taylor-Polynom, in diesem Fall also das Nullpolynom $\mathrm{TP}((x-1)^2) = 0$. Grundsätzlich könnten wir auch mit der Übergangsmatrix $\mathbf{c}_{C'}(C)$ aus dem Koordinatenvektor von $\mathrm{TP}((x-1)^2)$ bezüglich C den Koordinatenvektor dieses Polynoms bezüglich C' bestimmen:

$$\mathbf{c}_{C'}(\mathrm{TP}((x-1)^2)) = \mathbf{c}_{C'}(C)\mathbf{c}_C(\mathrm{TP}((x-1)^2)).$$

Es wäre hierzu also nicht erforderlich gewesen, $M_{C'}^{B'}(\mathrm{TP})$ zu berechnen.

d) Wir haben gesehen, dass sich mit $\mathrm{TP}((x-1)^2) = 0$ das Nullpolynom in W ergibt. Damit ist das Polynom $(x-1)^2 \in \mathrm{Kern}\,\mathrm{TP}$, also ein nicht-triviales Polynom im Kern von TP. Der Kern von TP ist also mindestens eindimensional. Wir können die Kerndimension auch direkt bestimmen:

$$\dim \mathrm{Kern}\,\mathrm{TP} = \dim W - \dim \mathrm{Bild}\,\mathrm{TP} = 3 - \mathrm{Rang}\,\mathrm{TP} = 3 - \mathrm{Rang}\,M_C^B(\mathrm{TP}) = 3 - 2 = 1.$$

Der Kern ist also eindimensional. Es bleibt daher nur $\mathrm{Kern}\,\mathrm{TP} = \langle (x-1)^2 \rangle$. Alternativ könnte der Kern von TP auch über den Kern einer der beiden Koordinatenmatrizen bestimmt werden:

$$\mathrm{Kern}\,\mathrm{TP} \cong \mathrm{Kern}\,M_C^B(\mathrm{TP}) = \mathrm{Kern} \begin{pmatrix} -1 & 0 & 1 \\ 2 & 1 & 0 \end{pmatrix} = \mathrm{Kern} \begin{pmatrix} 1 & 0 & -1 \\ 0 & 1 & 2 \end{pmatrix} = \left\langle \begin{pmatrix} 1 \\ -2 \\ 1 \end{pmatrix} \right\rangle.$$

Mithilfe des Basisisomorphismus ergibt sich der Kern von TP als Teilraum in V:

$$\mathrm{Kern}\,\mathrm{TP} = \mathbf{c}_B^{-1}(\mathrm{Kern}\,M_C^B(\mathrm{TP})) = \langle 1\mathbf{b}_1 - 2\mathbf{b}_2 + 1\mathbf{b}_3 \rangle = \langle x^2 - 2x + 1 \rangle.$$

e) Wir können allein durch Spaltenumformungen $M_C^B(\mathrm{TP})$ in die Normalform überführen. Hierzu vertauschen wir die erste und die letzte Spalte und addieren daraufhin die erste Spalte auf die letzte Spalte und subtrahieren das Doppelte der zweiten Spalte von der letzten Spalte:

$$M_C^B(\mathrm{TP}) = \begin{pmatrix} -1 & 0 & 1 \\ 2 & 1 & 0 \end{pmatrix} \rightarrow \begin{pmatrix} 1 & 0 & -1 \\ 0 & 1 & 2 \end{pmatrix} \rightarrow \begin{pmatrix} 1 & 0 & 0 \\ 0 & 1 & 0 \end{pmatrix}.$$

Dieselben Umformungen führen wir an der 3×3-Einheitsmatrix durch, um die Spaltenumformungsmatrix S zu erhalten:

$$\begin{pmatrix} 1 & 0 & 0 \\ 0 & 1 & 0 \\ 0 & 0 & 1 \end{pmatrix} \rightarrow \begin{pmatrix} 0 & 0 & 1 \\ 0 & 1 & 0 \\ 1 & 0 & 0 \end{pmatrix} \rightarrow \begin{pmatrix} 0 & 0 & 1 \\ 0 & 1 & -2 \\ 1 & 0 & 1 \end{pmatrix} =: S.$$

Da wir keine Zeilenumformungen durchgeführt haben, setzen wir $Z := E_2$ und erhalten die Faktorisierung

$$ZM_C^B(\text{TP})S = \begin{pmatrix} 1 & 0 & 0 \\ 0 & 1 & 0 \end{pmatrix}.$$

Wir identifizieren hierin die Übergangsmatrizen $\mathbf{c}_C(C'') = Z^{-1} = E_2$, woraus $C = C''$ folgt und $\mathbf{c}_B(B'') = S$. Die Matrix S enthält also die Koordinatenvektoren der Basisvektoren der gesuchten Basis B'' bezüglich B. Es gilt also für die neuen Basisvektoren aus B

$$\mathbf{b}_1'' = \mathbf{b}_3 = 1, \quad \mathbf{b}_2'' = \mathbf{b}_2 = x, \quad \mathbf{b}_3'' = 1 \cdot \mathbf{b}_1 - 2 \cdot \mathbf{b}_2 + 1\mathbf{b}_3 = x^2 - 2x + 1 = (x-1)^2.$$

Es ist nun sehr leicht zu erkennen, dass

$$M_{C''}^{B''} = \begin{pmatrix} 1 & 0 & 0 \\ 0 & 1 & 0 \end{pmatrix}$$

gilt. Wenn, wie in diesem Beispiel, bereits Spaltenumformungen ausreichen, um eine gegebene Koordinatenmatrix in die Normalform zu überführen, so ist die Zeilenumformungsmatrix Z identisch mit der Einheitsmatrix. Es entfällt zudem deren Inversion. Die Basis C bleibt dann erhalten, lediglich B wird verändert.

Aufgabe 4.4 Gegeben seien die beiden $\mathbb{R}$-Vektorräume

$$V = \langle x, x^2 \rangle, \qquad W = \langle x^2, x^3 \rangle.$$

Betrachten Sie die lineare Abbildung

$$I : V \to W$$

$$\varphi \mapsto I(\varphi) = \int_0^x \varphi(t)\,\mathrm{d}t.$$

a) In welchem Verhältnis steht $\phi := I(\varphi) \in W$ zu $\varphi \in V$? Bestimmen Sie die Koordinatenmatrix von I bezüglich der Basen $B = (x, x(x+1))$ von V und $C = \left(x^3, x^2 \right)$ von W.

b) Berechnen Sie $I((x-1)^2 - 1)$ mithilfe der unter a) berechneten Koordinatenmatrix.

c) Welchen Rang besitzt I?

d) Wie lautet der Kern von I sowie dessen Dimension? Ist I injektiv, surjektiv oder gar bijektiv?

e) Bestimmen Sie weitere Basen B' von V und C' von W, sodass die hierzu gehörende Koordinatenmatrix von I in Normalform vorliegt, also einfachste Gestalt besitzt. Eine explizite ZAS-Zerlegung ist hierzu nicht erforderlich.

Lösung

Es sind $V = \langle x, x^2 \rangle$ und $W = \langle x^2, x^3 \rangle$ zweidimensionale $\mathbb{R}$-Vektorräume. Die über ein Integral definierte Abbildung

$$I : V \to W$$

$$\varphi \mapsto I(\varphi) := \int_0^x \varphi(t)\,dt$$

ist linear.

a) Für jedes $\varphi \in V$ ist $I(\varphi)$ die Stammfunktion von φ, für die $I(\varphi)(0) = 0$ gilt. Mit den Basen $B = (x, x(x+1)) = (x, x^2 + x)$ von V und $C = (x^3, x^2)$ gilt

$$I(\mathbf{b}_1) = \int_0^x t\,dt = \tfrac{1}{2}x^2, \qquad I(\mathbf{b}_2) = \int_0^x (t^2 + t)\,dt = \tfrac{1}{3}x^3 + \tfrac{1}{2}x^2.$$

Die Koordinatenvektoren dieser Stammfunktionen lauten bezüglich der Basis C

$$\mathbf{c}_C(I(\mathbf{b}_1)) = \begin{pmatrix} 0 \\ 1/2 \end{pmatrix}, \qquad \mathbf{c}_C(I(\mathbf{b}_2)) = \begin{pmatrix} 1/3 \\ 1/2 \end{pmatrix}.$$

Damit ist

$$M_C^B(I) = \begin{pmatrix} 0 & 1/3 \\ 1/2 & 1/2 \end{pmatrix}$$

die Koordinatenmatrix von I bezüglich B und C.

b) Es ist

$$\mathbf{c}_B((x-1)^2 - 1) = \mathbf{c}_B(x^2 - 2x) = \mathbf{c}_B(x^2 + x - 3x) = \begin{pmatrix} -3 \\ 1 \end{pmatrix}$$

der Koordinatenvektor von $(x-1)^2 - 1$ bezüglich B. Es gilt dann für den Koordinatenvektor von $I((x-1)^2 - 1)$ bezüglich C

$$\mathbf{c}_C(I((x-1)^2 - 1)) = M_C^B(I) \cdot \mathbf{c}_B((x-1)^2 - 1) = \begin{pmatrix} 0 & 1/3 \\ 1/2 & 1/2 \end{pmatrix} \begin{pmatrix} -3 \\ 1 \end{pmatrix} = \begin{pmatrix} 1/3 \\ -1 \end{pmatrix},$$

woraus sich

$$I((x-1)^2 - 1) = \mathbf{c}_C^{-1}\left(\begin{pmatrix} 1/3 \\ -1 \end{pmatrix} \right) = \tfrac{1}{3}\mathbf{c}_1 - \mathbf{c}_2 = \tfrac{1}{3}x^3 - x^2$$

ergibt.

c) Da $M_C^B(I)$ regulär ist, gilt $2 = \operatorname{Rang} M_C^B(I) = \operatorname{Rang} I$.

d) Es gilt $\dim \operatorname{Kern} I = \dim V - \operatorname{Rang} I = 2 - 2 = 0$. Der Kern von I besteht also nur aus dem Nullvektor, also der Nullfunktion $0 \in V$. Damit ist I injektiv. Da $\dim W = \dim V < \infty$ gilt, ist dies mit der Surjektivität und somit auch der Bijektivität von I gleichbedeutend.

e) Da $M_C^B(I)$ regulär, also invertierbar ist, liegt mit $Z = (M_C^B(I))^{-1}$ die Zerlegung

$$Z \cdot M_C^B(I) \cdot E_2 = \begin{pmatrix} 1 & 0 \\ 0 & 1 \end{pmatrix}$$

vor. Wir identifizieren in dieser Äquivalenztransformation die Übergangsmatrizen $\mathbf{c}_{C'}(C) = Z$ und $\mathbf{c}_B(B') = E_2$. Es reichen also Zeilenumformungen aus, um $M_C^B(I)$ in die Normalform zu überführen. Damit wählen wir $B' = B$, während für die Übergangsmatrix von C nach C' gilt

$$\mathbf{c}_C(C') = Z^{-1} = M_C^B(I).$$

Die Spalten von $M_C^B(I)$ sind dann die Koordinatenvektoren der neuen Basis C' bezüglich C. Wir erhalten also mit

$$\mathbf{c}_1' = \mathbf{c}_C^{-1}\left(\begin{pmatrix} 0 \\ 1/2 \end{pmatrix}\right) = \tfrac{1}{2}\mathbf{c}_2 = \tfrac{1}{2}x^2$$

$$\mathbf{c}_2' = \mathbf{c}_C^{-1}\left(\begin{pmatrix} 1/3 \\ 1/2 \end{pmatrix}\right) = \tfrac{1}{3}\mathbf{c}_1 + \tfrac{1}{2}\mathbf{c}_2 = \tfrac{1}{3}x^3 + \tfrac{1}{2}x^2$$

die gesuchten Basisvektoren von C'. Es handelt sich erwartungsgemäß um die Bildvektoren $I(\mathbf{b}_1)$ und $I(\mathbf{b}_2)$, sodass deren Darstellung als Linearkombinationen aus sich selbst heraus zur Einheitsmatrix führt.

Aufgabe 4.4.1 Es seien V und W zwei endlich-dimensionale $\mathbb{K}$-Vektorräume identischer Dimension und $f : V \to W$ ein Isomorphismus. Zudem sei B eine Basis von V und C eine Basis von W. Weisen Sie formal nach, dass

$$M_B^C(f^{-1}) = (M_C^B(f))^{-1}$$

gilt.

Lösung

Es sei $n = \dim V = \dim W$. Wir weisen nach, dass $M_B^C(f^{-1}) \cdot M_C^B(f) = E_n$ gilt, woraus die Behauptung folgt. Es ist

$$M_C^B(f) = c_C(f(B)) = [c_C(f(\mathbf{b}_1)) \mid \cdots \mid c_C(f(\mathbf{b}_n))].$$

Für $k = 1, \ldots, n$ gilt zudem

$$\hat{\mathbf{e}}_k = c_B(\mathbf{b}_k) = c_B(f^{-1}(f(\mathbf{b}_k))) = M_B^C(f^{-1}) \cdot c_C(f(\mathbf{b}_k)).$$

Damit folgt für das Matrixprodukt

$$\begin{aligned}
M_B^C(f^{-1}) \cdot M_C^B(f) &= M_B^C(f^{-1}) \cdot [c_C(f(\mathbf{b}_1)) \mid \cdots \mid c_C(f(\mathbf{b}_n))] \\
&= [M_B^C(f^{-1})c_C(f(\mathbf{b}_1)) \mid \cdots \mid M_B^C(f^{-1})c_C(f(\mathbf{b}_n))] \\
&= [\hat{\mathbf{e}}_1 \mid \cdots \mid \hat{\mathbf{e}}_n] = E_n.
\end{aligned}$$

Lösung

Es seien $A, B \in M(n, \mathbb{K})$ mit $B = S^{-1}AS$, wobei $S \in \text{GL}(n, \mathbb{K})$. Es gilt also $A \approx B$. Zudem sei $k \in \mathbb{N}$. Wir zeigen zunächst, dass $\text{Kern}(A^k) = S\,\text{Kern}(B^k)$ gilt. Da der Kern einer Matrix invariant ist unter Linksmultiplikation mit regulären Matrizen, gilt nun

$$\mathbf{x} \in \text{Kern}(A^k) = \text{Kern}(SBS^{-1})^k = \text{Kern}(SB^kS^{-1}) = \text{Kern}(B^kS^{-1})$$
$$\Longleftrightarrow B^kS^{-1}\mathbf{x} = \mathbf{0} \Longleftrightarrow S^{-1}\mathbf{x} \in \text{Kern}\,B^k \Longleftrightarrow \mathbf{x} \in S\,\text{Kern}\,B^k.$$

Das Bild einer Matrix ist dagegen invariant unter Rechtsmultiplikation mit regulären Matrizen. Daher gilt:

$$\mathbf{y} \in \text{Bild}(A^k) = \text{Bild}(SBS^{-1})^k = \text{Bild}(SB^kS^{-1}) = \text{Bild}(SB^k)$$
$$\Longleftrightarrow \exists \mathbf{x} \in \mathbb{K}^n : SB^k\mathbf{x} = \mathbf{y} \Longleftrightarrow \exists \mathbf{x} \in \mathbb{K}^n : B^k\mathbf{x} = S^{-1}\mathbf{y}$$
$$\Longleftrightarrow S^{-1}\mathbf{y} \in \text{Bild}\,B^k \Longleftrightarrow \mathbf{y} \in S\,\text{Bild}\,B^k.$$

Bemerkung 4.2 *Im Falle der Regularität von S gilt zwar $S\,\text{Bild}(B^k) = \text{Bild}(SB^k)$, allerdings ist im Allgemeinen $S\,\text{Kern}(B^k) \neq \text{Kern}(SB^k)$. Es gilt aber $S\,\text{Kern}(B^k) = \text{Kern}(B^kS^{-1})$ (vgl. hierzu auch Aufgabe 3.5).*

4.2 Bilinearformen, quadratische Formen und hermitesche Formen

Lösung

Es seien

$$M := \begin{pmatrix} E_p & 0 & 0 \\ 0 & -E_s & 0 \\ 0 & 0 & 0_q \end{pmatrix}, \quad M' := \begin{pmatrix} E_{p'} & 0 & 0 \\ 0 & -E_{s'} & 0 \\ 0 & 0 & 0_q \end{pmatrix}.$$

Wegen $M \simeq A \simeq M'$ stellt M bzw. M' die durch A vermittelte Bilinearform β_A bezüglich einer Basis B bzw. B' von $\mathbb{R}^n$ dar. Ohne Beschränkung der Allgemeinheit gehen wir von $p' \geq p$ aus. Die Matrizen M und M' unterscheiden sich aufgrund ihrer Kongruenz lediglich durch Multiplikation mit regulären Matrizen voneinander. Sie haben also identischen Rang. Es gilt daher $p' + s' = \operatorname{Rang} M' = \operatorname{Rang} M = p + s$. Ist also $p' \geq p$, so muss entsprechend $s' \leq s$ gelten. Es gibt nun ein $k \in \mathbb{N}$ mit $p' = p + k$. Wir betrachten nun die folgenden Teilräume des $\mathbb{R}^n$:

$$V'_+ := \mathbf{c}_{B'}^{-1}(\langle \hat{\mathbf{e}}_1, \ldots, \hat{\mathbf{e}}_{p'} \rangle), \qquad V_{-,0} := \mathbf{c}_B^{-1}(\langle \hat{\mathbf{e}}_{p+1}, \ldots, \hat{\mathbf{e}}_n \rangle).$$

Es gilt nun für alle $\mathbf{v} \in V'_+$, da $\mathbf{c}_{B'}(\mathbf{v}) \in \langle \hat{\mathbf{e}}_1, \ldots, \hat{\mathbf{e}}_{p'} \rangle$,

$$\beta_A(\mathbf{v}, \mathbf{v}) = \mathbf{c}_{B'}(\mathbf{v})^T M' \mathbf{c}_{B'}(\mathbf{v}) \geq 0$$

und

$$\beta_A(\mathbf{v}, \mathbf{v}) = \mathbf{c}_{B'}(\mathbf{v})^T M' \mathbf{c}_{B'}(\mathbf{v}) = 0 \iff \mathbf{v} = \mathbf{0},$$

während für alle $\mathbf{v} \in V_{-,0}$ aufgrund $\mathbf{c}_B(\mathbf{v}) \in \langle \hat{\mathbf{e}}_{p+1}, \ldots, \hat{\mathbf{e}}_n \rangle$ die Ungleichung

$$\beta_A(\mathbf{v}, \mathbf{v}) = \mathbf{c}_B(\mathbf{v})^T M \mathbf{c}_B(\mathbf{v}) \leq 0$$

gilt. Es sei nun $\mathbf{v} \in V'_+ \cap V_{-,0}$. Für diesen Vektor muss also einerseits wegen $\mathbf{v} \in V'_+$

$$\beta_A(\mathbf{v}, \mathbf{v}) \geq 0$$

sowie

$$\beta_A(\mathbf{v}, \mathbf{v}) = 0 \iff \mathbf{v} = \mathbf{0}$$

und andererseits wegen $\mathbf{v} \in V_{-,0}$

$$\beta_A(\mathbf{v}, \mathbf{v}) \leq 0$$

gelten, woraus $\beta_A(\mathbf{v}, \mathbf{v}) = 0$ und daher $\mathbf{v} = \mathbf{0}$ folgt. Der Schnittraum $V'_+ \cap V_{-,0}$ kann also nur nulldimensional sein. Andererseits gilt für diesen Schnittraum nach seiner Definition

$$\begin{aligned} V'_+ \cap V_{-,0} &= \langle B'\hat{\mathbf{e}}_1, \ldots, B'\hat{\mathbf{e}}_{p'} \rangle \cap \langle B\hat{\mathbf{e}}_{p+1}, \ldots, B\hat{\mathbf{e}}_n \rangle \\ &= \langle B'\hat{\mathbf{e}}_1, \ldots, B'\hat{\mathbf{e}}_{p+1}, \ldots, B'\hat{\mathbf{e}}_{p+k} \rangle \cap \langle B\hat{\mathbf{e}}_{p+1}, \ldots, B\hat{\mathbf{e}}_n \rangle. \end{aligned}$$

Die Vektoren $B'\hat{\mathbf{e}}_1, \ldots, B'\hat{\mathbf{e}}_{p'}$ sind als Basisvektoren linear unabhängig.

Da nun der Schnittraum $V'_+ \cap V_{-,0}$ nur aus dem Nullvektor besteht, muss jeder weitere Basisvektor von $V_{-,0}$, also jeder Vektor aus der Basis $(B\hat{\mathbf{e}}_{p+1}, \ldots, B\hat{\mathbf{e}}_n)$, zu allen Basisvektoren von V'_+ linear unabhängig sein. Dies ergäbe dann ein Vektorsystem

$$\underbrace{B'\hat{\mathbf{e}}_1, \ldots, B'\hat{\mathbf{e}}_p, \ldots, B'\hat{\mathbf{e}}_{p+k}}_{p' \text{ Vektoren}}, \underbrace{B\hat{\mathbf{e}}_{p+1}, \ldots, B\hat{\mathbf{e}}_n}_{n-p \text{ Vektoren}}$$

aus $p' + n - p = n + k$ linear unabhängigen Vektoren des $\mathbb{R}^n$, was nur mit $k = 0$ möglich ist. Damit ist $p' = p + k = p$. Da $p' + s' = \operatorname{Rang} M' = \operatorname{Rang} M = p + s$ und $p' = p$ gilt, bleibt nur $s' = s$.

Aufgabe 4.7 Es sei B eine $m \times n$-Matrix über $\mathbb{R}$. Zeigen Sie, dass die Matrix $B^T B$ symmetrisch und positiv semidefinit und im Fall der Regularität von B sogar positiv definit ist.

Lösung

Für die $m \times n$-Matrix B ist $B^T B$ eine $n \times n$-Matrix mit

$$(B^T B)^T = B^T B^{TT} = B^T B.$$

Daher ist $B^T B$ symmetrisch. Da B nur aus reellen Komponenten besteht, ist $B^T B$ sogar reell-symmetrisch. Wir betrachten für $\mathbf{x} \in \mathbb{R}^n$ die von $B^T B$ vermittelte quadratische Form

$$\mathbf{x}^T (B^T B)\mathbf{x} = (B\mathbf{x})^T (B\mathbf{x}) \geq 0,$$

daher ist $B^T B$ positiv semidefinit. Wenn B eine reguläre $n \times n$-Matrix ist, kann für $\mathbf{x} \neq \mathbf{0}$ das Produkt $B\mathbf{x}$ ebenfalls nicht verschwinden, womit auch

$$\mathbf{x}^T (B^T B)\mathbf{x} = (B\mathbf{x})^T (B\mathbf{x}) > 0$$

gilt. In diesem Fall ist $B^T B$ sogar positiv definit.

Aufgabe 4.7.1 Aus welchem Grund ist für jede reelle $m \times n$-Matrix A mit $m \geq n$ und $\operatorname{Rang} A = n$ die reell-symmetrische Matrix $A^T A$ positiv definit?

Lösung

Die positive Semidefinitheit von $A^T A$ folgt aus Aufgabe 4.7. Es ist $\operatorname{Rang} A = n$ und $m \geq n$. Das lineare Gleichungssystem $A\mathbf{x} = \mathbf{0} \in \mathbb{R}^m$ ist damit nur trivial lösbar. Für jeden Vektor $\mathbf{x} \in \mathbb{R}^n$, $\mathbf{x} \neq \mathbf{0}$ ist $A\mathbf{x} \neq \mathbf{0}$, und es gilt

$$\mathbf{x}^T (A^T A)\mathbf{x} = (A\mathbf{x})^T (A\mathbf{x}) \neq 0,$$

was die positive Definitheit von $A^T A$ liefert.

Aufgabe 4.7.2 Es sei $\mathbb{K}$ ein Körper mit $\operatorname{char} \mathbb{K} \neq 2$ und $A \in \mathrm{M}(n, \mathbb{K})$ eine quadratische Matrix, für die $A^T = -A$ gilt (schiefsymmetrische Matrix). Was folgt für die Diagonalkomponenten von A? Was ändert sich für die Diagonalkomponenten von A, falls A hermitesch bzw. schiefhermitesch, d.h. $A^* = -A$ ist?

Lösung

Ist A eine schiefsymmetrische Matrix, so gilt $a_{ij} = -a_{ji}$. Für jedes Diagonalelement folgt dann speziell $a_{ii} = -a_{ii}$. Das einzige Element aus dem Körper $\mathbb{K}$ mit dieser Eigenschaft ist das Nullelement, da char $K \neq 2$ ist. Somit bleibt nur $a_{ii} = 0$.

Ist A hermitesch, so gilt definitionsgemäß $A \in M(n, \mathbb{C})$ mit $A^* = \bar{A}^T = A$. Damit gilt $a_{ij} = \bar{a}_{ji}$. Für jedes Diagonalelement folgt speziell $a_{ii} = \bar{a}_{ii}$. Die einzigen komplexen Zahlen, die ihr eigenes Konjugiertes bilden, sind reelle Zahlen. Daher ist $a_{ii} \in \mathbb{R}$. Ist A nun schiefsymmetrisch, so folgt $a_{ij} = -\bar{a}_{ji}$ und somit insbesondere $a_{ii} = -\bar{a}_{ii}$. Diese Eigenschaft ist nur für imaginäre Zahlen oder für $a_{ii} = 0$ erfüllt. Die Diagonalkomponenten einer schiefsymmetrischen Matrix müssen also imaginär oder 0 sein.

Aufgabe 4.8 Es sei A eine symmetrische $n \times n$-Matrix über $\mathbb{R}$ und $V \subset \mathbb{R}^n$ ein Teilraum des $\mathbb{R}^n$ mit der Basis(matrix) $B = (\mathbf{b}_1 | \dots | \mathbf{b}_m)$. Zeigen Sie die Äquivalenz

$$\mathbf{v}^T A \mathbf{v} > 0 \quad \text{für alle } \mathbf{v} \in V \setminus \{\mathbf{0}\} \iff B^T A B \quad \text{positiv definit.}$$

Lösung

Für alle $\mathbf{v} \in V$, $\mathbf{v} \neq 0$ gelte $\mathbf{v}^T A \mathbf{v} > 0$. Wir zeigen nun, dass dann die $m \times m$-Matrix $B^T A B$ positiv definit ist. Es sei hierzu $\mathbf{x} \in \mathbb{R}^m$, $\mathbf{x} \neq 0$ ein nicht-trivialer Vektor. Dann ist

$$\mathbf{x}^T (B^T A B) \mathbf{x} = (B\mathbf{x})^T A (B\mathbf{x}) > 0, \quad \text{da } B\mathbf{x} \in V.$$

Also ist $B^T A B$ positiv definit.

Es sei nun umgekehrt $B^T A B$ positiv definit und $\mathbf{v} \in \mathbb{R}^n$, $\mathbf{v} \neq 0$ ein nicht-trivialer Vektor. Wir können $\mathbf{v}$ nun mithilfe der Basis B darstellen: Es gibt einen Vektor $\mathbf{y} \in \mathbb{R}^m$, sodass $\mathbf{v} = B\mathbf{y}$ ist. Nun gilt

$$\mathbf{v}^T A \mathbf{v} = (B\mathbf{y})^T A (B\mathbf{y}) = \mathbf{y}^T (B^T A B) \mathbf{y} > 0,$$

da $B^T A B$ positiv definit ist.

Aufgabe 4.9 Warum gilt für jede hermitesche Form $\beta : V \times V \to \mathbb{C}$ auf einem $\mathbb{C}$-Vektorraum V die Eigenschaft $\beta(\mathbf{v}, \mathbf{v}) \in \mathbb{R}$ für alle $\mathbf{v} \in V$?

Lösung

Aufgrund der konjugierten Symmetrie $\beta(\mathbf{v}, \mathbf{w}) = \overline{\beta(\mathbf{w}, \mathbf{v})}$ für alle $\mathbf{v}, \mathbf{w} \in V$ folgt speziell für $\mathbf{w} = \mathbf{v}$

$$\beta(\mathbf{v}, \mathbf{v}) = \overline{\beta(\mathbf{v}, \mathbf{v})},$$

was äquivalent ist zu $\beta(\mathbf{v}, \mathbf{v}) \in \mathbb{R}$.

4.3 Vertiefende Aufgaben

Aufgabe 4.10 Es sei $A \in \mathrm{M}(n, \mathbb{R})$ eine symmetrische Matrix. Berechnen Sie den Gradienten und die Hesse-Matrix der quadratischen Form

$$q : \mathbb{R}^n \to \mathbb{R}$$

$$\mathbf{x} \mapsto q(\mathbf{x}) = \mathbf{x}^T \cdot A \cdot \mathbf{x}.$$

Lösung

Wir schreiben die quadratische Form als Summe explizit aus:

$$q(\mathbf{x}) = \mathbf{x}^T \cdot A \cdot \mathbf{x} = \sum_{i,j=1}^{n} a_{ij} x_i x_j = \sum_{i=1}^{n} \sum_{j=1}^{n} a_{ij} x_i x_j.$$

Für $k = 1, \ldots, n$ ist dann die partielle Ableitung

$$\frac{\partial q}{\partial x_k} = \frac{\partial}{\partial x_k} \sum_{i=1}^{n} \sum_{j=1}^{n} a_{ij} x_i x_j = \frac{\partial}{\partial x_k} \sum_{\substack{i=1 \\ i \neq k}}^{n} \sum_{j=1}^{n} a_{ij} x_i x_j + \frac{\partial}{\partial x_k} \sum_{j=1}^{n} a_{kj} x_k x_j$$

$$= \frac{\partial}{\partial x_k} \sum_{\substack{i=1 \\ i \neq k}}^{n} \left(\sum_{\substack{j=1 \\ j \neq k}}^{n} a_{ij} x_i x_j + a_{ik} x_i x_k \right) + \frac{\partial}{\partial x_k} \left(\sum_{\substack{j=1 \\ j \neq k}}^{n} a_{kj} x_k x_j + a_{kk} x_k^2 \right)$$

$$= \sum_{\substack{i=1 \\ i \neq k}}^{n} a_{ik} x_i + \sum_{\substack{j=1 \\ j \neq k}}^{n} a_{kj} x_j + 2 a_{kk} x_k$$

$$= \sum_{\substack{i=1 \\ i \neq k}}^{n} a_{ik} x_i + \sum_{\substack{i=1 \\ i \neq k}}^{n} a_{ki} x_i + 2 a_{kk} x_k$$

$$= \sum_{\substack{i=1 \\ i \neq k}}^{n} a_{ik} x_i + \sum_{\substack{i=1 \\ i \neq k}}^{n} a_{ik} x_i + 2 a_{kk} x_k, \quad \text{da } a_{ik} = a_{ki}$$

$$= \sum_{\substack{i=1 \\ i \neq k}}^{n} 2 a_{ik} x_i + 2 a_{kk} x_k = \sum_{i=1}^{n} 2 a_{ik} x_i.$$

Als Zeilenvektor notiert ergibt sich der Gradient von q somit als

$$\nabla q = \nabla \mathbf{x}^T A \mathbf{x} = 2 \mathbf{x}^T A.$$

Es ist nun unmittelbar klar, dass die Hesse-Matrix von q das Doppelte der Strukturmatrix von q ist:

$$\mathrm{Hess}\, q = \nabla^T \nabla \mathbf{x}^T A \mathbf{x} = 2A.$$

Aufgabe 4.11 (Dimensionsformel für Vektorraumsummen) Zeigen Sie: Sind V_1 und V_2 Teilräume eines endlich-dimensionalen Vektorraums V, so gilt

$$\dim(V_1 + V_2) = \dim V_1 + \dim V_2 - \dim(V_1 \cap V_2). \qquad (4.3)$$

Hinweis: Betrachten Sie das direkte Produkt $V_1 \times V_2$ (vgl. Aufgabe 1.15) und den Homomorphismus $f : V_1 \times V_2 \to V_1 + V_2$ definiert durch $f(\mathbf{v}_1, \mathbf{v}_2) := \mathbf{v}_1 + \mathbf{v}_2$ sowie die Dimensionsformel für lineare Abbildungen.

Lösung

Offenbar ist f eine lineare Abbildung. Für den Kern gilt

$$\text{Kern}\, f = \{(\mathbf{x}, -\mathbf{x}) : \mathbf{x} \in V_1 \cap V_2\}.$$

Somit ist nach der Dimensionsformel für lineare Abbildungen

$$\dim V_1 \cap V_2 = \dim \text{Kern}\, f = \dim(V_1 \times V_2) - \dim \text{Bild}\, f.$$

Nach Aufgabe 3.16 ist $\dim(V_1 \times V_2) = \dim V_1 + \dim V_2$. Des Weiteren ist $\dim \text{Bild}\, f = \dim(V_1 + V_2)$, da f offensichtlich surjektiv ist. Es folgt $\dim(V_1 \cap V_2) = \dim V_1 + \dim V_2 - \dim(V_1 + V_2)$, woraus sich (4.3) ergibt.

Aufgabe 4.12 Es seien V_1 und V_2 endlich-dimensionale Teilräume eines gemeinsamen Vektorraums. Zeigen Sie

$$\dim(V_1 \oplus V_2) = \dim V_1 + \dim V_2. \qquad (4.4)$$

Lösung

Nach Aufgabe 4.11 gilt für die Dimension des Summenraums

$$\dim(V_1 \oplus V_2) = \dim(V_1 + V_2) = \dim V_1 + \dim V_2 - \dim(V_1 \cap V_2).$$

Da es sich um eine direkte Summe handelt, ist $V_1 \cap V_2 = \{\mathbf{0}\}$ und daher $\dim(V_1 \cap V_2) = 0$, sodass die Behauptung folgt.

Aufgabe 4.13 Zeigen Sie: Jeder Vektorraumhomomorphismus $f \in \text{Hom}(V \to W)$ ist durch die Bilder einer Basis von V eindeutig bestimmt.

Lösung

Es sei $f \in \text{Hom}(V \to W)$ eine lineare Abbildung von einem $\mathbb{K}$-Vektorraum V in einen $\mathbb{K}$-Vektorraum W. Zudem sei $B \subset V$ eine Basis von V. Es sei nun $f' \in \text{Hom}(V \to W)$ eine zweite lineare Abbildung mit denselben Basisbildern $f'(\mathbf{b}) = f(\mathbf{b})$ für alle $\mathbf{b} \in B$. Wir zeigen, dass $f'(\mathbf{v}) = f(\mathbf{v})$ für alle $\mathbf{v} \in V$ gilt, woraus sich $f' = f$ ergibt. Es sei nun $\mathbf{v} \in V$. Da B eine Basis von V ist, ist mit endlich vielen, eindeutig bestimmten $\lambda_1, \ldots, \lambda_k \in \mathbb{K}$ die Darstellung von $\mathbf{v} = \lambda_1 \mathbf{b}_1 + \cdots + \lambda_k \mathbf{b}_k$ als Linearkombination aus Vektoren $\mathbf{b}_1, \ldots, \mathbf{b}_k \in B$ möglich. Nun gilt

$$
\begin{aligned}
f'(\mathbf{v}) &= f'(\lambda_1 \mathbf{b}_1 + \cdots + \lambda_n \mathbf{b}_k) \\
&= \lambda_1 f'(\mathbf{b}_1) + \cdots + \lambda_k f'(\mathbf{b}_k) \\
&= \lambda_1 f(\mathbf{b}_1) + \cdots + \lambda_n f(\mathbf{b}_k) \\
&= f(\lambda_1 \mathbf{b}_1 + \cdots + \lambda_k \mathbf{b}_k) \\
&= f(\mathbf{v}).
\end{aligned}
$$

Damit sind beide Homomorphismen identisch.

Aufgabe 4.14 (Prägen einer linearen Abbildung) Es sei V ein endlich-dimensionaler $\mathbb{K}$-Vektorraum und W ein weiterer, nicht notwendig endlich-dimensionaler Vektorraum über $\mathbb{K}$ sowie $B = (\mathbf{b}_1, \ldots, \mathbf{b}_n)$ eine Basis von V. Zudem seien $\mathbf{w}_1, \ldots, \mathbf{w}_n \in W$ beliebige Vektoren aus W. Zeigen Sie, dass es dann eine eindeutig bestimmte lineare Abbildung $f \in \mathrm{Hom}(V \to W)$ gibt, mit $f(\mathbf{b}_i) = \mathbf{w}_i$ für alle $i \in \{1, \ldots, n\}$. Warum ist die Basiseigenschaft von B hierbei wichtig? Warum reicht es nicht aus, wenn B lediglich ein Erzeugendensystem von V ist?

Lösung

Jeder Vektor $\mathbf{v} \in V$ besitzt eine eindeutige Darstellung

$$
\mathbf{v} = \lambda_1 \mathbf{b}_1 + \cdots + \lambda_n \mathbf{b}_n
$$

als Linearkombination von Vektoren aus B mit endlich vielen $\lambda_1, \ldots, \lambda_n \in \mathbb{K}$. Wir definieren nun durch diese eindeutig bestimmten Skalare eine Abbildung $f : V \to W$ durch

$$
f(\mathbf{v}) = f(\lambda_1 \mathbf{b}_1 + \cdots + \lambda_n \mathbf{b}_n) := \lambda_1 f(\mathbf{b}_1) + \cdots + \lambda_n f(\mathbf{b}_n) = \lambda_1 \mathbf{w}_1 + \cdots + \lambda_n \mathbf{w}_{\mathbf{b}_n}. \quad (4.5)
$$

Diese Abbildung ist linear, denn für zwei Linearkombinationen $\lambda_1 \mathbf{b}_1 + \cdots + \lambda_n \mathbf{b}_n$ und $\mu_1 \mathbf{b}_1 + \cdots + \mu_n \mathbf{b}_n$ ist zunächst das Bild ihrer Summe,

$$
\begin{aligned}
f((\lambda_1 \mathbf{b}_1 + \cdots &+ \lambda_n \mathbf{b}_n) + (\mu_1 \mathbf{b}_1 + \cdots + \mu_n \mathbf{b}_n)) \\
&= f((\lambda_1 + \mu_1)\mathbf{b}_1 + \cdots + (\lambda_n + \mu_n)\mathbf{b}_1) \\
&\stackrel{\text{Def.}}{=} (\lambda_1 + \mu_1) f(\mathbf{b}_1) + \cdots + (\lambda_n + \mu_n) f(\mathbf{b}_n) \\
&= \lambda_1 f(\mathbf{b}_1) + \cdots + \lambda_n f(\mathbf{b}_n) + \mu_1 f(\mathbf{b}_1) + \cdots + \mu_n f(\mathbf{b}_n) \\
&\stackrel{\text{Def.}}{=} f(\lambda_1 \mathbf{b}_1 + \cdots + \lambda_n \mathbf{b}_n) + f(\mu_1 \mathbf{b}_1 + \cdots + \mu_n \mathbf{b}_n),
\end{aligned}
$$

die Summe ihrer Bilder. Außerdem ist jeder Skalar $\alpha \in \mathbb{K}$ aus der Abbildung extrahierbar, denn es gilt

$$f(\alpha(\lambda_1\mathbf{b}_1 + \cdots + \lambda_n\mathbf{b}_n)) = f(\alpha\lambda_1\mathbf{b}_1 + \cdots + \alpha\lambda_n\mathbf{b}_n)$$
$$\overset{\text{Def.}}{=} \alpha\lambda_1 f(\mathbf{b}_1) + \cdots + \alpha\lambda_n f(\mathbf{b}_n)$$
$$= \alpha \cdot (\lambda_1 f(\mathbf{b}_1) + \cdots + \lambda_n f(\mathbf{b}_n))$$
$$\overset{\text{Def.}}{=} \alpha \cdot f(\lambda_1\mathbf{b}_1 + \cdots + \lambda_n\mathbf{b}_n).$$

Zudem bildet f jeden Basisvektor $\mathbf{b}_i \in B$ auf seinen zugewiesenen Bildvektor $f(\mathbf{b}_i) = \mathbf{w}_i$ ab. Nach Aufgabe 4.13 ist f eindeutig bestimmt.

Es ist hierbei wichtig, dass die obige Darstellung von $\mathbf{v}$ als Linearkombination von Vektoren aus B eindeutig ist. Denn nur so ist die auf diese Weise geprägte lineare Abbildung wohldefiniert. Die Basiseigenschaft von B garantiert dies. Wäre B nur ein Erzeugendensystem, so könnte es eine weitere Darstellung von $\mathbf{v}$ geben, also $\mathbf{v} = \lambda_1'\mathbf{b}_1 + \cdots + \lambda_n'\mathbf{b}_n$. Dann wäre aber nicht klar, auf welcher Darstellung die Konstruktion von $f(\mathbf{v})$ gemäß (4.5) beruhen soll, denn wir können nicht erwarten, dass

$$\lambda_1\mathbf{w}_1 + \cdots + \lambda_n\mathbf{w}_n = \lambda_1'\mathbf{w}_1 + \cdots + \lambda_n'\mathbf{w}_n$$

garantiert ist.

Aufgabe 4.15 (Universelle Eigenschaft einer Basis) Warum können wir die Aussage aus Aufgabe 4.14 auch wie folgt formulieren?

Es sei V ein endlich-dimensionaler $\mathbb{K}$-Vektorraum und W ein weiterer Vektorraum über $\mathbb{K}$ sowie $B = (\mathbf{b}_1, \ldots, \mathbf{b}_n)$ eine Basis von V. Für die Indexmenge $I := \{1, \ldots, n\}$ bezeichne $p : I \to V, i \mapsto \mathbf{b}_i$ die Zuordnung des Index zum entsprechenden Basisvektor.

Dann gibt es zu jeder Abbildung $q : I \to W$ genau einen Homomorphismus $f : V \to W$ mit $q = f \circ p$.

$$\begin{array}{ccc} I & \overset{q}{\longrightarrow} & W \\ p \downarrow & \nearrow & \\ V & \exists! f : q = f \circ p & \end{array}$$

Für die lineare Abbildung f gilt also $q(i) = f(p(i))$ für alle $i = 1, \ldots, n$.

Lösung

Die Abbildung p ordnet jedem $i \in I$ den zugehörigen Basisvektor $p(i) = \mathbf{b}_i$ zu, während die Abbildung q jedem $i \in I$ einen Vektor $\mathbf{w}_i := q(i) \in W$ zuordnet. Wir können nun nach der Aussage von Aufgabe 4.14 eine eindeutig bestimmte lineare Abbildung $f : V \to W$ durch $f(\mathbf{b}_i) := \mathbf{w}_i$ für alle $i \in I$ prägen. Es gilt also

$$q(i) = \mathbf{w}_i = f(\mathbf{b}_i) = f(p(i)) = (f \circ p)(i) \quad \text{für alle } i \in I.$$

Aufgabe 4.16 Es gelten die Bezeichnungen und Voraussetzungen wie in Aufgabe 4.14. Zudem seien $\mathbf{w}_1, \ldots \mathbf{w}_n$ linear unabhängig. Zeigen Sie, dass die lineare Abbildung $f : V \to \text{Bild} f$ dann ein Isomorphismus ist.

Lösung

Da nun $\mathbf{w}_1, \ldots \mathbf{w}_n$ linear unabhängig sind, bilden sie eine Basis des Teilraums $\text{Bild} f \subset W$. Es ist dann $V \cong \text{Bild} f$, da beide Vektorräume mit $\dim V = n = \dim \text{Bild} f$ dimensionsgleich sind. Bei f handelt es sich um einen surjektiven Homomorphismus, der aufgrund $\dim \text{Kern} f = \dim V - \dim \text{Bild} f = n - n = 0$ auch injektiv und damit bijektiv ist. Damit ist f ein Isomorphismus.

Aufgabe 4.16.1 Es seien V und W zwei endlich-dimensionale $\mathbb{K}$-Vektorräume identischer Dimension und $f \in \text{Hom}(V \to W)$. Begründen Sie:

$$f \text{ ist ein Isomorphismus von } V \text{ nach } W$$

$$\Longleftrightarrow$$

$$f \text{ bildet jede Basis von } V \text{ auf eine Basis von } W \text{ ab.}$$

Lösung

Die Aussage folgt im Grunde direkt aus der Isomorphie $V \cong W$. Dennoch zeigen wir beide Implikationen. Dazu seien $n = \dim V = \dim W$ und $B = (\mathbf{b}_1, \ldots, \mathbf{b}_n)$ Basis von V und $C = (\mathbf{c}_1, \ldots, \mathbf{c}_n)$ Basis von W. Ist f ein Isomorphismus, so sind mit der linearen Unabhängigkeit der Basisvektoren $\mathbf{b}_1, \ldots, \mathbf{b}_n$ auch die Bildvektoren $f(\mathbf{b}_1), \ldots, f(\mathbf{b}_n)$ linear unabhängig und bilden aufgrund $\dim W = \dim V = n$ eine Basis von W.

Es sei nun f eine lineare Abbildung von V nach W, die jede Basis von V auf eine Basis von W abbildet. Die Bildvektoren $f(\mathbf{b}_1), \ldots, f(\mathbf{b}_n)$ sind dann insbesondere linear unabhängig. Dann ist nach Aufgabe 4.16 f ein Isomorphismus von V nach $\text{Bild} f$. Da $\dim \text{Bild} f = n = \dim W$ und $\text{Bild} f \subset W$ ist, gilt $\text{Bild} f = W$. Damit ist f ein Isomorphismus von V nach W.

Aufgabe 4.17 Es seien V und W endlich-dimensionale $\mathbb{K}$-Vektorräume mit $\dim V > \dim W$. Warum kann es keinen injektiven Homomorphismus $f : V \to W$ und keinen surjektiven Homomorphismus $g : W \to V$ geben?

Lösung

Für $f \in \text{Hom}(V \to W)$ gilt nach der Dimensionsformel

$$\dim \text{Kern} f = \dim V - \dim \text{Bild} f \geq \dim V - \dim W > 0.$$

Insbesondere ist $\text{Kern} f \neq \{\mathbf{0}\}$. Daher kann f nicht injektiv sein. Für $g \in \text{Hom}(W \to V)$ ist

$$\dim \text{Bild} g = \dim W - \dim \text{Kern} g < \dim V - \dim \text{Kern} g \leq \dim V.$$

Es gilt also Bild $g \subsetneq V$, sodass g nicht surjektiv sein kann.

Aufgabe 4.18 (Homomorphismenraum) Zeigen Sie, dass für zwei $\mathbb{K}$-Vektorräume V und W die Menge $\mathrm{Hom}(V \to W)$ aller linearen Abbildungen von V nach W im Hinblick auf die Verknüpfungen

$$f + g \quad \text{definiert durch} \quad (f+g)(\mathbf{v}) := f(\mathbf{v}) + g(\mathbf{v}), \quad \mathbf{v} \in V \qquad (4.6)$$

$$\lambda \cdot f \quad \text{definiert durch} \quad (\lambda \cdot f)(\mathbf{v}) := \lambda \cdot f(\mathbf{v}), \quad a \in \mathbb{K}, \mathbf{v} \in V \qquad (4.7)$$

einen $\mathbb{K}$-Vektorraum darstellt. In welchem Verhältnis steht $\mathrm{Hom}(V \to W)$ zur Menge $W^V := \{\varphi : V \to W\}$ aller Abbildungen von V nach W, wenn wir für jedes $\varphi \in W^V$ in analoger Weise durch (4.6) und (4.7) zwei Verknüpfungen definieren? Geben Sie hierfür ein einfaches Beispiel mit $\mathrm{Hom}(V \to W) \subsetneq W^V$ an.

Lösung

Es seien $f, g, h \in \mathrm{Hom}(V \to W)$ und $a, b \in \mathbb{K}$. Wir zeigen nun, dass die Vektorraumaxiome gelten.

(i) Es ist für alle $\mathbf{v} \in V$ aufgrund der Vektorraumeigenschaften in W

$$(f + (g+h))(\mathbf{v}) \overset{(4.6)}{=} \underbrace{f(\mathbf{v}) + (g(\mathbf{v}) + h(\mathbf{v}))}_{\in W}$$

$$= (f(\mathbf{v}) + g(\mathbf{v})) + h(\mathbf{v}) \overset{(4.6)}{=} ((f+g)+h)(\mathbf{v}).$$

Somit gilt $f + (g+h) = (f+g) + h$.

(ii) Ähnlich zeigen wir $f + g = g + f$.

(iii) Die Nullabbildung $n : V \to W$ mit $n(\mathbf{v}) := \mathbf{0} \in W$ für alle $\mathbf{v} \in V$ ist trivialerweise linear, gehört also zu $\mathrm{Hom}(V \to W)$. Sie verhält sich additiv neutral:

$$(f+n)(\mathbf{v}) \overset{(4.6)}{=} f(\mathbf{v}) + n(\mathbf{v}) = f(\mathbf{v}) + \mathbf{0} = f(\mathbf{v})$$

für alle $\mathbf{v} \in V$. Damit ist $f + n = f$.

(iv) Die für $f \in \mathrm{Hom}(V \to W)$ durch

$$(-f)(\mathbf{v}) := \underbrace{-f(\mathbf{v})}_{\in W}, \qquad \mathbf{v} \in V$$

definierte lineare Abbildung $-f \in \mathrm{Hom}(V \to W)$ besitzt die Eigenschaft

$$(f + -f)(\mathbf{v}) \overset{(4.6)}{=} \underbrace{f(\mathbf{v}) + -f(\mathbf{v})}_{\in W} = \mathbf{0} = n(\mathbf{v})$$

für alle $\mathbf{v} \in V$. Damit ist $f + -f = n$.

(v) Es gilt für alle $\mathbf{v} \in V$

$$(ab \cdot f)(\mathbf{v}) \overset{(4.7)}{=} \underbrace{(ab) f(\mathbf{v})}_{\in W} = a(b f(\mathbf{v})) \overset{(4.7)}{=} (a \cdot (b \cdot f))(\mathbf{v}).$$

Aus diesem Grund ist $ab \cdot f = a \cdot (b \cdot f)$.

(vi) Für alle $\mathbf{v} \in V$ gilt mit dem Einselement $1 \in \mathbb{K}$

$$(1 \cdot f)(\mathbf{v}) \overset{(4.7)}{=} \underbrace{1 f(\mathbf{v})}_{\in W} = f(\mathbf{v}),$$

woraus sich $1 \cdot f = f$ ergibt.

(vii) Für alle $\mathbf{v} \in V$ gilt

$$(a \cdot (f + g))(\mathbf{v}) \overset{(4.7)}{=} a(f + g)(\mathbf{v}) \overset{(4.6)}{=} \underbrace{a(f(\mathbf{v}) + g(\mathbf{v}))}_{\in W} = af(\mathbf{v}) + ag(\mathbf{v})$$

$$\overset{(4.7)}{=} (a \cdot f)(\mathbf{v}) + (a \cdot g)(\mathbf{v}) \overset{(4.6)}{=} (a \cdot f + a \cdot g)(\mathbf{v}).$$

Hieran erkennen wir $a \cdot (f + g) = a \cdot f + a \cdot g$.

(viii) Schließlich ist

$$((a + b) \cdot f)(\mathbf{v}) \overset{(4.7)}{=} \underbrace{(a + b) f(\mathbf{v})}_{\in W} = af(\mathbf{v}) + bf(\mathbf{v})$$

$$\overset{(4.7)}{=} (a \cdot f)(\mathbf{v}) + (b \cdot f)(\mathbf{v}) \overset{(4.6)}{=} (a \cdot f + b \cdot f)(\mathbf{v}).$$

Es ist damit $(a + b) \cdot f = a \cdot f + b \cdot f$.

Wir haben damit alle Axiome eines $\mathbb{K}$-Vektorraums für $\mathrm{Hom}(V \to W)$ nachgewiesen.

Wir können uns nun fragen, an welcher Stelle in diesem Nachweis eigentlich die Vektorraumforderung für V eingeht. Es ist in der Tat nicht erforderlich, dass es sich bei V um einen Vektorraum handeln muss. Allerdings besteht die Menge $\mathrm{Hom}(V \to W)$, um die es hierbei geht, aus linearen Abbildungen, daher muss sinnvollerweise V ein Vektorraum sein. Die Linearität der Abbildungen von V nach W ist aber nicht nötig für die obigen Rechnungen. Betrachten wir die Menge W^V *aller* Abbildungen vom $\mathbb{K}$-Vektorraum V in den $\mathbb{K}$-Vektorraum W, so ergibt sich in analoger Weise, dass W^V ein $\mathbb{K}$-Vektorraum ist, der zudem $\mathrm{Hom}(V \to W)$ als Teilraum enthält. Beispielsweise kann für die reellen Vektorräume $V = \mathbb{R}$ und $W = \mathbb{R}^2$ die Menge der Nullpunktgeraden

$$\mathrm{Hom}(\mathbb{R} \to \mathbb{R}^2) = \left\{ \mathbb{R} \ni t \mapsto \begin{pmatrix} at \\ bt \end{pmatrix} \in \mathbb{R}^2 : a, b \in \mathbb{R} \right\}$$

als Teilraum des reellen Vektorraums $(\mathbb{R}^2)^{\mathbb{R}}$ aller Funktionen der Art $f : \mathbb{R} \to \mathbb{R}^2$ betrachtet werden.

Selbst wenn wir nun auch noch die Vektorraumeigenschaft der Menge V nicht mehr voraussetzen, erweist sich die Menge W^V aller Abbildungen von der Menge V in den $\mathbb{K}$-Vektorraum W mit den Verknüpfungen gemäß (4.6) und (4.7) analog den obigen Überlegungen ebenfalls als $\mathbb{K}$-Vektorraum. Spezielle Vektorräume dieser Art hatten wir bereits an früherer Stelle untersucht. Mit $W = \mathbb{K}$ ist für eine beliebige Menge A die Menge $\mathbb{K}^A$ mit den Verknüpfungen gemäß (4.6) und (4.7) ein $\mathbb{K}$-Vektorraum. Dieser Raum enthält dann die Menge aller Abbildungen mit endlichem Träger $\mathbb{K}^{(A)}$ als Teilraum.

Aufgabe 4.19 Zeigen Sie: Sind V und W endlich-dimensionale $\mathbb{K}$-Vektorräume, so ist $\mathrm{Hom}(V \to W) \cong \mathrm{M}(m \times n, \mathbb{K})$. Geben Sie einen Isomorphismus $\mathrm{Hom}(V \to W) \to \mathrm{M}(m \times n, \mathbb{K})$ an.

Lösung

Es seien B und C Basen von V bzw. W. Aufgrund der Definition der Addition (4.6) und der skalaren Multiplikation (4.7) im $\mathbb{K}$-Vektorraum $\mathrm{Hom}(V \to W)$ ist die Abbildung

$$M_C^B : \mathrm{Hom}(V \to W) \to \mathrm{M}(m \times n, \mathbb{K})$$
$$f \mapsto M_C^B(f) = \mathbf{c}_C(f(B))$$

linear. Denn für $f, g \in \mathrm{Hom}(V \to W)$ und $\lambda, \mu \in \mathbb{K}$ ist aufgrund der Linearität der Koordinatenabbildung

$$\begin{aligned}
M_C^B(\lambda f + \mu g) &= \mathbf{c}_C((\lambda f + \mu g)(B)) \\
&= \left(\mathbf{c}_C((\lambda f + \mu g)(\mathbf{b}_1)) \,\middle|\, \cdots \,\middle|\, \mathbf{c}_C((\lambda f + \mu g)(\mathbf{b}_n)) \right) \\
&= \left(\mathbf{c}_C(\lambda f(\mathbf{b}_1) + \mu g(\mathbf{b}_1)) \,\middle|\, \cdots \,\middle|\, \mathbf{c}_C(\lambda f(\mathbf{b}_n) + \mu g(\mathbf{b}_n)) \right) \\
&= \left(\lambda \mathbf{c}_C(f(\mathbf{b}_1)) + \mu \mathbf{c}_C(g(\mathbf{b}_1)) \,\middle|\, \cdots \,\middle|\, \lambda \mathbf{c}_C(f(\mathbf{b}_n)) + \mu \mathbf{c}_C(g(\mathbf{b}_n)) \right) \\
&= \lambda \left(\mathbf{c}_C(f(\mathbf{b}_1)) \,\middle|\, \cdots \,\middle|\, \mathbf{c}_C(f(\mathbf{b}_n)) \right) + \mu \left(\mathbf{c}_C(g(\mathbf{b}_1)) \,\middle|\, \cdots \,\middle|\, \mathbf{c}_C(g(\mathbf{b}_n)) \right) \\
&= \lambda \mathbf{c}_C(f(B)) + \mu \mathbf{c}_C(g(B)) = \lambda M_C^B(f) + \mu M_C^B(g).
\end{aligned}$$

Gilt für $f \in \mathrm{Hom}(V \to W)$ die Zuordnung $M_C^B(f) = 0_{m \times n}$, so kann f nur die Nullabbildung sein. Die Zuordnung $M_C^B(\cdot)$ ist damit injektiv. Jede Matrix $A \in \mathrm{M}(m \times n, \mathbb{K})$ vermittelt eine lineare Abbildung $f_A \in \mathrm{Hom}(V \to W)$ durch $f_A(\mathbf{v}) := \mathbf{c}_C^{-1}(A \mathbf{c}_B(\mathbf{v}))$. Die Koordinatenmatrix von f_A ist gerade A, denn es ist

$$M_C^B(f_A) = \mathbf{c}_C(f_A(B)) = \mathbf{c}_C(\mathbf{c}_C^{-1}(A \underbrace{\mathbf{c}_B(B)}_{=E_n})) = A.$$

Damit ist die Zuordnung $M_C^B(\cdot)$ auch surjektiv. Bei $M_C^B(\cdot)$ handelt es sich also um einen Isomorphismus.

Aufgabe 4.20 Zeigen Sie: Sind V und W endlich-dimensionale $\mathbb{K}$-Vektorräume, so ist $\mathrm{Hom}(V \to W)$ ebenfalls endlich-dimensional, und es gilt $\dim \mathrm{Hom}(V \to W) = (\dim V)(\dim W)$.

Lösung

Die Menge $\mathrm{M}(m \times n, \mathbb{K})$ der $m \times n$-Matritzen ist hinsichtlich der komponentenweisen Addition und skalaren Multiplikation ein $\mathbb{K}$-Vektorraum. Eine Basis dieses Raums sind die mn Matrizen der Form

$$T_{ij} := \begin{pmatrix} 0 & \cdots & 0 & \cdots & 0 \\ \vdots & & \vdots & & \vdots \\ 0 & \cdots & 1 & \cdots & 0 \\ \vdots & & \vdots & & \vdots \\ 0 & \cdots & 0 & \cdots & 0 \end{pmatrix} \leftarrow i\text{-te Zeile}, \qquad i = 1,\ldots,m, \quad j = 1,\ldots,n,$$

$$\underset{j\text{-te Spalte}}{\uparrow}$$

die nur in Zeile i und Spalte j eine 1 besitzen und sonst nur aus Nullen bestehen. Daher ist $\dim \mathrm{M}(m \times n, \mathbb{K}) = n \cdot m$. Nach Aufgabe 4.19 ist $\mathrm{Hom}(V \to W) \cong \mathrm{M}(m \times n, \mathbb{K})$. Daher sind die Dimensionen beider Räume identisch. Es ist also

$$\dim \mathrm{Hom}(V \to W) = \dim \mathrm{M}(m \times n, \mathbb{K}) = n \cdot m = (\dim V)(\dim W).$$

Aufgabe 4.21 Es seien V und W zwei $\mathbb{K}$-Vektorräume endlicher Dimension mit den Basen $B = (\mathbf{b}_1, \ldots, \mathbf{b}_n)$ von V und $C = (\mathbf{c}_1, \ldots, \mathbf{c}_m)$ von W. Zeigen Sie, dass die mn Homomorphismen $f_{ij} \in \mathrm{Hom}(V \to W)$ geprägt durch

$$f_{ij}(\mathbf{b}_l) := \begin{cases} \mathbf{c}_i, & l = j \\ \mathbf{0}, & l \neq j \end{cases}, \qquad j = 1,\ldots,n, \quad i = 1,\ldots,m$$

eine Basis von $\mathrm{Hom}(V \to W)$ bilden.

Lösung

Es ist $\mathrm{Hom}(V \to W) \cong \mathrm{M}(m \times n, \mathbb{K})$. Für jedes $j \in \{1, \ldots, n\}$ und jedes $i \in \{1, \ldots, m\}$ ist die Koordinatenmatrix des Homomorphismus f_{ij} bezüglich der Basen B und C eine $m \times n$-Matrix. Wir berechnen nun deren Gestalt nach der üblichen Methode und beachten dabei, dass $\mathbf{c}_C(\mathbf{c}_i) = \hat{\mathbf{e}}_i$, also der i-te kanonische Einheitsvektor des $\mathbb{K}^m$ ist. Für die Koordinatenmatrix ergibt sich also

$$M_C^B(f_{ij}) = \mathbf{c}_C(f_{ij}(B))$$
$$= \big(\mathbf{c}_C(\underbrace{f_{ij}(\mathbf{b}_1)}_{\mathbf{0}}) \,|\, \cdots \,|\, \mathbf{c}_C(\underbrace{f_{ij}(\mathbf{b}_j)}_{\mathbf{c}_i}) \,|\, \cdots \,|\, \mathbf{c}_C(\underbrace{f_{ij}(\mathbf{b}_n)}_{\mathbf{0}}) \big)$$

$$= \begin{pmatrix} 0 & \cdots & 0 & \cdots & 0 \\ \vdots & & \vdots & & \vdots \\ 0 & \cdots & 1 & \cdots & 0 \\ \vdots & & \vdots & & \vdots \\ 0 & \cdots & 0 & \cdots & 0 \end{pmatrix} \leftarrow i\text{-te Zeile}$$

$$\uparrow$$
$$j\text{-te Spalte}$$

$$=: T_{ij}.$$

Diese mn Matrizen bilden eine Basis des Matrizenraums $M(m \times n, \mathbb{K})$, der isomorph ist zu $\mathrm{Hom}(V \to W)$. Die Abbildung $M_C^B : \mathrm{Hom}(V \to W) \to M(m \times n, \mathbb{K})$ ist ein Isomorphismus (vgl. Aufgabe 4.19), ebenso ihre Umkehrabbildung, mit der die Basis $(T_{ij} : j = 1, \ldots, n, i = 1, \ldots, m)$ auf die Basis $(f_{ij} : j = 1, \ldots, n, i = 1, \ldots, m)$ abgebildet wird.

Bemerkung 4.3 *Ist $h \in \mathrm{Hom}(V \to W)$ ein Homomorphismus, $B = (\mathbf{b}_1, \ldots, \mathbf{b}_n)$ eine Basis des Raums V und $C = (\mathbf{c}_1, \ldots, \mathbf{c}_m)$ eine Basis des Raums W, so kann h auf folgende Weise aus der Basis $(f_{ij} : j = 1, \ldots, n, i = 1, \ldots, m)$ von $\mathrm{Hom}(V \to W)$ linear kombiniert werden:*

$$h = \sum_{i=1}^{m} \sum_{j=1}^{n} \mathbf{c}_C(h(\mathbf{b}_j))_i \cdot f_{ij}.$$

Hierbei ist $\mathbf{c}_C(h(\mathbf{b}_j))_i$ die Komponente in Zeile i und Spalte j der Koordinatenmatrix $M_C^B(h)$ von h. Durch Einsetzen des Basisvektors $\mathbf{b}_k$ in die Linearkombination auf der rechten Seite der obigen Gleichung können wir dies leicht bestätigen:

$$\sum_{i=1}^{m} \sum_{j=1}^{n} \mathbf{c}_C(h(\mathbf{b}_j))_i \cdot f_{ij}(\mathbf{b}_k) = \sum_{i=1}^{m} \left(\underbrace{\sum_{\substack{j=1 \\ j \neq k}}^{n} \mathbf{c}_C(h(\mathbf{b}_j))_i \cdot f_{ij}(\mathbf{b}_k)}_{=0} + \mathbf{c}_C(h(\mathbf{b}_k))_i \cdot \underbrace{f_{ik}(\mathbf{b}_k)}_{=\mathbf{c}_i} \right)$$

$$= \sum_{i=1}^{m} \mathbf{c}_C(h(\mathbf{b}_k))_i \cdot \mathbf{c}_i = h(\mathbf{b}_k).$$

Für jeden Basisvektor $\mathbf{b}_k$, $k = 1, \ldots, n$ stimmt die obige Linearkombination der f_{ij} mit dem Bildvektor $h(\mathbf{b}_k)$ überein. Aufgrund der universellen Eigenschaft der Basis (vgl. Aufgaben 4.13 und 4.15) ist dann die obige Linearkombination bereits h.

Aufgabe 4.22 (Dualbasis) Es sei V ein $\mathbb{K}$-Vektorraum endlicher Dimension und $B = (\mathbf{b}_1, \ldots, \mathbf{b}_n)$ eine Basis von V. Bestimmen Sie eine Basis seines Dualraums $V^* = \mathrm{Hom}(V \to \mathbb{K})$.

Lösung

Wir fassen den Körper $\mathbb{K}$ als eindimensionalen $\mathbb{K}$-Vektorraum mit Basis $\{1\}$ auf. Nach Aufgabe 4.21 sind die $n \cdot 1$ Linearformen f_j geprägt durch

$$f_j(\mathbf{b}_l) := \begin{cases} 1, & l = j \\ 0, & l \neq j \end{cases}, \qquad j = 1, \ldots, n$$

eine Basis des Dualraums $V^* = \mathrm{Hom}(V \to \mathbb{K})$. Wir bezeichnen diese Basis als die zu B duale Basis oder kurz Dualbasis, für deren Vektoren auch die Schreibweise $\mathbf{b}_j^* := f_j$, $j = 1, \ldots, n$ verwendet wird.

Aufgabe 4.22.1 Es sei $V = \langle \sin(t), \cos(t) \rangle$ der von den Basisvektoren $\mathbf{b}_1 = \sin(t)$ und $\mathbf{b}_2 = \cos(t)$ aufgespannte $\mathbb{R}$-Vektorraum. Zeigen Sie, dass die Linearformen $\mathbf{b}_1^*$ und $\mathbf{b}_2^*$, definiert durch

$$\mathbf{b}_1^*(\varphi) := \tfrac{2}{\pi} \int_0^\pi \sin(\tau)\, \varphi(\tau)\, \mathrm{d}\tau, \qquad \mathbf{b}_2^*(\varphi) := \tfrac{2}{\pi} \int_0^\pi \cos(\tau)\, \varphi(\tau)\, \mathrm{d}\tau$$

($\varphi \in V$), die zu $B = (\mathbf{b}_1, \mathbf{b}_2)$ duale Basis des Dualraums V^* darstellen. Stellen Sie die Linearform $L \in V^*$ definiert durch die Auswertung der Ableitung bei $t = \pi/3$,

$$\varphi \mapsto L(\varphi) := \dot{\varphi}(\pi/3), \qquad (\varphi \in V),$$

als Linearkombination der dualen Basis $\mathbf{b}_1^*$ und $\mathbf{b}_2^*$ dar.

Lösung

Die Linearität beider Abbildungen folgt aus der Linearität des Integrals. Zudem gilt

$$\mathbf{b}_1^*(\mathbf{b}_1) = \tfrac{2}{\pi} \int_0^\pi \sin(\tau)\, \mathbf{b}_1(\tau)\, \mathrm{d}\tau = \tfrac{2}{\pi} \int_0^\pi \sin(\tau)\, \sin(\tau)\, \mathrm{d}\tau = \tfrac{2}{\pi} \cdot \tfrac{\pi}{2} = 1,$$

$$\mathbf{b}_1^*(\mathbf{b}_2) = \tfrac{2}{\pi} \int_0^\pi \sin(\tau)\, \mathbf{b}_2(\tau)\, \mathrm{d}\tau = \tfrac{2}{\pi} \int_0^\pi \sin(\tau)\, \cos(\tau)\, \mathrm{d}\tau = \tfrac{2}{\pi} \cdot 0 = 0,$$

$$\mathbf{b}_2^*(\mathbf{b}_1) = \tfrac{2}{\pi} \int_0^\pi \cos(\tau)\, \mathbf{b}_1(\tau)\, \mathrm{d}\tau = \tfrac{2}{\pi} \int_0^\pi \cos(\tau)\, \sin(\tau)\, \mathrm{d}\tau = \tfrac{2}{\pi} \cdot 0 = 0,$$

$$\mathbf{b}_2^*(\mathbf{b}_2) = \tfrac{2}{\pi} \int_0^\pi \cos(\tau)\, \mathbf{b}_2(\tau)\, \mathrm{d}\tau = \tfrac{2}{\pi} \int_0^\pi \cos(\tau)\, \cos(\tau)\, \mathrm{d}\tau = \tfrac{2}{\pi} \cdot \tfrac{\pi}{2} = 1,$$

was der prägenden Eigenschaft $\mathbf{b}_i^*(\mathbf{b}_j) = \delta_{ij}$ für die Dualbasis entspricht. Alternativ können wir diese Dualbasis auch kürzer durch die beiden Auswertungsformen

$$\mathbf{b}_1^*(\varphi) = \varphi(\pi/2), \qquad \mathbf{b}_2^*(\varphi) = -\varphi(\pi), \qquad (\varphi \in V)$$

kürzer darstellen, für die ebenfalls $\mathbf{b}_i^*(\mathbf{b}_j) = \delta_{ij}$ gilt. Die Koordinatenmatrix von L bezüglich der Basis B von V und 1 von $\mathbb{R}$ ist

$$M_1^B(L) = (L(\mathbf{b}_1), L(\mathbf{b}_2)) = (L(\sin), L(\cos)) = (\cos(\pi/3), -\sin(\pi/3)) = (1/2, -\sqrt{3}/2).$$

Nach Bemerkung 4.3 können wir L nun aus $\mathbf{b}_1^*$ und $\mathbf{b}_2^*$ durch

$$L = 1/2 \cdot \mathbf{b}_1^* - \sqrt{3}/2 \cdot \mathbf{b}_2^*$$

mit diesen Koordinaten linear kombinieren.

Aufgabe 4.22.2 Es sei $B = (\mathbf{s}_1, \ldots, \mathbf{s}_n)$ eine Basis aus Spaltenvektoren von $V = \mathbb{K}^n$. Wie lautet die zugeordnete Dualbasis des Dualraums V^*?

Lösung

Zunächst ist $B = (\mathbf{s}_1 \mid \ldots \mid \mathbf{s}_n) \in \mathrm{GL}(n, \mathbb{K})$ eine reguläre Matrix. Es gilt mit den Zeilen $\mathbf{z}_1^T, \ldots, \mathbf{z}_n^T$ von B^{-1}

$$
E_n = B^{-1}B = \begin{pmatrix} \mathbf{z}_1^T \\ \vdots \\ \mathbf{z}_n^T \end{pmatrix} (\mathbf{s}_1 \mid \ldots \mid \mathbf{s}_n) = (\mathbf{z}_i^T \mathbf{s}_j)_{1 \le i, j \le n}.
$$

Für die durch $\mathbf{z}_i^T$ repräsentierte Linearform $\mathbf{l}_i^*$ gilt dann

$$
\mathbf{l}_i^*(\mathbf{b}_j) = \mathbf{z}_i^T \mathbf{b}_j = \delta_{ij}, \quad 1 \le i, j \le n.
$$

Die durch die Zeilenvektoren $\mathbf{z}_1^T, \ldots, \mathbf{z}_n^T$ repräsentierten Linearformen $\mathbf{l}_1^*, \ldots, \mathbf{l}_n^*$ bilden somit die zugeordnete Dualbasis von B.

Aufgabe 4.23 (Universelle Eigenschaft des Quotientenraums) Es sei V ein $\mathbb{K}$-Vektorraum und $T \subset V$ ein Teilraum von V. Zeigen Sie, dass der Quotientenvektorraum V/T folgende *universelle Eigenschaft* besitzt: Für jeden $\mathbb{K}$-Vektorraum W und jeden Homomorphismus $f \in \mathrm{Hom}(V \to W)$ mit $T \subset \mathrm{Kern}\, f$ gibt es genau eine lineare Abbildung $\overline{f} \in \mathrm{Hom}(V/T \to W)$ mit $f = \overline{f} \circ \rho$.

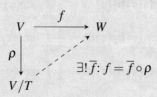

Hierbei bezeichnet ρ die kanonische Projektion von V auf V/T.

Lösung

Die gesuchte Abbildung $\overline{f} : V/T \to W$ muss für jedes $\mathbf{v} \in V$ Folgendes leisten:

$$
f(\mathbf{v}) \stackrel{!}{=} (\overline{f} \circ \rho)(\mathbf{v}) = \overline{f}(\rho(\mathbf{v})) = \overline{f}(\mathbf{v} + T).
$$

Der von f auf V/T induzierte Homomorphismus $\overline{f} : V/T \to W$, definiert durch $\overline{f}(\mathbf{v} + T) = f(\mathbf{v})$, ist wegen $\mathrm{Kern}\, f \supset T$ wohldefiniert und leistet die geforderte Eigenschaft.

Die Eindeutigkeit von $\overline{f}$ folgt aus der Surjektivität von ρ. Da $\mathrm{Bild}\,\rho = V/T$ ist, gibt es keine Elemente von V/T, die nicht im Bild von ρ liegen, sodass sich keine weitere lineare

Abbildung konstruieren lässt, die eingeschränkt auf Bild ρ mit $\overline{f}$ übereinstimmt, sich aber auf $(V/T) \setminus$ Bild ρ von $\overline{f}$ unterscheidet.

Aufgabe 4.24 Es sei V ein $\mathbb{K}$-Vektorraum und $T \subset V$ ein Teilraum von V. Zeigen Sie, dass auch eine Umkehrung der Aussage von Aufgabe 4.23 gilt:

Sei Q ein $\mathbb{K}$-Vektorraum und $p \in \text{Hom}(V \to Q)$ eine lineare Abbildung mit $T \subset \text{Kern}\, p$ und folgender Eigenschaft: Für jeden $\mathbb{K}$-Vektorraum W und jeden Homomorphismus $f : V \to W$ mit $T \subset \text{Kern}\, f$ gibt es genau einen Homomorphismus $\varphi : Q \to W$ mit $f = \varphi \circ p$. Das folgende Diagramm veranschaulicht diese Eigenschaft.

$$
\begin{array}{ccc}
V & \xrightarrow{\;\;f\;\;} & W \\
{\scriptstyle p}\big\downarrow & \nearrow & \\
Q & \exists!\,\varphi : f = \varphi \circ p &
\end{array}
$$

$$(4.8)$$

Dann ist Q isomorph zum Quotientenraum V/T.

Lösung

Es sei also Q ein $\mathbb{K}$-Vektorraum und $p : V \to Q$ ein Homomorphismus mit $T \subset \text{Kern}\, p$. Nach Aufgabe 4.23 gilt für den Quotientenraum V/T mit der kanonischen Projektion $\rho : V \to V/T$ speziell für $W := Q$: Es gibt genau einen Homomorphismus, nämlich den von p induzierten Homomorphismus $\overline{p} : V/T \to Q$ mit $p = \overline{p} \circ \rho$. Das folgende Diagramm zeigt diese Situation.

$$
\begin{array}{ccc}
V & \xrightarrow{\;\;p\;\;} & W := Q \\
{\scriptstyle \rho}\big\downarrow & \nearrow & \\
V/T & \exists!\,\overline{p} : p = \overline{p} \circ \rho &
\end{array}
$$

Nun wenden wir die für Q und p vorausgesetzte Eigenschaft (4.8) auf $W := V/T$ und $f := \rho$ an. Demnach gibt es eine eindeutige Abbildung $\varphi : Q \to V/T$ mit $\rho = \varphi \circ p$.

$$
\begin{array}{ccc}
V & \xrightarrow{\;\;\rho\;\;} & W := V/T \\
{\scriptstyle p}\big\downarrow & \nearrow & \\
Q & \exists!\,\varphi : \rho = \varphi \circ p &
\end{array}
$$

Wir ziehen ein kurzes Zwischenfazit. Es gilt

$$(\varphi \circ \overline{p}) \circ \rho = \varphi \circ (\underbrace{\overline{p} \circ \rho}_{=p}) = \varphi \circ p = \rho = \text{id}_{V/T} \circ \rho$$

$$(\overline{p} \circ \varphi) \circ p = \overline{p} \circ \underbrace{(\varphi \circ p)}_{=\rho} = \overline{p} \circ \rho = p = \mathrm{id}_Q \circ p.$$

Wir zeigen nun, dass wir jeweils auf beiden Seiten $\circ \rho$ bzw. $\circ p$ weglassen können, sodass

$$\varphi \circ \overline{p} = \mathrm{id}_{V/T}, \qquad \overline{p} \circ \varphi = \mathrm{id}_Q$$

folgt. Dies liegt aber an der Eindeutigkeitsaussage für die induzierte Abbildung gemäß Aufgabe 4.23 und der Eindeutigkeitseigenschaft innerhalb (4.8). Denn wenn wir einerseits in der universellen Eigenschaft von V/T gemäß Aufgabe 4.23 speziell $W := V/T$ und $f := \rho : V \to V/T$ wählen,

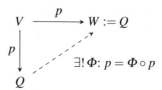

so gibt es genau einen Homomorphismus $\overline{\rho}$ mit $\rho = \overline{\rho} \circ \rho$. Nach unserem Zwischenfazit ist $(\varphi \circ \overline{p}) \circ \rho = \mathrm{id}_{V/T} \circ \rho = \rho = \overline{\rho} \circ \rho$, sodass wegen der Eindeutigkeit von $\overline{\rho}$ nur $\overline{\rho} = \varphi \circ \overline{p} = \mathrm{id}_{V/T}$ sein kann. Ebenso können wir in der Eigenschaft (4.8) nun speziell $W := Q$ und $f := p$ wählen:

$$
\begin{array}{ccc}
V & \xrightarrow{\ \ p\ \ } & W := Q \\
{\scriptstyle p} \big\downarrow & \diagup\!\!\nearrow & \\
Q & & \exists! \,\Phi \colon p = \Phi \circ p
\end{array}
$$

Es gibt also genau einen Homomorphismus $\Phi : Q \to Q$ mit $p = \Phi \circ p$. Nach unserem zweiten Zwischenfazit ist $(\overline{p} \circ \varphi) \circ p = \mathrm{id}_Q \circ p = p = \Phi \circ p$. Wegen der Eindeutigkeit von Φ bleibt nur $\overline{p} \circ \varphi = \mathrm{id}_Q$. Damit ist $\varphi : Q \to V/T$ ein Isomorphismus und $\overline{p} : V/T \to Q$ der zu φ inverse Isomorphismus. Beide Räume sind damit isomorph $Q \cong V/T$.

Bemerkung 4.4 *Der Quotientenraum V/T erfüllt einerseits die universelle Eigenschaft, andererseits zeigt die vorangegangene Aufgabe, dass ein Raum Q zusammen mit einer linearen Abbildung $p : V \to Q$ mit $T \subset \mathrm{Kern}\, p$, der die universelle Eigenschaft erfüllt, isomorph ist zu V/T. Wir erkennen also, dass die universelle Eigenschaft prägend für den Quotientenraum ist. Wir können daher bis auf Isomorphie den Quotientenraum auch über das Erfülltsein der universellen Eigenschaft definieren. Diese Definition beinhaltet dabei nicht die konkrete Konstruktion des Quotientenraums V/T, dennoch ist das Wesentliche über den Quotientenraum durch die universelle Eigenschaft ausgedrückt.*

Kapitel 5
Produkte in Vektorräumen

5.1 Produkte im $\mathbb{R}^3$

Aufgabe 5.1 Gegeben seien die folgenden drei räumlichen Vektoren

$$\mathbf{a} = \begin{pmatrix} \sqrt{2} \\ \sqrt{2} \\ 2 \end{pmatrix}, \qquad \mathbf{b} = \begin{pmatrix} -1 \\ 1 \\ \sqrt{2} \end{pmatrix}, \qquad \mathbf{c} = \begin{pmatrix} 1 \\ 2 \\ 0 \end{pmatrix}.$$

a) Welchen Winkel schließen die Vektoren $\mathbf{a}$ und $\mathbf{b}$ ein?
b) Welchen Winkel schließen die Vektoren $\mathbf{b}$ und $\mathbf{c}$ ein?
c) Konstruieren Sie einen Vektor in der x-y-Ebene, der um $45°$ im positiven Sinne vom Vektor $\mathbf{c}$ verdreht ist.

Lösung

a) Winkel $\sphericalangle(\mathbf{a}, \mathbf{b})$:

$$\sphericalangle(\mathbf{a}, \mathbf{b}) = \arccos \frac{\mathbf{a}^T \mathbf{b}}{\|\mathbf{a}\| \|\mathbf{b}\|}.$$

Es ist

$$\mathbf{a}^T \mathbf{b} = -\sqrt{2} + \sqrt{2} + 2\sqrt{2} = 2\sqrt{2},$$
$$\|\mathbf{a}\| = \sqrt{2+2+4} = \sqrt{8} = 2\sqrt{2},$$
$$\|\mathbf{b}\| = \sqrt{(-1)^2 + 1 + 2} = \sqrt{4} = 2.$$

Damit gilt also

$$\cos \sphericalangle(\mathbf{a}, \mathbf{b}) = \frac{\mathbf{a}^T \mathbf{b}}{\|\mathbf{a}\| \|\mathbf{b}\|} = \frac{2\sqrt{2}}{2\sqrt{2} \cdot 2} = \frac{1}{2},$$

woraus folgt

© Springer-Verlag GmbH Deutschland, ein Teil von Springer Nature 2019
L. Göllmann und C. Henig, *Arbeitsbuch zur linearen Algebra*,
https://doi.org/10.1007/978-3-662-58766-9_5

$$\sphericalangle(\mathbf{a},\mathbf{b}) = \frac{\pi}{3} = 60°.$$

b) Winkel $\sphericalangle(\mathbf{b},\mathbf{c})$:

$$\sphericalangle(\mathbf{b},\mathbf{c}) = \arccos \frac{\mathbf{b}^T \mathbf{c}}{\|\mathbf{b}\|\|\mathbf{c}\|}.$$

Es ist

$$\mathbf{b}^T \mathbf{c} = -1 + 2 = 1,$$

$$\|\mathbf{b}\| = \sqrt{(-1)^2 + 1 + 2} = \sqrt{4} = 2 \quad (\text{s. o.}),$$

$$\|\mathbf{c}\| = \sqrt{5}.$$

Damit gilt also

$$\sphericalangle(\mathbf{b},\mathbf{c}) = \arccos \frac{\mathbf{b}^T \mathbf{c}}{\|\mathbf{b}\|\|\mathbf{c}\|}$$

$$= \arccos \frac{1}{2\sqrt{5}} \approx 77.07903° \approx 77° \, 4' \, 45''.$$

c) Die Drehmatrix um die z-Achse um den Winkel $\varphi = \frac{\pi}{4} = 45°$ lautet:

$$D_{\hat{\mathbf{e}}_3,\pi/4} = \begin{pmatrix} \cos \pi/4 & -\sin \pi/4 & 0 \\ \sin \pi/4 & \cos \pi/4 & 0 \\ 0 & 0 & 1 \end{pmatrix} = \begin{pmatrix} 1/\sqrt{2} & -1/\sqrt{2} & 0 \\ 1/\sqrt{2} & 1/\sqrt{2} & 0 \\ 0 & 0 & 1 \end{pmatrix}.$$

Die Drehung des Vektors $\mathbf{c}$ um den Winkel $\varphi = \frac{\pi}{4} = 45°$ um die z-Achse ergibt:

$$D_{\hat{\mathbf{e}}_3,\pi/4} \cdot \mathbf{c} = \begin{pmatrix} 1/\sqrt{2} & -1/\sqrt{2} & 0 \\ 1/\sqrt{2} & 1/\sqrt{2} & 0 \\ 0 & 0 & 1 \end{pmatrix} \cdot \begin{pmatrix} 1 \\ 2 \\ 0 \end{pmatrix} = \begin{pmatrix} -1/\sqrt{2} \\ 3/\sqrt{2} \\ 0 \end{pmatrix} =: \mathbf{d}.$$

Wir verifizieren dies durch Berechnung des Winkels zwischen $\mathbf{c}$ und $\mathbf{d}$:

$$\sphericalangle(\mathbf{c},\mathbf{d}) = \arccos \frac{\mathbf{c}^T \mathbf{d}}{\|\mathbf{c}\|\|\mathbf{d}\|}$$

$$= \arccos \frac{5/\sqrt{2}}{\sqrt{5}\sqrt{5}} = \arccos \frac{1}{\sqrt{2}} = \frac{\pi}{4} = 45°.$$

Aufgabe 5.1.1 Gegeben sei ein Dreieck mit den Eckpunkten $A(0;1)$, $B(2;0)$ und $C(2;1)$ in der x-y-Ebene.

a) Drehen Sie im ersten Schritt das Dreieck um $45°$ gegen den Uhrzeigersinn und geben Sie die neuen Koordinaten der Eckpunkte A_1, B_1 und C_1 an. (Hinweis: Verwenden Sie die geeignete Drehmatrix.) Strecken Sie im zweiten Schritt das gedrehte Dreieck mit den Eckpunkten A_1, B_1 und C_1 nun in y-Richtung um den Faktor 3.

b) Wenden Sie die Operationen Streckung und Drehung in genau dieser, also in gegenüber a) umgekehrter Reihenfolge auf das ursprüngliche Dreieck an. Vergleichen Sie beide Ergebnisse.

c) Bestimmen Sie die Matrix, die beide Operationen Drehung und Streckung in einem Schritt ausführt, jeweils für beide Reihenfolgen.

Lösung

a) Die Eckpunkte des Dreiecks können wir durch Ortsvektoren darstellen, wir erhalten:

$$\mathbf{a} = \begin{pmatrix} 0 \\ 1 \end{pmatrix}, \qquad \mathbf{b} = \begin{pmatrix} 2 \\ 0 \end{pmatrix}, \qquad \mathbf{c} = \begin{pmatrix} 2 \\ 1 \end{pmatrix}.$$

Das Dreieck ist im Ausgangszustand in Abb. 5.1 gezeigt. Die Matrix D, die die Drehung

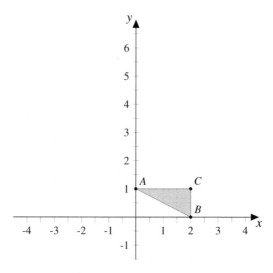

Abb. 5.1 Dreieck im Ausgangszustand

um $45° = \frac{\pi}{4}$ bewirkt, und die Matrix S, die die Streckung beschreibt, sind:

$$D = \begin{pmatrix} \cos(\frac{\pi}{4}) & -\sin(\frac{\pi}{4}) \\ \sin(\frac{\pi}{4}) & \cos(\frac{\pi}{4}) \end{pmatrix}, \qquad S = \begin{pmatrix} 1 & 0 \\ 0 & 3 \end{pmatrix}.$$

Die neuen Ortsvektoren nach der Drehung erhalten wir, indem wir die Drehmatrix mit den Ortsvektoren multiplizieren:

$$\mathbf{a}_1 = D \cdot \mathbf{a}, \qquad \mathbf{b}_1 = D \cdot \mathbf{b}, \qquad \mathbf{c}_1 = D \cdot \mathbf{c}.$$

Das Ergebnis nach der Streckung resultiert aus der Multiplikation der Streckmatrix mit den gerade berechneten Ortsvektoren:

$$\mathbf{a}_2 = S \cdot \mathbf{a}_1, \qquad \mathbf{b}_2 = S \cdot \mathbf{b}_1, \qquad \mathbf{c}_2 = S \cdot \mathbf{c}_1.$$

Die Berechnung lässt sich leicht mit MATLAB® durchführen:

```
 1  >> a=[0;1];
 2  >> b=[2;0];
 3  >> c=[2;1];
 4  >> % Drehmatrix fuer den Winkel pi/4:
 5  >> D=[cos(pi/4), -sin(pi/4); sin(pi/4), cos(pi/4)];
 6  >> % Matrix, die die Streckung in y-Richtung um Faktor 3
       beschreibt:
 7  >> S=[1, 0; 0, 3];
 8  >> % zuerst Drehung, dann Streckung:
 9  >> a1=D*a
10
11  a1 =
12
13     -0.7071
14      0.7071
15
16  >> b1=D*b
17
18  b1 =
19
20      1.4142
21      1.4142
22
23  >> c1=D*c
24
25  c1 =
26
27      0.7071
28      2.1213
29
30  >> a2=S*a1
31
32  a2 =
33
34     -0.7071
35      2.1213
36
37  >> b2=S*b1
```

```
38
39   b2 =
40
41        1.4142
42        4.2426
43
44   >> c2=S*c1
45
46   c2 =
47
48        0.7071
49        6.3640
```

Die Ortsvektoren

$$\mathbf{a}_2 = \begin{pmatrix} -0.7071 \\ 2.1213 \end{pmatrix}, \quad \mathbf{b}_2 = \begin{pmatrix} 1.4142 \\ 4.2426 \end{pmatrix}, \quad \mathbf{c}_2 = \begin{pmatrix} 0.7071 \\ 6.3640 \end{pmatrix}$$

geben die Eckpunkte des resultierenden Dreiecks an (vgl. Abb. 5.2).

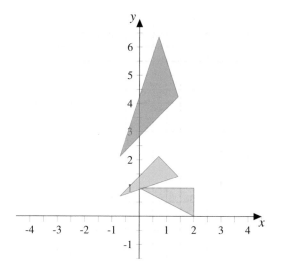

Abb. 5.2 Dreieck nach Drehung (orange) und anschließender Streckung (rot)

b) Die Ortsvektoren der Punkte des Dreiecks sind im Ausgangszustand dieselben wie im Teil a). Die resultierenden Ortsvektoren nach Streckung berechnen wir wie folgt:

$$\mathbf{a}_3 = S \cdot \mathbf{a}, \quad \mathbf{b}_3 = S \cdot \mathbf{b}, \quad \mathbf{c}_3 = S \cdot \mathbf{c}.$$

Das Ergebnis der Drehung erhalten wir mittels Multiplikation der Drehmatrix mit den Ortsvektoren:

$$\mathbf{a}_4 = D \cdot \mathbf{a}_3, \quad \mathbf{b}_4 = D \cdot \mathbf{b}_3, \quad \mathbf{c}_4 = D \cdot \mathbf{c}_3.$$

Das Ergebnis ist:

$$\mathbf{a}_4 = \begin{pmatrix} -2.1213 \\ 2.1213 \end{pmatrix}, \qquad \mathbf{b}_4 = \begin{pmatrix} 1.4142 \\ 1.4142 \end{pmatrix}, \qquad \mathbf{c}_4 = \begin{pmatrix} -0.7071 \\ 3.5355 \end{pmatrix}.$$

Der Vergleich zeigt, dass sich die resultierenden Vektoren je nach Reihenfolge von Drehung und Streckung unterscheiden, wie Abb. 5.3 zeigt.

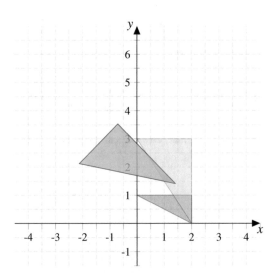

Abb. 5.3 Dreieck nach Streckung (hellblau) und anschließender Drehung (dunkelblau)

c) Wir haben die aus der Drehung bzw. Streckung resultierenden Vektoren durch Multiplikation der entsprechenden Matrix mit den Vektoren erhalten. Die gesamte Operation wird also durch diejenige Matrix G beschrieben, die wir mittels Produkt der Matrizen D und S erhalten. Für die erste Reihenfolge (zuerst Drehung, dann Streckung) erhalten wir:

$$G_1 = S \cdot D = \begin{pmatrix} \cos(\frac{\pi}{4}) & -\sin(\frac{\pi}{4}) \\ 3 \cdot \sin(\frac{\pi}{4}) & 3 \cdot \cos(\frac{\pi}{4}) \end{pmatrix}.$$

Für die zweite Reihenfolge (zuerst Streckung, dann Drehung) lautet die Gesamtmatrix

$$G_2 = D \cdot S = \begin{pmatrix} \cos(\frac{\pi}{4}) & -3 \cdot \sin(\frac{\pi}{4}) \\ \sin(\frac{\pi}{4}) & 3 \cdot \cos(\frac{\pi}{4}) \end{pmatrix}.$$

Offensichtlich sind diese Matrizen verschieden. Dies zeigt konkret, dass die Matrixmultiplikation im Allgemeinen nicht kommutativ ist.

Aufgabe 5.2 Es seien

$$\mathbf{x} = \begin{pmatrix} 1 \\ 2 \\ 3 \end{pmatrix}, \qquad \mathbf{y} = \begin{pmatrix} -1 \\ 5 \\ 4 \end{pmatrix}, \qquad \mathbf{z} = \begin{pmatrix} 0 \\ -1 \\ 1 \end{pmatrix}.$$

a) Berechnen Sie das Vektorprodukt $\mathbf{x} \times \mathbf{y}$.
b) Berechnen Sie das doppelte Vektorprodukt $\mathbf{x} \times (\mathbf{y} \times \mathbf{z})$.
c) Zeigen Sie durch Rechnung, dass der unter a) berechnete Vektor sowohl senkrecht auf $\mathbf{x}$ als auch senkrecht auf $\mathbf{y}$ steht.
d) Berechnen Sie das Volumen des durch die drei Vektoren $\mathbf{x}$, $\mathbf{y}$ und $\mathbf{z}$ aufgespannten Spats.

Lösung

a) Die Berechnung des Vektorprodukts $\mathbf{x} \times \mathbf{y}$ ergibt

$$\mathbf{x} \times \mathbf{y} = \begin{vmatrix} \hat{\mathbf{e}}_1 & 1 & -1 \\ \hat{\mathbf{e}}_2 & 2 & 5 \\ \hat{\mathbf{e}}_3 & 3 & 4 \end{vmatrix} = \hat{\mathbf{e}}_1 \begin{vmatrix} 2 & 5 \\ 3 & 4 \end{vmatrix} - \hat{\mathbf{e}}_2 \begin{vmatrix} 1 & -1 \\ 3 & 4 \end{vmatrix} + \hat{\mathbf{e}}_3 \begin{vmatrix} 1 & -1 \\ 2 & 5 \end{vmatrix} = \begin{pmatrix} -7 \\ -7 \\ 7 \end{pmatrix}.$$

b) Zur Bestimmung des doppelten Vektorprodukts $\mathbf{x} \times (\mathbf{y} \times \mathbf{z})$ berechnen wir zunächst

$$\mathbf{y} \times \mathbf{z} = \begin{pmatrix} -1 \\ 5 \\ 4 \end{pmatrix} \times \begin{pmatrix} 0 \\ -1 \\ 1 \end{pmatrix} = \begin{pmatrix} 9 \\ 1 \\ 1 \end{pmatrix}.$$

Damit folgt

$$\mathbf{x} \times (\mathbf{y} \times \mathbf{z}) = \begin{pmatrix} 1 \\ 2 \\ 3 \end{pmatrix} \times \begin{pmatrix} 9 \\ 1 \\ 1 \end{pmatrix} = \begin{pmatrix} -1 \\ 26 \\ -17 \end{pmatrix}.$$

Eine Alternative bietet die Graßmann-Identität des Vektorprodukts:

$$\begin{aligned} \mathbf{x} \times (\mathbf{y} \times \mathbf{z}) &= \mathbf{y}(\mathbf{x}^T \mathbf{z}) - \mathbf{z}(\mathbf{x}^T \mathbf{y}) \\ &= \mathbf{y}(-2+3) - \mathbf{z}(-1+10+12) = \mathbf{y} - 21\mathbf{z} \\ &= \begin{pmatrix} -1 \\ 5 \\ 4 \end{pmatrix} - 21 \begin{pmatrix} 0 \\ -1 \\ 1 \end{pmatrix} = \begin{pmatrix} -1 \\ 26 \\ -17 \end{pmatrix}. \end{aligned}$$

c) Der unter Teilaufgabe a) berechnete Vektor steht tatsächlich senkrecht auf $\mathbf{x}$ und auf $\mathbf{y}$. Hierzu bilden wir das Skalarprodukt dieses Vektors mit $\mathbf{x}$ und $\mathbf{y}$ und zeigen, dass beide Skalarprodukte verschwinden:

$$\begin{pmatrix} -7 \\ -7 \\ 7 \end{pmatrix}^T \cdot \begin{pmatrix} 1 \\ 2 \\ 3 \end{pmatrix} = -7 - 14 + 21 = 0 \Rightarrow \begin{pmatrix} -7 \\ -7 \\ 7 \end{pmatrix} \perp \mathbf{x},$$

$$\begin{pmatrix} -7 \\ -7 \\ 7 \end{pmatrix}^T \cdot \begin{pmatrix} -1 \\ 5 \\ 4 \end{pmatrix} = 7 - 35 + 28 = 0 \Rightarrow \begin{pmatrix} -7 \\ -7 \\ 7 \end{pmatrix} \perp \mathbf{y}.$$

d) Die Berechnung des Volumens des durch $\mathbf{x}$, $\mathbf{y}$ und $\mathbf{z}$ aufgespannten Spats ergibt

$$V_{\text{Spat}} = (\mathbf{x} \times \mathbf{y}) \cdot \mathbf{z} = \begin{pmatrix} -7 \\ -7 \\ 7 \end{pmatrix}^T \cdot \begin{pmatrix} 0 \\ -1 \\ 1 \end{pmatrix} = 7 + 7 = 14.$$

Das Volumen kann auch mittels Determinantenformel für das Spatprodukt bestimmt werden:

$$V_{\text{Spat}} = (\mathbf{x} \times \mathbf{y}) \cdot \mathbf{z} = \det(\mathbf{x}|\mathbf{y}|\mathbf{z}) = \begin{vmatrix} 1 & -1 & 0 \\ 2 & 5 & -1 \\ 3 & 4 & 1 \end{vmatrix} = 14.$$

5.2 Normen und Orthogonalität

Aufgabe 5.3 Beweisen Sie die Cauchy-Schwarz'sche Ungleichung (vgl. Satz 5.7 aus [5]): Für zwei Vektoren $\mathbf{x}, \mathbf{y} \in V$ eines euklidischen Raums $(V, \langle \cdot, \cdot \rangle)$ gilt:

$$|\langle \mathbf{x}, \mathbf{y} \rangle| \leq \|\mathbf{x}\| \|\mathbf{y}\|.$$

Nutzen Sie dabei den Ansatz: $0 \leq \|\mathbf{x} - \mathbf{p}\|^2$, wobei $\mathbf{p}$ die (abstrakte) Projektion des Vektors $\mathbf{x}$ auf den Vektor $\mathbf{y}$ für $\mathbf{y} \neq \mathbf{0}$ darstellt:

$$\mathbf{p} = \frac{\langle \mathbf{x}, \mathbf{y} \rangle}{\langle \mathbf{y}, \mathbf{y} \rangle} \mathbf{y} = \frac{\langle \mathbf{x}, \mathbf{y} \rangle}{\|\mathbf{y}\|^2} \mathbf{y}.$$

Hierbei ist $\| \cdot \|$ die auf dem Skalarprodukt $\langle \cdot, \cdot \rangle$ basierende euklidische Norm auf V, definiert durch $\|\mathbf{v}\| = \sqrt{\langle \mathbf{v}, \mathbf{v} \rangle}$ für $\mathbf{v} \in V$.

Lösung

Für $\mathbf{y} = \mathbf{0}$ gilt die Cauchy-Schwarz'sche Ungleichung trivialerweise. Es seien also $\mathbf{x}, \mathbf{y} \in V$ mit $\mathbf{y} \neq \mathbf{0}$. Nun gilt für alle $\lambda \in \mathbb{R}$ und $\mathbf{p} \in V$

$$0 \leq \|\mathbf{x} - \mathbf{p}\|^2$$

und damit auch speziell für $\mathbf{p} = \frac{\langle \mathbf{x}, \mathbf{y} \rangle}{\langle \mathbf{y}, \mathbf{y} \rangle} \mathbf{y} = \frac{\langle \mathbf{x}, \mathbf{y} \rangle}{\|\mathbf{y}\|^2} \mathbf{y}$:

$$0 \leq \left\| \mathbf{x} - \tfrac{\langle \mathbf{x}, \mathbf{y} \rangle}{\|\mathbf{y}\|^2} \mathbf{y} \right\|^2 = \left\langle \mathbf{x} - \tfrac{\langle \mathbf{x}, \mathbf{y} \rangle}{\|\mathbf{y}\|^2} \mathbf{y}, \mathbf{x} - \tfrac{\langle \mathbf{x}, \mathbf{y} \rangle}{\|\mathbf{y}\|^2} \mathbf{y} \right\rangle$$

$$= \|\mathbf{x}\|^2 - 2 \tfrac{\langle \mathbf{x}, \mathbf{y} \rangle}{\|\mathbf{y}\|^2} \langle \mathbf{x}, \mathbf{y} \rangle + \left(\tfrac{\langle \mathbf{x}, \mathbf{y} \rangle}{\|\mathbf{y}\|^2} \right)^2 \|\mathbf{y}\|^2$$

$$= \|\mathbf{x}\|^2 - 2 \tfrac{1}{\|\mathbf{y}\|^2} \langle \mathbf{x}, \mathbf{y} \rangle^2 + \tfrac{1}{\|\mathbf{y}\|^2} \langle \mathbf{x}, \mathbf{y} \rangle^2 = \|\mathbf{x}\|^2 - \tfrac{1}{\|\mathbf{y}\|^2} \langle \mathbf{x}, \mathbf{y} \rangle^2.$$

Damit gilt nach Multiplikation mit $\|\mathbf{y}\|^2 \geq 0$ und Umstellen

$$\langle \mathbf{x}, \mathbf{y} \rangle^2 \leq \|\mathbf{x}\|^2 \|\mathbf{y}\|^2,$$

woraus sich die Cauchy-Schwarz'sche Ungleichung nach Ziehen der Wurzel ergibt.

Aufgabe 5.4 Welche Gestalt haben folgende durch die Normen $\| \cdot \|_1, \| \cdot \|_2$, und $\| \cdot \|_\infty$ definierte Teilmengen des $\mathbb{R}^2$?

$$M_1 = \{\mathbf{x} \in \mathbb{R}^2 : \|\mathbf{x}\|_1 \leq 1\},$$
$$M_2 = \{\mathbf{x} \in \mathbb{R}^2 : \|\mathbf{x}\|_2 \leq 1\},$$
$$M_\infty = \{\mathbf{x} \in \mathbb{R}^2 : \|\mathbf{x}\|_\infty \leq 1\}.$$

Wie verändert sich qualitativ die Gestalt von $M_p := \{\mathbf{x} \in \mathbb{R}^2 : \|\mathbf{x}\|_p \leq 1\}$ für wachsendes $p \in \mathbb{N}$?

Lösung

Wir betrachten die p-Norm im $\mathbb{R}^2$

$$\|\mathbf{x}\|_p = \sqrt[p]{|x|^p + |y|^p}, \quad \text{für} \quad \mathbf{x} = \begin{pmatrix} x \\ y \end{pmatrix} \in \mathbb{R}^2.$$

Die Ungleichung

$$\|\mathbf{x}\|_p \leq 1 \iff \sqrt[p]{|x|^p + |y|^p} \leq 1$$

ergibt für die Komponente y

$$-\sqrt[p]{1 - x^p} \leq y \leq \sqrt[p]{1 - x^p}, \qquad \text{für} \quad x \in [0,1]$$
$$-\sqrt[p]{1 - (-x)^p} \leq y \leq \sqrt[p]{1 - (-x)^p}, \qquad \text{für} \quad x \in [-1,0].$$

Ist p gerade, so gilt wegen $x^p = (-x)^p$ für alle $x \in [-1,1]$

$$-\sqrt[p]{1 - x^p} \leq y \leq \sqrt[p]{1 - x^p}.$$

Für $p = 1$ ergibt sich daher eine Menge, die durch folgende Kurven berandet wird:

$$y_{\min} = x - 1, \quad y_{\max} = 1 - x, \quad x \in [0,1],$$
$$y_{\min} = -1 - x, \quad y_{\max} = 1 + x, \quad x \in [-1,0].$$

Die Menge $M_1 = \{\mathbf{x} \in \mathbb{R}^2 : \|\mathbf{x}\|_1 \leq 1\}$ ist eine Raute um den Nullvektor mit den Ecken $(1,0)^T, (0,1)^T, (-1,0)^T$ und $(0,-1)^T$. Für $p = 2$ lauten die Begrenzungskurven

$$y_{\min} = -\sqrt{1-x^2}, \quad y_{\max} = \sqrt{1-x^2}, \quad x \in [-1,1].$$

Die Menge $M_2 = \{\mathbf{x} \in \mathbb{R}^2 : \|\mathbf{x}\|_2 \leq 1\}$ ist daher der Einheitskreis im $\mathbb{R}^2$, was der Anschauung entspricht. Für $p = 3$ ergeben sich die Begrenzungskurven

$$y_{\min} = -\sqrt[3]{1-x^3}, \quad y_{\max} = \sqrt[3]{1-x^3}, \quad x \in [0,1],$$
$$y_{\min} = -\sqrt[3]{1+x^3}, \quad y_{\max} = \sqrt[3]{1+x^3}, \quad x \in [-1,0].$$

Im Vergleich zu M_2 erscheint die Menge $M_3 = \{\mathbf{x} \in \mathbb{R}^2 : \|\mathbf{x}\|_3 \leq 1\}$, dargestellt in Abb. 5.4, kissenförmig konvex verzerrt. Bei weiter wachsendem p verzerrt sich die Menge M_p immer weiter in Richtung der Eckpunkte $(1,1)^T, (-1,1)^T, (-1,-1)^T$ und $(1,-1)^T$. Dabei steigt der Flächeninhalt immer weiter an. Für die ∞-Norm ergibt sich die Beschränkung

$$\|\mathbf{x}\|_\infty = \max(|x|, |y|) \leq 1,$$

wodurch für beide Komponenten von $\mathbf{x}$ unabhängig gilt $-1 \leq x, y \leq 1$. In der Tat liegt für $x \in (-1,1)$ eine Begrenzung der Komponenten y durch

$$-1 \leq y \leq 1$$

vor, denn es ist

$$y_{\max} = (1-|x|^p)^{1/p} = \mathrm{e}^{\frac{\ln(1-|x|^p)}{p}} \overset{p \to \infty}{\to} 1, \quad \text{da } |x| \leq 1,$$
$$y_{\min} = -y_{\max} = -1.$$

Im Grenzfall $p = \infty$ ergibt sich schließlich ein Quadrat der Seitenlänge 2 um den Nullpunkt.

Aufgabe 5.5 Es sei $(V, \langle \cdot, \cdot, \rangle)$ ein euklidischer oder unitärer Vektorraum. Zeigen Sie, dass bezüglich des Skalarprodukts nur der Nullvektor orthogonal zu allen Vektoren aus V ist.

Lösung

Es ist zu zeigen, dass aus $\langle \mathbf{x}, \mathbf{v} \rangle = 0$ für alle $\mathbf{x} \in V$ folgt: $\mathbf{v} = \mathbf{0}$. Nehmen wir an, es gäbe einen nicht-trivialen Vektor $\mathbf{v} \in V$, mit $\langle \mathbf{x}, \mathbf{v} \rangle = 0$ für alle $\mathbf{x} \in V$. Dann müsste dies auch speziell für $\mathbf{x} = \mathbf{v}$ gelten. Es müsste also $\langle \mathbf{v}, \mathbf{v} \rangle = 0$ folgen. Da aber $\mathbf{v} \neq \mathbf{0}$ ist, stellt dies einen Widerspruch zur positiven Definitheit des Skalarprodukts dar.

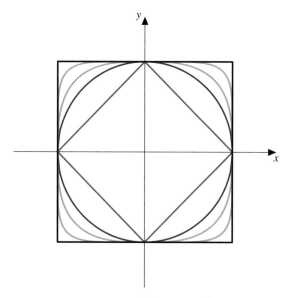

Abb. 5.4 Berandungskurven der Einheitsmengen $\|\mathbf{x}\|_p \leq 1$ im $\mathbb{R}^2$ für $p = 1, 2, 3, 6, \infty$ (von innen nach außen)

5.3 Vertiefende Aufgaben

Aufgabe 5.6 Die Abbildung

$$\|\mathbf{x}\|_p := \left(\sum_{k=1}^{n} |x_k|^p \right)^{1/p} \tag{5.1}$$

ist für reelle $p \geq 1$ eine Norm auf $\mathbb{R}^n$. Warum ist diese Abbildung etwa für $p = \frac{1}{2}$ keine Norm des $\mathbb{R}^n$?

Lösung

Es gilt zwar für alle $\mathbf{x} \in \mathbb{R}^n$

$$\|\mathbf{x}\|_{1/2} \geq 0$$

und

$$\|\mathbf{x}\|_{1/2} = 0 \iff \mathbf{x} = \mathbf{0}$$

sowie für alle $\lambda \in \mathbb{R}$ und alle $\mathbf{x} \in \mathbb{R}^n$

$$\|\lambda \mathbf{x}\|_{1/2} = |\lambda| \|\mathbf{x}\|_{1/2},$$

wie sehr schnell gezeigt werden kann, allerdings ist die Dreiecksungleichung in der Regel nicht erfüllt, denn es gilt beispielsweise für $n \geq 2$ mit $\mathbf{x} = 3\hat{\mathbf{e}}_1$ und $\mathbf{y} = \hat{\mathbf{e}}_1 + \hat{\mathbf{e}}_2$

$$\|\mathbf{x} + \mathbf{y}\|_{1/2} = \left(\sum_{k=1}^{n} |x_k + y_k|^{1/2} \right)^2 = (\sqrt{4} + \sqrt{1})^2 = 9.$$

Dagegen ist

$$\|\mathbf{x}\|_{1/2} + \|\mathbf{y}\|_{1/2} = \left(\sum_{k=1}^{n} |x_k|^{1/2} \right)^2 + \left(\sum_{k=1}^{n} |y_k|^{1/2} \right)^2 = (\sqrt{3})^2 + (\sqrt{1} + \sqrt{1})^2 = 7$$

ein kleinerer Wert.

Aufgabe 5.7 (Induzierte Matrixnorm) Es sei $A \in \mathrm{M}(m \times n, \mathbb{K})$ eine $m \times n$-Matrix über $\mathbb{K} = \mathbb{R}$ oder $\mathbb{K} = \mathbb{C}$. Wie üblich bezeichne $\|.\|_p$ für $p \in \mathbb{N} \setminus \{0\}$ oder $p = \infty$ die p-Norm des $\mathbb{K}^m$ bzw. $\mathbb{K}^n$. Zeigen Sie, dass durch die von $\| \cdot \|_p$ induzierte Matrixnorm

$$\|A\|_p := \max \left\{ \frac{\|A\mathbf{x}\|_p}{\|\mathbf{x}\|_p} : \mathbf{x} \in \mathbb{K}^n, \mathbf{x} \neq \mathbf{0} \right\}$$

eine Norm auf den Matrizenraum $\mathrm{M}(m \times n, \mathbb{K})$ definiert wird. Zeigen Sie zuvor, dass es ausreicht, sich gemäß

$$\|A\|_p = \max \left\{ \|A\mathbf{x}\|_p : \mathbf{x} \in \mathbb{K}^n, \|\mathbf{x}\|_p = 1 \right\}$$

auf Einheitsvektoren zu beschränken.

Lösung

Es sei $A \in \mathrm{M}(m \times n, \mathbb{K})$. Für jeden Vektor $\mathbf{x} \in \mathbb{K}^n$ mit $\mathbf{x} \neq 0$ gilt zunächst

$$\begin{aligned}
\frac{\|A\mathbf{x}\|_p}{\|\mathbf{x}\|_p} &= \frac{1}{\|\mathbf{x}\|_p} \|A\mathbf{x}\|_p \\
&= \frac{1}{\|\mathbf{x}\|_p} \left(\sum_{i=1}^{m} \left(\sum_{j=1}^{n} a_{ij} x_j \right)^p \right)^{1/p} \\
&= \left(\frac{1}{\|\mathbf{x}\|_p^p} \sum_{i=1}^{m} \left(\sum_{j=1}^{n} a_{ij} x_j \right)^p \right)^{1/p} \\
&= \left(\sum_{i=1}^{m} \left(\frac{1}{\|\mathbf{x}\|_p} \sum_{j=1}^{n} a_{ij} x_j \right)^p \right)^{1/p} \\
&= \left(\sum_{i=1}^{m} \left(\sum_{j=1}^{n} a_{ij} \frac{x_j}{\|\mathbf{x}\|_p} \right)^p \right)^{1/p} = \left\| A \frac{\mathbf{x}}{\|\mathbf{x}\|_p} \right\|_p.
\end{aligned}$$

Der Vektor $\mathbf{x}/\|\mathbf{x}\|_p$ ist ein Einheitsvektor, und jeder Einheitsvektor kann in die Form $\mathbf{x}/\|\mathbf{x}\|_p$ gebracht werden. Wir können uns also auf die Menge $\mathbb{E} := \{\mathbf{x} \in \mathbb{K}^n : \|\mathbf{x}\|_p = 1\}$ der Einheitsvektoren beschränken.

Da die Menge $\mathbb{E}$ abgeschlossen und beschränkt, also kompakt ist, existiert das Maximum der stetigen Funktion $\|A\mathbf{x}\|_p$ auf dieser Menge. Wir zeigen nun, dass diese Abbildung die Eigenschaften einer Vektornorm auf dem Matrizenraum $\mathrm{M}(m \times n, \mathbb{K})$ besitzt.

Zunächst ist aufgrund der Normeigenschaften von $\|\cdot\|_p$ unmittelbar klar, dass $\|A\|_p \geq 0$ ist. Es sei nun $\mathbf{b}_1, \ldots, \mathbf{b}_n$ eine Orthonormalbasis von $\mathbb{K}^n$. Sollte nun $\|A\|_p = 0$ gelten, dann gilt für jeden Einheitsvektor $\hat{\mathbf{x}} \in \mathbb{E}$, dass $\|A\hat{\mathbf{x}}\|_p = 0$, also auch für jeden Basisvektor $\mathbf{b}_i$:

$$\|A\mathbf{b}_i\|_p = 0, \qquad i = 1, \ldots, n.$$

Aufgrund der Normeigenschaft von $\|\cdot\|_p$ ist dies nur möglich, wenn

$$A\mathbf{b}_i = \mathbf{0}, \qquad i = 1, \ldots, n.$$

Somit kann A nur die Nullabbildung, also die Nullmatrix aus $\mathrm{M}(m \times n, \mathbb{K})$ sein (vgl. universelle Eigenschaft einer Basis, Aufgaben 4.14 und 4.15). Ist also $\|A\|_p = 0$, so folgt $A = 0_{m \times n}$.

Für jedes $\lambda \in \mathbb{K}$ ist

$$\|\lambda A\|_p = \max_{\mathbf{x} \in \mathbb{E}} \|\lambda A\mathbf{x}\|_p = \max_{\mathbf{x} \in \mathbb{E}} |\lambda| \cdot \|A\mathbf{x}\|_p = |\lambda| \cdot \max_{\mathbf{x} \in \mathbb{E}} \|A\mathbf{x}\|_p = |\lambda| \cdot \|A\|_p.$$

Nun sei $B \in \mathrm{M}(m \times n, \mathbb{K})$ eine weitere Matrix. Wir zeigen nun die Dreiecksungleichung. Es ist

$$\begin{aligned}
\|A + B\|_p &= \max_{\mathbf{x} \in \mathbb{E}} \|(A + B)\mathbf{x}\|_p \\
&= \|(A + B)\mathbf{x}_0\|_p \quad \text{(mit einem } \mathbf{x}_0 \in \mathbb{E}) \\
&= \|A\mathbf{x}_0 + B\mathbf{x}_0\|_p \\
&\leq \|A\mathbf{x}_0\|_p + \|B\mathbf{x}_0\|_p \quad \text{(Dreiecksungleichung der } p\text{-Norm auf } \mathbb{K}^m) \\
&\leq \max_{\mathbf{x} \in \mathbb{E}} \|A\mathbf{x}\|_p + \max_{\mathbf{x} \in \mathbb{E}} \|B\mathbf{x}\|_p = \|A\|_p + \|B\|_p.
\end{aligned}$$

Damit erfüllt

$$\|\cdot\|_p : \mathrm{M}(m \times n, \mathbb{K}) \to \mathbb{K}$$
$$A \mapsto \max_{A\mathbf{x} \in \mathbb{E}} \|\mathbf{x}\|_p$$

die Eigenschaften einer Vektornorm auf dem Matrizenraum $\mathrm{M}(m \times n, \mathbb{K})$.

Aufgabe 5.7.1 Zeigen Sie, dass die von der p-Norm induzierte Matrixnorm mit der p-Norm verträglich ist, d. h., für alle $A \in \mathrm{M}(m \times n, \mathbb{K})$ und $\mathbf{v} \in \mathbb{K}^n$ gilt

$$\|A\mathbf{v}\|_p \leq \|A\|_p \cdot \|\mathbf{v}\|_p. \tag{5.2}$$

Lösung

Für $\mathbf{v} = \mathbf{0}$ ist die Aussage klar. Für $A \in M(m \times n, \mathbb{K})$ und $\mathbf{0} \neq \mathbf{v} \in \mathbb{K}^n$ gilt

$$
\begin{aligned}
\|A\mathbf{v}\|_p &= \left\| \|\mathbf{v}\|_p \cdot A \cdot \frac{\mathbf{v}}{\|\mathbf{v}\|_p} \right\|_p \\
&= \|\mathbf{v}\|_p \cdot \left\| A \frac{\mathbf{v}}{\|\mathbf{v}\|_p} \right\|_p \\
&\leq \|\mathbf{v}\|_p \cdot \max_{\|\mathbf{x}\|=1} \|A\mathbf{x}\|_p, \quad \text{da } \left\| \frac{\mathbf{v}}{\|\mathbf{v}\|_p} \right\|_p = 1 \\
&= \|\mathbf{v}\|_p \cdot \|A\|_p.
\end{aligned}
$$

Aufgabe 5.7.2 Zeigen Sie, dass die von der p-Norm induzierte Matrixnorm submultiplikativ ist, d. h., für alle $A \in M(m \times n, \mathbb{K})$ und $B \in M(n \times p, \mathbb{K})$ gilt die Ungleichung

$$
\|A \cdot B\|_p \leq \|A\|_p \cdot \|B\|_p.
$$

Lösung

Diese Aussage ist eine direkte Konsequenz aus der Verträglichkeit der induzierten Matrixnorm mit der zugrunde gelegten p-Norm, denn

$$
\begin{aligned}
\|A \cdot B\|_p &= \max_{\|\mathbf{x}\|_p=1} \|(A \cdot B)\mathbf{x}\|_p \\
&= \max_{\|\mathbf{x}\|_p=1} \|A \cdot (B\mathbf{x})\|_p \\
&\overset{(5.2)}{\leq} \max_{\|\mathbf{x}\|_p=1} \|A\|_p \|B\mathbf{x}\|_p \\
&= \|A\|_p \cdot \max_{\|\mathbf{x}\|_p=1} \|B\mathbf{x}\|_p \\
&= \|A\|_p \cdot \|B\|_p.
\end{aligned}
$$

Aufgabe 5.7.3 Es sei $A \in M(m \times n, \mathbb{K})$ eine Matrix über $\mathbb{K} = \mathbb{R}$ bzw. $\mathbb{K} = \mathbb{C}$. Zeigen Sie, dass für die von der ∞-Norm induzierte Matrixnorm

$$
\|A\|_\infty = \max_{1 \leq i \leq m} \sum_{j=1}^{n} |a_{ij}| \qquad \text{(Zeilensummennorm)}
$$

und für die von der 1-Norm induzierte Matrixnorm

$$
\|A\|_1 = \max_{1 \leq j \leq n} \sum_{i=1}^{m} |a_{ij}| \qquad \text{(Spaltensummennorm)}
$$

gilt.

Lösung

Für die ∞-Norm ist

$$\|A\|_\infty = \max_{\|\mathbf{x}\|_\infty=1} \|A\mathbf{x}\|_\infty = \max_{\|\mathbf{x}\|_\infty=1} \max_{1\le i\le m} \left| \sum_{j=1}^{n} a_{ij}x_j \right| = \max_{1\le i\le m} \max_{\|\mathbf{x}\|_\infty=1} \left| \sum_{j=1}^{n} a_{ij}x_j \right|.$$

Der Ausdruck

$$\sum_{j=1}^{n} a_{ij}x_j$$

wird für $\|\mathbf{x}\|_\infty = 1$ betragsmaximal, wenn die Vorzeichen der Komponenten von $\mathbf{x}$ mit den Vorzeichen der Einträge in der i-ten Zeile von A übereinstimmen, d. h., falls

$$x_j = \operatorname{sign} a_{ij}, \qquad 1 \le j \le n.$$

Für den auf diese Weise definierten Vektor $\mathbf{x}$ gilt $\|\mathbf{x}\|_\infty = 1$. Insgesamt folgt nun

$$\|A\|_\infty = \max_{1\le i\le m} \max_{\|\mathbf{x}\|_\infty=1} \left| \sum_{j=1}^{n} a_{ij}x_j \right| = \max_{1\le i\le m} \left| \sum_{j=1}^{n} \underbrace{a_{ij} \operatorname{sign} a_{ij}}_{=|a_{ij}|} \right| = \max_{1\le i\le m} \sum_{j=1}^{n} |a_{ij}|.$$

Wir bezeichnen daher die von der ∞-Norm induzierte Matrixnorm als Zeilensummennorm.
Für die 1-Norm ist

$$\|A\|_1 = \max_{\|\mathbf{x}\|_1=1} \|A\mathbf{x}\|_1 = \max_{\|\mathbf{x}\|_1=1} \sum_{i=1}^{m} \left| \sum_{j=1}^{n} a_{ij}x_j \right|.$$

Es gilt nun für $\|\mathbf{x}\|_1 = 1$ aufgrund der Dreiecksungleichung

$$\begin{aligned}
\|A\mathbf{x}\|_1 &= \sum_{i=1}^{m} \left| \sum_{j=1}^{n} a_{ij}x_j \right| \\
&\le \sum_{i=1}^{m} \sum_{j=1}^{n} |a_{ij}||x_j| = \sum_{j=1}^{n} \sum_{i=1}^{m} |a_{ij}||x_j| = \sum_{j=1}^{n} |x_j| \sum_{i=1}^{m} |a_{ij}| \\
&\le \sum_{j=1}^{n} |x_j| \max_{1\le k\le n} \sum_{i=1}^{m} |a_{ik}| = \underbrace{\left(\sum_{j=1}^{n} |x_j| \right)}_{=\|\mathbf{x}\|_1=1} \cdot \max_{1\le k\le n} \sum_{i=1}^{m} |a_{ik}| = \max_{1\le k\le n} \sum_{i=1}^{m} |a_{ik}| =: M.
\end{aligned}$$

Der Ausdruck $\|A\mathbf{x}\|_1$ kann also für $\|\mathbf{x}\|_1 = 1$ nach oben durch M abgeschätzt werden. Wählen wir nun mit $l \in \{1,\dots,n\}$ einen Index mit

$$M = \max_{1\le k\le n} \sum_{i=1}^{m} |a_{ik}| = \sum_{i=1}^{m} |a_{il}|,$$

so liegt mit dem kanonischen Einheitsvektor $\hat{\mathbf{x}} = \hat{\mathbf{e}}_l$ ein Vektor vor, für den $\|\hat{\mathbf{x}}\|_1 = 1$ gilt und mit dem die Schranke M wegen

$$\|A\hat{\mathbf{x}}\|_1 = \sum_{i=1}^{m} \left| \sum_{j=1}^{n} a_{ij} \hat{x}_j \right| = \sum_{i=1}^{m} \left| \sum_{j=1}^{n} a_{ij} \delta_{jl} \right| = \sum_{i=1}^{m} |a_{il}| = M = \max_{1 \le k \le n} \sum_{i=1}^{m} |a_{ik}|$$

auch erreicht wird.

Wir bezeichnen daher die von der 1-Norm induzierte Matrixnorm als Spaltensummennorm.

Aufgabe 5.7.4 (Kondition einer regulären Matrix) Es sei $A \in \mathrm{GL}(n, \mathbb{R})$ eine reguläre Matrix und $\mathbf{0} \ne \mathbf{b} \in \mathbb{R}^n$ sowie $\|\cdot\|$ eine Norm auf $\mathbb{R}^n$ bzw. die induzierte Matrixnorm auf $\mathrm{M}(n, \mathbb{R})$. Zeigen Sie folgende Fehlerabschätzung für den relativen Fehler in der Lösung $\mathbf{x} + \Delta\mathbf{x}$ des gestörten Systems $A(\mathbf{x} + \Delta\mathbf{x}) = \mathbf{b} + \Delta\mathbf{b}$:

$$\frac{\|\Delta\mathbf{x}\|}{\|\mathbf{x}\|} \le \|A\| \cdot \|A^{-1}\| \frac{\|\Delta\mathbf{b}\|}{\|\mathbf{b}\|} \tag{5.3}$$

Der Wert $\mathrm{cond}\, A := \|A\| \cdot \|A^{-1}\|$ heißt Kondition der Matrix A und ist ein Maß für die Empfindlichkeit des relativen Fehlers der Lösung $\|\Delta\mathbf{x}\|/\|\mathbf{x}\|$ vom relativen Fehler der rechten Seite $\|\Delta\mathbf{b}\|/\|\mathbf{b}\|$.

Lösung

Wenn $A \in \mathrm{GL}(n, \mathbb{R})$ eine reguläre Matrix ist, dann ist das lineare Gleichungssystem $A\mathbf{x} = \mathbf{b}$ für jeden Vektor $\mathbf{0} \ne \mathbf{b} \in \mathbb{R}^n$ eindeutig durch $\mathbf{x} \ne \mathbf{0}$ lösbar. Zudem existiert auch eine eindeutige Lösung von $A(\mathbf{x} + \Delta\mathbf{x}) = \mathbf{b} + \Delta\mathbf{b}$. Wir formen dieses System etwas um und führen anschließend eine Normabschätzung (vgl. Aufgabe 5.7.1) durch.

$$
\begin{aligned}
&A(\mathbf{x} + \Delta\mathbf{x}) = \mathbf{b} + \Delta\mathbf{b} && \\
\Leftrightarrow\ & A\mathbf{x} + A\Delta\mathbf{x} = \mathbf{b} + \Delta\mathbf{b} && |\quad -A\mathbf{x} = -\mathbf{b} \\
\Leftrightarrow\ & A\Delta\mathbf{x} = \Delta\mathbf{b} && |\quad A^{-1}\cdot \\
\Leftrightarrow\ & \Delta\mathbf{x} = A^{-1}\Delta\mathbf{b} && |\quad \|\cdots\| \\
\Rightarrow\ & \|\Delta\mathbf{x}\| = \|A^{-1}\Delta\mathbf{b}\| \le \|A^{-1}\| \cdot \|\Delta\mathbf{b}\| && |\quad \tfrac{1}{\|\mathbf{x}\|} \\
\Leftrightarrow\ & \tfrac{\|\Delta\mathbf{x}\|}{\|\mathbf{x}\|} \le \|A^{-1}\| \tfrac{\|\Delta\mathbf{b}\|}{\|\mathbf{x}\|} &&
\end{aligned}
$$

Nun ist $\|\mathbf{b}\| = \|A\mathbf{x}\| \le \|A\| \cdot \|\mathbf{x}\|$, woraus sich $\|\mathbf{x}\| \ge \|\mathbf{b}\|/\|A\|$ ergibt. Insgesamt folgt mit

$$\frac{\|\Delta\mathbf{x}\|}{\|\mathbf{x}\|} \le \|A^{-1}\| \frac{\|\Delta\mathbf{b}\|}{\|\mathbf{x}\|} \le \|A\| \cdot \|A^{-1}\| \frac{\|\Delta\mathbf{b}\|}{\|\mathbf{b}\|}$$

die nachzuweisende Abschätzung.

Kapitel 6
Eigenwerte und Eigenvektoren

6.1 Eigenwerte und Eigenräume

Aufgabe 6.1 Berechnen Sie die Eigenwerte und Eigenräume der reellen 4×4-Matrix

$$A = \begin{pmatrix} 1 & 2 & 0 & 0 \\ 2 & 1 & 0 & 0 \\ 0 & 0 & 2 & 1 \\ 0 & 0 & 1 & 2 \end{pmatrix}.$$

Geben Sie auch jeweils die algebraische und geometrische Ordnung der Eigenwerte an. Bestimmen Sie einen Vektor $\mathbf{v} \neq \mathbf{0}$, der durch Multiplikation mit A nicht verändert wird.

Lösung

Für das charakteristische Polynom von A gilt nach der Kästchenformel

$$\chi_A(x) = \det(xE - A) = \det \begin{pmatrix} x-1 & -2 & 0 & 0 \\ -2 & x-1 & 0 & 0 \\ 0 & 0 & x-2 & -1 \\ 0 & 0 & -1 & x-2 \end{pmatrix}$$

$$= \det \begin{pmatrix} x-1 & -2 \\ -2 & x-1 \end{pmatrix} \det \begin{pmatrix} x-2 & -1 \\ -1 & x-2 \end{pmatrix} \quad \text{(Kästchenformel)}$$

$$= ((x-1)^2 - 4)((x-2)^2 - 1) = 0$$

$$\Longleftrightarrow \quad x - 1 = \pm 2 \quad \vee \quad x - 2 = \pm 1.$$

Die sich hieraus ergebenden Eigenwerte zusammen mit ihren algebraischen und geometrischen Ordnungen lauten nun:

© Springer-Verlag GmbH Deutschland, ein Teil von Springer Nature 2019
L. Göllmann und C. Henig, *Arbeitsbuch zur linearen Algebra*,
https://doi.org/10.1007/978-3-662-58766-9_6

$$
\begin{array}{c|c|c}
\lambda & \text{alg}(\lambda) & \text{geo}(\lambda) \\
\hline
-1 & 1 & 1 \\
1 & 1 & 1 \\
3 & 2 & 2
\end{array} \ .
$$

Da die Matrix A symmetrisch ist und nur reelle Komponenten enthält, stimmt die geometrische Ordnung jedes Eigenwertes auch mit der jeweiligen algebraischen Ordnung überein. Wir berechnen nun die Eigenräume.
Für $\lambda = -1$ erhalten wir:

$$
V_{A,-1} = \text{Kern}(A+E) = \text{Kern} \begin{pmatrix} 2 & 2 & 0 & 0 \\ 2 & 2 & 0 & 0 \\ 0 & 0 & 3 & 1 \\ 0 & 0 & 1 & 3 \end{pmatrix} = \text{Kern} \begin{pmatrix} 1 & 1 & 0 & 0 \\ 0 & 0 & 1 & 0 \\ 0 & 0 & 0 & 1 \end{pmatrix} .
$$

Ein zyklischer Spaltentausch ($1 \to 4$ und $2,3,4$ eine Spalte vor) liefert

$$
\text{Kern} \begin{pmatrix} 1 & 0 & 0 & 1 \\ 0 & 1 & 0 & 0 \\ 0 & 0 & 1 & 0 \end{pmatrix} = \left\langle \begin{pmatrix} -1 \\ 0 \\ 0 \\ 1 \end{pmatrix} \right\rangle .
$$

Nach Rückgängigmachen des zyklischen Variablenentauschs erhalten wir

$$
V_{A,-1} = \left\langle \begin{pmatrix} 1 \\ -1 \\ 0 \\ 0 \end{pmatrix} \right\rangle .
$$

Für $\lambda = 1$ ergibt sich:

$$
V_{A,1} = \text{Kern}(A-E) = \text{Kern} \begin{pmatrix} 0 & 2 & 0 & 0 \\ 2 & 0 & 0 & 0 \\ 0 & 0 & 1 & 1 \\ 0 & 0 & 1 & 1 \end{pmatrix} = \text{Kern} \begin{pmatrix} 1 & 0 & 0 & 0 \\ 0 & 1 & 0 & 0 \\ 0 & 0 & 1 & 1 \end{pmatrix} = \left\langle \begin{pmatrix} 0 \\ 0 \\ -1 \\ 1 \end{pmatrix} \right\rangle .
$$

Jeder Vektor aus diesem Raum wird durch Multiplikation mit A nicht verändert, so beispielsweise auch $\mathbf{v} = (0,0,12,-12)^T$.
Für $\lambda = 3$ berechnen wir:

$$
V_{A,3} = \text{Kern}(A-3E) = \text{Kern} \begin{pmatrix} -2 & 2 & 0 & 0 \\ 2 & -2 & 0 & 0 \\ 0 & 0 & -1 & 1 \\ 0 & 0 & 1 & -1 \end{pmatrix} = \text{Kern} \begin{pmatrix} -1 & 1 & 0 & 0 \\ 0 & 0 & 1 & -1 \end{pmatrix} .
$$

Ein zyklischer Spaltentausch ($1 \to 4$ und $2,3,4$ eine Spalte vor) liefert uns zunächst

$$\mathrm{Kern} \begin{pmatrix} 1 & 0 & 0 & -1 \\ 0 & 1 & -1 & 0 \end{pmatrix} = \left\langle \begin{pmatrix} 0 \\ 1 \\ 1 \\ 0 \end{pmatrix}, \begin{pmatrix} 1 \\ 0 \\ 0 \\ 1 \end{pmatrix} \right\rangle,$$

woraus sich nach Rückgängigmachen des zyklischen Variablentauschs

$$V_{A,3} = \left\langle \begin{pmatrix} 0 \\ 0 \\ 1 \\ 1 \end{pmatrix}, \begin{pmatrix} 1 \\ 1 \\ 0 \\ 0 \end{pmatrix} \right\rangle$$

ergibt.

Aufgabe 6.2 Gegeben sei die reelle 4×4-Matrix

$$A = \begin{pmatrix} -1 & 3 & 3 & 0 \\ -6 & 8 & 6 & 0 \\ 0 & 0 & 2 & 0 \\ -4 & 3 & 3 & 3 \end{pmatrix}.$$

a) Berechnen Sie die Eigenwerte und Eigenräume von A. Geben Sie auch jeweils die algebraische und geometrische Ordnung der Eigenwerte an.
b) Warum ist A diagonalisierbar?
c) Bestimmen Sie eine reguläre Matrix S bestehend aus nicht-negativen Komponenten sowie eine geeignete Diagonalmatrix Λ, sodass $S^{-1}AS = \Lambda$ gilt.

Lösung

a) Das charakteristische Polynom von A können wir durch Entwicklung nach der vierten Spalte und anschließender Entwicklung nach der dritten Zeile zügig faktorisieren:

$$\chi_A(x) = \det(xE - A) = \det \begin{pmatrix} x+1 & -3 & -3 & 0 \\ 6 & x-8 & -6 & 0 \\ 0 & 0 & x-2 & 0 \\ 4 & -3 & -3 & x-3 \end{pmatrix} = (x-3)\det \begin{pmatrix} x+1 & -3 & -3 \\ 6 & x-8 & -6 \\ 0 & 0 & x-2 \end{pmatrix}$$

$$= (x-3)(x-2)\det \begin{pmatrix} x+1 & -3 \\ 6 & x-8 \end{pmatrix} = (x-3)(x-2)((x+1)(x-8)+18)$$

$$= (x-2)(x-3)(x^2 - 7x + 10) = (x-3)(x-2)(x-2)(x-5).$$

Für die Eigenwerte von A ergibt sich daher die folgende Aufstellung:

λ	$\mathrm{alg}(\lambda)$	$\mathrm{geo}(\lambda)$
2	2	
3	1	1
5	1	1

Da $\mathrm{alg}(3) = \mathrm{alg}(5) = 1$ ist, können wir bereits auf $\mathrm{geo}(3) = \mathrm{geo}(5) = 1$ schließen. Die in dieser Tabelle noch offene geometrische Ordnung des Eigenwertes $\lambda = 2$ ergibt sich aus der nun folgenden Berechnung der Eigenräume. Es gilt

$$
V_{A,2} = \mathrm{Kern}(A - 2E) = \mathrm{Kern} \begin{pmatrix} -3 & 3 & 3 & 0 \\ -6 & 6 & 6 & 0 \\ 0 & 0 & 0 & 0 \\ -4 & 3 & 3 & 1 \end{pmatrix} = \mathrm{Kern} \begin{pmatrix} 1 & -1 & -1 & 0 \\ -4 & 3 & 3 & 1 \end{pmatrix}
$$

$$
= \mathrm{Kern} \begin{pmatrix} 1 & -1 & -1 & 0 \\ 0 & 1 & 1 & -1 \end{pmatrix} = \mathrm{Kern} \begin{pmatrix} 1 & 0 & 0 & -1 \\ 0 & 1 & 1 & -1 \end{pmatrix}
$$

$$
= \left\langle \begin{pmatrix} 0 \\ -1 \\ 1 \\ 0 \end{pmatrix}, \begin{pmatrix} 1 \\ 1 \\ 0 \\ 1 \end{pmatrix} \right\rangle = \left\langle \begin{pmatrix} 1 \\ 0 \\ 1 \\ 1 \end{pmatrix}, \begin{pmatrix} 1 \\ 1 \\ 0 \\ 1 \end{pmatrix} \right\rangle .
$$

Der Eigenraum ändert sich nicht, wenn wir den zweiten Eigenvektor auf den ersten addieren. Hierdurch erhalten wir zwei Basisvektoren von $V_{A,2}$ mit nicht-negativen Komponenten. Da dieser Eigenraum zweidimensional ist, gilt für die geometrische Ordnung dieses Eigenwertes $\mathrm{geo}(2) = 2$. Den Eigenraum zu $\lambda = 3$ können wir unmittelbar der Matrix

$$
A = \begin{pmatrix} -1 & 3 & 3 & 0 \\ -6 & 8 & 6 & 0 \\ 0 & 0 & 2 & 0 \\ -4 & 3 & 3 & 3 \end{pmatrix}
$$

entnehmen. Da wir wissen, dass $\mathrm{geo}(3) = 1$ ist, reicht ein Eigenvektor aus, um als Basisvektor $V_{A,3}$ aufzuspannen. Die letzte Spalte von A ist $3\hat{\mathbf{e}}_4$, woraus $A\hat{\mathbf{e}}_4 = 3\hat{\mathbf{e}}_4$ folgt. Damit ist $\hat{\mathbf{e}}_4$ ein Eigenvektor zu $\lambda = 3$. Es gilt somit

$$
V_{A,3} = \langle \hat{\mathbf{e}}_4 \rangle = \left\langle \begin{pmatrix} 0 \\ 0 \\ 0 \\ 1 \end{pmatrix} \right\rangle .
$$

Abschließend bestimmen wir den Eigenraum zu $\lambda = 5$:

$$
V_{A,5} = \mathrm{Kern}(A - 5E) = \mathrm{Kern} \begin{pmatrix} -6 & 3 & 3 & 0 \\ -6 & 3 & 6 & 0 \\ 0 & 0 & -3 & 0 \\ -4 & 3 & 3 & -2 \end{pmatrix} = \mathrm{Kern} \begin{pmatrix} -6 & 3 & 0 & 0 \\ -6 & 3 & 0 & 0 \\ 0 & 0 & 1 & 0 \\ -4 & 3 & 0 & -2 \end{pmatrix}
$$

$$
= \mathrm{Kern} \begin{pmatrix} -2 & 1 & 0 & 0 \\ 0 & 0 & 1 & 0 \\ -4 & 3 & 0 & -2 \end{pmatrix} = \mathrm{Kern} \begin{pmatrix} -2 & 1 & 0 & 0 \\ 0 & 0 & 1 & 0 \\ 2 & 0 & 0 & -2 \end{pmatrix} = \mathrm{Kern} \begin{pmatrix} -2 & 1 & 0 & 0 \\ 0 & 0 & 1 & 0 \\ -1 & 0 & 0 & 1 \end{pmatrix} = \left\langle \begin{pmatrix} 1 \\ 2 \\ 0 \\ 1 \end{pmatrix} \right\rangle .
$$

b) Es gilt $\mathrm{alg}\,\lambda = \mathrm{geo}\,\lambda$ für jeden Eigenwert $\lambda \in \mathrm{Spec}\,A$. Daher ist A diagonalisierbar.

c) Da

$$\sum_{\lambda \in \mathrm{Spec}\,A} \mathrm{geo}\,\lambda = 4 = \dim \mathbb{R}^4$$

ist, gibt es eine Basis aus Eigenvektoren von A. Die oben angegebenen Eigenvektoren sind linear unabhängig und (nach einer Spaltenaddition bei $V_{A,2}$) mit positiven Komponenten versehen. Wir können diese Eigenvektoren also zu einer regulären Matrix mit der geforderten Eigenschaft zusammenstellen. Beispielsweise gilt mit

$$S = \begin{pmatrix} 1 & 1 & 0 & 1 \\ 0 & 1 & 0 & 2 \\ 1 & 0 & 0 & 0 \\ 1 & 1 & 1 & 1 \end{pmatrix}$$

die Ähnlichkeitstransformation

$$S^{-1}AS = \begin{pmatrix} 2 & 0 & 0 & 0 \\ 0 & 2 & 0 & 0 \\ 0 & 0 & 3 & 0 \\ 0 & 0 & 0 & 5 \end{pmatrix} =: \Lambda.$$

Aufgabe 6.2.1 Bestimmen Sie für die 4×4-Matrizen

$$A = \begin{pmatrix} -7 & 0 & 0 & 5 \\ -5 & -2 & 0 & 5 \\ -6 & 0 & 1 & 3 \\ -10 & 0 & 0 & 8 \end{pmatrix}, \quad B = \begin{pmatrix} 4 & 0 & 0 & 0 \\ 0 & 3 & -1 & 0 \\ 0 & 1 & 1 & 0 \\ 0 & -3 & 4 & 2 \end{pmatrix}, \quad C = \begin{pmatrix} 1 & 2 & 4 & 2 \\ 0 & 3 & 1 & 1 \\ 0 & -1 & 1 & -1 \\ 0 & 1 & 1 & 3 \end{pmatrix}$$

sämtliche Eigenwerte und ihre dazugehörigen Eigenräume. Ist die jeweilige Matrix diagonalisierbar? Bestimmen Sie dabei im Falle der Diagonalisierbarkeit eine Basis des $\mathbb{R}^4$ aus Eigenvektoren der betreffenden Matrix. Wie lautet eine Ähnlichkeitstransformation, um die jeweilige Matrix in eine Diagonalform zu überführen?

Lösung

Wir erkennen an der Matrix

$$A = \begin{pmatrix} -7 & 0 & 0 & 5 \\ -5 & -2 & 0 & 5 \\ -6 & 0 & 1 & 3 \\ -10 & 0 & 0 & 8 \end{pmatrix}$$

sofort die beiden Eigenwerte -2 und 1 mit zugehörigen Eigenvektoren $\hat{\mathbf{e}}_2$ bzw. $\hat{\mathbf{e}}_3$, denn es gilt $A\hat{\mathbf{e}}_2 = -2 \cdot \hat{\mathbf{e}}_2$ und $A\hat{\mathbf{e}}_3 = \hat{\mathbf{e}}_3$. Diese beiden Eigenwerte ergeben sich auch unmittelbar nach Bestimmung des charakteristischen Polynoms χ_A von A durch zweimalige Spaltenentwicklung

$$\chi_A(x) = \det(xE - A) = \det \begin{pmatrix} x+7 & 0 & 0 & -5 \\ 5 & x+2 & 0 & -5 \\ 6 & 0 & x-1 & -3 \\ 10 & 0 & 0 & x-8 \end{pmatrix} = (x+2)\det \begin{pmatrix} x+7 & 0 & -5 \\ 6 & x-1 & -3 \\ 10 & 0 & x-8 \end{pmatrix}$$

$$= (x+2)(x-1)\det \begin{pmatrix} x+7 & -5 \\ 10 & x-8 \end{pmatrix} = (x+2)(x-1)(x^2-x-6)$$

$$= (x+2)(x-1)(x+2)(x-3).$$

Wir erhalten daher mit

λ	$\mathrm{alg}(\lambda)$	$\mathrm{geo}(\lambda)$
-2	2	
1	1	1
3	1	1

die Aufstellung der Eigenwerte von A. Da 1 und 3 algebraisch einfache Eigenwerte sind, müssen die zugehörigen Eigenräume eindimensional sein. Wir beginnen mit der Bestimmung des Eigenraums zum Eigenwert -2. Dabei vertauschen wir im Laufe der Berechnung die zweite mit der dritten Spalte. Um dies auszugleichen, führen wir durch Linksmultiplikation mit der 4×4-Permutationsmatrix P_{23} einen entsprechenden Tausch der zweiten mit der dritten Komponente des Kerns durch:

$$V_{A,-2} = \mathrm{Kern}(A+2E) = \mathrm{Kern} \begin{pmatrix} -5 & 0 & 0 & 5 \\ -5 & 0 & 0 & 5 \\ -6 & 0 & 3 & 3 \\ -10 & 0 & 0 & 10 \end{pmatrix} \begin{matrix} \cdot(-1/5) \\ \\ \cdot 1/3 \\ \end{matrix}$$

$$= \mathrm{Kern} \begin{pmatrix} 1 & 0 & 0 & -1 \\ -2 & 0 & 1 & 1 \end{pmatrix} = P_{23}\,\mathrm{Kern} \begin{pmatrix} 1 & 0 & 0 & -1 \\ -2 & 1 & 0 & 1 \end{pmatrix} \begin{matrix} \cdot 2 \\ \hookleftarrow \end{matrix}$$

$$= P_{23}\,\mathrm{Kern} \begin{pmatrix} 1 & 0 & 0 & -1 \\ 0 & 1 & 0 & -1 \end{pmatrix}$$

$$= P_{23} \left\langle \begin{pmatrix} 0 \\ 0 \\ 1 \\ 0 \end{pmatrix}, \begin{pmatrix} 1 \\ 1 \\ 0 \\ 1 \end{pmatrix} \right\rangle = \left\langle P_{23} \begin{pmatrix} 0 \\ 0 \\ 1 \\ 0 \end{pmatrix}, P_{23} \begin{pmatrix} 1 \\ 1 \\ 0 \\ 1 \end{pmatrix} \right\rangle = \left\langle \begin{pmatrix} 0 \\ 1 \\ 0 \\ 0 \end{pmatrix}, \begin{pmatrix} 1 \\ 0 \\ 1 \\ 1 \end{pmatrix} \right\rangle.$$

Es gilt $\mathrm{geo}(-2) = \dim V_{A,-2} = 2 = \mathrm{alg}(-2)$. Da auch $\mathrm{geo}(1) = \mathrm{alg}(1)$ und $\mathrm{geo}(3) = \mathrm{alg}(3)$ gilt, ist A diagonalisierbar. Für den eindimensionalen Eigenraum $V_{A,1}$ haben wir mit $\hat{\mathbf{e}}_3$ bereits einen Eigenvektor gefunden, daher gilt

$$V_{A,1} = \langle \hat{\mathbf{e}}_3 \rangle = \left\langle \begin{pmatrix} 0 \\ 0 \\ 1 \\ 0 \end{pmatrix} \right\rangle.$$

Den Eigenraum zum Eigenwert 3 bestimmen wir wieder konventionell über eine Kernberechnung. Es gilt

$$V_{A,3} = \operatorname{Kern}(A - 3E) = \operatorname{Kern} \begin{pmatrix} -10 & 0 & 0 & 5 \\ -5 & -5 & 0 & 5 \\ -6 & 0 & -2 & 3 \\ -10 & 0 & 0 & 5 \end{pmatrix} \begin{matrix} \cdot 1/5 \\ \cdot 1/5 \\ \\ \\ \end{matrix}$$

$$= \operatorname{Kern} \begin{pmatrix} -2 & 0 & 0 & 1 \\ 1 & 1 & 0 & -1 \\ -6 & 0 & -2 & 3 \end{pmatrix} = \operatorname{Kern} \begin{pmatrix} 1 & 1 & 0 & -1 \\ -2 & 0 & 0 & 1 \\ -6 & 0 & -2 & 3 \end{pmatrix}$$

$$= \operatorname{Kern} \begin{pmatrix} 1 & 1 & 0 & -1 \\ 0 & 2 & 0 & -1 \\ 0 & 6 & -2 & -3 \end{pmatrix} \begin{matrix} \\ \cdot(-3) \\ \hookleftarrow \end{matrix} = \operatorname{Kern} \begin{pmatrix} 1 & 1 & 0 & -1 \\ 0 & 2 & 0 & -1 \\ 0 & 0 & -2 & 0 \end{pmatrix} \begin{matrix} \\ \cdot 1/2 \\ \\ \end{matrix}$$

$$= \operatorname{Kern} \begin{pmatrix} 1 & 1 & 0 & -1 \\ 0 & 1 & 0 & -1/2 \\ 0 & 0 & 1 & 0 \end{pmatrix} = \operatorname{Kern} \begin{pmatrix} 1 & 0 & 0 & -1/2 \\ 0 & 1 & 0 & -1/2 \\ 0 & 0 & 1 & 0 \end{pmatrix} = \left\langle \begin{pmatrix} 1/2 \\ 1/2 \\ 0 \\ 1 \end{pmatrix} \right\rangle = \left\langle \begin{pmatrix} 1 \\ 1 \\ 0 \\ 2 \end{pmatrix} \right\rangle.$$

$$\cdot 2$$

Die letzte Operation war zwar nicht notwendig, macht aber das Ergebnis etwas handlicher, da der erzeugende Eigenvektor nun ganzzahlig ist. Wenn wir nun die Basisvektoren dieser Eigenräume zu einer Basismatrix

$$S = \begin{pmatrix} 0 & 1 & 0 & 1 \\ 1 & 0 & 0 & 1 \\ 0 & 1 & 1 & 0 \\ 0 & 1 & 0 & 2 \end{pmatrix}$$

zusammenstellen, dann ergibt die Ähnlichkeitstransformation von A mit S

$$S^{-1}AS = \begin{pmatrix} -2 & 0 & 0 & 0 \\ 0 & -2 & 0 & 0 \\ 0 & 0 & 1 & 0 \\ 0 & 0 & 0 & 3 \end{pmatrix}$$

die Eigenwertdiagonalmatrix mit den Eigenwerten von A auf der Hauptdiagonalen in der Reihenfolge der Platzierung der entsprechenden Eigenvektoren innerhalb von S.

Die Matrix

$$B = \begin{pmatrix} 4 & 0 & 0 & 0 \\ 0 & 3 & -1 & 0 \\ 0 & 1 & 1 & 0 \\ 0 & -3 & 4 & 2 \end{pmatrix}$$

besitzt den Eigenwert 4 mit $\hat{\mathbf{e}}_1 \in \mathbb{R}^4$ als Eigenvektor. Für das charakteristische Polynom können wir den Linearfaktor $x - 4$ direkt abspalten. Die Entwicklung nach erster Zeile oder Spalte mit anschließender Entwicklung nach der letzten Spalte ergibt dann

$$\chi_B(x) = (x-4)\det\begin{pmatrix} x-3 & 1 & 0 \\ -1 & x-1 & 0 \\ 3 & -4 & x-2 \end{pmatrix} = (x-4)(x-2)\det\begin{pmatrix} x-3 & 1 \\ -1 & x-1 \end{pmatrix}$$

$$= (x-4)(x-2)(x^2-4x+4) = (x-4)(x-2)^3.$$

Wir erhalten damit 2 als einzigen weiteren Eigenwert mit $\mathrm{alg}(2) = 3$. Es ist $\mathrm{alg}(4) = 1$ und damit auch $\mathrm{geo}(4) = 1$. Der eindimensionale Eigenraum zum Eigenwert 4 wird daher bereits durch den Eigenvektor $\hat{\mathbf{e}}_1$ erzeugt:

$$V_{B,4} = \langle \hat{\mathbf{e}}_1 \rangle = \left\langle \begin{pmatrix} 1 \\ 0 \\ 0 \\ 0 \end{pmatrix} \right\rangle.$$

Für den zweiten Eigenraum berechnen wir

$$V_{B,2} = \mathrm{Kern}(B-2E) = \mathrm{Kern}\begin{pmatrix} 2 & 0 & 0 & 0 \\ 0 & 1 & -1 & 0 \\ 0 & 1 & -1 & 0 \\ 0 & -3 & 4 & 0 \end{pmatrix} = \mathrm{Kern}\begin{pmatrix} 1 & 0 & 0 & 0 \\ 0 & 1 & -1 & 0 \\ 0 & -3 & 4 & 0 \end{pmatrix} = \langle \hat{\mathbf{e}}_4 \rangle = \left\langle \begin{pmatrix} 0 \\ 0 \\ 0 \\ 1 \end{pmatrix} \right\rangle,$$

denn die verbleibenden drei Zeilen sind linear unabhängig, sodass auch dieser Kern nur eindimensional ist und bereits durch $\hat{\mathbf{e}}_4$ erzeugt wird. Da nun $\mathrm{geo}(2) = 1 < 3 = \mathrm{alg}(2)$ gilt, gibt es keine Basis des $\mathbb{R}^4$ aus Eigenvektoren von B. Daher ist B nicht diagonalisierbar.

Mit

$$C = \begin{pmatrix} 1 & 2 & 4 & 2 \\ 0 & 3 & 1 & 1 \\ 0 & -1 & 1 & -1 \\ 0 & 1 & 1 & 3 \end{pmatrix}$$

liegt eine reelle 4×4-Matrix vor, für die $C \cdot \hat{\mathbf{e}}_1 = 1 \cdot \hat{\mathbf{e}}_1$ gilt. Sie besitzt also den Eigenwert 1 mit $\hat{\mathbf{e}}_1$ als Eigenvektor. Für das charakteristische Polynom berechnen wir mit Entwicklung nach erster Spalte und anschließenden Typ-I-Umformungen

$$\chi_C(x) = (x-1)\det\begin{pmatrix} x-3 & -1 & -1 \\ 1 & x-1 & 1 \\ -1 & -1 & x-3 \end{pmatrix} \begin{array}{c} + \\ \hookleftarrow \end{array} = (x-1)\det\begin{pmatrix} x-3 & -1 & -1 \\ 1 & x-1 & 1 \\ 0 & x-2 & x-2 \end{pmatrix}$$

$$= (x-1)\det\begin{pmatrix} x-3 & 0 & -1 \\ 1 & x-2 & 1 \\ 0 & 0 & x-2 \end{pmatrix} = (x-1)(x-2)\det\begin{pmatrix} x-3 & -1 \\ 0 & x-2 \end{pmatrix}$$

$$= (x-1)(x-2)^2(x-3).$$

Wir erhalten hieraus die folgende Aufstellung aller Eigenwerte von A nebst ihren algebraischen und geometrischen Ordnungen:

λ	$\mathrm{alg}(\lambda)$	$\mathrm{geo}(\lambda)$
1	1	1
2	2	
3	1	1

für die Eigenwerte von C. Um eine Aussage zur Diagonalisierbarkeit zu erhalten, beginnen wir mit der Bestimmung des Eigenraums zum Eigenwert 2. Es gilt

$$V_{C,2} = \mathrm{Kern}(C - 2E) = \mathrm{Kern}\begin{pmatrix} -1 & 2 & 4 & 2 \\ 0 & 1 & 1 & 1 \\ 0 & -1 & -1 & -1 \\ 0 & 1 & 1 & 1 \end{pmatrix}$$

$$= \mathrm{Kern}\underbrace{\begin{pmatrix} -1 & 2 & 4 & 2 \\ 0 & 1 & 1 & 1 \end{pmatrix}}_{\substack{\text{Matrix mit Rang 2,} \\ \text{geo}(2) = 4 - 2 = 2 \\ \text{Somit ist } C \text{ diag.-bar.}}} \overset{\cdot(-2)}{} = \mathrm{Kern}\begin{pmatrix} -1 & 0 & 2 & 0 \\ 0 & 1 & 1 & 1 \end{pmatrix} = \mathrm{Kern}\begin{pmatrix} 1 & 0 & -2 & 0 \\ 0 & 1 & 1 & 1 \end{pmatrix}$$

$$= \left\langle \begin{pmatrix} 2 \\ -1 \\ 1 \\ 0 \end{pmatrix}, \begin{pmatrix} 0 \\ -1 \\ 0 \\ 1 \end{pmatrix} \right\rangle .$$

Für den Eigenwert 1 hatten wir bereits einen Eigenvektor gefunden. Da der zugehörige Eigenraum eindimensional ist, erzeugt bereits dieser Eigenvektor den gesamten Eigenraum. Es ist also

$$V_{C,1} = \langle \hat{\mathbf{e}}_1 \rangle = \left\langle \begin{pmatrix} 1 \\ 0 \\ 0 \\ 0 \end{pmatrix} \right\rangle .$$

Den verbleibenden Eigenraum zum Eigenwert 3 berechnen wir wieder mit der bewährten Methode. Es ist

$$V_{C,3} = \mathrm{Kern}(C - 3E) = \mathrm{Kern}\begin{pmatrix} -2 & 2 & 4 & 2 \\ 0 & 0 & 1 & 1 \\ 0 & -1 & -2 & -1 \\ 0 & 1 & 1 & 0 \end{pmatrix} = \mathrm{Kern}\begin{pmatrix} -2 & 2 & 4 & 2 \\ 0 & 1 & 1 & 0 \\ 0 & -1 & -2 & -1 \\ 0 & 0 & 1 & 1 \end{pmatrix}$$

$$= \mathrm{Kern}\begin{pmatrix} -2 & 2 & 4 & 2 \\ 0 & 1 & 1 & 0 \\ 0 & 0 & -1 & -1 \\ 0 & 0 & 1 & 1 \end{pmatrix} = \mathrm{Kern}\begin{pmatrix} -2 & 2 & 4 & 2 \\ 0 & 1 & 1 & 0 \\ 0 & 0 & 1 & 1 \end{pmatrix} = \mathrm{Kern}\begin{pmatrix} -2 & 2 & 0 & -2 \\ 0 & 1 & 0 & -1 \\ 0 & 0 & 1 & 1 \end{pmatrix} .$$

Dieser Kern enthält beispielsweise den nicht-trivialen Vektor $(0, 1, -1, 1)^T$. Da der Kern zudem eindimensional ist, erzeugt dieser Vektor bereits den Kern und damit den Eigenraum:

$$V_{C,3} = \left\langle \begin{pmatrix} 0 \\ 1 \\ -1 \\ 1 \end{pmatrix} \right\rangle.$$

Mit der aus vier linear unabhängigen Eigenvektoren zusammengestellten Matrix

$$T = \begin{pmatrix} 1 & 0 & 2 & 0 \\ 0 & 1 & -1 & -1 \\ 0 & -1 & 1 & 0 \\ 0 & 1 & 0 & 1 \end{pmatrix}$$

gilt die Ähnlichkeitstransformation

$$T^{-1}CT = \begin{pmatrix} 1 & 0 & 0 & 0 \\ 0 & 3 & 0 & 0 \\ 0 & 0 & 2 & 0 \\ 0 & 0 & 0 & 2 \end{pmatrix}.$$

Aufgabe 6.2.2 Bestimmen Sie die Eigenwerte und die zugehörigen Eigenräume der folgenden Matrizen. Geben Sie dabei auch die algebraischen und geometrischen Vielfachheiten der Eigenwerte an. Überprüfen Sie jeweils die Diagonalisierbarkeit.

$$A = \begin{pmatrix} -1 & -1 & 1 & 0 & 0 \\ 1 & -3 & 6 & 0 & 0 \\ 0 & 0 & 3 & 0 & 0 \\ 0 & 0 & 0 & 4 & -1 \\ 0 & 0 & 0 & 1 & 2 \end{pmatrix}, \qquad B = \begin{pmatrix} 2 & 0 & -2 & -2 \\ 0 & 2 & 1 & 1 \\ -1 & -2 & -1 & -2 \\ 1 & 2 & 4 & 5 \end{pmatrix}$$

Geben Sie eine Matrix S an mit $BS = S\Lambda$, wobei Λ eine Diagonalmatrix ist.

Lösung

Wir bestimmen die Eigenwerte von

$$A = \begin{pmatrix} -1 & -1 & 1 & 0 & 0 \\ 1 & -3 & 6 & 0 & 0 \\ 0 & 0 & 3 & 0 & 0 \\ 0 & 0 & 0 & 4 & -1 \\ 0 & 0 & 0 & 1 & 2 \end{pmatrix}$$

mithilfe des charakteristischen Polynoms

$$\chi_A(x) = \det(xE - A) = \det \begin{pmatrix} x+1 & 1 & -1 & 0 & 0 \\ -1 & x+3 & -6 & 0 & 0 \\ 0 & 0 & x-3 & 0 & 0 \\ 0 & 0 & 0 & x-4 & 1 \\ 0 & 0 & 0 & -1 & x-2 \end{pmatrix} \leftarrow$$

$$= (x-3)\det\begin{pmatrix} x+1 & 1 & 0 & 0 \\ -1 & x+3 & 0 & 0 \\ 0 & 0 & x-4 & 1 \\ 0 & 0 & -1 & x-2 \end{pmatrix} \leftarrow$$

$$= (x-3)\left[(x+1)\det\begin{pmatrix} x+3 & 0 & 0 \\ 0 & x-4 & 1 \\ 0 & -1 & x-2 \end{pmatrix} - \det\begin{pmatrix} -1 & 0 & 0 \\ 0 & x-4 & 1 \\ 0 & -1 & x-2 \end{pmatrix}\right]$$

$$= (x-3)\left[(x+1)(x+3)\det\begin{pmatrix} x-4 & 1 \\ -1 & x-2 \end{pmatrix} + \det\begin{pmatrix} x-4 & 1 \\ -1 & x-2 \end{pmatrix}\right]$$

$$= (x-3)\det\begin{pmatrix} x-4 & 1 \\ -1 & x-2 \end{pmatrix} \cdot \left[(x+1)(x+3)+1\right]$$

$$= (x-3)\left[(x-4)(x-2)+1\right] \cdot \left[(x+1)(x+3)+1\right]$$

$$= (x-3)(x^2-6x+9)(x^2+4x+4) = (x-3)(x-3)^2(x+2)^2 = (x-3)^3(x+2)^2.$$

Alternativ bietet es sich hier an, die Kästchenformel anzuwenden, was die Berechnung der Determinante sehr stark vereinfacht und sie gleichzeitig faktorisiert:

$$\chi_A(x) = \det(xE-A) = \det\begin{pmatrix} x+1 & 1 & -1 & 0 & 0 \\ -1 & x+3 & -6 & 0 & 0 \\ 0 & 0 & x-3 & 0 & 0 \\ 0 & 0 & 0 & x-4 & 1 \\ 0 & 0 & 0 & -1 & x-2 \end{pmatrix}$$

$$= \det\begin{pmatrix} x+1 & 1 \\ -1 & x+3 \end{pmatrix} \cdot (x-3) \cdot \det\begin{pmatrix} x-4 & 1 \\ -1 & x-2 \end{pmatrix}$$

$$= (x^2+4x+4)(x-3)(x^2-6x+9) = (x+2)^2(x-3)(x-3)^2 = (x+2)^2(x-3)^3.$$

Die Eigenwerte mit den entsprechenden algebraischen Vielfachheiten von A lauten also

λ	$\text{alg}(\lambda)$
$\lambda_1 = -2$	2
$\lambda_2 = 3$	3

.

Nun berechnen wir die Eigenräume. Für den Eigenraum zu $\lambda_1 = -2$ gilt zunächst

$$V_{A,\lambda_1} = \text{Kern}(A-\lambda_1 E) = \text{Kern}(A+2E) = \text{Kern}\begin{pmatrix} 1 & -1 & 1 & 0 & 0 \\ 1 & -1 & 6 & 0 & 0 \\ 0 & 0 & 5 & 0 & 0 \\ 0 & 0 & 0 & 6 & -1 \\ 0 & 0 & 0 & 1 & 4 \end{pmatrix}$$

$$= \text{Kern}\begin{pmatrix} 1 & -1 & 1 & 0 & 0 \\ 0 & 0 & 5 & 0 & 0 \\ 0 & 0 & 5 & 0 & 0 \\ 0 & 0 & 0 & 1 & 4 \\ 0 & 0 & 0 & 6 & -1 \end{pmatrix} \begin{matrix} \\ \cdot(-1) \\ \leftarrow\!\lrcorner \\ \cdot(-6) \\ \leftarrow\!\lrcorner \end{matrix}$$

$$
= \text{Kern} \begin{pmatrix} 1 & -1 & 1 & 0 & 0 \\ 0 & 0 & 5 & 0 & 0 \\ 0 & 0 & 0 & 1 & 4 \\ 0 & 0 & 0 & 0 & -25 \end{pmatrix} = \text{Kern} \begin{pmatrix} 1 & -1 & 1 & 0 & 0 \\ 0 & 0 & 1 & 0 & 0 \\ 0 & 0 & 0 & 1 & 4 \\ 0 & 0 & 0 & 0 & 1 \end{pmatrix} \begin{matrix} \\ \cdot(-1) \\ \\ \cdot(-4) \end{matrix}
$$

$$
= \text{Kern} \begin{pmatrix} 1 & -1 & 0 & 0 & 0 \\ 0 & 0 & 1 & 0 & 0 \\ 0 & 0 & 0 & 1 & 0 \\ 0 & 0 & 0 & 0 & 1 \end{pmatrix} = \text{Kern} \begin{pmatrix} 1 & -1 & 0 & 0 & 0 \\ 0 & 0 & 1 & 0 & 0 \\ 0 & 0 & 0 & 1 & 0 \\ 0 & 0 & 0 & 0 & 1 \end{pmatrix}.
$$

Wir führen einen zyklischen Spaltentausch durch ($1 \to 5$ sowie $2,3,4,5 \to 1,2,3,4$):

$$
\text{Kern} \begin{pmatrix} -1 & 0 & 0 & 0 & 1 \\ 0 & 1 & 0 & 0 & 0 \\ 0 & 0 & 1 & 0 & 0 \\ 0 & 0 & 0 & 1 & 0 \end{pmatrix} = \text{Kern} \begin{pmatrix} 1 & 0 & 0 & 0 & -1 \\ 0 & 1 & 0 & 0 & 0 \\ 0 & 0 & 1 & 0 & 0 \\ 0 & 0 & 0 & 1 & 0 \end{pmatrix} = \left\langle \begin{pmatrix} 1 \\ 0 \\ 0 \\ 0 \\ 1 \end{pmatrix} \right\rangle.
$$

Nach Rückgängigmachen des zyklischen Spaltentausches erhalten wir als Eigenraum

$$
V_{A,\lambda_1} = \left\langle \begin{pmatrix} 1 \\ 1 \\ 0 \\ 0 \\ 0 \end{pmatrix} \right\rangle.
$$

Dieser Raum ist eindimensional. Für die geometrische Ordnung des Eigenwertes $\lambda_1 = -2$ gilt also $\text{geo}(\lambda_1) = 1$. Für den zweiten Eigenraum berechnen wir

$$
V_{A,\lambda_2} = \text{Kern}(A - \lambda_2 E) = \text{Kern}(A - 3E) = \text{Kern} \begin{pmatrix} -4 & -1 & 1 & 0 & 0 \\ 1 & -6 & 6 & 0 & 0 \\ 0 & 0 & 0 & 0 & 0 \\ 0 & 0 & 0 & 1 & -1 \\ 0 & 0 & 0 & 1 & -1 \end{pmatrix}
$$

$$
= \text{Kern} \begin{pmatrix} 1 & -6 & 6 & 0 & 0 \\ -4 & -1 & 1 & 0 & 0 \\ 0 & 0 & 0 & 1 & -1 \end{pmatrix} \begin{matrix} \cdot 4 \\ \hookleftarrow \\ \\ \end{matrix} = \text{Kern} \begin{pmatrix} 1 & -6 & 6 & 0 & 0 \\ 0 & -25 & 25 & 0 & 0 \\ 0 & 0 & 0 & 1 & -1 \end{pmatrix} \cdot 1/25
$$

$$
= \text{Kern} \begin{pmatrix} 1 & -6 & 6 & 0 & 0 \\ 0 & -1 & 1 & 0 & 0 \\ 0 & 0 & 0 & 1 & -1 \end{pmatrix}.
$$

Wir tauschen Spalte 3 gegen Spalte 5 und erhalten

$$\text{Kern} \begin{pmatrix} 1 & -6 & 0 & 0 & 6 \\ 0 & -1 & 0 & 0 & 1 \\ 0 & 0 & -1 & 1 & 0 \end{pmatrix} \overset{\cdot(-6)}{\curvearrowleft} = \text{Kern} \begin{pmatrix} 1 & 0 & 0 & 0 & 0 \\ 0 & 1 & 0 & 0 & -1 \\ 0 & 0 & 1 & -1 & 0 \end{pmatrix} = \left\langle \begin{pmatrix} 0 \\ 0 \\ 1 \\ 1 \\ 0 \end{pmatrix}, \begin{pmatrix} 0 \\ 1 \\ 0 \\ 0 \\ 1 \end{pmatrix} \right\rangle.$$

Nach Rückgängigmachen des Variablentausches $(3 \leftrightarrow 5)$ erhalten wir

$$V_{A,\lambda_2} = \left\langle \begin{pmatrix} 0 \\ 0 \\ 0 \\ 1 \\ 1 \end{pmatrix}, \begin{pmatrix} 0 \\ 1 \\ 1 \\ 0 \\ 0 \end{pmatrix} \right\rangle$$

als Eigenraum. Da es sich um einen zweidimensionalen Raum handelt, folgt $\text{geo}(\lambda_2) = 2$. Die Matrix A ist nicht diagonalisierbar, denn es stimmt sogar bei beiden Eigenwerten die geometrische Ordnung *nicht* mit der algebraischen Ordnung überein:

λ	$\text{alg}(\lambda)$	$\text{geo}(\lambda)$
$\lambda_1 = -2$	2	1
$\lambda_2 = 3$	3	2

Wir betrachten nun

$$B = \begin{pmatrix} 2 & 0 & -2 & -2 \\ 0 & 2 & 1 & 1 \\ -1 & -2 & -1 & -2 \\ 1 & 2 & 4 & 5 \end{pmatrix}$$

und bestimmen die Eigenwerte:

$$\chi_B(x) = \det(xE - B) = \det \begin{pmatrix} x-2 & 0 & 2 & 2 \\ 0 & x-2 & -1 & -1 \\ 1 & 2 & x+1 & 2 \\ -1 & -2 & -4 & x-5 \end{pmatrix} \overset{+}{\curvearrowleft}$$

$$= \det \begin{pmatrix} x-2 & 0 & 2 & 2 \\ 0 & x-2 & -1 & -1 \\ 1 & 2 & x+1 & 2 \\ 0 & 0 & x-3 & x-3 \end{pmatrix} = \det \begin{pmatrix} x-2 & 0 & 0 & 2 \\ 0 & x-2 & 0 & -1 \\ 1 & 2 & x-1 & 2 \\ 0 & 0 & 0 & x-3 \end{pmatrix}$$

$$\overset{\cdot(-1)}{\underset{\hookleftarrow}{}}$$

$$= (x-3)\det \begin{pmatrix} x-2 & 0 & 0 \\ 0 & x-2 & 0 \\ 1 & 2 & x-1 \end{pmatrix}$$

$$= (x-3)(x-2)^2(x-1).$$

Wie üblich, lesen wir die Eigenwerte von B und ihre algebraischen Ordnungen hieraus direkt ab:

$$\begin{array}{c|c} \lambda & \mathrm{alg}(\lambda) \\ \hline \lambda_1 = 2 & 2 \\ \lambda_2 = 3 & 1 \\ \lambda_3 = 1 & 1 \end{array} \, .$$

Für den Eigenraum von B zum Eigenwert $\lambda_1 = 2$ berechnen wir

$$V_{B,\lambda_1} = \mathrm{Kern}(B - \lambda_1 E) = \mathrm{Kern}(B - 2E) = \mathrm{Kern} \begin{pmatrix} 0 & 0 & -2 & -2 \\ 0 & 0 & 1 & 1 \\ -1 & -2 & -3 & -2 \\ 1 & 2 & 4 & 3 \end{pmatrix}$$

$$= \mathrm{Kern} \begin{pmatrix} 0 & 0 & 1 & 1 \\ 1 & 2 & 4 & 3 \end{pmatrix} = \mathrm{Kern} \begin{pmatrix} 1 & 2 & 4 & 3 \\ 0 & 0 & 1 & 1 \end{pmatrix} = \mathrm{Kern} \begin{pmatrix} 1 & 2 & 0 & -1 \\ 0 & 0 & 1 & 1 \end{pmatrix}.$$

Es bietet sich der Spaltentausch $2 \leftrightarrow 3$ an:

$$\mathrm{Kern} \begin{pmatrix} 1 & 0 & 2 & -1 \\ 0 & 1 & 0 & 1 \end{pmatrix} = \left\langle \begin{pmatrix} -2 \\ 0 \\ 1 \\ 0 \end{pmatrix}, \begin{pmatrix} 1 \\ -1 \\ 0 \\ 1 \end{pmatrix} \right\rangle.$$

Nach Rückgängigmachen des Variablentausches folgt

$$V_{B,\lambda_1} = \left\langle \begin{pmatrix} -2 \\ 1 \\ 0 \\ 0 \end{pmatrix}, \begin{pmatrix} 1 \\ 0 \\ -1 \\ 1 \end{pmatrix} \right\rangle.$$

Es gilt also $\mathrm{geo}(\lambda_1) = 2 = \mathrm{alg}(\lambda_1)$. Da die algebraische Ordnung der anderen beiden Eigenwerte jeweils 1 ist, kann an dieser Stelle bereits festgestellt werden, dass B diagonalisierbar ist. Für den Eigenraum zum Eigenwert $\lambda_2 = 3$ gilt

$$V_{B,\lambda_2} = \mathrm{Kern}(B - \lambda_2 E) = \mathrm{Kern}(B - 3E) = \mathrm{Kern} \begin{pmatrix} -1 & 0 & -2 & -2 \\ 0 & -1 & 1 & 1 \\ -1 & -2 & -4 & -2 \\ 1 & 2 & 4 & 2 \end{pmatrix}$$

$$= \mathrm{Kern} \begin{pmatrix} -1 & 0 & -2 & -2 \\ 0 & -1 & 1 & 1 \\ 0 & 2 & 2 & 0 \end{pmatrix} = \mathrm{Kern} \begin{pmatrix} -1 & 0 & -2 & -2 \\ 0 & -1 & 1 & 1 \\ 0 & 1 & 1 & 0 \end{pmatrix}$$

$$= \mathrm{Kern} \begin{pmatrix} -1 & 0 & -2 & -2 \\ 0 & -1 & 1 & 1 \\ 0 & 0 & 2 & 1 \end{pmatrix} = \mathrm{Kern} \begin{pmatrix} -1 & 0 & -2 & -2 \\ 0 & -1 & 1 & 1 \\ 0 & 0 & 1 & 1/2 \end{pmatrix}$$

$$= \mathrm{Kern} \begin{pmatrix} -1 & 0 & 0 & -1 \\ 0 & -1 & 0 & 1/2 \\ 0 & 0 & 1 & 1/2 \end{pmatrix} = \mathrm{Kern} \begin{pmatrix} 1 & 0 & 0 & 1 \\ 0 & 1 & 0 & -1/2 \\ 0 & 0 & 1 & 1/2 \end{pmatrix} = \left\langle \begin{pmatrix} -1 \\ 1/2 \\ -1/2 \\ 1 \end{pmatrix} \right\rangle.$$

Wie erwartet, ist der Eigenraum eindimensional, es gilt also $\mathrm{geo}(\lambda_2) = 1$. Schließlich ergibt die Bestimmung des Eigenraums zum dritten Eigenwert

$$V_{B,\lambda_3} = \mathrm{Kern}(B - \lambda_3 E) = \mathrm{Kern}(B - 1E) = \mathrm{Kern}\begin{pmatrix} 1 & 0 & -2 & -2 \\ 0 & 1 & 1 & 1 \\ -1 & -2 & -2 & -2 \\ 1 & 2 & 4 & 4 \end{pmatrix}$$

$$= \mathrm{Kern}\begin{pmatrix} 1 & 0 & -2 & -2 \\ 0 & -1 & 1 & 1 \\ 0 & -2 & -4 & -4 \\ 0 & 2 & 6 & 6 \end{pmatrix} = \mathrm{Kern}\begin{pmatrix} 1 & 0 & -2 & -2 \\ 0 & -1 & 1 & 1 \\ 0 & 0 & -6 & -6 \\ 0 & 0 & 8 & 8 \end{pmatrix}$$

$$= \mathrm{Kern}\begin{pmatrix} 1 & 0 & -2 & -2 \\ 0 & -1 & 1 & 1 \\ 0 & 0 & 1 & 1 \end{pmatrix} = \mathrm{Kern}\begin{pmatrix} 1 & 0 & 0 & 0 \\ 0 & -1 & 0 & 0 \\ 0 & 0 & 1 & 1 \end{pmatrix}$$

$$= \mathrm{Kern}\begin{pmatrix} 1 & 0 & 0 & 0 \\ 0 & 1 & 0 & 0 \\ 0 & 0 & 1 & 1 \end{pmatrix} = \left\langle \begin{pmatrix} 0 \\ 0 \\ -1 \\ 1 \end{pmatrix} \right\rangle.$$

Auch dieser Eigenraum ist erwartungsgemäß eindimensional. Es gilt also $\mathrm{geo}(\lambda_2) = 1$. Für jeden Eigenwert stimmt die geometrische Ordnung mit seiner algebraischen Ordnung überein. Es gibt daher eine Basis $(\mathbf{v}_1, \mathbf{v}_2, \mathbf{v}_3, \mathbf{v}_4)$ des $\mathbb{R}^4$ aus Eigenvektoren von B. Wir können beliebige linear unabhängige Vektoren $\mathbf{v}_1, \mathbf{v}_2 \in V_{B,\lambda_1}$ sowie beliebige nicht-triviale Vektoren $\mathbf{v}_3 \in V_{B,\lambda_2}$ und $\mathbf{v}_4 \in V_{B,\lambda_3}$ aus den zuvor berechneten Eigenräumen auswählen. Wenn wir diese Eigenvektoren zu einer Matrix S zusammenstellen, ergibt sich aufgrund der jeweiligen Eigenwertgleichung eine reguläre Matrix mit

$$BS = B \cdot (\mathbf{v}_1|\mathbf{v}_2|\mathbf{v}_3|\mathbf{v}_4) = (B\mathbf{v}_1|B\mathbf{v}_2|B\mathbf{v}_3|B\mathbf{v}_4)$$
$$= (\lambda_1\mathbf{v}_1|\lambda_1\mathbf{v}_2|\lambda_2\mathbf{v}_3|\lambda_3\mathbf{v}_4)$$
$$= (\mathbf{v}_1|\mathbf{v}_2|\mathbf{v}_3|\mathbf{v}_4)\underbrace{\begin{pmatrix} \lambda_1 & 0 & 0 & 0 \\ 0 & \lambda_1 & 0 & 0 \\ 0 & 0 & \lambda_2 & 0 \\ 0 & 0 & 0 & \lambda_3 \end{pmatrix}}_{=:\Lambda} = S\Lambda,$$

woraus

$$S^{-1}BS = \Lambda$$

folgt. Wählen wir also aus den drei Eigenräumen einen Satz von vier linear unabhängigen Vektoren aus, beispielsweise direkt die angegebenen Richtungsvektoren:

$$\mathbf{v}_1 = \begin{pmatrix} -2 \\ 1 \\ 0 \\ 0 \end{pmatrix}, \quad \mathbf{v}_2 = \begin{pmatrix} 1 \\ 0 \\ -1 \\ 1 \end{pmatrix}, \quad \mathbf{v}_3 = \begin{pmatrix} -1 \\ 1/2 \\ -1/2 \\ 1 \end{pmatrix}, \quad \mathbf{v}_4 = \begin{pmatrix} 0 \\ 0 \\ -1 \\ 1 \end{pmatrix}.$$

Wir stellen nun diese Vektoren zu einer Matrix zusammen:

$$S = (\mathbf{v}_1|\mathbf{v}_2|\mathbf{v}_3|\mathbf{v}_4) = \begin{pmatrix} -2 & 1 & -1 & 0 \\ 1 & 0 & 1/2 & 0 \\ 0 & -1 & -1/2 & -1 \\ 0 & 1 & 1 & 1 \end{pmatrix}.$$

In der Tat leistet S das Geforderte, wie die folgende Rechnung zeigt. Für die Inverse von S gilt

$$S^{-1} = \begin{pmatrix} 0 & 1 & -1 & -1 \\ 1 & 2 & 0 & 0 \\ 0 & 0 & 2 & 2 \\ -1 & -2 & -2 & -1 \end{pmatrix}$$

und somit

$$S^{-1}BS = \begin{pmatrix} 0 & 1 & -1 & -1 \\ 1 & 2 & 0 & 0 \\ 0 & 0 & 2 & 2 \\ -1 & -2 & -2 & -1 \end{pmatrix} \begin{pmatrix} 2 & 0 & -2 & -2 \\ 0 & 2 & 1 & 1 \\ -1 & -2 & -1 & -2 \\ 1 & 2 & 4 & 5 \end{pmatrix} \begin{pmatrix} -2 & 1 & -1 & 0 \\ 1 & 0 & 1/2 & 0 \\ 0 & -1 & -1/2 & -1 \\ 0 & 1 & 1 & 1 \end{pmatrix}$$

$$= \begin{pmatrix} 0 & 1 & -1 & -1 \\ 1 & 2 & 0 & 0 \\ 0 & 0 & 2 & 2 \\ -1 & -2 & -2 & -1 \end{pmatrix} \begin{pmatrix} -4 & 2 & -3 & 0 \\ 2 & 0 & 3/2 & 0 \\ 0 & -2 & -3/2 & -1 \\ 0 & 2 & 3 & 1 \end{pmatrix} = \begin{pmatrix} 2 & 0 & 0 & 0 \\ 0 & 2 & 0 & 0 \\ 0 & 0 & 3 & 0 \\ 0 & 0 & 0 & 1 \end{pmatrix} =: \Lambda.$$

Aufgabe 6.2.3 Gegeben sei eine 10×10-Matrix A mit reellen Komponenten und Rang $A = 6$. Die Matrix habe u. a. die Eigenwerte $\lambda_1 = 1$, $\lambda_2 = -2$ und $\lambda_3 = -3$. Zudem gebe es einen Vektor $\mathbf{x} \in \mathbb{R}^{10}$, $\mathbf{x} \neq \mathbf{0}$ mit $A\mathbf{x} - 4\mathbf{x} = 4\mathbf{x}$. Des Weiteren gelte Rang$(A - E_{10}) = 7$. Geben Sie sämtliche Eigenwerte von A an sowie jeweils die geometrische Ordnung. Ist A diagonalisierbar?

Lösung

Eigenwert	Geom. Ordnung	Begründung
0	4	A ist singulär (da Rang $A < 10$), somit ist 0 ein Eigenwert von A. Es gilt geo$(0) = \dim \mathrm{Kern}(A - 0E) = 10 - \mathrm{Rang}\,A = 4$.
1	3	geo$(1) = \dim \mathrm{Kern}(A - 1E) = 10 - \mathrm{Rang}(A - E) = 3$
8	1	Es gilt $A\mathbf{x} - 4\mathbf{x} = 4\mathbf{x} \Rightarrow A\mathbf{x} = 8\mathbf{x}$, und es bleiben noch zwei weitere Eigenwerte $\lambda_2 = -2$ und $\lambda_3 = -3$.
−2	1	Da bereits geo$(0) + \mathrm{geo}(1) = 7$ ist, bleibt nur noch geo$(8) = \mathrm{geo}(-2) = \mathrm{geo}(-3) = 1$
−3	1	für die übrigen drei Eigenwerte, denn Eigenräume sind mindestens eindimensional.

Da geo$(0) + \mathrm{geo}(1) + \mathrm{geo}(8) + \mathrm{geo}(-2) + \mathrm{geo}(-3) = 10$ ergibt, ist A diagonalisierbar.

Aufgabe 6.2.4 Welche der folgenden Matrizen sind diagonalisierbar, welche nicht?

$$A = \begin{pmatrix} 27 & 13 & 12 & 14 \\ 0 & 37 & 10 & 19 \\ 0 & 0 & 34 & 11 \\ 0 & 0 & 0 & 19 \end{pmatrix}, \quad B = \begin{pmatrix} 1 & 0 & 0 & 0 \\ 0 & 1 & 0 & 0 \\ 0 & 0 & 2 & 1 \\ 0 & 0 & 0 & 2 \end{pmatrix}, \quad C = \begin{pmatrix} 25 & 19 & 24 \\ 19 & 11 & 23 \\ 24 & 23 & 11 \end{pmatrix}$$

Hinweis: Dies kann ohne großen Aufwand direkt erkannt werden.

Lösung

Bei A handelt es sich um eine (obere) Dreiecksmatrix. Die Eigenwerte von A stehen daher auf ihrer Diagonalen. Es liegen somit genau vier verschiedene Eigenwerte der 4×4-Matrix A vor. Sie sind alle von einfacher algebraischer Ordnung, sodass jeder der vier Eigenräume eindimensional ist. Die algebraische Ordnung stimmt also für jeden Eigenwert von A mit der jeweiligen geometrischen Ordnung überein. Daher ist A diagonalisierbar.

Die Eigenwerte von B sind $\lambda_1 = 1$ und $\lambda_2 = 2$ mit $\mathrm{alg}(\lambda_1) = 2 = \mathrm{alg}(\lambda_2)$. Es ist leicht zu erkennen, dass $\mathrm{Rang}(B - 2E) = 3$ gilt. Für die geometrische Ordnung von λ_2 folgt daher $\mathrm{geo}(\lambda_2) = 4 - \mathrm{Rang}(B - 2E) = 1 < 2 = \mathrm{alg}(\lambda_2)$. Daher ist B nicht diagonalisierbar.

Die Matrix C ist reell-symmetrisch und daher nach dem Spektralsatz diagonalisierbar.

6.2 Änderung der Eigenwerte bei Matrixoperationen

Aufgabe 6.3 Es sei A eine $n \times n$-Matrix über $\mathbb{K}$. Zeigen Sie Folgendes:

a) $\mathrm{Spec}\, A = \mathrm{Spec}\, A^T$, wobei auch die algebraischen und geometrischen Ordnungen der Eigenwerte bei A und A^T übereinstimmen.
b) Im Allgemeinen sind dagegen die Eigenräume von A und A^T verschieden. Finden Sie ein entsprechendes Beispiel.
c) Ist A regulär, so gilt $\mathrm{Spec}(A^{-1}) = \{\frac{1}{\lambda} : \lambda \in \mathrm{Spec}\, A\}$.
d) Ist A regulär, so gilt $V_{A,\lambda} = V_{A^{-1},\lambda^{-1}}$ für jeden Eigenwert $\lambda \in \mathrm{Spec}\, A$.
e) Hat A obere oder untere Dreiecksgestalt, so sind die Diagonalkomponenten von A die Eigenwerte von A.
f) Ist A diagonalisierbar, so gilt: A ist selbstinvers $\iff \mathrm{Spec}\, A \subset \{-1, 1\}$.

Lösung

a) Behauptung: $\mathrm{Spec}\, A = \mathrm{Spec}\, A^T$.
Beweis. Für das charakteristische Polynom von A gilt

$$\chi_A(x) = \det(xE - A) = \det((xE - A)^T) = \det(xE^T - A^T) = \det(xE - A^T) = \chi_{A^T}(x).$$

Beide charakteristischen Polynome sind also gleich und daher auch deren Nullstellen bzw. die Eigenwerte von A und A^T sowie deren algebraische Ordnungen. Für jeden Eigenwert λ gilt dabei

$$
\begin{aligned}
\operatorname{geo}_{A^T}(\lambda) &= \dim V_{A^T,\lambda} = \dim \operatorname{Kern}(A^T - \lambda E) = n - \operatorname{Rang}(A^T - \lambda E) \\
&= n - \operatorname{Rang}(A^T - \lambda E^T) = n - \operatorname{Rang}(A - \lambda E)^T \\
&= n - \operatorname{Rang}(A - \lambda E) = \dim \operatorname{Kern}(A - \lambda E) = \dim V_{A,\lambda} = \operatorname{geo}_A(\lambda).
\end{aligned}
$$

Somit ist die geometrische Ordnung von λ bei A und bei A^T identisch.

b) Behauptung: Im Allgemeinen sind dagegen die Eigenräume von A und A^T verschieden.
Beweis. Wir betrachten beispielsweise die reelle 2×2-Matrix

$$
A = \begin{pmatrix} 2 & 1 \\ 0 & 3 \end{pmatrix}.
$$

Die Eigenwerte von A und A^T sind $\lambda_1 = 2$ und $\lambda_2 = 3$. Für die Eigenräume gilt jedoch

$$
V_{A,\lambda_1} = \operatorname{Kern}(A - 2E) = \operatorname{Kern}(0,1) = \left\langle \begin{pmatrix} 1 \\ 0 \end{pmatrix} \right\rangle,
$$

$$
V_{A,\lambda_2} = \operatorname{Kern}(A - 3E) = \operatorname{Kern}(1,-1) = \left\langle \begin{pmatrix} 1 \\ 1 \end{pmatrix} \right\rangle,
$$

$$
V_{A^T,\lambda_1} = \operatorname{Kern}(A^T - 2E) = \operatorname{Kern}(1,1) = \left\langle \begin{pmatrix} 1 \\ -1 \end{pmatrix} \right\rangle,
$$

$$
V_{A^T,\lambda_2} = \operatorname{Kern}(A^T - 3E) = \operatorname{Kern}(1,0) = \left\langle \begin{pmatrix} 0 \\ 1 \end{pmatrix} \right\rangle.
$$

Die Eigenräume von A und A^T sind also in der Regel nicht identisch.

c) Behauptung: A regulär $\Rightarrow \operatorname{Spec}(A^{-1}) = \{\lambda^{-1} : \lambda \in \operatorname{Spec} A\}$.
Beweis. Es gilt für alle $\mathbf{x} \in V_{A,\lambda}$ mit $\mathbf{x} \neq \mathbf{0}$

$$
A\mathbf{x} = \lambda\mathbf{x} \iff E\mathbf{x} = A^{-1}\lambda\mathbf{x} \iff \mathbf{x} = \lambda A^{-1}\mathbf{x}.
$$

Da A regulär ist, gilt $\lambda \neq 0$. Durch Multiplikation der letzten Gleichung mit λ^{-1} folgt

$$
\lambda^{-1}\mathbf{x} = A^{-1}\mathbf{x}.
$$

Dies ist eine Eigenwertgleichung für A^{-1}. Da $\mathbf{x} \neq \mathbf{0}$ ist, handelt es sich bei λ^{-1} um einen Eigenwert von A^{-1}. Der Eigenvektor $\mathbf{x} \in V_{A,\lambda}$ ist also auch ein Eigenvektor zu λ^{-1} von A^{-1}. Könnte A^{-1} auch über weitere Eigenwerte verfügen? Dazu sei μ ein Eigenwert von A^{-1}. Es folgt mit analoger Argumentation, dass $\mu \neq 0$ gilt und μ^{-1} ein Eigenwert von A ist. Es gibt also außer den Kehrwerten der Eigenwerte von A keine weiteren Eigenwerte von A^{-1}.

d) Behauptung: $V_{A^{-1},\lambda^{-1}} = V_{A,\lambda}$.
Beweis. Dies folgt direkt aus der vorausgegangenen Argumentation zu Teil c).

e) Behauptung: Die Eigenwerte einer Dreiecksmatrix A sind ihre Diagonalkomponenten.
Beweis. Die charakteristische Matrix $xE - A$ einer oberen bzw. unteren Dreiecksmatrix A ist ebenfalls eine obere bzw. untere Dreiecksmatrix. Die Determinante einer oberen bzw. unteren Dreiecksmatrix ist das Produkt ihrer Diagonalkomponenten. Daher gilt $\chi_A(x) = (x - a_{11}) \cdot \cdots \cdot (x - a_{nn})$. Die Eigenwerte von A sind dann ihre Diagonalkomponenten $a_{11}, \ldots, a_{nn}$.

f) Behauptung: Ist A diagonalisierbar, so gilt: A ist selbstinvers $\Longleftrightarrow$ $\operatorname{Spec} A \subset \{-1, 1\}$.
Beweis. Da A diagonalisierbar ist, gibt es eine reguläre Matrix S mit $S^{-1}AS = \Lambda$, wobei Λ eine Eigenwertdiagonalmatrix mit den Eigenwerten $\lambda_1, \lambda_2, \ldots, \lambda_n$ von A ist. Gilt nun $A^{-1} = A$, so ist

$$\begin{pmatrix} \lambda_1^2 & & & \\ & \lambda_2^2 & & \\ & & \ddots & \\ & & & \lambda_n^2 \end{pmatrix} = \Lambda\Lambda = (S^{-1}AS)(S^{-1}AS) = S^{-1}AAS = S^{-1}S = E_n,$$

woraus $\lambda_i^2 = 1$ bzw. $\lambda_i = \pm 1$ für $i = 1, \ldots, n$ folgt. Gilt dagegen $\operatorname{Spec} A = \{-1, 1\}$, so ist $\Lambda^2 = E$ und daher $AA = S\Lambda S^{-1}S\Lambda S^{-1} = S\Lambda^2 S^{-1} = SS^{-1} = E$.

Aufgabe 6.4 Es sei A eine quadratische Matrix. Zeigen Sie: Ist $\lambda \in \operatorname{Spec} A$, so ist $\lambda^2 \in \operatorname{Spec} A^2$.

Lösung

Es sei $\lambda \in \operatorname{Spec} A$. Damit gibt es $\mathbf{v} \neq \mathbf{0}$ mit $A\mathbf{v} = \lambda\mathbf{v}$. Nach Multiplikation dieser Gleichung mit A von links folgt $A^2\mathbf{v} = A\lambda\mathbf{v} = \lambda A\mathbf{v} = \lambda^2\mathbf{v}$. Hieraus folgt $\lambda^2 \in \operatorname{Spec}(A^2)$.

Aufgabe 6.5 Eine quadratische Matrix $A \in \mathrm{M}(n, \mathbb{K})$ heißt idempotent, falls $A^2 = A$ gilt. Zeigen Sie:

  a) Eine nicht mit E_n übereinstimmende idempotente Matrix muss singulär sein.
  b) Für jede idempotente Matrix $A \in \mathrm{M}(n, \mathbb{K})$ ist $\operatorname{Spec} A \subset \{0, 1\}$.
  c) Jede idempotente Matrix ist diagonalisierbar.

Lösung

Es sei also $A \in \mathrm{M}(n, \mathbb{K})$ eine quadratische und idempotente Matrix. Wir zeigen zunächst, dass im Fall der Regularität von A nur die Einheitsmatrix für A infrage kommt. Es gilt für jedes $\mathbf{x} \in \mathbb{K}^n$

$$A \cdot A \cdot E_n = A \cdot E_n.$$

Ist nun A regulär, so folgt nach Multiplikation dieser Gleichung mit A^{-1} von links:

$$A \cdot E_n = E_n,$$

woraus $A = E_n$ folgt. Ist also $A \neq E_n$, so muss A singulär sein. Wenn wir den allgemeinen Fall betrachten, also die Regularität von A nicht voraussetzen, so gibt es zunächst für jeden Vektor $\mathbf{v} \in \text{Bild} A$ einen Vektor $\mathbf{x} \in \mathbb{K}^n$ mit $\mathbf{v} = A\mathbf{x}$. Sollte A nicht gerade die Nullmatrix (die ausschließlich den Eigenwert 0 besitzt) sein, so ist $\text{Bild} A \neq \{\mathbf{0}\}$, und wir können $\mathbf{v} \neq \mathbf{0}$ annehmen. Da A idempotent ist, gilt nun

$$A\mathbf{v} = A(A\mathbf{x}) = (AA)\mathbf{x} = A\mathbf{x} = \mathbf{v}.$$

Damit ist $\mathbf{v}$ definitionsgemäß ein Eigenvektor zum Eigenwert $\lambda = 1$ von A, und es gilt $\text{Bild} A \subset V_{A,1}$. Ist A regulär, so folgt nach obiger Argumentation $A = E_n$, sodass $\lambda = 1$ in diesem Fall der einzige Eigenwert von A ist. Ist dagegen A singulär, so besitzt A, wie jede singuläre Matrix, den Eigenwert 0. Im Fall der Nullmatrix ($\text{Rang} A = 0$) besitzt A nur den Eigenwert 0. Es stellt sich die Frage, ob es im Fall $0 < \text{Rang} A < n$ neben 0 und 1 noch weitere Eigenwerte von A geben kann. Dazu berechnen wir die geometrischen Ordnungen

$$\text{geo} \, 0 = \dim \text{Kern} A = n - \text{Rang} A, \qquad \text{geo} \, 1 = \dim V_{A,1} \geq \dim \text{Bild} A = \text{Rang} A,$$

da $\text{Bild} A \subset V_{A,1}$. Somit gilt für die Summe der geometrischen Ordnungen

$$\text{geo} \, 0 + \text{geo} \, 1 \geq n - \text{Rang} A + \text{Rang} A = n.$$

Aus Dimensionsgründen bleibt nur $\text{geo} \, 0 + \text{geo} \, 1 = n$. Damit ist ein dritter Eigenwert ausgeschlossen. Zudem folgt die Diagonalisierbarkeit von A.

Zusammengefasst erhalten wir folgendes Fazit.

Bemerkung 6.1 *Für jede idempotente Matrix A gilt:*

(i) *A ist diagonalisierbar,*
(ii) *$\text{Spec} A \subset \{0, 1\}$,*
(iii) *$A = E_n$, $\text{Spec} A = \{1\}$, falls A regulär ist,*
(iv) *$\text{Spec} A = \{0, 1\}$, falls A singulär ist und nicht mit der Nullmatrix übereinstimmt,*
(v) *$\text{Spec} A = \{0\}$, falls A die Nullmatrix ist.*

6.3 Ähnlichkeit von Matrizen

Aufgabe 6.6 Es seien A, B zwei quadratische Matrizen. Zeigen Sie:

$$A \approx B \Longrightarrow A^2 \approx B^2.$$

Die Umkehrung gilt im Allgemeinen nicht.

Lösung

Gilt $A \approx B$, so existiert eine reguläre Matrix S mit $S^{-1}AS = B$. Damit folgt $(S^{-1}AS)^2 = B^2$. Nun ist andererseits $(S^{-1}AS)^2 = (S^{-1}AS)(S^{-1}AS) = S^{-1}A^2S$. Daher ist $S^{-1}A^2S = B^2$, woraus $A^2 \approx B^2$ folgt. Die Umkehrung gilt im Allgemeinen nicht, da beispielsweise

$$\begin{pmatrix} -1 & 0 \\ 0 & 1 \end{pmatrix}^2 = E_2^2 \approx E_2^2,$$

aber

$$\mathrm{Spec} \begin{pmatrix} -1 & 0 \\ 0 & 1 \end{pmatrix} \neq \mathrm{Spec}\, E_2.$$

Da ähnliche Matrizen notwendigerweise dieselben Eigenwerte haben, sind die beiden Matrizen in der letzten Ungleichung auch nicht ähnlich zueinander.

Aufgabe 6.7 Zeigen Sie für $\lambda_1, \ldots, \lambda_n, \mu_1, \ldots, \mu_n \in \mathbb{K}$ und eine beliebige Permutation π der Indexmenge $\{1, \ldots, n\}$:

$$(\lambda_1, \ldots, \lambda_n) = (\mu_{\pi(1)}, \ldots, \mu_{\pi(n)}) \Rightarrow \begin{pmatrix} \lambda_1 & & \\ & \ddots & \\ & & \lambda_n \end{pmatrix} \approx \begin{pmatrix} \mu_1 & & \\ & \ddots & \\ & & \mu_n \end{pmatrix}$$

bzw. etwas prägnanter formuliert: *Unterscheiden sich zwei Diagonalmatrizen nur um eine Permutation ihrer Diagonalkomponenten, so sind sie ähnlich zueinander.*

Lösung

Es gelte $(\lambda_1, \ldots, \lambda_n) = (\mu_{\pi(1)}, \ldots, \mu_{\pi(n)})$. Wir betrachten die beiden Diagonalmatrizen

$$\begin{pmatrix} \lambda_1 & & \\ & \ddots & \\ & & \lambda_n \end{pmatrix}, \quad \begin{pmatrix} \mu_1 & & \\ & \ddots & \\ & & \mu_n \end{pmatrix}.$$

Die charakteristischen Polynome beider Matrizen sind zwar identisch, aber aus dieser Tatsache allein folgt zunächst noch *nicht* deren Ähnlichkeit! Wir wollen versuchen, eine Ähnlichkeitstransformation zur bestimmen, mit der die rechte Matrix zur linken wird.

Wir können die Diagonalelemente $(\mu_1, \ldots, \mu_n)$ permutieren durch nacheinander ausgeführte paarweise Vertauschungen, sodass $(\mu_{\pi(1)}, \ldots, \mu_{\pi(n)}) = (\lambda_1, \ldots, \lambda_n)$ gilt. Wie können wir eine einzelne Vertauschung zweier Elemente μ_i und μ_j mit $1 \leq i, j \leq n$ in der Diagonalmatrix

$$\begin{pmatrix} \mu_1 & & \\ & \ddots & \\ & & \mu_n \end{pmatrix}$$

durch elementare Umformungen durchführen? Hierzu vertauschen wir zunächst Zeile i und Zeile j miteinander und danach Spalte i und Spalte j. Dies können wir durch eine

Typ-II-Umformungsmatrix P_{ij} durch Links- und anschließender Rechtsmultiplikation bewerkstelligen:

$$
P_{ij}
\begin{pmatrix}
\ddots & & & \\
& \mu_i & & \\
& & \ddots & \\
& & & \mu_j \\
& & & & \ddots
\end{pmatrix}
P_{ij}
=
\begin{pmatrix}
\ddots & & & \\
& 0 & & \mu_j \\
& & \ddots & \\
& \mu_i & & 0 \\
& & & & \ddots
\end{pmatrix}
P_{ij}
=
\begin{pmatrix}
\ddots & & & \\
& \mu_j & & \\
& & \ddots & \\
& & & \mu_i \\
& & & & \ddots
\end{pmatrix}.
$$

Da $P_{ij} = P_{ij}^{-1}$ gilt, ist die Matrix mit den vertauschten Diagonalkomponenten ähnlich zur Ausgangsmatrix. Dies können wir nun mit allen hintereinandergeschalteten paarweisen Vertauschungen durchführen, sodass es ein Produkt $P = P_1 P_2 \cdots P_k$ von Typ-II-Umformungsmatrizen $P_1, P_2, \ldots, P_k$ gibt mit

$$
P_k \cdots P_2 P_1
\begin{pmatrix}
\mu_1 & & \\
& \ddots & \\
& & \mu_n
\end{pmatrix}
P_1 P_2 \cdots P_k
=
\begin{pmatrix}
\lambda_1 & & \\
& \ddots & \\
& & \lambda_n
\end{pmatrix}.
$$

Da jede einzelne Vertauschungsmatrix P_l, $(l = 1, \ldots, k)$ zu sich selbst invers ist, gilt für das Produkt
$$
P_k \cdots P_2 P_1 = P_k^{-1} \cdots P_2^{-1} P_1^{-1} = (P_1 P_2 \cdots P_k)^{-1} = P^{-1}.
$$
Daher liegt mit $P = P_1 P_2 \cdots P_k$ die Ähnlichkeitstransformation

$$
P^{-1}
\begin{pmatrix}
\mu_1 & & \\
& \ddots & \\
& & \mu_n
\end{pmatrix}
P
=
\begin{pmatrix}
\lambda_1 & & \\
& \ddots & \\
& & \lambda_n
\end{pmatrix}
$$

vor, woraus die Behauptung folgt.

Wir hätten alternativ auch wie folgt argumentieren können: Eine Eigenvektorbasis für die Diagonalmatrix

$$
\begin{pmatrix}
\lambda_1 & & \\
& \ddots & \\
& & \lambda_n
\end{pmatrix}
:= L
$$

ist einfach anzugeben. Es ist dies beispielsweise die kanonische Basis $(\hat{\mathbf{e}}_1, \ldots, \hat{\mathbf{e}}_n)$ oder anders formuliert: Die Einheitsmatrix E_n „transformiert" die Matrix L in Diagonalform. Wir wissen bereits, dass sich durch Permutieren der Vektoren in der Eigenvektorbasis eine Diagonalmatrix mit entsprechend permutierten Diagonalkomponenten ergibt, also beispielsweise die Diagonalmatrix

$$
\begin{pmatrix}
\mu_1 & & \\
& \ddots & \\
& & \mu_n
\end{pmatrix}.
$$

Der erste Ansatz zeigt darüber hinaus, wie wir zu einer entsprechenden Transformations-matrix gelangen können.

Aufgabe 6.8 Es sei Λ eine $n \times n$-Diagonalmatrix mit den Diagonalkomponenten

$$\lambda_1, \lambda_2, \ldots, \lambda_n \in \mathbb{Z}$$

und $S \in \mathrm{GL}(n, \mathbb{R})$ eine ganzzahlige Matrix mit $\det S = 1$. Warum ist dann $S^{-1}\Lambda S$ ebenfalls ganzzahlig, und warum gilt $\mathrm{Spec}(S^{-1}\Lambda S) = \{\lambda_1, \lambda_2, \ldots, \lambda_n\}$?

Lösung

Da S eine reguläre Matrix mit ganzzahligen Komponenten und $\det S = 1$ ist, besitzt nach der Cramer'schen Regel ihre Inverse S^{-1} ebenfalls nur ganzzahlige Komponenten. Nun ist Λ eine Matrix, die ausschließlich ganzzahlige Komponenten besitzt. Daher ist das Produkt $S^{-1}\Lambda S$ ebenfalls eine Matrix aus ganzen Zahlen. Dieses Produkt ist eine Ähnlichkeits-transformation von Λ. Die Eigenwerte ändern sich dadurch nicht, sodass

$$\mathrm{Spec}(S^{-1}\Lambda S) = \mathrm{Spec}\,\Lambda = \mathrm{Spec}\begin{pmatrix} \lambda_1 & & & \\ & \lambda_2 & & \\ & & \ddots & \\ & & & \lambda_n \end{pmatrix} = \{\lambda_1, \lambda_2, \ldots, \lambda_n\}$$

gilt.

6.4 Diagonalisierbare Endomorphismen

Aufgabe 6.9 Zeigen Sie mithilfe der Diagonalisierung einer geeigneten 2×2-Matrix, dass für die rekursiv definierte Fibonacci-Folge

$$a_0 := 0$$
$$a_1 := 1$$
$$a_n := a_{n-1} + a_{n-2}, \qquad n \geq 2$$

die Formel

$$a_n = \frac{1}{\sqrt{5}}\left(\left(\frac{1+\sqrt{5}}{2}\right)^n - \left(\frac{1-\sqrt{5}}{2}\right)^n\right)$$

gilt.

Lösung

Durch Zusammenfassen von zwei aufeinanderfolgenden Folgengliedern definieren wir basierend auf der Fibonacci-Folge

$$a_0 := 0, \quad a_1 := 1$$
$$a_n := a_{n-1} + a_{n-2}, \qquad n \geq 2$$

die Vektorfolge

$$\mathbf{x}_n := \begin{pmatrix} a_n \\ a_{n+1} \end{pmatrix}, \qquad n \geq 0.$$

Für diese Folge gilt mit dem Startvektor

$$\mathbf{x}_0 = \begin{pmatrix} 0 \\ 1 \end{pmatrix} = \hat{\mathbf{e}}_2$$

die Beziehung

$$\mathbf{x}_n = \begin{pmatrix} 0 & 1 \\ 1 & 1 \end{pmatrix} \mathbf{x}_{n-1} = \ldots = \begin{pmatrix} 0 & 1 \\ 1 & 1 \end{pmatrix}^n \mathbf{x}_0, \quad n \geq 1.$$

Um die n-te Potenz der Matrix

$$A = \begin{pmatrix} 0 & 1 \\ 1 & 1 \end{pmatrix}$$

effektiv zu bestimmen, berechnen wir zunächst die Eigenwerte von A. Es gilt

$$\chi_A(x) := \det(xE_2 - A) = x(x-1) - 1 = x^2 - x - 1 = (x - \lambda_1)(x - \lambda_2)$$

mit den beiden Eigenwerten

$$\lambda_1 = \frac{1 + \sqrt{5}}{2} \quad \text{und} \quad \lambda_2 = 1 - \lambda_1 = \frac{1 - \sqrt{5}}{2}.$$

Diese beiden Eigenwerte erfüllen zudem die Bedingung

$$\lambda_1 \lambda_2 = -1 \quad \text{bzw.} \quad \lambda_2 = -1/\lambda_1.$$

Da beide Eigenwerte verschieden sind, liegen zwei jeweils eindimensionale Eigenräume vor. Damit ist A diagonalisierbar. Wir berechnen nun die beiden Eigenräume. Da wir wissen, dass die beiden Matrizen $A - \lambda_1 E_2$ und $A - \lambda_2 E_2$ jeweils vom Rang 1 sind, können wir bei der Kernberechnung einfach jeweils die erste Zeile streichen, um den Eigenraum abzulesen. Wegen $1 - \lambda_1 = \lambda_2$ bzw. $1 - \lambda_2 = \lambda_1$ ist daher

$$V_{A,\lambda_1} = \text{Kern}(A - \lambda_1 E_2) = \text{Kern} \begin{pmatrix} -\lambda_1 & 1 \\ 1 & 1 - \lambda_1 \end{pmatrix} = \text{Kern} \begin{pmatrix} 1 & 1 - \lambda_1 \end{pmatrix} = \left\langle \begin{pmatrix} -\lambda_2 \\ 1 \end{pmatrix} \right\rangle,$$

$$V_{A,\lambda_2} = \text{Kern}(A - \lambda_2 E_2) = \text{Kern} \begin{pmatrix} -\lambda_2 & 1 \\ 1 & 1 - \lambda_2 \end{pmatrix} = \text{Kern} \begin{pmatrix} 1 & 1 - \lambda_2 \end{pmatrix} = \left\langle \begin{pmatrix} -\lambda_1 \\ 1 \end{pmatrix} \right\rangle.$$

Mit der regulären Matrix

$$B = \begin{pmatrix} -\lambda_2 & -\lambda_1 \\ 1 & 1 \end{pmatrix}$$

gilt

$$B^{-1}AB = \begin{pmatrix} \lambda_1 & 0 \\ 0 & \lambda_2 \end{pmatrix} =: \Lambda$$

bzw.

$$A = B\Lambda B^{-1}.$$

Ausgehend vom Startvektor $\mathbf{x}_0$ gilt dann

$$
\begin{aligned}
\mathbf{x}_n &= A^n \mathbf{x}_0 = (B\Lambda B^{-1})^n \mathbf{x}_0 = B\Lambda^n B^{-1} \mathbf{x}_0 \\
&= B \begin{pmatrix} \lambda_1^n & 0 \\ & \lambda_2^n \end{pmatrix} B^{-1} \mathbf{x}_0 \\
&= \begin{pmatrix} -\lambda_2 & -\lambda_1 \\ 1 & 1 \end{pmatrix} \begin{pmatrix} \lambda_1^n & 0 \\ 0 & \lambda_2^n \end{pmatrix} \cdot \frac{1}{\lambda_1 - \lambda_2} \begin{pmatrix} 1 & \lambda_1 \\ -1 & -\lambda_2 \end{pmatrix} \hat{\mathbf{e}}_2 \\
&= \frac{1}{\lambda_1 - \lambda_2} \begin{pmatrix} -\lambda_2 & -\lambda_1 \\ 1 & 1 \end{pmatrix} \begin{pmatrix} \lambda_1^n & 0 \\ 0 & \lambda_2^n \end{pmatrix} \begin{pmatrix} \lambda_1 \\ -\lambda_2 \end{pmatrix} = \frac{1}{\lambda_1 - \lambda_2} \begin{pmatrix} -\lambda_2 & -\lambda_1 \\ 1 & 1 \end{pmatrix} \begin{pmatrix} \lambda_1^{n+1} \\ -\lambda_2^{n+1} \end{pmatrix} \\
&= \frac{1}{\sqrt{5}} \begin{pmatrix} -\lambda_2 \lambda_1^{n+1} + \lambda_1 \lambda_2^{n+1} \\ \lambda_1^{n+1} - \lambda_2^{n+1} \end{pmatrix} \overset{\lambda_1 \lambda_2 = -1}{=} \frac{1}{\sqrt{5}} \begin{pmatrix} \lambda_1^n - \lambda_2^n \\ \lambda_1^{n+1} - \lambda_2^{n+1} \end{pmatrix}.
\end{aligned}
$$

Die erste Komponente dieses Vektors liefert nun die geschlossene Form zur Berechnung des n-ten Folgenglieds der Fibonacci-Folge:

$$a_n = \frac{1}{\sqrt{5}} (\lambda_1^n - \lambda_2^n) = \frac{1}{\sqrt{5}} \left(\left(\frac{1+\sqrt{5}}{2} \right)^n - \left(\frac{1-\sqrt{5}}{2} \right)^n \right).$$

Aufgabe 6.10 Betrachten Sie den Operator $\Phi \in \operatorname{End} Y$, definiert durch

$$\Phi[f] := \frac{\mathrm{d}}{\mathrm{d}t}(t \cdot f) = f + t \cdot \frac{\mathrm{d}f}{\mathrm{d}t},$$

auf dem durch die Funktionen $\mathbf{b}_1 = t^2$, $\mathbf{b}_2 = t^2 + t$ und $\mathbf{b}_3 = t^2 + t + 1$ erzeugten $\mathbb{R}$-Vektorraum Y.

a) Bestimmen Sie die Koordinatenmatrix des Endomorphismus Φ bezüglich der Basis $B = (\mathbf{b}_1, \mathbf{b}_2, \mathbf{b}_3)$.

b) Bestimmen Sie sämtliche Eigenwerte und Eigenfunktionen des Operators Φ als Teilräume von V.

c) Warum gibt es von 0 verschiedene Funktionen, die invariant unter Φ sind, für die also $\Phi[f] = f$ gilt?

d) Warum ist Φ diagonalisierbar, und wie lautet eine Basis B' von Y bezüglich der die Koordinatenmatrix von Φ Diagonalgestalt besitzt?

Lösung

a) Die Bestimmung der Koordinatenmatrix von Φ bezüglich der Basis $B = (\mathbf{b}_1, \mathbf{b}_2, \mathbf{b}_3)$ mit $\mathbf{b}_1 = t^2$ $\mathbf{b}_2 = t^2 + t$ und $\mathbf{b}_3 = t^2 + t + 1$ ergibt:

$$
\begin{aligned}
M_B(\Phi) &= (\mathbf{c}_B(\Phi[\mathbf{b}_1]) \,|\, \mathbf{c}_B(\Phi[\mathbf{b}_2]) \,|\, \mathbf{c}_B(\Phi[\mathbf{b}_3]))) \\
&= \left(\mathbf{c}_B(t^2 + 2t^2) \,|\, \mathbf{c}_B((t^2 + t + 2t^2 + t) \,|\, \mathbf{c}_B((t^2 + t + 1 + 2t^2 + t)\right) \\
&= \left(\mathbf{c}_B(3t^2) \,|\, \mathbf{c}_B((3t^2 + 2t) \,|\, \mathbf{c}_B((3t^2 + 2t + 1)\right) \\
&= \begin{pmatrix} 3 & 1 & 1 \\ 0 & 2 & 1 \\ 0 & 0 & 1 \end{pmatrix}.
\end{aligned}
$$

b) Die Eigenwerte von Φ sind die Eigenwerte von $A := M_B(\Phi)$. Da A eine Dreiecksmatrix ist, können wir sie von der Hauptdiagonalen ablesen. Es gilt also $\mathrm{Spec}\,\Phi = \mathrm{Spec}\,A = \{1, 2, 3\}$. Hierbei sind alle Eigenwerte von einfacher algebraischer Vielfachheit, woraus zudem die Diagonalisierbarkeit von Φ folgt. Für die Eigenräume von A gilt

$$
V_{A,1} = \mathrm{Kern}(A - E) = \mathrm{Kern}\begin{pmatrix} 2 & 1 & 1 \\ 0 & 1 & 1 \\ 0 & 0 & 0 \end{pmatrix} = \mathrm{Kern}\begin{pmatrix} 1 & 0 & 0 \\ 0 & 1 & 1 \end{pmatrix} = \left\langle \begin{pmatrix} 0 \\ -1 \\ 1 \end{pmatrix} \right\rangle
$$

$$
V_{A,2} = \mathrm{Kern}(A - 2E) = \mathrm{Kern}\begin{pmatrix} 1 & 1 & 1 \\ 0 & 0 & 1 \\ 0 & 0 & -1 \end{pmatrix} = \mathrm{Kern}\begin{pmatrix} 1 & 1 & 0 \\ 0 & 0 & 1 \end{pmatrix} = \left\langle \begin{pmatrix} 1 \\ -1 \\ 0 \end{pmatrix} \right\rangle
$$

$$
V_{A,3} = \mathrm{Kern}(A - 3E) = \mathrm{Kern}\begin{pmatrix} 0 & 1 & 1 \\ 0 & -1 & 1 \\ 0 & 0 & -2 \end{pmatrix} = \mathrm{Kern}\begin{pmatrix} 0 & 1 & 1 \\ 0 & 0 & 1 \end{pmatrix} = \left\langle \begin{pmatrix} 1 \\ 0 \\ 0 \end{pmatrix} \right\rangle.
$$

Es ist $V_{\Phi,\lambda} \cong V_{A,\lambda}$ für jeden Eigenwert λ. Genauer gilt

$$
\begin{aligned}
V_{\Phi,1} &= \mathbf{c}_B^{-1}(V_{A,1}) = \langle 0 \cdot \mathbf{b}_1 - 1 \cdot \mathbf{b}_2 + 1 \cdot \mathbf{b}_3 \rangle = \langle 1 \rangle \\
V_{\Phi,2} &= \mathbf{c}_B^{-1}(V_{A,2}) = \langle 1 \cdot \mathbf{b}_1 - 1 \cdot \mathbf{b}_2 + 0 \cdot \mathbf{b}_3 \rangle = \langle -t \rangle = \langle t \rangle \\
V_{\Phi,3} &= \mathbf{c}_B^{-1}(V_{A,3}) = \langle 1 \cdot \mathbf{b}_1 + 0 \cdot \mathbf{b}_2 + 0 \cdot \mathbf{b}_3 \rangle = \langle t^2 \rangle.
\end{aligned}
$$

In der Tat gilt für jede der drei Basisfunktionen ihre jeweilige Eigenwertgleichung

$$
\Phi[1] = 1 + 0 = 1 \cdot 1, \quad \Phi[t] = t + t \cdot 1 = 2 \cdot t, \quad \Phi[t^2] = t^3 + t \cdot 2t^2 = 3 \cdot t^2.
$$

c) Da $\lambda = 1$ ein Eigenwert von Φ ist, gibt es eine nicht-triviale Funktion f aus Y mit $\Phi[f] = 1 \cdot f$.

d) Mit $B' = (1, t, t^2)$ liegt eine Basis von Y aus Eigenfunktionen von Φ vor. Bezüglich B' ist die Koordinatenmatrix von Φ die Eigenwertdiagonalmatrix

$$M_{B'}(\phi) = \begin{pmatrix} 1 & 0 & 0 \\ 0 & 2 & 0 \\ 0 & 0 & 3 \end{pmatrix}.$$

Aufgabe 6.10.1 Betrachten Sie den durch $\Phi[f] := t \cdot \frac{df}{dt}$ definierten Operator $\Phi \in$ End Y auf dem von $\mathbf{b}_1 = (t-1)^2$, $\mathbf{b}_2 = 2(t-1)$ und $\mathbf{b}_3 = 4$ erzeugten $\mathbb{R}$-Vektorraum Y. Bestimmen Sie die Koordinatenmatrix des Endomorphismus Φ bezüglich der Basis $B = (\mathbf{b}_1, \mathbf{b}_2, \mathbf{b}_3)$. Warum besitzt die Differenzialgleichung $\Phi[f] - f = 0$ nicht-triviale Lösungen? Bestimmen Sie alle Eigenfunktionen von Φ mit $\Phi[f] = f$ bzw. $\Phi[f] = 2f$. Wie lautet der Kern von Φ? Bestimmen Sie eine Basis C von Y, bezüglich der die Koordinatenmatrix $M_C(\Phi)$ diagonal ist.

Lösung

Für den durch die Basisfunktionen $\mathbf{b}_1 = (t-1)^2$, $\mathbf{b}_2 = 2(t-1)$ und $\mathbf{b}_3 = 4$ erzeugten reellen Funktionenraum $Y = \langle \mathbf{b}_1, \mathbf{b}_2, \mathbf{b}_3 \rangle$ betrachten wir den Operator $\Phi \in \text{End}(Y)$ definiert durch $\Phi[f] := t \cdot \frac{df}{dt}$. Dieser lineare Operator ist in der Tat ein Endomorphismus, denn die Bilder der Basisfunktionen $\mathbf{b}_1$, $\mathbf{b}_2$ und $\mathbf{b}_3$

$$\Phi[\mathbf{b}_1] = t \cdot \frac{d(t-1)^2}{dt} = t \cdot 2(t-1) = 2t^2 - 2t = 2 \cdot \mathbf{b}_1 + 1 \cdot \mathbf{b}_2 + 0 \cdot \mathbf{b}_3,$$

$$\Phi[\mathbf{b}_2] = t \cdot \frac{d2(t-1)}{dt} = t \cdot 2 = 2t = 0 \cdot \mathbf{b}_1 + 1 \cdot \mathbf{b}_2 + \tfrac{1}{2} \cdot \mathbf{b}_3,$$

$$\Phi[\mathbf{b}_3] = t \cdot \frac{d4}{dt} = t \cdot 0 = 0 \cdot \mathbf{b}_1 + 0 \cdot \mathbf{b}_2 + 0 \cdot \mathbf{b}_3$$

und damit auch jede Linearkombination aus ihnen sind wiederum Linearkombinationen dieser Basisfunktionen. Die Koordinatenvektoren dieser Bildvektoren bezüglich der Basis $B = (\mathbf{b}_1, \mathbf{b}_2, \mathbf{b}_3)$ lauten

$$\mathbf{c}_B(\Phi[\mathbf{b}_1]) = \begin{pmatrix} 2 \\ 1 \\ 0 \end{pmatrix}, \quad \mathbf{c}_B(\Phi[\mathbf{b}_1]) = \begin{pmatrix} 0 \\ 1 \\ 1/2 \end{pmatrix}, \quad \mathbf{c}_B(\Phi[\mathbf{b}_1]) = \begin{pmatrix} 0 \\ 0 \\ 0 \end{pmatrix}.$$

Wir erhalten somit

$$M_B(\Phi) = \begin{pmatrix} 2 & 0 & 0 \\ 1 & 1 & 0 \\ 0 & 1/2 & 0 \end{pmatrix}$$

als Koordinatenmatrix von Φ bezüglich B. Die Differenzialgleichung

$$\Phi[f] - f = t \cdot \frac{d}{dt} f - f = 0$$

ist äquivalent mit der Operatoreigenwertgleichung $\Phi[f] = f$ zum Eigenwert 1. Es gibt genau dann nicht-triviale Lösungen, wenn $1 \in \text{Spec} \, \Phi$ ein Eigenwert von Φ ist. Die Eigenwerte von Φ stimmen mit den Eigenwerten der Koordinatenmatrix $M_B(\Phi)$ überein. Wir bestimmen also die Eigenwerte von $M_B(\Phi)$. Hierzu benötigen wir nicht das charakteristische Polynom, da die Eigenwerte einer Dreiecksmatrix bereits auf ihrer Hauptdiagonalen stehen. Es gilt also $\operatorname{Spec}\Phi = \operatorname{Spec}M_B(\Phi) = \{0,1,2\}$, wobei es sich ausschließlich um algebraische einfache Eigenwerte handelt. Da nun 1 Eigenwert von Φ ist, gibt es nicht-triviale Lösungen der obigen Differenzialgleichung. Um die Menge aller Lösungsfunktionen zu bestimmen, berechnen wir zunächst den Eigenraum zum Eigenwert 1 von $M_B(\Phi)$. Es gilt

$$V_{M_B(\Phi),1} = \operatorname{Kern}(M_B(\Phi) - E) = \operatorname{Kern}\begin{pmatrix} 1 & 0 & 0 \\ 1 & 0 & 0 \\ 0 & 1/2 & -1 \end{pmatrix} = \operatorname{Kern}\begin{pmatrix} 1 & 0 & 0 \\ 0 & 1 & -2 \end{pmatrix} = \left\langle \begin{pmatrix} 0 \\ 2 \\ 1 \end{pmatrix} \right\rangle.$$

Dieser Teilraum des $\mathbb{R}^2$ ist isomorph zum gesuchten Lösungsraum und enthält die Koordinatenvektoren der Lösungsfunktionen bezüglich der Basis B. Durch Einsetzen in den Basisisomorphismus erhalten wir den gesuchten Lösungsraum. Er lautet also

$$V_{\Phi,1} = \mathbf{c}_B^{-1}\left(\left\langle \begin{pmatrix} 0 \\ 2 \\ 1 \end{pmatrix} \right\rangle\right) = \left\langle \mathbf{c}_B^{-1}\left(\begin{pmatrix} 0 \\ 2 \\ 1 \end{pmatrix}\right)\right\rangle = \langle 0 \cdot \mathbf{b}_1 + 2 \cdot \mathbf{b}_2 + 1 \cdot \mathbf{b}_3 \rangle = \langle 4t \rangle = \langle t \rangle.$$

In der Tat ist jede Funktion $f(t) = \alpha t \in \langle t \rangle$ mit $\alpha \in \mathbb{R}$ invariant unter Φ. Wir bestimmen nun die weiteren Eigenräume auf analoge Art. Für den Raum der Eigenfunktionen zum Eigenwert 2 erhalten wir

$$V_{\Phi,2} \cong V_{M_B(\Phi),2} = \operatorname{Kern}(M_B(\Phi) - 2E) = \operatorname{Kern}\begin{pmatrix} 0 & 0 & 0 \\ 1 & -1 & 0 \\ 0 & 1/2 & -2 \end{pmatrix}$$

$$= \operatorname{Kern}\begin{pmatrix} 1 & -1 & 0 \\ 0 & 1 & -4 \end{pmatrix} = \operatorname{Kern}\begin{pmatrix} 1 & 0 & -4 \\ 0 & 1 & -4 \end{pmatrix} = \left\langle \begin{pmatrix} 4 \\ 4 \\ 1 \end{pmatrix} \right\rangle.$$

Der Basisisomorpismus liefert

$$V_{\Phi,2} = \mathbf{c}_B^{-1}(V_{M_B(\Phi),2}) = \langle 4\mathbf{b}_1 + 4\mathbf{b}_2 + \mathbf{b}_3 \rangle = \langle 4t^2 - 8t + 4 + 8t - 8 + 4 \rangle = \langle 4t^2 \rangle = \langle t^2 \rangle.$$

Der Eigenraum zum Eigenwert 0 ist nichts weiter als der Kern von Φ. Er ist isomorph zum Kern von $M_B(\Phi)$. Wir erhalten

$$V_{\Phi,0} = \operatorname{Kern}\Phi = \mathbf{c}_B^{-1}\operatorname{Kern}M_B(\Phi) \stackrel{\operatorname{geo}(0)=1}{=} \mathbf{c}_B^{-1}(\langle \hat{\mathbf{e}}_3 \rangle) = \langle 4 \rangle = \langle 1 \rangle.$$

Der Kern von Φ besteht also aus allen konstanten reellen Funktionen. Wenn wir nun etwa mit $C = (1,t,t^2)$ eine Basis von Y aus Eigenfunktionen von Φ wählen, so ergibt sich eine Koordinatenmatrix

$$M_C(\Phi) = \begin{pmatrix} 0 & 0 & 0 \\ 0 & 1 & 0 \\ 0 & 0 & 2 \end{pmatrix}$$

in Diagonalform.

6.5 Adjungiertheit und symmetrische Matrizen

Aufgabe 6.11 Warum gilt $\mathrm{Rang}(A^*) = \mathrm{Rang}\,A$ sowie $\det(A^*) = \overline{\det A}$ für jede komplexe $n \times n$-Matrix A?

Lösung

Es sei A eine komplexe Matrix. Wir zeigen zunächst $\mathrm{Rang}(A^*) = \mathrm{Rang}\,A$.

Die lineare Unabhängigkeit eines Systems aus Vektoren des $\mathbb{C}^n$ bleibt nach komplexer Konjugation erhalten. Denn wenn uns mit $\mathbf{z}_1, \ldots, \mathbf{z}_m \in \mathbb{C}^n$ ein System linear unabhängiger Vektoren vorliegt und wir annehmen, dass ihre konjugierten Vektoren linear abhängig wären, dann gäbe es einen Index $k \in \{1, \ldots, m\}$, sodass der Vektor $\overline{\mathbf{z}_k}$ eine Linearkombination der übrigen konjugierten Vektoren ist:

$$\overline{\mathbf{z}_k} = \sum_{\substack{j=1 \\ j \neq k}}^{m} \lambda_j \overline{\mathbf{z}_j}$$

mit $\lambda_j \in \mathbb{C}$. Die komplexe Konjugation dieser Gleichung ergibt dann

$$\mathbf{z}_k = \overline{\sum_{\substack{j=1 \\ j \neq k}}^{m} \lambda_j \overline{\mathbf{z}_j}} = \sum_{\substack{j=1 \\ j \neq k}}^{m} \overline{\lambda_j} \mathbf{z}_j.$$

Es wäre dann $\mathbf{z}_k$ eine Linearkombination der übrigen Vektoren $\mathbf{z}_j$, was einen Widerspruch zur linearen Unabhängigkeit der Vektoren $\mathbf{z}_1, \ldots, \mathbf{z}_m$ darstellt. Ebenso bleibt durch diese Überlegung auch die lineare Abhängigkeit bei komplexer Konjugation erhalten.

Wenn wir also die Einträge einer komplexen Matrix A konjugieren, so ist die Anzahl der linear unabhängigen Zeilen der konjugierten Matrix $\overline{A}$ mit der Anzahl der linear unabhängigen Zeilen von A identisch. Es gilt somit $\mathrm{Rang}\,\overline{A} = \mathrm{Rang}\,A$. Wir wissen bereits, dass sich der Rang einer Matrix durch Transponieren nicht ändert (Zeilenrang=Spaltenrang). Insgesamt gilt also

$$\mathrm{Rang}(A^*) = \mathrm{Rang}(\overline{A}^T) = \mathrm{Rang}(\overline{A}) = \mathrm{Rang}\,A.$$

Nun zeigen wir, dass $\det(A^*) = \overline{\det A}$ gilt. Es sei dazu $A \in \mathrm{M}(n, \mathbb{C})$. Für die Determinante von A^* gilt nach der Determinantenformel von Leibniz (vgl. Satz 2.73 aus [5])

$$\det(A^*) = \det(\overline{A}^T) = \det(\overline{A}) = \sum_{\pi \in S_n} \mathrm{sign}(\pi) \prod_{i=1}^{n} \overline{a_{i,\pi(i)}}$$

$$= \sum_{\pi \in S_n} \mathrm{sign}(\pi) \overline{\prod_{i=1}^{n} a_{i,\pi(i)}}$$

$$= \overline{\sum_{\pi \in S_n} \mathrm{sign}(\pi) \prod_{i=1}^{n} a_{i,\pi(i)}} = \overline{\det A}.$$

Aufgabe 6.12 Es seien A, B zwei reell-symmetrische Matrizen. Zeigen Sie: Sind A und B positiv semidefinit, so gilt: $A \approx B \iff A^2 \approx B^2$ (vgl. hierzu Aufgabe 6.6).

Lösung

Die Implikation $A \approx B \implies A^2 \approx B^2$ wurde bereits in Aufgabe 6.6 gezeigt. Wir zeigen nun die Umkehrung für A und B positiv semidefinit. Zunächst sind A und B als symmetrische Matrizen diagonalisierbar, und es gibt S, T regulär mit

$$S^{-1}AS = \begin{pmatrix} \lambda_1 & & \\ & \ddots & \\ & & \lambda_n \end{pmatrix} =: \Lambda_a, \quad T^{-1}BT = \begin{pmatrix} \mu_1 & & \\ & \ddots & \\ & & \mu_n \end{pmatrix} =: \Lambda_b,$$

hierbei sind wegen der positiven Semidefinitheit $\lambda_i, \mu_i \geq 0$ für $1 \leq i \leq n$. Es gilt für das charakteristische Polynom von A^2:

$$\chi_{A^2}(x) = \det(xE_n - A^2) = \det(xE_n - (S\Lambda_a S^{-1})^2)$$
$$= \det(xE_n - S\Lambda_a^2 S^{-1}) = \det(S(xE_n - \Lambda_a^2)S^{-1}) = \det(xE_n - \Lambda_a^2).$$

Wir erkennen hieran, dass die Eigenwerte von A^2 nichts weiter sind als die Quadrate der Diagonalkomponenten von Λ_a, also der Eigenwerte von A. Entsprechend gilt für B^2

$$\chi_{B^2}(x) = \det(xE_n - \Lambda_b^2).$$

Da zudem $A^2 \approx B^2$ gilt, sind die charakteristischen Polynome identisch

$$\chi_{A^2}(x) = (x - \lambda_1^2) \cdots (x - \lambda_n^2) = (x - \mu_1^2) \cdots (x - \mu_n^2) = \chi_{B^2}(x).$$

Mit einer Permutation π der Indexmenge $\{1, \ldots, n\}$ gilt also

$$\lambda_i^2 = \mu_{\pi(i)}^2, \qquad 1 \leq i \leq n.$$

Da λ_i und μ_i nicht-negativ sind, folgt hieraus auch

$$\lambda_i = \mu_{\pi(i)}, \qquad 1 \leq i \leq n$$

und damit nach Aufgabe 6.7

$$\underbrace{\begin{pmatrix} \lambda_1 & & \\ & \ddots & \\ & & \lambda_n \end{pmatrix}}_{\approx A} \approx \underbrace{\begin{pmatrix} \mu_1 & & \\ & \ddots & \\ & & \mu_n \end{pmatrix}}_{\approx B},$$

woraus $A \approx B$ folgt.

Aufgabe 6.13 Zeigen Sie: Ist A eine reguläre, symmetrische Matrix über $\mathbb{R}$, für die es einen Vektor $\mathbf{x} \neq 0$ gibt mit $\mathbf{x}^T A \mathbf{x} = 0$ (isotroper Vektor), so ist A indefinit.

Lösung

Da A reell-symmetrisch ist, gibt es nach dem Spektralsatz eine orthogonale Matrix S, mit

$$S^T A S = \begin{pmatrix} \lambda_1 & & & \\ & \lambda_2 & & \\ & & \ddots & \\ & & & \lambda_n \end{pmatrix} =: \Lambda.$$

Nun ist $S^{-1} = S^T$, daher kann diese Gleichung durch Linksmultiplikation mit S und Rechtsmultiplikation mit S^T nach A aufgelöst werden: $A = S \Lambda S^T$. Mit dem isotropen Vektor $\mathbf{x} \neq \mathbf{0}$ folgt

$$0 = \mathbf{x}^T A \mathbf{x} = \mathbf{x}^T S \Lambda S^T \mathbf{x} = (S^T \mathbf{x})^T \Lambda (S^T \mathbf{x}) = \mathbf{y}^T \Lambda \mathbf{y}$$

mit $\mathbf{y} = S^T \mathbf{x}$. Da S^T regulär ist, gilt $\mathbf{y} \neq \mathbf{0}$. Mit $\mathbf{y}$ liegt also ein isotroper Vektor für Λ vor. Im Detail gilt also

$$0 = (y_1, y_2, \ldots, y_n) \begin{pmatrix} \lambda_1 & & & \\ & \lambda_2 & & \\ & & \ddots & \\ & & & \lambda_n \end{pmatrix} \begin{pmatrix} y_1 \\ y_2 \\ \vdots \\ y_n \end{pmatrix} = \sum_{i=1}^{n} \lambda_i y_i^2.$$

Da alle Eigenwerte aufgrund der Regularität von A von null verschieden sind und $\mathbf{y} \neq 0$ ist, geht dies nur, wenn es (mindestens) zwei vorzeichenverschiedene Eigenwerte $\lambda_j, \lambda_k \in \operatorname{Spec} A$ gibt, woraus die Indefinitheit von A folgt.

Aufgabe 6.14 Beweisen Sie Satz 6.41 aus [5]: Für jeden Eigenwert λ einer Isometrie f auf einem euklidischen bzw. unitären Vektorraum gilt $|\lambda| = 1$.

Lösung

Es sei λ ein Eigenwert der Isometrie f und $\mathbf{v} \neq \mathbf{0}$ ein Eigenvektor zu λ. Es gilt nun aufgrund der Normerhaltung von f

$$\|\mathbf{v}\| = \|f(\mathbf{v})\| = \|\lambda \mathbf{v}\| = |\lambda| \|\mathbf{v}\|.$$

Da $\mathbf{v} \neq \mathbf{0}$ ist, folgt

$$|\lambda| = 1.$$

Hierbei ist $\|\cdot\| := \sqrt{\langle\cdot,\cdot\rangle}$ die auf dem Skalarprodukt von V basierende Norm.

Aufgabe 6.15 Es sei $T = \langle\mathbf{a},\mathbf{b}\rangle$ eine durch zwei linear unabhängige Vektoren $\mathbf{a},\mathbf{b} \in \mathbb{R}^3$ aufgespannte Ebene und $\hat{\mathbf{v}}$ ein Normaleneinheitsvektor von T. Zeigen Sie, dass die Householder-Transformation

$$H = E_3 - 2\hat{\mathbf{v}}\hat{\mathbf{v}}^T$$

symmetrisch, orthogonal und selbstinvers ist. Warum wird ein Vektor $\mathbf{x} \in \mathbb{R}^3$ durch H an der Ebene T gespiegelt?

Lösung

Da $\mathbf{a}$, $\mathbf{b}$ linear unabhängig sind, ist beispielsweise $\hat{\mathbf{v}} := \mathbf{a} \times \mathbf{b}/\|\mathbf{a} \times \mathbf{b}\|$ ein Normaleneinheitsvektor. Wir zeigen zunächst die Symmetrie von H. Das Transponieren von H ergibt

$$H^T = (E_3 - 2\hat{\mathbf{v}}\hat{\mathbf{v}}^T)^T = E_3^T - 2(\hat{\mathbf{v}}\hat{\mathbf{v}}^T)^T = E_3 - 2(\hat{\mathbf{v}}^T)^T\hat{\mathbf{v}}^T = H.$$

Die Orthogonalität von H ergibt sich durch Multiplikation von H mit der transponierten Matrix. Wir erhalten

$$\begin{aligned}
HH^T = H^2 &= (E_3 - 2\hat{\mathbf{v}}\hat{\mathbf{v}}^T)^2 \\
&= E_3 - 2\hat{\mathbf{v}}\hat{\mathbf{v}}^T - 2\hat{\mathbf{v}}\hat{\mathbf{v}}^T(E_3 - 2\hat{\mathbf{v}}\hat{\mathbf{v}}^T) = E_3 - 4\hat{\mathbf{v}}\hat{\mathbf{v}}^T + 4\hat{\mathbf{v}}\underbrace{\hat{\mathbf{v}}^T\hat{\mathbf{v}}}_{=\|\hat{\mathbf{v}}\|^2=1}\hat{\mathbf{v}}^T = E_3.
\end{aligned}$$

Insbesondere ist also $H^2 = E_3$ und daher $H = H^{-1}$.

Wir bezeichnen für $\mathbf{x} \in \mathbb{R}^3$ mit $\mathbf{d} = H\mathbf{x} - \mathbf{x}$ den Differenzvektor zwischen dem Bildvektor $H\mathbf{x}$ und $\mathbf{x}$. Es ist

$$\mathbf{d} = H\mathbf{x} - \mathbf{x} = \mathbf{x} - 2\hat{\mathbf{v}}\hat{\mathbf{v}}^T\mathbf{x} - \mathbf{x} = -2\hat{\mathbf{v}}(\underbrace{\hat{\mathbf{v}}^T\mathbf{x}}_{\in\mathbb{R}}) = -2(\hat{\mathbf{v}}^T\mathbf{x})\hat{\mathbf{v}}.$$

Der Differenzvektor ist also parallel zum Normaleneinheitsvektor $\hat{\mathbf{v}}$ und steht daher senkrecht zu T. Abb. 6.1 veranschaulicht die Situation. Wir können d interpretieren als Vektorpfeil, der von $\mathbf{x}$ nach $H\mathbf{x}$ zeigt. Wenn nun noch die Summe aus $\mathbf{x}$ und dem auf die halbe Länge reduzierten Differenzvektor in T liegt, ist $H\mathbf{x}$ die Spiegelung von $\mathbf{x}$ an T. Es sei also

$$\mathbf{s} = \mathbf{x} + \tfrac{1}{2}\mathbf{d} = \mathbf{x} - (\hat{\mathbf{v}}^T\mathbf{x})\hat{\mathbf{v}}.$$

Für das Skalarprodukt aus $\mathbf{s}$ und $\hat{\mathbf{v}}$ gilt nun

$$\mathbf{s}^T\hat{\mathbf{v}} = (\mathbf{x} - (\hat{\mathbf{v}}^T\mathbf{x})\hat{\mathbf{v}})^T\hat{\mathbf{v}} = \mathbf{x}^T\hat{\mathbf{v}} - \underbrace{(\hat{\mathbf{v}}^T\mathbf{x})}_{=\mathbf{x}^T\hat{\mathbf{v}}}\underbrace{\hat{\mathbf{v}}^T\hat{\mathbf{v}}}_{=1} = 0.$$

Der Summenvektor **s** ist also senkrecht zu $\hat{\mathbf{v}}$ und liegt damit im orthogonalen Komplement von $\hat{\mathbf{v}}$, also der Ebene T.

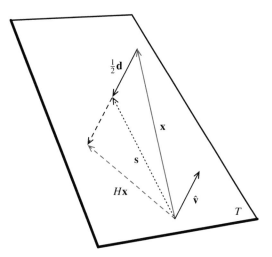

Abb. 6.1 Spiegelung an einer Ebene $T \subset \mathbb{R}^3$ durch H

Aufgabe 6.16 Untersuchen Sie die reell-symmetrischen Matrizen

$$A = \begin{pmatrix} 1 & -1 & 2 \\ -1 & 0 & 1 \\ 2 & 1 & 2 \end{pmatrix}, \qquad\qquad B = \begin{pmatrix} 1 & 0 & 0 & 1 \\ 0 & 1 & -2 & 0 \\ 0 & -2 & 8 & 0 \\ 1 & 0 & 0 & 2 \end{pmatrix},$$

$$C = -B = \begin{pmatrix} -1 & 0 & 0 & -1 \\ 0 & -1 & 2 & 0 \\ 0 & 2 & -8 & 0 \\ -1 & 0 & 0 & -2 \end{pmatrix}, \qquad D = \begin{pmatrix} -1 & 1 & 0 & 0 \\ 1 & -1 & 0 & 0 \\ 0 & 0 & -3 & 0 \\ 0 & 0 & 0 & -4 \end{pmatrix}$$

auf ihr Definitheitsverhalten. Denken Sie zuvor über die Definition dieser Begriffe nach. Welche Definitheitskriterien kennen Sie?

Lösung

Zur Definitheit reell-symmetrischer Matrizen:

Eine symmetrische $n \times n$-Matrix A über $\mathbb{R}$ heißt

(i) *positiv definit* $: \Longleftrightarrow \mathbf{x}^T A \mathbf{x} > 0$ *für alle* $\mathbf{x} \in \mathbb{R}^n$ *mit* $\mathbf{x} \neq \mathbf{0}$.

(ii) *negativ definit* $: \Longleftrightarrow \mathbf{x}^T A \mathbf{x} < 0$ *für alle* $\mathbf{x} \in \mathbb{R}^n$ *mit* $\mathbf{x} \neq \mathbf{0}$. *Dies ist genau dann der Fall, wenn* $-A$ *positiv definit ist.*

(iii) *positiv semidefinit* $: \Longleftrightarrow \mathbf{x}^T A \mathbf{x} \geq 0$ *für alle* $\mathbf{x} \in \mathbb{R}^n$.

(iv) negativ semidefinit : $\Longleftrightarrow$ $\mathbf{x}^T A \mathbf{x} \leq 0$ *für alle* $\mathbf{x} \in \mathbb{R}^n$.

(v) indefinit : $\Longleftrightarrow$ *A ist weder positiv noch negativ semidefinit (und damit erst recht weder positiv noch negativ definit). Dies ist genau dann der Fall, wenn es* $\mathbf{x}, \mathbf{y} \in \mathbb{R}^n$ *gibt mit* $\mathbf{y}^T A \mathbf{y} < 0 < \mathbf{x}^T A \mathbf{x}$.

Statt mit dieser Definition zu arbeiten, ist es in vielen Fällen einfacher, mit Definitheits-kriterien zu argumentieren. Hierzu gibt es drei wirksame Methoden, die Definitheit einer reell-symmetrischen Matrix zu überprüfen.

I. Eigenwertkriterium: Da der Definitheitsbegriff nur für reell-symmetrische Matrizen erklärt ist, haben wir es mit Matrizen zu tun, deren Eigenwerte ausschließlich reell sind. Hierbei gilt: *Eine symmetrische* $n \times n$*-Matrix A über* $\mathbb{R}$ *ist*

   (i) positiv definit $\Longleftrightarrow$ *alle Eigenwerte von A sind positiv. (A ist also insbesondere regulär.)*

   (ii) negativ definit $\Longleftrightarrow$ *alle Eigenwerte von A sind negativ. (A ist also insbesondere regulär.)*

   (iii) positiv semidefinit $\Longleftrightarrow$ *alle Eigenwerte von A sind nicht-negativ, also* ≥ 0. *(Die Singularität von A ist möglich.)*

   (iv) negativ semidefinit $\Longleftrightarrow$ *alle Eigenwerte von A sind nicht-positiv, also* ≤ 0. *(Die Singularität von A ist möglich.)*

   (v) indefinit $\Longleftrightarrow$ *A besitzt vorzeichenverschiedene Eigenwerte.*

II. Hauptminorenkriterium: *Für die symmetrische Matrix*

$$A = \begin{pmatrix} a_{11} & a_{12} & \cdots & a_{1n} \\ a_{12} & a_{22} & \cdots & a_{2n} \\ \vdots & & \ddots & \vdots \\ a_{1n} & a_{2n} & \cdots & a_{nn} \end{pmatrix}$$

definiert die Determinante der k-ten Hauptabschnittsmatrix

$$\det \begin{pmatrix} a_{11} & a_{12} & \cdots & a_{1k} \\ a_{12} & a_{22} & \cdots & a_{2k} \\ \vdots & & \ddots & \vdots \\ a_{1k} & a_{2k} & \cdots & a_{kk} \end{pmatrix}$$

für $k = 1, \ldots, n$ *den k-ten Hauptminor. Die Matrix A ist genau dann positiv definit, wenn alle Hauptminoren positiv sind:*

$$\det \begin{pmatrix} a_{11} & a_{12} & \cdots & a_{1k} \\ a_{12} & a_{22} & \cdots & a_{2k} \\ \vdots & & \ddots & \vdots \\ a_{1k} & a_{2k} & \cdots & a_{kk} \end{pmatrix} > 0, \qquad k = 1, \ldots, n.$$

Die Matrix A ist genau dann negativ definit, wenn die Hauptminoren abwechselndes Vorzeichen haben, beginnend mit „ $-$ *":*

$$\det \begin{pmatrix} a_{11} & a_{12} & \cdots & a_{1k} \\ a_{12} & a_{22} & \cdots & a_{2k} \\ \vdots & & \ddots & \vdots \\ a_{1k} & a_{2k} & \cdots & a_{kk} \end{pmatrix} \left. \begin{cases} > 0, & \text{für } k \text{ gerade} \\ < 0, & \text{für } k \text{ ungerade} \end{cases} \right\}, \qquad k = 1, \ldots, n.$$

III. Diagonalisierung mit kongruenten Zeilen- und Spalteneliminationen (vgl. Satz 4.41 aus [5]):

   Werden bei einer reell-symmetrischen n × n-Matrix A elementare Zeilenumformungen mit den jeweils entsprechenden Spaltenumformungen durchgeführt, so ändert dies zwar in der Regel die Eigenwerte von A, nicht aber deren Vorzeichen. Die Definitheit der Matrix bleibt also bei gekoppelten Zeilen- und Spaltenumformungen erhalten. Wenn A mithilfe dieses Verfahrens diagonalisiert wird, so sind zwar die Diagonalkomponenten der erzeugten Diagonalmatrix Δ in der Regel nicht die Eigenwerte von A, die Definitheit von A geht aber mit der Definitheit von Δ, die am Vorzeichen der Diagonalkomponenten abgelesen werden kann, einher.

Nun wenden wir uns den Matrizen der Aufgabe zu. Wir diagonalisieren die Matrix

$$A = \begin{pmatrix} 1 & -1 & 2 \\ -1 & 0 & 1 \\ 2 & 1 & 2 \end{pmatrix}$$

mit dem gekoppelten Gauß-Verfahren:

$$A = \begin{pmatrix} 1 & -1 & 2 \\ -1 & 0 & 1 \\ 2 & 1 & 2 \end{pmatrix} \to \begin{pmatrix} 1 & -1 & 2 \\ 0 & -1 & 3 \\ 0 & 3 & -2 \end{pmatrix} \to \begin{pmatrix} 1 & 0 & 0 \\ 0 & -1 & 3 \\ 0 & 3 & -2 \end{pmatrix} \xrightarrow{\cdot 3} \begin{pmatrix} 1 & 0 & 0 \\ 0 & -1 & 0 \\ 0 & 0 & 7 \end{pmatrix} =: \Delta.$$

Die zu A kongruente Diagonalmatrix Δ besitzt die Eigenwerte 1, −1 und 7. (Dies sind nicht die Eigenwerte von A!) Da Δ vorzeichenverschiedene Eigenwerte besitzt, ist Δ indefinit. Damit ist auch die Matrix A indefinit. Dass A weder positiv noch negativ definit sein kann, zeigt bereits die zweite Hauptminore von A:

$$\det \begin{pmatrix} 1 & -1 \\ -1 & 0 \end{pmatrix} = -1 < 0.$$

Die Matrix

$$B = \begin{pmatrix} 1 & 0 & 0 & 1 \\ 0 & 1 & -2 & 0 \\ 0 & -2 & 8 & 0 \\ 1 & 0 & 0 & 2 \end{pmatrix}$$

kann durch das gekoppelte Zeilen- und Spalteneliminationsverfahren in die Diagonalmatrix

$$\Delta = \begin{pmatrix} 1 & 0 & 0 & 0 \\ 0 & 1 & 0 & 0 \\ 0 & 0 & 4 & 0 \\ 0 & 0 & 0 & 1 \end{pmatrix}$$

überführt werden. Somit sind Δ und B positiv definit.

Bei der Matrix

$$C = -B$$

handelt es sich um eine negativ definite Matrix, da B positiv definit ist.

Die Matrix

$$D = \begin{pmatrix} -1 & 1 & 0 & 0 \\ 1 & -1 & 0 & 0 \\ 0 & 0 & -3 & 0 \\ 0 & 0 & 0 & -4 \end{pmatrix}$$

ist singulär. Es ist daher 0 ein Eigenwert von A, sodass die Matrix allenfalls noch semi-definit sein kann. Nach Diagonalisierung mit dem gekoppelten Verfahren erhalten wir die Diagonalmatrix

$$\Delta = \begin{pmatrix} -1 & 0 & 0 & 0 \\ 0 & 0 & 0 & 0 \\ 0 & 0 & -3 & 0 \\ 0 & 0 & 0 & -4 \end{pmatrix}.$$

Die Eigenwerte von Δ sind wie die Eigenwerte von D nicht-positiv. Daher sind Δ und D negativ semidefinit.

Aufgabe 6.17 Bestimmen Sie für die reell-symmetrische Matrix

$$A = \begin{pmatrix} -2 & 2 & 0 & 0 \\ 2 & -2 & 0 & 0 \\ 0 & 0 & 5 & 1 \\ 0 & 0 & 1 & 5 \end{pmatrix}$$

eine orthogonale Matrix S, sodass

$$S^T A S = \Lambda$$

gilt, wobei Λ eine Diagonalmatrix ist, deren Diagonale somit aus den Eigenwerten von A besteht.

Lösung

Da es sich bei der 4×4-Matrix

$$A = \begin{pmatrix} -2 & 2 & 0 & 0 \\ 2 & -2 & 0 & 0 \\ 0 & 0 & 5 & 1 \\ 0 & 0 & 1 & 5 \end{pmatrix}$$

um eine reell-symmetrische Matrix handelt, existiert nach dem Spektralsatz eine orthogonale Matrix $S \in O(4)$ mit

$$S^T A S = \begin{pmatrix} \lambda_1 & 0 & 0 & 0 \\ 0 & \lambda_2 & 0 & 0 \\ 0 & 0 & \lambda_3 & 0 \\ 0 & 0 & 0 & \lambda_4 \end{pmatrix} =: \Lambda.$$

Dabei sind sämtliche Eigenwerte $\lambda_1, \lambda_2, \lambda_3, \lambda_4$ von A reell. Das charakteristische Polynom
von A ist mithilfe der Kästchenformel sehr leicht zu bestimmen. Wir erhalten

$$\chi_A(x) = \det \begin{pmatrix} x+2 & -2 & 0 & 0 \\ -2 & x+2 & 0 & 0 \\ 0 & 0 & x-5 & -1 \\ 0 & 0 & -1 & x-5 \end{pmatrix} = \det \begin{pmatrix} x+2 & -2 \\ -2 & x+2 \end{pmatrix} \cdot \det \begin{pmatrix} x-5 & -1 \\ -1 & x-5 \end{pmatrix}$$

$$= ((x+2)^2 - 4) \cdot ((x-5)^2 - 1) = x(x+4)(x-4)(x-6).$$

Die Matrix besitzt vier verschiedene Eigenwerte von einfacher algebraischer Ordnung:

λ	$\mathrm{alg}(\lambda)$	$\mathrm{geo}(\lambda)$
0	1	1
-4	1	1
4	1	1
6	1	1

Hieraus ergibt sich die Diagonalisierbarkeit von A ein weiteres Mal. Da 0 ein Eigenwert
von A ist, handelt es sich bei A um eine singuläre Matrix. Ihr Kern ist der Eigenraum zum
Eigenwert 0. Da es sich um einen eindimensionalen Eigenraum handelt, reicht bereits ein
Eigenvektor aus, um ihn zu erzeugen. Wir erkennen unmittelbar, dass $A \cdot (1,1,0,0)^T = \mathbf{0}$
ergibt. Es ist also

$$V_{A,0} = \mathrm{Kern}\, A = \left\langle \begin{pmatrix} 1 \\ 1 \\ 0 \\ 0 \end{pmatrix} \right\rangle$$

der Eigenraum zum Eigenwert 0. Für den Eigenraum zum Eigenwert -4 berechnen wir

$$V_{A,-4} = \mathrm{Kern}(A+4E) = \mathrm{Kern} \begin{pmatrix} 2 & 2 & 0 & 0 \\ 2 & 2 & 0 & 0 \\ 0 & 0 & 9 & 1 \\ 0 & 0 & 1 & 9 \end{pmatrix} = \mathrm{Kern} \begin{pmatrix} 1 & 1 & 0 & 0 \\ 0 & 0 & 9 & 1 \\ 0 & 0 & 1 & 9 \end{pmatrix} = \mathrm{Kern} \begin{pmatrix} 1 & 1 & 0 & 0 \\ 0 & 0 & 1 & 0 \\ 0 & 0 & 0 & 1 \end{pmatrix},$$

denn der 2×2-Block

$$\begin{bmatrix} 9 & 1 \\ 1 & 9 \end{bmatrix}$$

rechts unten in der zweiten Matrix ist regulär. Es folgt daher für den eindimensionalen
Eigenraum

$$V_{A,-4} = \left\langle \begin{pmatrix} 1 \\ -1 \\ 0 \\ 0 \end{pmatrix} \right\rangle.$$

In ähnlicher Weise können wir die übrigen beiden Eigenräume sehr einfach bestimmen. Es gilt

$$V_{A,4} = \mathrm{Kern}(A - 4E) = \mathrm{Kern} \begin{pmatrix} -6 & 2 & 0 & 0 \\ 2 & -6 & 0 & 0 \\ 0 & 0 & 1 & 1 \\ 0 & 0 & 1 & 1 \end{pmatrix}$$

$$= \mathrm{Kern} \begin{pmatrix} -6 & 2 & 0 & 0 \\ 2 & -6 & 0 & 0 \\ 0 & 0 & 1 & 1 \end{pmatrix} = \mathrm{Kern} \begin{pmatrix} 1 & 0 & 0 & 0 \\ 0 & 1 & 0 & 0 \\ 0 & 0 & 1 & 1 \end{pmatrix} = \left\langle \begin{pmatrix} 0 \\ 0 \\ -1 \\ 1 \end{pmatrix} \right\rangle$$

sowie

$$V_{A,6} = \mathrm{Kern}(A - 6E) = \mathrm{Kern} \begin{pmatrix} -8 & 2 & 0 & 0 \\ 2 & -8 & 0 & 0 \\ 0 & 0 & -1 & 1 \\ 0 & 0 & 1 & -1 \end{pmatrix}$$

$$= \mathrm{Kern} \begin{pmatrix} -6 & 2 & 0 & 0 \\ 2 & -6 & 0 & 0 \\ 0 & 0 & 1 & -1 \end{pmatrix} = \mathrm{Kern} \begin{pmatrix} 1 & 0 & 0 & 0 \\ 0 & 1 & 0 & 0 \\ 0 & 0 & 1 & -1 \end{pmatrix} = \left\langle \begin{pmatrix} 0 \\ 0 \\ 1 \\ 1 \end{pmatrix} \right\rangle.$$

Da A reell-symmetrisch ist, sind die Eigenräume zueinander orthogonal. Die Basisvektoren dieser vier eindimensionalen Eigenräume müssen also zueinander bereits orthogonal sein. Es erübrigt sich daher eine Orthogonalisierung der Basisvektoren. Wenn wir die vier Basisvektoren oder ein beliebiges Vielfaches dieser Vektoren zu einer Matrix T in einer beliebigen Reihenfolge zusammenstellen, so muss also $T^T T$ eine Diagonalmatrix sein. In der Tat ergibt sich etwa durch

$$T = \begin{pmatrix} 3 & 4 & 0 & 0 \\ -3 & 4 & 0 & 0 \\ 0 & 0 & 2 & -1 \\ 0 & 0 & 2 & 1 \end{pmatrix}$$

mit dem Produkt

$$T^T \cdot T = \begin{pmatrix} 18 & 0 & 0 & 0 \\ 0 & 32 & 0 & 0 \\ 0 & 0 & 8 & 0 \\ 0 & 0 & 0 & 2 \end{pmatrix}$$

zunächst eine Diagonalmatrix. Durch Normierung der Spalten, also durch Division der Spalten durch ihre jeweilige 2-Norm werden die Spalten zu Einheitsvektoren. Die Quadrate der 2-Normen der Spalten von T finden wir auf der Hauptdiagonalen von $T^T T$ wieder.

Wir erhalten durch

$$S = \begin{pmatrix} 3/\sqrt{18} & 4/\sqrt{32} & 0 & 0 \\ -3/\sqrt{18} & 4/\sqrt{32} & 0 & 0 \\ 0 & 0 & 2/\sqrt{8} & -1/\sqrt{2} \\ 0 & 0 & 2/\sqrt{8} & 1/\sqrt{2} \end{pmatrix} = \begin{pmatrix} 1/\sqrt{2} & 1/\sqrt{2} & 0 & 0 \\ -1/\sqrt{2} & 1/\sqrt{2} & 0 & 0 \\ 0 & 0 & 1/\sqrt{2} & -1/\sqrt{2} \\ 0 & 0 & 1/\sqrt{2} & 1/\sqrt{2} \end{pmatrix}$$

eine Matrix mit

$$S^T \cdot S = \begin{pmatrix} 1 & 0 & 0 & 0 \\ 0 & 1 & 0 & 0 \\ 0 & 0 & 1 & 0 \\ 0 & 0 & 0 & 1 \end{pmatrix}$$

sowie

$$S^T A S = \begin{pmatrix} -4 & 0 & 0 & 0 \\ 0 & 0 & 0 & 0 \\ 0 & 0 & 6 & 0 \\ 0 & 0 & 0 & 4 \end{pmatrix} = S^{-1} A S.$$

6.6 Vertiefende Aufgaben

Aufgabe 6.18 Es sei A eine $m \times n$-Matrix mit reellen Komponenten.

a) Warum sind $A^T A$ und $A A^T$ diagonalisierbar und haben dabei reelle Eigenwerte?
b) Zeigen Sie, dass für $A \in \mathrm{GL}(n, \mathbb{R})$ die Matrizen $A^T A$ und $A A^T$ identische Eigenwerte haben, die zudem alle positiv sind.
c) Warum gilt $\mathrm{Spec}(A^T A) = \mathrm{Spec}(A A^T)$ auch für jede singuläre Matrix $A \in \mathrm{M}(n, \mathbb{R})$? Was folgt für die Vorzeichen der Eigenwerte in diesem Fall?

Lösung

a) Es gilt $(A^T A)^T = A^T A^{TT} = A^T A$ und $(A A^T)^T = A^{TT} A^T = A A^T$. Bei $A^T A$ handelt es sich also um eine reell-symmetrische $n \times n$-Matrix, während $A A^T$ eine reell-symmetrische $m \times m$-Matrix darstellt. Nach dem Spektralsatz sind also beide Matrizen diagonalisierbar und haben reelle Eigenwerte.

b) Wegen $A^{-1}(A A^T) A = A^T A$ ist $A A^T \approx A^T A$. Damit sind $A A^T$ und $A^T A$ ähnlich. Sie haben insbesondere dieselben Eigenwerte. Alternativ können wir dies auch anhand der Eigenwertgleichung zeigen. Es sei hierzu $\lambda \in \mathrm{Spec}(A^T A)$. Es gibt einen Vektor $\mathbf{v} \in \mathbb{R}^n$, $\mathbf{v} \neq \mathbf{0}$ mit

$$A^T A \mathbf{v} = \lambda \mathbf{v}.$$

Nach Multiplikation dieser Gleichung von links mit A erhalten wir

$$AA^T A\mathbf{v} = \lambda A\mathbf{v}.$$

Da A regulär und $\mathbf{v} \neq \mathbf{0}$ ist, ist auch $\mathbf{w} := A\mathbf{v} \neq \mathbf{0}$. Die vorausgegangene Gleichung ist daher eine Eigenwertgleichung mit Eigenvektor $\mathbf{w}$ zum Eigenwert λ der Matrix AA^T:

$$AA^T \mathbf{w} = AA^T (A\mathbf{v}) = \lambda (A\mathbf{v}) = \lambda \mathbf{w}.$$

Jeder Eigenwert von $A^T A$ ist also auch Eigenwert von AA^T. Dass auch jeder Eigenwert von AA^T ein Eigenwert von $A^T A$ ist, folgt mit der gleichen Argumentation, indem wir mit $B := A^T$ begründen, dass jeder Eigenwert von $B^T B = AA^T$ auch ein Eigenwert von $BB^T = A^T A$ ist. In Aufgabe 4.7 haben wir zudem gezeigt, dass $B^T B$ positiv definit ist. Die Eigenwerte von $B^T B$ und damit die von AA^T und $A^T A$ sind also sämtlich positiv.

c) Es sei nun A eine singuläre $n \times n$-Matrix mit reellen Komponenten. Mit A ist auch A^T singulär, daher gibt es Vektoren $\mathbf{v}, \mathbf{w} \neq \mathbf{0}$ mit $A\mathbf{v} = \mathbf{0}$ und $A^T \mathbf{w} = \mathbf{0}$. Wir multiplizieren die erste Gleichung von links mit A^T und die zweite Gleichung von links mit A und erhalten $A^T A\mathbf{v} = \mathbf{0}$ sowie $AA^T \mathbf{w} = \mathbf{0}$ mit den beiden nicht-trivialen Vektoren $\mathbf{v}$ und $\mathbf{w}$. Damit sind sowohl $A^T A$ als auch AA^T singulär, beide Matrizen haben also den Eigenwert $\lambda = 0$. Im Übrigen ist bei einer quadratischen Matrix A die Singularität nicht nur hinreichend, sondern auch notwendig dafür, dass $A^T A$ und AA^T singulär sind. Denn wäre A regulär, so wäre auch A^T regulär. Produkte regulärer Matrizen sind regulär, sodass $A^T A$ und AA^T dann nicht singulär sein könnten.

Für $\lambda \in \mathrm{Spec}(A^T A)$ mit $\lambda \neq 0$ gibt es einen Vektor $\mathbf{v} \neq \mathbf{0}$ aus $V_{A^T A, \lambda}$ mit $A^T A\mathbf{v} = \lambda \mathbf{v}$. Wäre $\mathbf{v} \in \mathrm{Kern}\, A$, so wäre $A\mathbf{v} = \mathbf{0}$, und daher wäre auch $A^T A\mathbf{v} = \mathbf{0}$. Damit wäre $\mathbf{v}$ ein nicht-trivialer Vektor aus dem Kern von $A^T A$ und somit $\mathbf{v} \in V_{A^T A, 0}$ ein Eigenvektor zum Eigenwert 0 von $A^T A$. Andererseits ist aber auch $\mathbf{v} \in V_{A^T A, \lambda}$ mit $\lambda \neq 0$. Eigenräume zu verschiedenen Eigenwerten haben aber triviale Schnitträume, dies steht im Widerspruch zu $\mathbf{v} \neq \mathbf{0}$. Es ist also $A\mathbf{v} \neq \mathbf{0}$. Dass λ auch Eigenwert von AA^T ist, folgt nun genauso wie im regulären Fall aus $A^T A\mathbf{v} = \lambda \mathbf{v}$ nach Multiplikation von links mit A. Analog folgt auch, dass $0 \neq \lambda \in \mathrm{Spec}(AA^T)$ auch Eigenwert von $A^T A$ ist. Laut Aufgabe 4.7 sind AA^T und $A^T A$ positiv semidefinit. Die Eigenwerte sind demnach nicht-negativ.

Als Gesamtfazit können wir also festhalten:

Bemerkung 6.2 *Ist A eine beliebige $n \times n$-Matrix über $\mathbb{R}$, so sind die Eigenwerte von $A^T A$ und AA^T identisch und nicht-negativ.*

Aufgabe 6.19 (Singulärwertzerlegung) Es sei $A \in \mathrm{M}(m \times n, \mathbb{R})$ eine Matrix mit $m \geq n$, die also eher höher als breiter ist („Porträt-Format"). Der Einfachheit halber gelte dabei Rang $A = n$. Wie durch Aufgabe 4.7.1 bekannt, ist $A^T A$ eine wegen Rang $A = n$ positiv definite $n \times n$-Matrix. Es sei

$$\Lambda = \begin{pmatrix} \lambda_1 & & & \\ & \lambda_2 & & \\ & & \ddots & \\ & & & \lambda_n \end{pmatrix} \in \mathrm{GL}(n, \mathbb{R}), \qquad \lambda_1 \geq \lambda_2 \geq \cdots \geq \lambda_n > 0$$

die Eigenwertdiagonalmatrix, bei der die Eigenwerte λ_i von $A^T A$ der Größe nach absteigend angeordnet werden. Zeigen Sie, dass mit einer orthogonalen Matrix V aus Eigenvektoren von $A^T A$ und einer orthogonalen Matrix der Form

$$U = \left(AV\sqrt{\Lambda^{-1}} \,\middle|\, * \cdots * \right) \in \mathrm{O}(m, \mathbb{R})$$

die sogenannte Singulärwertzerlegung (engl.: Singular Value Decomposition (SVD)),

$$A = USV^T, \quad \text{mit} \quad S := \begin{pmatrix} \sqrt{\Lambda} \\ 0_{m-n \times n} \end{pmatrix} \in \mathrm{M}(m \times n, \mathbb{R}) \tag{6.1}$$

von A ermöglicht wird, wobei wir folgenden die Kurzschreibweisen nutzen:

$$\sqrt{\Lambda} = \begin{pmatrix} \sqrt{\lambda_1} & & \\ & \ddots & \\ & & \sqrt{\lambda_n} \end{pmatrix}, \qquad \sqrt{\Lambda^{-1}} = \begin{pmatrix} 1/\sqrt{\lambda_1} & & \\ & \ddots & \\ & & 1/\sqrt{\lambda_n} \end{pmatrix}.$$

Die Quadratwurzeln

$$\sigma_i = \sqrt{\lambda_i}, \qquad i = 1, \ldots, \mathrm{Rang}\, A$$

der (positiven) Eigenwerte von $A^T A$ werden auch als Singulärwerte von A bezeichnet.

Lösung

Da $A^T A$ reell-symmetrisch ist, existiert nach dem Spektralsatz eine orthogonale Matrix $V \in \mathrm{O}(n, \mathbb{R})$ mit

$$V^T A^T AV = \begin{pmatrix} \lambda_1 & & & \\ & \lambda_2 & & \\ & & \ddots & \\ & & & \lambda_n \end{pmatrix} =: \Lambda$$

und positiven Eigenwerten $\lambda_1, \lambda_2, \ldots, \lambda_n$. Hierbei können wir die Spalten von V so anordnen, dass die entsprechenden Eigenwerte der Größe nach absteigen:

$$\lambda_1 \geq \lambda_2 \geq \cdots \geq \lambda_n > 0.$$

Wir definieren die $m \times n$-Matrizen

$$S = \begin{pmatrix} \sqrt{\Lambda} \\ 0_{m-n \times n} \end{pmatrix} \qquad U_r := A \cdot V \sqrt{\Lambda^{-1}}.$$

Für U_r folgt zunächst wegen der Vertauschbarkeit der Diagonalmatrizen

$$U_r^T U_r = (AV\sqrt{\Lambda^{-1}})^T \cdot AV\sqrt{\Lambda^{-1}} = \sqrt{\Lambda^{-1}} \underbrace{V^T A^T A \cdot V}_{=\Lambda} \sqrt{\Lambda^{-1}}$$

$$= \sqrt{\Lambda^{-1}}\Lambda\sqrt{\Lambda^{-1}} = \sqrt{\Lambda^{-1}}\sqrt{\Lambda^{-1}}\Lambda = \Lambda^{-1}\Lambda = E_n.$$

Die Spalten von U_r sind also orthonormal. Wir können nun durch Hinzufügen weiterer $m - n$ orthonormaler Spalten die Matrix U_r zu einer orthogonalen $m \times m$-Matrix

$$U = \left(AV\sqrt{\Lambda^{-1}} \,\big|\, * \,|\cdots|\, * \right) \in O(m, \mathbb{R})$$

$$\uparrow$$

$$m - n \text{ Spalten}$$

erweitern. Nun gilt

$$USV^T = \underbrace{U}_{m \times m} \cdot \underbrace{\begin{pmatrix} \sqrt{\Lambda} \\ 0_{m-n\times n} \end{pmatrix}}_{m \times n} \cdot \underbrace{V^T}_{n \times n} = U \cdot \begin{pmatrix} \sqrt{\Lambda}V^T \\ 0_{m-n\times n} \end{pmatrix}$$

$$= \left(AV\sqrt{\Lambda^{-1}} \,\big|\, *\,|\cdots|\,* \right) \cdot \begin{pmatrix} \sqrt{\Lambda}V^T \\ 0_{m-n\times n} \end{pmatrix}$$

$$= U_r\sqrt{\Lambda}V^T + (*|\cdots|*) \cdot 0_{m-n\times n}$$

$$= (AV\sqrt{\Lambda^{-1}})\sqrt{\Lambda}V^T = AVV^T = A.$$

Wegen der obigen Anordnung der Eigenwerte λ_i sind die Diagonaleinträge $\sqrt{\lambda_i}$ von S ebenfalls der Größe nach absteigend geordnet:

$$\sqrt{\lambda_1} \geq \sqrt{\lambda_2} \geq \cdots \geq \sqrt{\lambda_n} > 0.$$

Bemerkung 6.3 *Die Singulärwerte $\sigma_i = \sqrt{\lambda_i}$ sind zwar eindeutig bestimmt, nicht jedoch die Faktoren U und V. Bei der Wahl der orthogonalen Eigenvektormatrix V haben wir eine gewisse Freiheit. Die Matrix U_r und damit die ersten n Spalten von U ergeben sich dann aus V. Bei einer Singulärwertzerlegung $A = USV^T$ handelt es sich insbesondere um eine Äquivalenztransformation, sodass $A \sim S$ gilt.*

Aufgabe 6.19.1 Wie könnte die Singulärwertzerlegung auf reelle $m \times n$-Matrizen mit $m \geq n$ verallgemeinert werden, wenn nicht der maximale Rang vorausgesetzt wird?

Lösung

Es sei $A \in M(m \times n, \mathbb{R})$ eine Matrix mit $m \geq n$. Laut Aufgabe 3.10 ist $\operatorname{Rang} A^T A = \operatorname{Rang} A$. Da eine Ähnlichkeitstransformation keinen Einfluss auf den Rang einer Matrix hat, besitzt die Eigenwertdiagonalmatrix Λ von $A^T A$ genau $r := \operatorname{Rang} A^T A = \operatorname{Rang} A \leq n$ Eigenwerte $\lambda_1, \ldots, \lambda_r > 0$. Auch hier gibt es zunächst eine orthogonale $n \times n$-Matrix V mit $V^T A^T A V = \Lambda$. Wir können die Spalten von V wieder so anordnen, dass $\lambda_1 \geq \cdots \geq \lambda_r > 0$ gilt. Sollte nun $\operatorname{Rang} A < n$ gelten, so setzen wir wie im Fall $\operatorname{Rang} A = n$

$$S := \begin{pmatrix} \sqrt{\Lambda} \\ 0_{m-n \times n} \end{pmatrix} = \begin{pmatrix} \sqrt{\lambda_1} & & & & & \\ & \ddots & & & & \\ & & \sqrt{\lambda_r} & & & \\ & & & 0 & & \\ & & & & \ddots & \\ & & & & & 0 \\ 0 & \cdots & & & \cdots & 0 \\ \vdots & & & & & \vdots \\ 0 & \cdots & & & \cdots & 0 \end{pmatrix}.$$

Es sei nun

$$L = \begin{pmatrix} \lambda_1 & & \\ & \ddots & \\ & & \lambda_r \end{pmatrix}$$

die Diagonalmatrix bestehend aus den positiven Eigenwerten von $A^T A$. Es ist dann

$$S = \underbrace{\begin{pmatrix} \sqrt{L} & 0_{r \times n-r} \\ 0_{m-r \times n} \end{pmatrix}}_{m \times n}.$$

Wir bezeichnen nun mit $\mathbf{v}_1, \ldots, \mathbf{v}_r$ die ersten r Spalten von V. Dann gilt

$$A^T A (\mathbf{v}_1 \,|\, \cdots \,|\, \mathbf{v}_r) = (A^T A \mathbf{v}_1 \,|\, \cdots \,|\, A^T A \mathbf{v}_r) = (\lambda_1 \mathbf{v}_1 \,|\, \cdots \,|\, \lambda_r \mathbf{v}_r).$$

Nach Linksmultiplikation mit $(\mathbf{v}_1 \,|\, \cdots \,|\, \mathbf{v}_r)^T$ folgt hieraus

$$(\mathbf{v}_1 \,|\, \cdots \,|\, \mathbf{v}_r)^T A^T A (\mathbf{v}_1 \,|\, \cdots \,|\, \mathbf{v}_r) = \begin{pmatrix} \mathbf{v}_1^T \\ \vdots \\ \mathbf{v}_r^T \end{pmatrix} (\lambda_1 \mathbf{v}_1 \,|\, \cdots \,|\, \lambda_r \mathbf{v}_r)$$

$$= \begin{pmatrix} \lambda_1 \mathbf{v}_1^T \mathbf{v}_1 & \lambda_2 \mathbf{v}_1^T \mathbf{v}_2 & \cdots & \lambda_r \mathbf{v}_1^T \mathbf{v}_r \\ \lambda_1 \mathbf{v}_2^T \mathbf{v}_1 & \lambda_2 \mathbf{v}_2^T \mathbf{v}_2 & \cdots & \lambda_r \mathbf{v}_2^T \mathbf{v}_r \\ \vdots & & \ddots & \vdots \\ \lambda_1 \mathbf{v}_r^T \mathbf{v}_1 & \lambda_2 \mathbf{v}_r^T \mathbf{v}_2 & \cdots & \lambda_r \mathbf{v}_r^T \mathbf{v}_r \end{pmatrix}$$

$$= \begin{pmatrix} \lambda_1 & & & \\ & \lambda_2 & & \\ & & \ddots & \\ & & & \lambda_r \end{pmatrix} = L.$$

Wir definieren nun mit den ersten r Spalten $\mathbf{v}_1, \ldots, \mathbf{v}_r$ von V die $m \times r$-Matrix

$$U_r := A(\mathbf{v}_1 \mid \cdots \mid \mathbf{v}_r)\sqrt{L^{-1}}.$$

Dann ist

$$U_r^T U_r = \sqrt{L^{-1}}(\mathbf{v}_1 \mid \cdots \mid \mathbf{v}_r)^T A^T A(\mathbf{v}_1 \mid \cdots \mid \mathbf{v}_r)\sqrt{L^{-1}}$$
$$= \sqrt{L^{-1}}L\sqrt{L^{-1}} = \sqrt{L^{-1}}\sqrt{L^{-1}}L = E_r.$$

Die Spalten von U_r sind also orthonormal. Auch hier können wir durch Hinzufügen weiterer $m - r$ orthonormaler Spalten die Matrix U_r zu einer orthogonalen $m \times m$-Matrix

$$U = \left(A(\mathbf{v}_1 \mid \cdots \mid \mathbf{v}_r)\sqrt{L^{-1}} \mid * \mid \cdots \mid * \right) \in O(m, \mathbb{R})$$
$$\uparrow$$
$$m - r \text{ Spalten}$$

erweitern. Es gilt

$$US = \left(A(\mathbf{v}_1 \mid \cdots \mid \mathbf{v}_r)\sqrt{L^{-1}} \mid * \mid \cdots \mid * \right) \cdot \underbrace{\begin{pmatrix} \sqrt{L} & 0_{r \times n-r} \\ 0_{m-r \times n} \end{pmatrix}}_{m \times n}$$

$$= (\underbrace{A(\mathbf{v}_1 \mid \cdots \mid \mathbf{v}_r)\sqrt{L^{-1}}\sqrt{L}}_{m \times r} \mid \underbrace{\mathbf{0} \mid \cdots \mid \mathbf{0}}_{m \times n-r})$$

$$= (\underbrace{A(\mathbf{v}_1 \mid \cdots \mid \mathbf{v}_r)}_{m \times r} \mid \underbrace{\mathbf{0} \mid \cdots \mid \mathbf{0}}_{m \times n-r}).$$

Nun ist

$$(AV)^T(AV) = V^T A^T AV = \Lambda = \begin{pmatrix} \lambda_1 & & & & & & \\ & \ddots & & & & & \\ & & \lambda_n & & & & \\ & & & 0 & & & \\ & & & & \ddots & & \\ & & & & & 0 \end{pmatrix}.$$

Daher gilt innerhalb der Matrix $AV = (A\mathbf{v}_1 \mid \cdots \mid A\mathbf{v}_n)$ für die letzten $n - r$ Spalten $\|A\mathbf{v}_i\|_2^2 = (A\mathbf{v}_i)^T(A\mathbf{v}_i) = 0$, $i = r+1, \ldots, n$. Dies ist nur möglich, wenn bereits $A\mathbf{v}_i = \mathbf{0}$ ist für $i = r+1, \ldots, n$. Also ist

$$\left(A(\mathbf{v}_1 \mid \cdots \mid \mathbf{v}_r) \mid \mathbf{0} \mid \cdots \mid \mathbf{0}\right) = (A\mathbf{v}_1 \mid \cdots \mid A\mathbf{v}_r \mid A\mathbf{v}_{r+1} \mid \cdots \mid A\mathbf{v}_n) = AV.$$

Insgesamt folgt also $US = AV$ und daher $USV^T = A$. Die positiven Diagonalkomponenten von S,

$$\sigma_i = \sqrt{\lambda_i}, \qquad i = 1, \ldots, r,$$

werden dann als Singulärwerte von A bezeichnet.

Aufgabe 6.19.2 Wie könnte eine der Singulärwertzerlegung ähnliche Faktorisierung für eine reelle $m \times n$-Matrix A aussehen, die eher breiter als hoch ist, für die also $m \leq n$ gilt („Landscape-Format")?

Lösung

Es ist A^T eine Matrix im Porträt-Format. Es gibt dann nach Aufgabe 6.19 eine Singulärwertzerlegung $A^T = USV^T$ von A. Durch Transponieren erhalten wir hieraus $A = VS^TU^T = VSU^T$ mit orthogonalen Matrizen $V \in \mathrm{O}(m, \mathbb{R})$ und $U \in \mathrm{O}(n, \mathbb{R})$.

Aufgabe 6.19.3 Bestimmen Sie jeweils zwei Singulärwertzerlegungen der reellen 3×2-Matrizen

$$A = \begin{pmatrix} -3 & 0 \\ 0 & 1 \\ 4 & 0 \end{pmatrix}, \qquad B = \begin{pmatrix} 2 & 1 \\ -1 & 2 \\ 0 & 0 \end{pmatrix}$$

mit unterschiedlichen Faktorisierungen.

Lösung

Wir bestimmen zunächst die Eigenwerte von

$$A^T A = \begin{pmatrix} -3 & 0 & 4 \\ 0 & 1 & 0 \end{pmatrix} \begin{pmatrix} -3 & 0 \\ 0 & 1 \\ 4 & 0 \end{pmatrix} = \begin{pmatrix} 25 & 0 \\ 0 & 1 \end{pmatrix}.$$

Die Eigenwerte von $A^T A$ sind 25 und 1. Damit sind $\sigma_1 = 5$ und $\sigma_2 = 1$ die Singulärwerte von A. Da $A^T A$ in diesem Fall eine Diagonalmatrix ist, liegen mit $V_{A^T A, 25} = \langle \hat{\mathbf{e}}_1 \rangle$ und $V_{A^T A, 1} = \langle \hat{\mathbf{e}}_2 \rangle$ die beiden Eigenräume von $A^T A$ vor. Hieraus ergibt sich $V = E_2$ als Matrix aus orthonormalen Eigenvektoren von $A^T A$. Nun bestimmen wir die Matrix U. Mit der Eigenwertdiagonalmatrix

$$\Lambda = \begin{pmatrix} 25 & 0 \\ 0 & 1 \end{pmatrix}$$

folgt für den ersten zweispaltigen Block von U

$$U_r = AV\sqrt{\Lambda^{-1}} = \begin{pmatrix} -3 & 0 \\ 0 & 1 \\ 4 & 0 \end{pmatrix} \cdot E_2 \cdot \begin{pmatrix} 1/5 & 0 \\ 0 & 1 \end{pmatrix} = \begin{pmatrix} -3/5 & 0 \\ 0 & 1 \\ 4/5 & 0 \end{pmatrix}.$$

Die beiden Spalten aus U_r sind tatsächlich orthonormiert, wie wir durch Nachrechnen schnell bestätigen können. Wir ergänzen nun die beiden Spalten von U_r zu einer Orthonormalbasis des $\mathbb{R}^3$. Dies gelingt uns in diesem Vektorraum durch das Kreuzprodukt dieser beiden Spalten:

$$U = \left(\begin{pmatrix} -3/5 \\ 0 \\ 4/5 \end{pmatrix} \middle| \begin{pmatrix} 0 \\ 1 \\ 0 \end{pmatrix} \middle| \begin{pmatrix} -3/5 \\ 0 \\ 4/5 \end{pmatrix} \times \begin{pmatrix} 0 \\ 1 \\ 0 \end{pmatrix} \right) = \begin{pmatrix} -3/5 & 0 & -4/5 \\ 0 & 1 & 0 \\ 4/5 & 0 & -3/5 \end{pmatrix}.$$

Mit

$$S = \begin{pmatrix} \sigma_1 & 0 \\ 0 & \sigma_2 \\ 0 & 0 \end{pmatrix} = \begin{pmatrix} 5 & 0 \\ 0 & 1 \\ 0 & 0 \end{pmatrix}$$

ist

$$USV^T = \begin{pmatrix} -3/5 & 0 & -4/5 \\ 0 & 1 & 0 \\ 4/5 & 0 & -3/5 \end{pmatrix} \cdot \begin{pmatrix} 5 & 0 \\ 0 & 1 \\ 0 & 0 \end{pmatrix} \cdot E_2^T = \begin{pmatrix} -3 & 0 \\ 0 & 1 \\ 4 & 0 \end{pmatrix} = A$$

eine Singulärwertzerlegung von A. Ersetzen wir die Matrix V durch eine andere Eigenvektormatrix mit orthonormalen Spalten, beispielsweise

$$V' = \begin{pmatrix} -1 & 0 \\ 0 & 1 \end{pmatrix},$$

so ergibt sich

$$U_r' = AV'\sqrt{\Lambda^{-1}} = \begin{pmatrix} -3 & 0 \\ 0 & 1 \\ 4 & 0 \end{pmatrix} \cdot \begin{pmatrix} -1 & 0 \\ 0 & 1 \end{pmatrix} \cdot \begin{pmatrix} 1/5 & 0 \\ 0 & 1 \end{pmatrix} = \begin{pmatrix} 3/5 & 0 \\ 0 & 1 \\ -4/5 & 0 \end{pmatrix}$$

und entsprechend

$$U' = \left(\begin{pmatrix} 3/5 \\ 0 \\ -4/5 \end{pmatrix} \middle| \begin{pmatrix} 0 \\ 1 \\ 0 \end{pmatrix} \middle| \begin{pmatrix} 3/5 \\ 0 \\ -4/5 \end{pmatrix} \times \begin{pmatrix} 0 \\ 1 \\ 0 \end{pmatrix} \right) = \begin{pmatrix} 3/5 & 0 & 4/5 \\ 0 & 1 & 0 \\ -4/5 & 0 & 3/5 \end{pmatrix}.$$

Wir erhalten mit

$$U'S(V')^T = \begin{pmatrix} 3/5 & 0 & 4/5 \\ 0 & 1 & 0 \\ -4/5 & 0 & 3/5 \end{pmatrix} \cdot \begin{pmatrix} 5 & 0 \\ 0 & 1 \\ 0 & 0 \end{pmatrix} \cdot \begin{pmatrix} -1 & 0 \\ 0 & 1 \end{pmatrix} = \begin{pmatrix} -3 & 0 \\ 0 & 1 \\ 4 & 0 \end{pmatrix} = A$$

eine weitere Singulärwertzerlegung von A. Der Unterschied zur vorausgegangenen Zerlegung besteht allerdings nur in den Vorzeichen einiger Komponenten der Transformationsmatrizen.

Zur Bestimmung einer Singulärwertzerlegung von

$$B = \begin{pmatrix} 2 & 1 \\ -1 & 2 \\ 0 & 0 \end{pmatrix}$$

berechnen wir auch hier zunächst die Eigenwerte von

$$B^T B = \begin{pmatrix} 2 & -1 & 0 \\ 1 & 2 & 0 \end{pmatrix} \begin{pmatrix} 2 & 1 \\ -1 & 2 \\ 0 & 0 \end{pmatrix} = \begin{pmatrix} 5 & 0 \\ 0 & 5 \end{pmatrix}.$$

Einziger Eigenwert von $B^T B$ ist 5 mit $\mathrm{alg}(5) = 2$. Damit sind $\sigma_1 = \sqrt{5}$ und $\sigma_2 = \sqrt{5}$ die Singulärwerte von B. Auch in diesem Fall ist $B^T B$ bereits eine Eigenwertdiagonalmatrix. Der Eigenraum ist $V_{B^T B,5} = \langle \hat{\mathbf{e}}_1, \hat{\mathbf{e}}_2 \rangle$. Hieraus ergibt sich beispielsweise $V = E_2$ als Matrix aus orthonormalen Eigenvektoren von $B^T B$. Wir bestimmen wieder die Matrix U. Mit der Eigenwertdiagonalmatrix

$$\Lambda = \begin{pmatrix} 5 & 0 \\ 0 & 5 \end{pmatrix}$$

folgt für den ersten zweispaltigen Block von U

$$U_r = BV\sqrt{\Lambda^{-1}} = \begin{pmatrix} 2 & 1 \\ -1 & 2 \\ 0 & 0 \end{pmatrix} \cdot E_2 \cdot \begin{pmatrix} 1/\sqrt{5} & 0 \\ 0 & 1/\sqrt{5} \end{pmatrix} = \begin{pmatrix} 2/\sqrt{5} & 1/\sqrt{5} \\ -1/\sqrt{5} & 2/\sqrt{5} \\ 0 & 0 \end{pmatrix}.$$

Die beiden Spalten aus U_r sind tatsächlich wieder orthonormiert, wie eine Rechnung schnell bestätigt. Wir ergänzen nun die beiden Spalten von U_r zu einer Orthonormalbasis des $\mathbb{R}^3$. Dies gelingt uns durch Hinzufügen des Einheitsvektors $\hat{\mathbf{e}}_3$:

$$U = \begin{pmatrix} 2/\sqrt{5} & 1/\sqrt{5} & 0 \\ -1/\sqrt{5} & 2/\sqrt{5} & 0 \\ 0 & 0 & 1 \end{pmatrix}.$$

Mit

$$S = \begin{pmatrix} \sigma_1 & 0 \\ 0 & \sigma_2 \\ 0 & 0 \end{pmatrix} = \begin{pmatrix} \sqrt{5} & 0 \\ 0 & \sqrt{5} \\ 0 & 0 \end{pmatrix}$$

ist

$$USV^T = \begin{pmatrix} 2/\sqrt{5} & 1/\sqrt{5} & 0 \\ -1/\sqrt{5} & 2/\sqrt{5} & 0 \\ 0 & 0 & 1 \end{pmatrix} \cdot \begin{pmatrix} \sqrt{5} & 0 \\ 0 & \sqrt{5} \\ 0 & 0 \end{pmatrix} \cdot E_2^T = \begin{pmatrix} 2 & 1 \\ -1 & 2 \\ 0 & 0 \end{pmatrix} = B$$

eine Singulärwertzerlegung von B. Auch die Alternativmatrix

$$V' = \begin{pmatrix} 1/\sqrt{2} & 1/\sqrt{2} \\ -1/\sqrt{2} & 1/\sqrt{2} \end{pmatrix}$$

ist eine Orthogonalmatrix aus Eigenvektoren von $B^T B$. Mit V' ergibt sich zunächst

$$U_r' = BV'\sqrt{\Lambda^{-1}} = \begin{pmatrix} 2 & 1 \\ -1 & 2 \\ 0 & 0 \end{pmatrix} \cdot \begin{pmatrix} 1/\sqrt{2} & 1/\sqrt{2} \\ -1/\sqrt{2} & 1/\sqrt{2} \end{pmatrix} \cdot \begin{pmatrix} 1/\sqrt{5} & 0 \\ 0 & 1/\sqrt{5} \end{pmatrix} = \begin{pmatrix} 1/\sqrt{10} & 3/\sqrt{10} \\ -3/\sqrt{10} & 1/\sqrt{10} \\ 0 & 0 \end{pmatrix}$$

und entsprechend

$$U' = \begin{pmatrix} 1/\sqrt{10} & 3/\sqrt{10} & 0 \\ -3/\sqrt{10} & 1/\sqrt{10} & 0 \\ 0 & 0 & 1 \end{pmatrix}.$$

Wir erhalten mit

$$U'S(V')^T = \begin{pmatrix} 1/\sqrt{10} & 3/\sqrt{10} & 0 \\ -3/\sqrt{10} & 1/\sqrt{10} & 0 \\ 0 & 0 & 1 \end{pmatrix} \cdot \begin{pmatrix} \sqrt{5} & 0 \\ 0 & \sqrt{5} \\ 0 & 0 \end{pmatrix} \cdot \begin{pmatrix} 1/\sqrt{2} & 1/\sqrt{2} \\ -1/\sqrt{2} & 1/\sqrt{2} \end{pmatrix} = \begin{pmatrix} 2 & 1 \\ -1 & 2 \\ 0 & 0 \end{pmatrix} = B$$

eine weitere Singulärwertzerlegung von B.

Aufgabe 6.19.4 Bestimmen Sie eine Singulärwertzerlegung der Matrix

$$A = \begin{pmatrix} 3 & 1 & -4 \\ -3 & -1 & 4 \\ -3 & 1 & 4 \\ -3 & 1 & 4 \end{pmatrix}.$$

Verifizieren Sie das Ergebnis mit MATLAB®.

Lösung

Es ist

$$A^T A = \begin{pmatrix} 36 & 0 & -48 \\ 0 & 4 & 0 \\ -48 & 0 & 64 \end{pmatrix}$$

mit $\chi_A(x) = (x-4)((x-36)(x-64) - 2304) = (x-4)(x^2 - 100x) = (x-4)(x-100)x$. Die Eigenwerte sind also $\lambda_1 = 100, \lambda_2 = 4, \lambda_3 = 0$. Die Singulärwerte sind somit $\sigma_1 = 10, \sigma_2 = 2$. Wir bestimmen die Eigenräume von $A^T A$ und geben dabei orthonormierte Basisvektoren an. Es gilt

$$V_{A^T A,100} = \mathrm{Kern} \begin{pmatrix} -64 & 0 & -48 \\ 0 & -96 & 0 \\ -48 & 0 & -36 \end{pmatrix} = \mathrm{Kern} \begin{pmatrix} 1 & 0 & 3/4 \\ 0 & 1 & 0 \end{pmatrix} = \left\langle \begin{pmatrix} -3/4 \\ 0 \\ 1 \end{pmatrix} \right\rangle = \left\langle \begin{pmatrix} -3/5 \\ 0 \\ 4/5 \end{pmatrix} \right\rangle$$

und

$$V_{A^T A,4} = \mathrm{Kern} \left\langle \begin{pmatrix} 0 \\ 1 \\ 0 \end{pmatrix} \right\rangle.$$

Beide Basisvektoren sind orthonormiert. Wir erhalten über das Kreuzprodukt

$$\begin{pmatrix} 0 \\ 1 \\ 0 \end{pmatrix} \times \begin{pmatrix} -3/5 \\ 0 \\ 4/5 \end{pmatrix} = \begin{pmatrix} 4/5 \\ 0 \\ 3/5 \end{pmatrix}$$

einen hierzu orthonormalen Basisvektor von $V_{A^T A, 0}$ und wählen daher

$$V = \begin{pmatrix} -3/5 & 0 & 4/5 \\ 0 & 1 & 0 \\ 4/5 & 0 & 3/5 \end{pmatrix}.$$

Es ist $r = \operatorname{Rang} A = 2$. Die Matrix U_r besteht aus zwei Spalten:

$$U_r = A(\mathbf{v}_1 \mid \mathbf{v}_2)\sqrt{L^{-1}}$$

$$= \begin{pmatrix} 3 & 1 & -4 \\ -3 & -1 & 4 \\ -3 & 1 & 4 \\ -3 & 1 & 4 \end{pmatrix} \cdot \begin{pmatrix} -3/5 & 0 \\ 0 & 1 \\ 4/5 & 0 \end{pmatrix} \cdot \begin{pmatrix} 1/10 & 0 \\ 0 & 1/2 \end{pmatrix}$$

$$= \begin{pmatrix} 3 & 1 & -4 \\ -3 & -1 & 4 \\ -3 & 1 & 4 \\ -3 & 1 & 4 \end{pmatrix} \cdot \begin{pmatrix} -3/50 & 0 \\ 0 & 1/2 \\ 4/50 & 0 \end{pmatrix} = \begin{pmatrix} -1/2 & 1/2 \\ 1/2 & -1/2 \\ 1/2 & 1/2 \\ 1/2 & 1/2 \end{pmatrix}.$$

Wir ergänzen U_r um zwei weitere Spalten, sodass wir vier orthonormale Spalten erhalten. Beispielsweise ist

$$U = \begin{pmatrix} -1/2 & 1/2 & -1/\sqrt{2} & 0 \\ 1/2 & -1/2 & -1/\sqrt{2} & 0 \\ 1/2 & 1/2 & 0 & -1/\sqrt{2} \\ 1/2 & 1/2 & 0 & 1/\sqrt{2} \end{pmatrix}$$

eine Matrix mit orthonormalen Spalten. Mit

$$S = \begin{pmatrix} 10 & 0 & 0 \\ 0 & 2 & 0 \\ 0 & 0 & 0 \\ 0 & 0 & 0 \end{pmatrix}$$

ist $A = USV^T$ eine Singulärwertzerlegung von A. Wir lassen uns dieses Ergebnis mit MATLAB® bestätigen.

```
>> A=[3,1,-4; -3,-1,4; -3,1,4; -3,1,4]

A =

     3     1    -4
    -3    -1     4
    -3     1     4
    -3     1     4
```

```
10   >> [U,S,V]=svd(A)
11
12   U =
13
14      -0.5000    -0.5000    -0.7071     0.0000
15       0.5000     0.5000    -0.7071     0.0000
16       0.5000    -0.5000     0.0000    -0.7071
17       0.5000    -0.5000    -0.0000     0.7071
18
19
20   S =
21
22      10.0000         0         0
23            0    2.0000         0
24            0         0    0.0000
25            0         0         0
26
27
28   V =
29
30      -0.6000    -0.0000    -0.8000
31            0    -1.0000     0.0000
32       0.8000         0    -0.6000
33
34   >> U*S*V'
35
36   ans =
37
38       3.0000     1.0000    -4.0000
39      -3.0000    -1.0000     4.0000
40      -3.0000     1.0000     4.0000
41      -3.0000     1.0000     4.0000
```

Kapitel 7
Trigonalisierung und Normalformen

7.1 Grundlagen, ähnliche Matrizen und Normalformen

Aufgabe 7.1 Zeigen Sie, dass die algebraische Ordnung eines Eigenwertes eine Obergrenze für die Stufe eines Hauptvektors zu diesem Eigenwert darstellt.

Lösung

Nehmen wir an, es gäbe mit $\mathbf{v}_k$ einen Hauptvektor der Stufe $k = \mathrm{alg}(\lambda) + 1$. Ausgehend von diesem Vektor kann dann eine Hauptvektorkette $\mathbf{v}_1, \mathbf{v}_2, \ldots, \mathbf{v}_k$ fortlaufender Stufe i durch die weiteren Vektoren $\mathbf{v}_i := (A - \lambda E_n)\mathbf{v}_{i+1}$ für $i = k-1, k-2, \ldots, 1$ konstruiert werden. Eine Basis $S = (\mathbf{v}_1, \ldots, \mathbf{v}_k, \mathbf{b}_{k+1}, \ldots, \mathbf{b}_n)$ würde eine Matrix $S^{-1}AS$ ergeben, die im linken oberen Block einen $k \times k$-Jordan-Block zum Eigenwert λ enthielte. Die algebraische Ordnung des Eigenwertes λ von $S^{-1}AS$ und damit die algebraische Ordnung des Eigenwertes λ von A wäre dann mindestens k im Widerspruch zu $k-1 = \mathrm{alg}(\lambda)$.

Aufgabe 7.2 Beweisen Sie den binomischen Lehrsatz für kommutative Matrizen: Es seien A und B zwei $n \times n$-Matrizen über einem Körper $\mathbb{K}$, die miteinander kommutieren, d. h., es gelte $AB = BA$. Dann gilt für jedes $\nu \in \mathbb{N}$ die verallgemeinerte binomische Formel

$$(A+B)^\nu = \sum_{k=0}^{\nu} \binom{\nu}{k} A^k B^{\nu-k}.$$

Hierbei ist $(A+B)^0 = A^0 = B^0 := E_n$. Der Binomialkoeffizient $\binom{\nu}{k}$ steht dabei für das $\binom{\nu}{k}$-fache Aufsummieren des Einselementes aus $\mathbb{K}$. Hinweis: Es gilt für alle $\nu \in \mathbb{N}$:

$$\binom{\nu}{k} + \binom{\nu}{k-1} = \binom{\nu+1}{k}, \quad 0 \le k \le \nu.$$

Zeigen Sie dies zuvor durch direktes Nachrechnen.

© Springer-Verlag GmbH Deutschland, ein Teil von Springer Nature 2019
L. Göllmann und C. Henig, *Arbeitsbuch zur linearen Algebra*,
https://doi.org/10.1007/978-3-662-58766-9_7

Lösung

Wir zeigen zunächst:

$$\binom{v}{k} + \binom{v}{k-1} = \binom{v+1}{k}, \quad 0 \le k \le v \in \mathbb{N}.$$

Dies können wir durch direkte Rechnung beweisen:

$$\begin{aligned}
\binom{v}{k} + \binom{v}{k-1} &= \frac{v!}{(v-k)!\,k!} + \frac{v!}{(v-k+1)!\,(k-1)!} \\
&= \frac{v!\,(v-k+1)}{(v-k+1)!\,k!} + \frac{v!\,k}{(v-k+1)!\,k!} \\
&= \frac{v!\,(v-k+1+k)}{(v-k+1)!\,k!} = \frac{v!\,(v+1)}{(v+1-k)!\,k!} \\
&= \frac{(v+1)!}{(v+1-k)!\,k!} = \binom{v+1}{k}.
\end{aligned}$$

Wir beweisen den binomischen Lehrsatz durch Induktion über $v \in \mathbb{N}$. Es seien nun im Folgenden A und B zwei $n \times n$-Matrizen über $\mathbb{K}$ mit $AB = BA$.

Induktionsanfang für $v = 0$: Es gilt

$$(A+B)^0 = E_n = \binom{0}{0}A^{0-0}B^0 = \sum_{k=0}^{0} \binom{0}{k}A^{0-k}B^k.$$

Die Behauptung gilt also für $v = 0$. Damit gilt auch die *Induktionsvoraussetzung:* Es gibt ein $v \in \mathbb{N}$ mit

$$(A+B)^v = \sum_{k=0}^{v} \binom{v}{k}A^{v-k}B^k.$$

Induktionsschritt von v auf $v + 1$: Zu zeigen ist, dass mit der Induktionsvoraussetzung (IV) die Behauptung auch für $v + 1$ gilt:

$$(A+B)^{v+1} = \sum_{k=0}^{v+1} \binom{v+1}{k}A^{v+1-k}B^k.$$

Es ist

$$(A+B)^{v+1} = (A+B) \cdot (A+B)^v \overset{\text{IV}}{=} (A+B) \cdot \sum_{k=0}^{v} \binom{v}{k}A^{v-k}B^k$$

$$= A\sum_{k=0}^{v} \binom{v}{k}A^{v-k}B^k + B\sum_{k=0}^{v} \binom{v}{k}A^{v-k}B^k$$

$$= \sum_{k=0}^{v} \binom{v}{k}A^{v+1-k}B^k + \sum_{k=0}^{v} \binom{v}{k}BA^{v-k}B^k$$

$$= \sum_{k=0}^{v} \binom{v}{k} A^{v+1-k} B^k + \sum_{k=0}^{v} \binom{v}{k} A^{v-k} B^{k+1}, \quad \text{da } AB = BA$$

$$= A^{v+1} + \sum_{k=1}^{v} \binom{v}{k} A^{v+1-k} B^k + \sum_{k=0}^{v-1} \binom{v}{k} A^{v-k} B^{k+1} + B^{v+1}$$

$$= A^{v+1} + \sum_{k=1}^{v} \binom{v}{k} A^{v+1-k} B^k + \sum_{k=1}^{v} \binom{v}{k-1} A^{v-(k-1)} B^k + B^{v+1}$$

$$= A^{v+1} + \sum_{k=1}^{v} \big(\underbrace{\binom{v}{k} + \binom{v}{k-1}}_{=\binom{v+1}{k}, \text{ s.o.}} \big) A^{v-k+1} B^k + B^{v+1}$$

$$= A^{v+1} + \sum_{k=1}^{v} \binom{v+1}{k} A^{v+1-k} B^k + B^{v+1}$$

$$= \binom{v+1}{0} A^{v+1} B^0 + \sum_{k=1}^{v} \binom{v+1}{k} A^{v+1-k} B^k + \binom{v+1}{v+1} A^0 B^{v+1}$$

$$= \sum_{k=0}^{v+1} \binom{v+1}{k} A^{v+1-k} B^k.$$

Aufgabe 7.3 Beweisen Sie Satz 7.29 aus [5]: Es sei $p \in \mathbb{K}[x]$ ein normiertes Polynom m-ten Grades der Form

$$p(x) = x^m + a_{m-1} x^{m-1} + \cdots + a_1 x + a_0,$$

das vollständig über $\mathbb{K}$ in Linearfaktoren zerfällt:

$$q(x) = (x - \lambda_1) \cdots (x - \lambda_m)$$

mit den Nullstellen $\lambda_1, \ldots, \lambda_m$ in $\mathbb{K}$. Wenn wir für den Platzhalter x eine quadratische Matrix $A \in \mathrm{M}(n, \mathbb{K})$ oder einen Endomorphismus f auf einem $\mathbb{K}$-Vektorraum in die ausmultiplizierte Form $q(x)$ einsetzen, so soll dies im folgenden Sinne geschehen:

$$q(A) := (A - \lambda_1 E_n) \cdots (A - \lambda_m E_n), \quad q(f) := (f - \lambda_1 \,\mathrm{id}) \cdots (f - \lambda_m \,\mathrm{id}). \qquad (7.1)$$

In der verallgemeinerten Variante mit dem Endomorphismus f bedeutet dabei das Produkt die Hintereinanderausführung der einzelnen Endomorphismen $f - \lambda_k \,\mathrm{id}$. Dann kommt es in beiden Varianten nicht auf die Reihenfolge der Faktoren in (7.1) an. Zudem ist es, wie beim Einsetzen von Skalaren für x, unerheblich, ob die ausmultiplizierte oder faktorisierte Version beim Einsetzen von A bzw. f für x verwendet wird. Es gilt also:

$$q(A) := (A - \lambda_1 E_n) \cdots (A - \lambda_m E_n) = A^m + a_{m-1} A^{m-1} + \cdots + a_1 A + a_0 E_n,$$
$$q(f) := (f - \lambda_1 \,\mathrm{id}) \cdots (f - \lambda_m \,\mathrm{id}) = f^m + a_{m-1} f^{m-1} + \cdots + a_1 f + a_0 \,\mathrm{id}.$$

Lösung

Wir zeigen den Satz nur in der Ausprägung für Matrizen per Induktion. Für einen Faktor ist nichts zu zeigen. Für zwei Faktoren, d. h. für

$$p(x) = x^2 + a_1 x + a_0, \qquad q(x) = (x - \lambda_1)(x - \lambda_2)$$

mit $a_1 = -\lambda_1 - \lambda_2$ und $a_0 = \lambda_1 \lambda_2$, gilt beim Einsetzen der Matrix A:

$$\begin{aligned}
q(A) &= (A - \lambda_1 E_n) \cdot (A - \lambda_2 E_n) \\
&= (A - \lambda_1 E_n)A - (A - \lambda_1 E_n)\lambda_2 E_n \\
&= A^2 - \lambda_1 E_n A - \lambda_2 A E_n + \lambda_1 \lambda_2 E_n E_n \\
&= A^2 + (-\lambda_1 - \lambda_2)A + \lambda_1 \lambda_2 E_n = p(A).
\end{aligned}$$

Dieser Ausdruck ist in λ_1 und λ_2 symmetrisch aufgebaut mit der Folge, dass ein Vertauschen der Faktoren $A - \lambda_1 E_n$ und $A - \lambda_2 E_n$ für das Matrixprodukt unerheblich ist, was hieraus folgend auch für mehr als zwei Faktoren gilt, da jede Permutation von m Faktoren dieser Art durch sukzessive Vertauschung zweier Nachbarfaktoren erreicht werden kann.

Es gibt also ein m, für das die Behauptung gilt. Wir betrachten dies als Induktionsvoraussetzung (IV). Der Induktionsschritt ist dem Induktionsanfang sehr ähnlich: Es sei

$$\begin{aligned}
q(x) &= (x - \lambda_1) \cdots (x - \lambda_m) \cdot (x - \lambda_{m+1}) \\
&= (x^m + \alpha_{m-1} x^{m-1} + \cdots + \alpha_1 x + \alpha_0) \cdot (x - \lambda_{m+1}) \\
&= x^{m+1} + a_m x^m + \cdots + a_k x^k + \cdots + a_1 x + a_0 = p(x)
\end{aligned}$$

mit

$$a_m = \alpha_{m-1} - \lambda_{m+1},$$

$$\vdots$$

$$a_k = \alpha_{k-1} - \alpha_k \lambda_{m+1}, \quad k = m-1, \ldots, 1$$

$$\vdots$$

$$a_0 = -\alpha_0 \lambda_{m+1}.$$

Dann gilt

$$\begin{aligned}
q(A) &= (A - \lambda_1 E_n) \cdots (A - \lambda_2 E_n) \cdot (A - \lambda_{m+1} E_n) \\
&\overset{\text{IV}}{=} (A^m + \alpha_{m-1} A^{m-1} + \cdots + \alpha_1 A + \alpha_0 E_n) \cdot (A - \lambda_{m+1} E_n) \\
&= A^{m+1} + \alpha_{m-1} A^m + \alpha_{m-2} A^{m-1} \cdots + \alpha_1 A^2 + \alpha_0 A \\
&\quad - \lambda_{m+1} A^m - \alpha_{m-1} \lambda_{m+1} A^{m-1} - \cdots - \alpha_1 \lambda_{m+1} A - \alpha_0 \lambda_{m+1} E_n \\
&= A^{m+1} + a_m A^m + a_{m-1} A^{m-1} + \cdots + a_1 A + a_0 A = p(A).
\end{aligned}$$

Bemerkung 7.1 *Aufgrund der Vertauschbarkeit von A und $\lambda_k E_n$ können wir, wie im skalaren Fall, die Summanden gleicher Potenz zusammenfassen. Für beliebige $n \times n$-Matrizen ist aber $(A-B)(A-C) = A^2 - BA - AC + BC$ und analog $(A-C)(A-B) = A^2 - CA - AB + CB$. Sind A und B, A und C sowie B und C vertauschbar, so stimmen die beiden Produkte ebenfalls überein.*

Aufgabe 7.4 Zeigen Sie in Ergänzung zu Aufgabe 6.4: Für jede quadratische Matrix A gilt $\mathrm{Spec}(A^2) = \{\lambda^2 : \lambda \in \mathrm{Spec}\,A\}$.

Lösung

Mit Aufgabe 6.4 hatten wir nur eine Inklusion gezeigt: $\{\lambda^2 : \lambda \in \mathrm{Spec}\,A\} \subset \mathrm{Spec}(A^2)$. Mithilfe der Jordan'schen Normalform können wir sogar die Gleichheit beider Mengen zeigen. Es sei K Zerfällungskörper von χ_A. Dann gibt es eine reguläre Matrix $S \in \mathrm{GL}(n, K)$ mit $S^{-1}AS = J$, wobei $J \in \mathrm{M}(n, K)$ eine Jordan'sche Normalform von A ist. Es gilt $J^2 = (S^{-1}AS)^2 = S^{-1}A^2 S$ und damit $J^2 \approx A^2$. Da J eine obere Dreiecksmatrix ist, ist nach Aufgabe 2.5 auch J^2 eine obere Dreiecksmatrix, deren Diagonalkomponenten aufgrund von Aufgabe 2.6 die Quadrate der Diagonalkomponenten von J und damit die Quadrate der Eigenwerte von J sind. Die Eigenwerte von J^2 sind also die Quadrate der Eigenwerte von J. Da $A^2 \approx J^2$ ist, sind dies auch die Eigenwerte von A^2. Wegen $\mathrm{Spec}\,A = \mathrm{Spec}\,J$ folgt also

$$\mathrm{Spec}(A^2) = \mathrm{Spec}(J^2) = \{\lambda^2 : \lambda \in \mathrm{Spec}\,J\} \stackrel{\mathrm{Spec}\,A = \mathrm{Spec}\,J}{=} \{\lambda^2 : \lambda \in \mathrm{Spec}\,A\}.$$

Aufgabe 7.5 Zeigen Sie: Eine $n \times n$-Matrix über $\mathbb{K}$, die mit jeder anderen $n \times n$-Matrix über $\mathbb{K}$ kommutiert, ...

   (i) ist nur zu sich selbst ähnlich,
   (ii) ist eine Diagonalmatrix,
   (iii) hat nur einen Eigenwert, ist somit von der Form aE_n mit $a \in \mathbb{K}$.

Lösung

Es sei also $A \in \mathrm{M}(n, \mathbb{K})$ eine Matrix, die mit jeder weiteren $n \times n$-Matrix über $\mathbb{K}$ kommutiert, also vertauschbar ist. Dann gilt für jede reguläre Matrix $S \in \mathrm{GL}(n, \mathbb{K})$

$$S^{-1}AS = S^{-1}SA.$$

Jede beliebige Ähnlichkeitstransformation von A hat also keine Auswirkungen auf A. Daher kann A nur zu sich selbst ähnlich sein. Insbesondere stimmt jede Jordan'sche Normalform (über dem Zerfällungskörper von χ_A) von A mit A überein. Es kann daher nur *eine* Jordan'sche Normalform J von A geben, nämlich $J = A$, sodass A bereits selbst in Jordan'scher Normalform vorliegen muss. Aus diesem Grund liegen auch alle Eigenwerte von A bereits in $\mathbb{K}$ oder anders ausgedrückt, das charakteristische Polynom von A zerfällt bereits über $\mathbb{K}$ vollständig in Linearfaktoren.

Da J eine obere Dreiecksmatrix ist, kann also A nur eine obere Dreiecksmatrix sein. Für die Permutation

$$S := \begin{pmatrix} 0 & \cdots & 0 & 1 \\ \vdots & & \cdot^{\cdot^{\cdot}} & \vdots \\ 0 & \cdot^{\cdot^{\cdot}} & & 0 \\ 1 & 0 & \cdots & 0 \end{pmatrix}$$

gilt $S^{-1} = S$. Mithilfe von S können wir die obere Dreiecksmatrix J in eine untere Dreiecksmatrix U ähnlichkeitstransformieren:

$$U = SJS = S^{-1}JS = S^{-1}AS = A.$$

Damit ist A auch eine untere Dreiecksmatrix. Es bleibt also nur die Möglichkeit, dass es sich bei A um eine Diagonalmatrix handelt. Nehmen wir an, es gäbe für $n \geq 2$ mehr als einen Eigenwert von A. Dann wäre ohne Einschränkung

$$A = \begin{pmatrix} \lambda_1 & & \\ & \lambda_2 & \\ & & \ddots \end{pmatrix}$$

mit $\lambda_1 \neq \lambda_2$. Die Ähnlichkeitstransformation mit der Permutationsmatrix P_{12} vertauscht die Diagonalkomponenten λ_1 und λ_2:

$$\begin{pmatrix} \lambda_2 & & \\ & \lambda_1 & \\ & & \ddots \end{pmatrix} = P_{12}AP_{12} = P_{12}^{-1}AP_{12} = A = \begin{pmatrix} \lambda_1 & & \\ & \lambda_2 & \\ & & \ddots \end{pmatrix}.$$

Es ergäbe sich dann der Widerspruch $\lambda_1 = \lambda_2$.

Aufgabe 7.6 Beweisen Sie Satz 7.28 aus [5]:

Für jede Matrix $A \in \mathrm{M}(n, \mathbb{K})$, deren charakteristisches Polynom über $\mathbb{K}$ vollständig in Linearfaktoren zerfällt, gibt es A-zyklische Teilräume $V_1, \ldots, V_k \subset \mathbb{K}^n$ mit

$$\mathbb{K}^n = V_1 \oplus V_2 \oplus \cdots \oplus V_k.$$

Lösung

Wir können den Vektorraum $\mathbb{K}^n$ in eine direkte Summe der Haupträume von A zerlegen:

$$\mathbb{K}^n = \bigoplus_{\lambda \in \mathrm{Spec}\, A} H_{A,\lambda}.$$

Für jeden Eigenwert $\lambda \in \operatorname{Spec} A$ können wir den Hauptraum $H_{A,\lambda}$ ebenfalls als direkte Summe M-zyklischer Teilräume von $H_{A,\lambda}$ mit geeigneten Startvektoren $\mathbf{v}_1, \ldots \mathbf{v}_g \in \mathbb{K}^n$ der einzelnen Jordan-Ketten darstellen:

$$H_{A,\lambda} = \langle M^0 \mathbf{v}_1, \ldots, M^{b_1} \mathbf{v}_1 \rangle \oplus \langle M^0 \mathbf{v}_2, \ldots, M^{b_2} \mathbf{v}_2 \rangle \oplus \cdots \oplus \langle M^0 \mathbf{v}_g, \ldots, M^{b_g} \mathbf{v}_g \rangle.$$

Dabei ist $M = A - \lambda E$ eine singuläre $n \times n$-Matrix, deren Kern der Eigenraum zu λ ist und $g = \operatorname{geo} \lambda$ die Anzahl der Jordan-Blöcke zu λ. Die Jordan-Blöcke sind hierbei vom Format $b_j + 1 \times b_j + 1$ für $j = 1, \ldots, g$. Wir betrachten ohne Einschränkung den ersten Summanden im Detail:

$$\langle M^0 \mathbf{v}_1, \ldots, M^{b_1} \mathbf{v}_1 \rangle = \langle (A - \lambda E)^0 \mathbf{v}_1, \ldots, (A - \lambda E)^k \mathbf{v}_1, \ldots, (A - \lambda E)^{b_1} \mathbf{v}_1 \rangle.$$

Da A und λE kommutieren, gilt mit $k = 0, \ldots, b_1$ nach dem binomischen Lehrsatz für kommutative Matrizen

$$(A - \lambda E)^k \mathbf{v}_1 = \left(\sum_{j=0}^{k} \binom{k}{j} A^j (-\lambda)^{k-j} E \right) \mathbf{v}_1$$

$$= \sum_{j=0}^{k} \underbrace{\binom{k}{j} (-\lambda)^{k-j}}_{=: \mu_{jk} \in \mathbb{K}} A^j \mathbf{v}_1$$

$$= \mu_{0k} A^0 \mathbf{v}_1 + \mu_{1k} A^1 \mathbf{v}_1 + \ldots + \mu_{kk} A^k \mathbf{v}_1,$$

wobei der Binomialkoeffizient $\binom{k}{j}$ das $\binom{k}{j}$-fache Aufsummieren des Einselementes $1_{\mathbb{K}}$ aus $\mathbb{K}$ bedeutet. Wir zerlegen nun jeden Hauptvektor $(A - \lambda E)^k \mathbf{v}_1$ für $k = 0, \ldots, b_k$ auf diese Weise. Für den obigen Hauptraumsummanden liegt also folgende Darstellung vor:

$$\langle M^0 \mathbf{v}_1, \ldots, M^{b_1} \mathbf{v}_1 \rangle = \langle \mu_{00} A^0 \mathbf{v}_1,\ \mu_{01} A^0 \mathbf{v}_1 + \mu_{11} A^1 \mathbf{v}_1,\ \mu_{02} A^0 \mathbf{v}_1 + \mu_{12} A^1 \mathbf{v}_1 + \mu_{22} A^2 \mathbf{v}_1,$$

$$\ldots,\ \mu_{0k} A^0 \mathbf{v}_1 + \mu_{1k} A^1 \mathbf{v}_1 + \ldots + \mu_{kk} A^k \mathbf{v}_1,\ \ldots$$

$$\ldots, \mu_{0b_1} A^0 \mathbf{v}_1 + \mu_{1b_1} A^1 \mathbf{v}_1 + \ldots + \mu_{b_1 b_1} A^{b_1} \mathbf{v}_1 \rangle.$$

Durch elementare Spaltenumformungen können wir die Vektoren ohne Änderung ihres linearen Erzeugnisses so umarrangieren, dass wir eine einfachere Darstellung erhalten. Da

$$\mu_{kk} = \binom{k}{k} (-\lambda)^{k-k} = 1, \qquad k = 0, \ldots, b_1,$$

können wir im vorausgegangenen linearen Erzeugnis mit dem ersten Vektor $\mu_{00} A^0 \mathbf{v}_1 = A^0 \mathbf{v}_1$ durch Subtraktion seines μ_{01}-Fachen vom zweiten Vektor diesen Vektor vereinfachen:

$$\langle M^0 \mathbf{v}_1, \ldots, M^{b_1} \mathbf{v}_1 \rangle = \langle A^0 \mathbf{v}_1,\ A^1 \mathbf{v}_1,\ \mu_{02} A^0 \mathbf{v}_1 + \mu_{12} A^1 \mathbf{v}_1 + \mu_{22} A^2 \mathbf{v}_1,\ \ldots \rangle.$$

Den dritten Vektor reduzieren wir durch Subtraktion des μ_{02}-Fachen des ersten Vektors und durch Subtraktion des μ_{12}-Fachen des zweiten Vektors:

$$\langle M^0 \mathbf{v}_1, \ldots, M^{b_1} \mathbf{v}_1 \rangle = \langle A^0 \mathbf{v}_1,\ A^1 \mathbf{v}_1,\ A^2 \mathbf{v}_1,\ \ldots \rangle.$$

Wir setzen dieses Verfahren fort und erhalten schließlich

$$\langle M^0 \mathbf{v}_1, \ldots, M^{b_1} \mathbf{v}_1 \rangle = \langle A^0 \mathbf{v}_1, \ldots, A^{b_1} \mathbf{v}_1 \rangle.$$

Da dies nun für alle Summanden der obigen direkten Summe möglich ist, folgt letztlich die Behauptung.

Aufgabe 7.7 Zeigen Sie, dass für das charakteristische Polynom der Matrix

$$B := \begin{pmatrix} 0 & 1 & \cdots & 0 \\ \vdots & \ddots & \ddots & \vdots \\ 0 & 0 & \cdots & 1 \\ -a_0 & -a_1 & \cdots & -a_{n-1} \end{pmatrix} \in M(n, \mathbb{K})$$

gilt

$$\chi_B = x^n + a_{n-1} x^{n-1} + \cdots + a_1 x + a_0.$$

Lösung

Für das charakteristische Polynom von

$$B := \begin{pmatrix} 0 & 1 & \cdots & 0 \\ \vdots & \ddots & \ddots & \vdots \\ 0 & 0 & \cdots & 1 \\ -a_0 & -a_1 & \cdots & -a_{n-1} \end{pmatrix} \in M(n, \mathbb{K})$$

berechnen wir durch Entwicklung nach der letzten Zeile:

$$\chi_B(x) = \det \begin{pmatrix} x & -1 & 0 & \cdots & & 0 \\ 0 & x & -1 & \cdots & & 0 \\ \vdots & \ddots & \ddots & \ddots & & \vdots \\ 0 & \cdots & & x & & -1 \\ a_0 & a_1 & \cdots & a_{n-2} & x+a_{n-1} \end{pmatrix}$$

$$= \sum_{j=1}^{n-1} (-1)^{n+j} a_{j-1} \cdot (-1)^{n-j} x^{j-1} + (x+a_{n-1}) x^{n-1}$$

$$= \sum_{j=1}^{n-1} a_{j-1} x^{j-1} + (x+a_{n-1}) x^{n-1} = x^n + a_{n-1} x^{n-1} + \cdots + a_1 x + a_0 = p(x).$$

Aufgabe 7.8 Bestimmen Sie für die reelle Matrix

$$A = \begin{pmatrix} 2 & -1 & 0 & 0 \\ 0 & 3 & 0 & 0 \\ 1 & 1 & 4 & 1 \\ 0 & 0 & -1 & 2 \end{pmatrix}$$

die Frobenius-Normalform FNF(A) und die Weierstraß-Normalform WNF$_\mathbb{R}$(A). Aus welchem Grund ist WNF$_\mathbb{C}$(A) = WNF$_\mathbb{R}$(A)? Bestimmen Sie aus der Weierstraß-Normalform schließlich eine Jordan'sche Normalform von A.

Lösung

Für

$$A = \begin{pmatrix} 2 & -1 & 0 & 0 \\ 0 & 3 & 0 & 0 \\ 1 & 1 & 4 & 1 \\ 0 & 0 & -1 & 2 \end{pmatrix}$$

lautet die charakteristische Matrix

$$xE - A = \begin{pmatrix} x-2 & 1 & 0 & 0 \\ 0 & x-3 & 0 & 0 \\ -1 & -1 & x-4 & -1 \\ 0 & 0 & 1 & x-2 \end{pmatrix}.$$

Wir bringen diese Matrix nun durch elementare Umformungen (und damit (ring-)äquivalente Umformungen) über $\mathbb{R}[x]$ in Smith-Normalform:

$$xE - A = \begin{pmatrix} x-2 & 1 & 0 & 0 \\ 0 & x-3 & 0 & 0 \\ -1 & -1 & x-4 & -1 \\ 0 & 0 & 1 & x-2 \end{pmatrix} \sim \begin{pmatrix} 1 & x-2 & 0 & 0 \\ x-3 & 0 & 0 & 0 \\ -1 & -1 & x-4 & -1 \\ 0 & 0 & 1 & x-2 \end{pmatrix}$$

$$\sim \begin{pmatrix} 1 & 0 & 0 & 0 \\ x-3 & -(x-3)(x-2) & 0 & 0 \\ -1 & x-3 & x-4 & -1 \\ 0 & 0 & 1 & x-2 \end{pmatrix}$$

$$\sim \begin{pmatrix} 1 & 0 & 0 & 0 \\ 0 & -(x-3)(x-2) & 0 & 0 \\ 0 & x-3 & x-4 & -1 \\ 0 & 0 & 1 & x-2 \end{pmatrix} \sim \begin{pmatrix} 1 & 0 & 0 & 0 \\ 0 & x-3 & x-4 & -1 \\ 0 & -(x-3)(x-2) & 0 & 0 \\ 0 & 0 & 1 & x-2 \end{pmatrix}$$

$$\sim \begin{pmatrix} 1 & 0 & 0 & 0 \\ 0 & -1 & x-4 & x-3 \\ 0 & 0 & 0 & -(x-3)(x-2) \\ 0 & x-2 & 1 & 0 \end{pmatrix} \sim \begin{pmatrix} 1 & 0 & 0 & 0 \\ 0 & -1 & 0 & 0 \\ 0 & 0 & 0 & -(x-3)(x-2) \\ 0 & x-2 & (x-3)^2 & (x-3)(x-2) \end{pmatrix} \cdot(x-2)$$

$\cdot(x-4)$

$\cdot(x-3)$

$$\sim \begin{pmatrix} 1 & 0 & 0 & 0 \\ 0 & -1 & 0 & 0 \\ 0 & 0 & 0 & -(x-3)(x-2) \\ 0 & 0 & (x-3)^2 & (x-3)(x-2) \end{pmatrix}$$

$$\sim \begin{pmatrix} 1 & 0 & 0 & 0 \\ 0 & -1 & 0 & 0 \\ 0 & 0 & (x-3)(x-2) & -(x-3)(x-2) \\ 0 & 0 & -(x-3) & (x-3)(x-2) \end{pmatrix}$$

$$\sim \begin{pmatrix} 1 & 0 & 0 & 0 \\ 0 & -1 & 0 & 0 \\ 0 & 0 & -(x-3) & (x-3)(x-2) \\ 0 & 0 & (x-3)(x-2) & -(x-3)(x-2) \end{pmatrix}$$

$\cdot(x-2)$

$$\sim \begin{pmatrix} 1 & 0 & 0 & 0 \\ 0 & -1 & 0 & 0 \\ 0 & 0 & -(x-3) & 0 \\ 0 & 0 & (x-3)(x-2) & (x-3)^2(x-2) \end{pmatrix} \cdot(x-2)$$

$$\sim \begin{pmatrix} 1 & 0 & 0 & 0 \\ 0 & -1 & 0 & 0 \\ 0 & 0 & -(x-3) & 0 \\ 0 & 0 & 0 & (x-3)^2(x-2) \end{pmatrix}.$$

Die letzte Matrix ist die bis auf Assoziiertheit ihrer Komponenten eindeutig bestimmte Smith-Normalform $\mathrm{SNF}(xE - A)$ der charakteristischen Matrix von A. Als Invariantenteiler von $xE - A$ entnehmen wir aus $\mathrm{SNF}(xE - A)$ die Polynome

$$1, \quad 1, \quad x-3, \quad (x-3)^2(x-2).$$

Es gibt daher zwei nicht-konstante Invariantenteiler von $xE - A$:

$$x-3 \quad \text{und} \quad (x-3)^2(x-2) = x^3 - 8x^2 + 21x - 18. \tag{7.2}$$

Die Frobenius-Normalform lautet daher nach Satz 7.44 aus [5]:

$$\mathrm{FNF}(A) = \begin{pmatrix} B_{x-3} & \\ & B_{x^3-8x^2+21x-18} \end{pmatrix} = \begin{pmatrix} 3 & 0 & 0 & 0 \\ 0 & 0 & 1 & 0 \\ 0 & 0 & 0 & 1 \\ 0 & 18 & -21 & 8 \end{pmatrix}.$$

Die Potenzen der über $\mathbb{R}$ irreduziblen Teiler der beiden Invariantenteiler in (7.2) lauten

$$(x-3)^1, \quad (x-3)^2 = x^2 - 6x + 9, \quad (x-2)^1.$$

Die Weierstraß-Normalform über $\mathbb{R}$ ist damit nach Satz 7.45 aus [5]

$$\mathrm{WNF}_{\mathbb{R}}(A) = \begin{pmatrix} B_{(x-3)^1} & & \\ & B_{(x-3)^2} & \\ & & B_{(x-2)^1} \end{pmatrix} = \begin{pmatrix} 3 & 0 & 0 & 0 \\ 0 & 0 & 1 & 0 \\ 0 & -9 & 6 & 0 \\ 0 & 0 & 0 & 2 \end{pmatrix}.$$

Da die irreduziblen Teiler der beiden nicht-konstanten Invariantenteiler bereits vollständig über $\mathbb{R}$ zerfallen, stimmt die Weierstraß-Normalform über $\mathbb{C}$ mit dieser Matrix überein: $\mathrm{WNF}_{\mathbb{R}}(A) = \mathrm{WNF}_{\mathbb{C}}(A)$. Aufgrund von Satz 7.37 aus [5] gilt für die obigen drei Blockbegleitmatrizen:

$$B_{(x-3)^1} \approx J_{3,1}, \quad B_{(x-3)^2} \approx J_{3,2}, \quad B_{(x-2)^1} \approx J_{2,1},$$

woraus sich schließlich mit

$$J = \begin{pmatrix} J_{3,1} & & \\ & J_{3,2} & \\ & & J_{2,1} \end{pmatrix} = \begin{pmatrix} 3 & 0 & 0 & 0 \\ 0 & 3 & 1 & 0 \\ 0 & 0 & 3 & 0 \\ 0 & 0 & 0 & 2 \end{pmatrix}$$

eine Jordan'sche Normalform von A ergibt. Alles in allem gilt

$$A \approx \mathrm{FNF}(A) \approx \mathrm{WNF}(A) \approx J$$

und äquivalent hierzu

$$xE - A \sim \mathrm{SNF}(xE - A) \sim xE - \mathrm{FNF}(A) \sim xE - \mathrm{WNF}(A) \sim xE - J.$$

Wir können uns durch MATLAB® die Jordan'sche Normalform und die Smith-Normalform von $xE - A$ bestätigen lassen:

```
>> A=[2,-1,0,0; 0,3,0,0; 1,1,4,1; 0,0,-1,2]

A =

     2    -1     0     0
     0     3     0     0
     1     1     4     1
     0     0    -1     2

>> jordan(A)
```

```
11
12   ans =
13
14        2      0      0      0
15        0      3      1      0
16        0      0      3      0
17        0      0      0      3
18
19   >> syms x
20   >> smithForm(A-x*eye(4))
21
22   ans =
23
24   [ 1, 0,      0,                        0]
25   [ 0, 1,      0,                        0]
26   [ 0, 0, x - 3,                         0]
27   [ 0, 0,      0, x^3 - 8*x^2 + 21*x - 18]
```

Die von MATLAB® bestimmte Jordan'sche Normalform unterscheidet sich nur um die
Reihenfolge der Jordan-Blöcke von unserer, während die von MATLAB® ausgegebenen
Invariantenteiler bis auf Assoziiertheit mit den von uns bestimmten Invariantenteilern in
der Smith-Normalform übereinstimmen.

7.2 Jordan'sche Normalform

Aufgabe 7.9 Bestimmen Sie für die reelle 4×4-Matrix

$$A = \begin{pmatrix} -1 & 5 & 0 & -5 \\ 5 & -1 & 0 & 5 \\ 1 & 0 & 4 & 1 \\ 5 & -5 & 0 & 9 \end{pmatrix}$$

eine Ähnlichkeitstransformation $S^{-1}AS = J$, sodass J in Jordan'scher Normalform
vorliegt. Verwenden Sie hierzu das in Satz 7.46 aus [5] beschriebene Verfahren, indem Sie mit elementaren Umformungen die charakteristische Matrix $xE - A$ ring-
äquivalent in die charakteristische Matrix $xE - J$ einer Jordan'schen Normalform J
überführen.

Lösung

Die charakteristische Matrix von A lautet

$$xE - A = \begin{pmatrix} x+1 & -5 & 0 & 5 \\ -5 & x+1 & 0 & -5 \\ -1 & 0 & x-4 & -1 \\ -5 & 5 & 0 & x-9 \end{pmatrix}.$$

Für das charakteristische Polynom von A folgt

$$\chi_A(x) = \det(xE - A) = \begin{vmatrix} x+1 & -5 & 0 & 5 \\ -5 & x+1 & 0 & -5 \\ -1 & 0 & x-4 & -1 \\ -5 & 5 & 0 & x-9 \end{vmatrix}$$

$$= (x-4) \begin{vmatrix} x+1 & -5 & 5 \\ -5 & x+1 & -5 \\ -5 & 5 & x-9 \end{vmatrix} = (x-4) \begin{vmatrix} x+1 & -5 & 5 \\ -5 & x+1 & -5 \\ 0 & -(x-4) & x-4 \end{vmatrix}$$

$$= (x-4) \begin{vmatrix} x+1 & 0 & 5 \\ -5 & x-4 & -5 \\ 0 & 0 & x-4 \end{vmatrix} = (x-4)^2 \begin{vmatrix} x+1 & 0 \\ -5 & x-4 \end{vmatrix} = (x+1)(x-4)^3.$$

Nach dem Ähnlichkeitskriterium von Frobenius sind zwei Matrizen $A, J \in \mathrm{M}(n, \mathbb{K})$ genau dann ähnlich, wenn ihre charakteristischen Matrizen $xE - A$ und $xE - J$ äquivalent über $\mathbb{K}[x]$ sind. Ist J eine Jordan'sche Normalform von A, so gibt es eine reguläre Matrix $S \in \mathrm{GL}(n, \mathbb{K})$ mit $S^{-1}AS = J$ und damit auch $S^{-1}(xE - A)S = xE - J$. Wir können daher sogar ausschließlich mit Umformungen über $\mathbb{K}$ aus der charakteristischen Matrix $xE - A$ die charakterische Matrix $xE - J$ gewinnen. Dabei können wir bei Äquivalenzumformungen charakteristischer Matrizen Zeilen- und Spaltenumformungen unabhängig voneinander durchführen.

Wir versuchen nun, die charakteristische Matrix $xE - A$ durch Zeilen- und Spaltenumformungen über $\mathbb{R}$ in die charakteristische Matrix einer Jordan'schen Normalform J zu überführen. Dazu streben wir an, zunächst die Diagonalkomponenten von $xE - J$, also die Linearfaktoren $x+1$, $x-4$, $x-4$, $x-4$, zu erzeugen:

$$xE - A = \begin{pmatrix} x+1 & -5 & 0 & 5 \\ -5 & x+1 & 0 & -5 \\ -1 & 0 & x-4 & -1 \\ -5 & 5 & 0 & x-9 \end{pmatrix} \sim \begin{pmatrix} x+1 & 0 & 0 & 5 \\ -5 & x-4 & 0 & -5 \\ -1 & -1 & x-4 & -1 \\ -5 & x-4 & 0 & x-9 \end{pmatrix}$$

$$\sim \begin{pmatrix} x+1 & 0 & 0 & 5 \\ -5 & x-4 & 0 & -5 \\ -1 & -1 & x-4 & -1 \\ 0 & 0 & 0 & x-4 \end{pmatrix} \sim \begin{pmatrix} x+1 & 0 & 0 & x+1 \\ -5 & x-4 & 0 & -5 \\ -1 & -1 & x-4 & -1 \\ 0 & 0 & 0 & x-4 \end{pmatrix}$$

$$\sim \begin{pmatrix} x+1 & 0 & 0 & 0 \\ -5 & x-4 & 0 & 0 \\ -1 & -1 & x-4 & 0 \\ 0 & 0 & 0 & x-4 \end{pmatrix} \sim \begin{pmatrix} x+1 & 0 & 0 & 0 \\ -1 & -1 & x-4 & 0 \\ -5 & x-4 & 0 & 0 \\ 0 & 0 & 0 & x-4 \end{pmatrix}$$

$$\sim \begin{pmatrix} x+1 & 0 & 0 & 0 \\ -1 & x-4 & -1 & 0 \\ -5 & 0 & x-4 & 0 \\ 0 & 0 & 0 & x-4 \end{pmatrix} \quad \sim \begin{pmatrix} x+1 & 0 & 0 & 0 \\ -1 & x-4 & -1 & 0 \\ x-4 & 0 & x-4 & 0 \\ 0 & 0 & 0 & x-4 \end{pmatrix}$$

$$\sim \begin{pmatrix} x+1 & 0 & 0 & 0 \\ 0 & x-4 & -1 & 0 \\ 0 & 0 & x-4 & 0 \\ 0 & 0 & 0 & x-4 \end{pmatrix} = xE - J,$$

mit der in Jordan'scher Normalform vorliegenden Matrix

$$J = \begin{pmatrix} -1 & 0 & 0 & 0 \\ 0 & 4 & 1 & 0 \\ 0 & 0 & 4 & 0 \\ 0 & 0 & 0 & 4 \end{pmatrix}.$$

Wegen $xE - A \sim xE - J$ folgt aufgrund des Ähnlichkeitskriteriums von Frobenius (Satz 7.42 aus [5]) hieraus $A \approx J$.

Um die Zeilenumformungsmatrix zu bestimmen, die allen obigen Zeilenumformungen entspricht, führen wir sämtliche Zeilenumformungen in derselben Reihenfolge an der 4×4- Einheitsmatrix durch:

$$E_4 = \begin{pmatrix} 1 & 0 & 0 & 0 \\ 0 & 1 & 0 & 0 \\ 0 & 0 & 1 & 0 \\ 0 & 0 & 0 & 1 \end{pmatrix} \rightarrow \begin{pmatrix} 1 & 0 & 0 & 0 \\ 0 & 1 & 0 & 0 \\ 0 & 0 & 1 & 0 \\ 0 & -1 & 0 & 1 \end{pmatrix} \rightarrow \begin{pmatrix} 1 & -1 & 0 & 1 \\ 0 & 1 & 0 & 0 \\ 0 & 0 & 1 & 0 \\ 0 & -1 & 0 & 1 \end{pmatrix}$$

$$\rightarrow \begin{pmatrix} 1 & -1 & 0 & 1 \\ 0 & 0 & 1 & 0 \\ 0 & 1 & 0 & 0 \\ 0 & -1 & 0 & 1 \end{pmatrix} \rightarrow \begin{pmatrix} 1 & -1 & 0 & 1 \\ 0 & 0 & 1 & 0 \\ 1 & 0 & 0 & 1 \\ 0 & -1 & 0 & 1 \end{pmatrix} = T.$$

Nach Satz 7.46 aus [5] liegt mit T eine reguläre Matrix vor, für die $TAT^{-1} = J$ gilt. Mit $S = T^{-1}$ liegt die Faktorisierung $S^{-1}AS = J$ vor. Wir müssten hierzu also noch T invertieren.

Obwohl für die Aufgabenstellung zunächst nicht erforderlich, bestimmen wir einmal an dieser Stelle die Spaltenumformungsmatrix, die allen obigen Spaltenumformungen entspricht. Dazu führen wir sämtliche Spaltenumformungen in derselben Reihenfolge an der 4×4- Einheitsmatrix durch:

$$E_4 = \begin{pmatrix} 1 & 0 & 0 & 0 \\ 0 & 1 & 0 & 0 \\ 0 & 0 & 1 & 0 \\ 0 & 0 & 0 & 1 \end{pmatrix} \rightarrow \begin{pmatrix} 1 & 0 & 0 & 0 \\ 0 & 1 & 0 & 0 \\ 0 & 0 & 1 & 0 \\ 0 & 1 & 0 & 1 \end{pmatrix} \rightarrow \begin{pmatrix} 1 & 0 & 0 & -1 \\ 0 & 1 & 0 & 0 \\ 0 & 0 & 1 & 0 \\ 0 & 1 & 0 & 1 \end{pmatrix}$$

$$
\rightarrow \begin{pmatrix} 1 & 0 & 0 & -1 \\ 0 & 0 & 1 & 0 \\ 0 & 1 & 0 & 0 \\ 0 & 0 & 1 & 1 \end{pmatrix} \rightarrow \begin{pmatrix} 1 & 0 & 0 & -1 \\ -1 & 0 & 1 & 0 \\ 0 & 1 & 0 & 0 \\ -1 & 0 & 1 & 1 \end{pmatrix} = S.
$$

Bei genauerer Betrachtung der oben durchgeführten elementaren Umformungen an $xE - A$ fällt auf, dass wir einer Zeilenumformung Z_k stets die entsprechende inverse Spaltenumformung $S_k = Z_k^{-1}$ und umgekehrt haben folgen lassen. Dies hat den Effekt, dass die Spaltenumformungsmatrix S aller Spaltenumformungen sich aus den inversen Zeilenumformungen in folgender Weise ergibt:

$$
\underbrace{Z_4 Z_3 Z_2 Z_1}_{=T} (xE - A) \underbrace{Z_1^{-1} Z_2^{-1} Z_3^{-1} Z_4^{-1}}_{=S} = xE - J, \quad S = (Z_4 Z_3 Z_2 Z_1)^{-1} = T^{-1}.
$$

In diesem Fall ist also $S^{-1} = T$ bzw. $S = T^{-1}$, womit die Spaltenumformungsmatrix S die Ähnlichkeitstransformation

$$
S^{-1} A S = J
$$

bewerkstelligt. Wir verifizieren dies:

$$
S^{-1} A S = T A S = T \begin{pmatrix} -1 & 5 & 0 & -5 \\ 5 & -1 & 0 & 5 \\ 1 & 0 & 4 & 1 \\ 5 & -5 & 0 & 9 \end{pmatrix} \begin{pmatrix} 1 & 0 & 0 & -1 \\ -1 & 0 & 1 & 0 \\ 0 & 1 & 0 & 0 \\ -1 & 0 & 1 & 1 \end{pmatrix}
$$

$$
= \begin{pmatrix} 1 & -1 & 0 & 1 \\ 0 & 0 & 1 & 0 \\ 1 & 0 & 0 & 1 \\ 0 & -1 & 0 & 1 \end{pmatrix} \begin{pmatrix} -1 & 0 & 0 & -4 \\ 1 & 0 & 4 & 0 \\ 0 & 4 & 1 & 0 \\ 1 & 0 & 4 & 4 \end{pmatrix} = \begin{pmatrix} -1 & 0 & 0 & 0 \\ 0 & 4 & 1 & 0 \\ 0 & 0 & 4 & 0 \\ 0 & 0 & 0 & 4 \end{pmatrix} = J.
$$

Die invers gekoppelten Zeilen- und Spaltenumformungen könnten wir auch direkt an der Matrix A durchführen, um J zu erhalten. Wir hätten den Umweg über die charakteristische Matrix $xE - A$ nicht gehen müssen. Durch die paarweise Kopplung der Umformungen in dieser Art entspricht dies insgesamt einer Ähnlichkeitstransformation von A:

$$
(Z_4 Z_3 Z_2 Z_1) A (Z_1^{-1} Z_2^{-1} Z_3^{-1} Z_4^{-1}) = (Z_4 Z_3 Z_2 Z_1) A (Z_4 Z_3 Z_2 Z_1)^{-1} = J.
$$

Es stellt sich daher die Frage, aus welchem Grund wir zunächst den Weg über die charakteristische Matrix $xE - A$ überhaupt gehen sollten. Hierzu erinnern wir uns daran, dass wir uns bei Umformungen an der charakteristischen Matrix $xE - A$ keine Gedanken darüber machen müssen, ob die Umformungen ähnlichkeitsinvariant für A sind. Sobald wir durch elementare Umformungen aus $xE - A$ die Form $xE - B$ der charakteristischen Matrix einer weiteren Matrix B machen, garantiert uns das Ähnlichkeitskriterium von Frobenius die Ähnlichkeit von A und B. Bei direkten Umformungen an A müssten wir dies erst beispielsweise durch invers gekoppelte Umformungen sicherstellen. Bei Betrachtung von $xE - A$ dagegen können wir Zeilen- und Spaltenumformungen auch völlig unabhängig voneinander durchführen, was uns mehr Freiheiten lässt. Dabei können wir uns sogar auf

Umformungen über $\mathbb{K}$ beschränken. Ziel ist es dann, die charakteristische Matrix einer Jordan'schen Normalform zu erreichen. Im Endeffekt wird sich jedoch notwendigerweise herausstellen, dass die Matrix S, die sich aus den Spaltenumformungen ergibt, und die Matrix T, die alle Zeilenumformungen darstellt, zueinander invers sind, ohne dass wir hierauf im Laufe des Verfahrens zu achten haben.

Aufgabe 7.10 Zeigen Sie: Für jede quadratische Matrix $A \in M(n, \mathbb{K})$ mit ihren Eigenwerten $\lambda_1, \ldots, \lambda_m$ des Zerfällungskörpers L von χ_A und den dazugehörigen algebraischen Vielfachheiten $\mu_1, \ldots, \mu_m$ gilt

$$\det A = \prod_{k=1}^{m} \lambda_k^{\mu_k},$$

bzw.: für jede quadratische Matrix A gilt

$$\det A = \prod_{\lambda \in \mathrm{Spec}_L A} \lambda^{\mathrm{alg}\lambda}.$$

Hierbei bezeichnet $\mathrm{Spec}_L A$ sämtliche Eigenwerte von A im Zerfällungskörper L von χ_A. Das Produkt über die Eigenwerte (mit Berücksichtigung der algebraischen Vielfachheiten) ergibt also die Determinante.

Lösung

Es sei $J \in M(n, L)$ eine Jordan'sche Normalform von A, die als Matrix über L betrachtet werde. Da J ähnlich zu A ist, sind die Determinanten beider Matrizen gleich. Da J eine Trigonalmatrix ist, lässt sich die Determinante sehr leicht als das Produkt ihrer Diagonalkomponenten berechnen:

$$\det J = \prod_{k=1}^{m} \lambda_k^{\mu_k},$$

denn auf der Hauptdiagonalen von J stehen alle Eigenwerte von A. Damit gilt für die Determinante von A

$$\det A = \det J = \prod_{k=1}^{m} \lambda_k^{\mu_k}.$$

Aufgabe 7.11 Es sei $A \in M(n, \mathbb{K})$ eine quadratische Matrix, deren charakteristisches Polynom vollständig über $\mathbb{K}$ in Linearfaktoren zerfällt. Zeigen Sie, dass $A \approx A^T$ gilt. Wie lautet eine Transformationsmatrix T mit $A^T = T^{-1}AT$? Wie sieht T im Spezialfall einer diagonalisierbaren Matrix A aus?

Lösung

Es sei J Jordan'sche Normalform einer quadratischen Matrix A (notfalls über Zerfällungskörper). Es gibt dann eine reguläre Matrix S mit

$$J = S^{-1}AS.$$

Transponieren dieser Gleichung ergibt

$$J^T = S^T A^T (S^{-1})^T = S^T A^T (S^T)^{-1}.$$

Andererseits kann durch umgekehrte Anordnung der Hauptvektoren für jeden einzelnen Jordan-Block in J die Matrix S unter Beibehaltung der Reihenfolge der Jordan-Blöcke die Matrix S in eine spaltenpermutierte Matrix S_u umgestellt werden, sodass

$$J^T = S_u^{-1}AS_u$$

gilt. Die Matrix J^T hat also die Einsen innerhalb der Subdiagonalen statt innerhalb der Superdiagonalen (Alternativform einer Jordan'schen Normalform). Zusammenfassend gilt also

$$S^T A^T (S^T)^{-1} = J^T = S_u^{-1}AS_u.$$

Nach A^T aufgelöst ergibt sich

$$A^T = (S^T)^{-1} S_u^{-1} A S_u S^T = (S_u S^T)^{-1} A S_u S^T.$$

Mit der Transformationsmatrix

$$T = S_u S^T$$

gilt für die Bestimmung der Transponierten von A per Ähnlichkeitstransformation aus A:

$$A^T = T^{-1}AT.$$

Es gilt also in der Tat $A \approx A^T$.

Wenn A diagonalisierbar ist, dann besitzt J nur 1×1-Jordan-Blöcke. Alle Hauptvektoren innerhalb S sind also Eigenvektoren. Es gibt nichts zu permutieren, bzw. es ist J eine Diagonalmatrix, sodass $J^T = J$ gilt. Damit ist bereits $S_u = S$. Mit $T = S_u S^T = S S^T$ gilt dann $A^T = (SS^T)^{-1} A S S^T = T^{-1}AT$. Wir betrachten ein einfaches Beispiel:

$$A = \begin{pmatrix} 1 & 1 \\ 0 & 2 \end{pmatrix}.$$

Es gilt mit

$$S = \begin{pmatrix} 1 & 1 \\ 0 & 1 \end{pmatrix}, \quad S^{-1} = \begin{pmatrix} 1 & -1 \\ 0 & 1 \end{pmatrix}$$

die Ähnlichkeitstransformation

$$S^{-1}AS = \begin{pmatrix} 1 & -1 \\ 0 & 1 \end{pmatrix} \begin{pmatrix} 1 & 1 \\ 0 & 2 \end{pmatrix} \begin{pmatrix} 1 & 1 \\ 0 & 1 \end{pmatrix} = \begin{pmatrix} 1 & -1 \\ 0 & 1 \end{pmatrix} \begin{pmatrix} 1 & 2 \\ 0 & 2 \end{pmatrix} = \begin{pmatrix} 1 & 0 \\ 0 & 2 \end{pmatrix} = J.$$

Die Matrix A ist also diagonalisierbar. Damit sind alle Hauptvektoren in S bereits Eigenvektoren, d. h. es ist $S_u = S$. Mit der regulären Matrix

$$T = S_u S^T = SS^T = \begin{pmatrix} 1 & 1 \\ 0 & 1 \end{pmatrix} \begin{pmatrix} 1 & 0 \\ 1 & 1 \end{pmatrix} = \begin{pmatrix} 2 & 1 \\ 1 & 1 \end{pmatrix}$$

und

$$T^{-1} = \begin{pmatrix} 1 & -1 \\ -1 & 2 \end{pmatrix}$$

gilt in der Tat

$$T^{-1}AT = \begin{pmatrix} 1 & -1 \\ -1 & 2 \end{pmatrix} \begin{pmatrix} 1 & 1 \\ 0 & 2 \end{pmatrix} \begin{pmatrix} 2 & 1 \\ 1 & 1 \end{pmatrix} = \begin{pmatrix} 1 & -1 \\ -1 & 2 \end{pmatrix} \begin{pmatrix} 3 & 2 \\ 2 & 2 \end{pmatrix} = \begin{pmatrix} 1 & 0 \\ 1 & 2 \end{pmatrix} = A^T.$$

Aufgabe 7.11.1 Es sei $B \in \mathrm{M}(n, \mathbb{K})$. Was unterscheidet den Kern von B vom Kern ihrer transponierten Matrix B^T? Demonstrieren Sie den Zusammenhang zwischen beiden Kernen an einem Beispiel.

Lösung

Nach Aufgabe 7.11 sind B und B^T ähnlich zueinander. Es gibt also eine reguläre Matrix $T \in \mathrm{GL}(n, \mathbb{K})$ mit $B^T = T^{-1}BT$. Aufgrund von Aufgabe 4.5 gilt somit für den Kern von B

$$\mathrm{Kern}\, B = T\, \mathrm{Kern}(B^T),$$

woraus direkt

$$\mathrm{Kern}(B^T) = T^{-1}\, \mathrm{Kern}\, B$$

folgt. Um nun ein Beispiel für diesen Sachverhalt mit einer 3×3-Matrix, die einen nicht-trivialen Kern besitzt, zu konstruieren, betrachten wir zunächst als Ausgangspunkt eine singuläre Jordan'sche Normalform

$$J = \begin{pmatrix} 2 & 1 & 0 \\ 0 & 2 & 0 \\ 0 & 0 & 0 \end{pmatrix}.$$

Um nun hieraus eine stärker besetzte, zu J ähnliche Matrix B zu machen, betrachten wir beispielsweise die reguläre Matrix

$$R = \begin{pmatrix} 1 & -1 & 1 \\ 0 & 1 & 0 \\ 1 & 1 & 2 \end{pmatrix}.$$

Es ist $\det R = 1$, sodass ihre Inverse auch nur aus ganzen Zahlen besteht:

$$R^{-1} = \begin{pmatrix} 2 & 3 & -1 \\ 0 & 1 & 0 \\ -1 & -2 & 1 \end{pmatrix}.$$

Damit definieren wir nun eine singuläre 3×3-Matrix, die zu J ähnlich ist:

$$B := R^{-1}JR = \begin{pmatrix} 4 & 4 & 4 \\ 0 & 2 & 0 \\ -2 & -3 & -2 \end{pmatrix}.$$

Mit $S := R^{-1}$ gilt also $S^{-1}BS = J$. Mit der spaltenpermutierten Transformationsmatrix

$$S_u := \begin{pmatrix} 3 & 2 & -1 \\ 1 & 0 & 0 \\ -2 & -1 & 1 \end{pmatrix}$$

ergibt sich eine alternative Darstellung einer Jordan'schen Normalform von B als untere Dreiecksmatrix

$$S_u^{-1}BS_u = \begin{pmatrix} 2 & 0 & 0 \\ 1 & 2 & 0 \\ 0 & 0 & 0 \end{pmatrix}.$$

Nach Aufgabe 7.11 bewirkt die reguläre Matrix

$$T := S_u S^T = \begin{pmatrix} 3 & 2 & -1 \\ 1 & 0 & 0 \\ -2 & -1 & 1 \end{pmatrix} \begin{pmatrix} 2 & 0 & -1 \\ 3 & 1 & -2 \\ -1 & 0 & 1 \end{pmatrix} = \begin{pmatrix} 13 & 2 & -8 \\ 2 & 0 & -1 \\ -8 & -1 & 5 \end{pmatrix}$$

eine Ähnlichkeitstransformation von B, die zur transponierten Matrix B^T führt:

$$T^{-1}BT = \begin{pmatrix} 4 & 0 & -2 \\ 4 & 2 & -3 \\ 4 & 0 & -2 \end{pmatrix} = B^T.$$

Es ist $\det T = \det(S_u S^T) = \det(S_u)\det S^T = -1 \cdot \det S = -1$. Die Inverse von T ist daher eine Matrix aus ganzen Zahlen. Sie lautet

$$T^{-1} = \begin{pmatrix} 1 & 2 & 2 \\ 2 & -1 & 3 \\ 2 & 3 & 4 \end{pmatrix}.$$

Wir berechnen nun zunächst den Kern der Matrix B^T. Es gilt

$$\text{Kern}\, B^T = \text{Kern} \begin{pmatrix} 4 & 0 & -2 \\ 4 & 2 & -3 \end{pmatrix} = \text{Kern} \begin{pmatrix} 4 & 0 & -2 \\ 0 & 2 & -1 \end{pmatrix} = \text{Kern} \begin{pmatrix} 1 & 0 & -1/2 \\ 0 & 1 & -1/2 \end{pmatrix} = \left\langle \begin{pmatrix} 1/2 \\ 1/2 \\ 1 \end{pmatrix} \right\rangle = \left\langle \begin{pmatrix} 1 \\ 1 \\ 2 \end{pmatrix} \right\rangle.$$

Alternativ ergibt die Rechnung

$$T^{-1}\,\text{Kern}\, B = T^{-1}\,\text{Kern} \begin{pmatrix} 4 & 4 & 4 \\ 0 & 2 & 0 \\ -2 & -3 & -2 \end{pmatrix} = T^{-1}\,\text{Kern} \begin{pmatrix} 1 & 0 & 1 \\ 0 & 1 & 0 \end{pmatrix}$$

$$= T^{-1} \left\langle \begin{pmatrix} -1 \\ 0 \\ 1 \end{pmatrix} \right\rangle = \left\langle T^{-1} \cdot \begin{pmatrix} -1 \\ 0 \\ 1 \end{pmatrix} \right\rangle = \left\langle \begin{pmatrix} 1 & 2 & 2 \\ 2 & -1 & 3 \\ 2 & 3 & 4 \end{pmatrix} \begin{pmatrix} -1 \\ 0 \\ 1 \end{pmatrix} \right\rangle = \left\langle \begin{pmatrix} 1 \\ 1 \\ 2 \end{pmatrix} \right\rangle$$

ebenfalls den Kern von B^T.

7.3 Vertiefende Aufgaben

Aufgabe 7.12 Es seien $A, B \in \mathrm{M}(n, \mathbb{K})$ zwei quadratische Matrizen. Zeigen Sie, dass es für die Spur des Produkts aus beiden Matrizen nicht auf die Reihenfolge der Faktoren ankommt, d. h., es gilt

$$\mathrm{Spur}(AB) = \mathrm{Spur}(BA).$$

Lösung

Die Spur einer Matrix ist definiert als die Summe über ihre Diagonalkomponenten. Es ist nun

$$
\begin{aligned}
\mathrm{Spur}(AB) &= \mathrm{Spur}\left(\sum_{k=1}^{n} a_{ik} b_{kj} \right)_{1 \le i,j \le n} \\
&= \sum_{l=1}^{n} \sum_{k=1}^{n} a_{lk} b_{kl} \\
&= \sum_{l=1}^{n} \sum_{k=1}^{n} b_{kl} a_{lk} \\
&= \sum_{k=1}^{n} \sum_{l=1}^{n} b_{kl} a_{lk} \\
&= \mathrm{Spur}\left(\sum_{l=1}^{n} a_{il} b_{lj} \right)_{1 \le i,j \le n} = \mathrm{Spur}(BA).
\end{aligned}
$$

Aufgabe 7.12.1 Warum ändert sich die Spur einer Matrix nicht unter Ähnlichkeitstransformation?

Lösung

Dies ist eine direkte Konsequenz aus der Regel $\mathrm{Spur}(AB) = \mathrm{Spur}(BA)$ für gleichformatige quadratische Matrizen A und B (vgl. Aufgabe 7.12). Denn für $A \in \mathrm{M}(n, \mathbb{K})$ und $S \in \mathrm{GL}(n, \mathbb{K})$ gilt

$$\mathrm{Spur}(S^{-1}AS) = \mathrm{Spur}(SS^{-1}A) = \mathrm{Spur}(A).$$

Bemerkung 7.2 *Da die Spur einer Matrix invariant unter Ähnlichkeitstransformation ist, kann auch die Spur eines Endomorphismus f auf einem endlich-dimensionalen Vektorraum über die Spur einer beliebigen Koordinatenmatrix von f wohldefiniert erklärt werden.*

Aufgabe 7.12.2 Zeigen Sie in Analogie zur Aufgabe 7.10: Für jede quadratische Matrix $A \in M(n, \mathbb{K})$ mit ihren Eigenwerten $\lambda_1, \ldots, \lambda_m$ des Zerfällungskörpers L von χ_A und den dazugehörigen algebraischen Vielfachheiten $\mu_1, \ldots, \mu_m$ gilt

$$\mathrm{Spur}\, A = \sum_{k=1}^{m} \mu_k \lambda_k,$$

bzw.: für jede quadratische Matrix A gilt

$$\mathrm{Spur}\, A = \sum_{\lambda \in \mathrm{Spec}_L A} \mathrm{alg}(\lambda) \cdot \lambda.$$

Hierbei bezeichnet $\mathrm{Spec}_L A$ sämtliche Eigenwerte von A im Zerfällungskörper L von χ_A. Die Summe über die Eigenwerte (mit Berücksichtigung der algebraischen Vielfachheiten) ergibt also die Spur.

Lösung

Wir gehen analog zur Lösung von Aufgabe 7.10 vor. Es sei $J \in \mathrm{M}(n, L)$ eine Jordan'sche Normalform von A, die als Matrix über L betrachtet werde. Da J ähnlich zu A ist, sind die Spuren beider Matrizen gleich (vgl. Aufgabe 7.12.1). Damit gilt für die Spur von A

$$\mathrm{Spur}\, A = \mathrm{Spur}\, J = \sum_{k=1}^{m} \mu_k \lambda_k = \sum_{\lambda \in \mathrm{Spec}_L A} \mathrm{alg}(\lambda) \cdot \lambda,$$

denn auf der Hauptdiagonalen von J stehen alle Eigenwerte von A.

Aufgabe 7.12.3 Es sei $A \in \mathrm{M}(2, \mathbb{C})$ eine 2×2-Matrix. Geben Sie eine Formel an, mit der die Eigenwerte von A allein aus der Determinante und Spur von A bestimmt werden können. Unter welchen Bedingungen gibt es genau einen Eigenwert von A?

Lösung

Es seien $d := \det A$, $s := \mathrm{Spur}\, A$ sowie λ_1 und λ_2 die beiden Eigenwerte von A. Da die Determinante das Produkt und die Spur die Summe der Eigenwerte von A sind, gilt

$$d = \lambda_1 \lambda_2, \qquad s = \lambda_1 + \lambda_2.$$

Wir setzen $s - \lambda_1$ für λ_2 in die erste Gleichung ein und erhalten

$$d = \lambda_1(s - \lambda_1) = s\lambda_1 - \lambda_1^2.$$

Die Lösungen dieser quadratischen Gleichung sind

$$\frac{s - \sqrt{s^2 - 4d}}{2}, \qquad \frac{s + \sqrt{s^2 - 4d}}{2}.$$

Dies sind dann die beiden Eigenwerte von A. Beide Eigenwerte ergeben in Summe

$$\frac{s - \sqrt{s^2 - 4d}}{2} + \frac{s + \sqrt{s^2 - 4d}}{2} = \frac{2s}{2} = s.$$

Für den Fall $(\mathrm{Spur}\,A)^2 = 4\det A$ gibt es nur einen Eigenwert mit doppelter algebraischer Vielfachheit.

Aufgabe 7.12.4 Zeigen Sie, dass jede reelle 2×2-Matrix mit negativer Determinante nur reelle Eigenwerte besitzt und diagonalisierbar ist.

Lösung

Das Produkt der beiden Eigenwerte einer reellen 2×2-Matrix A ist die Determinante von A. Wären die beiden Eigenwerte von A nicht reell, dann bildeten sie als Nullstellen von χ_A ein konjugiertes Paar $(\lambda, \overline{\lambda})$. Das Produkt $\det A = \lambda\overline{\lambda} = |\lambda|^2 > 0$ wäre positiv im Widerspruch zur Voraussetzung.

Da beide Eigenwerte reell sind, müssen sie bei negativer Determinante vorzeichenverschieden sein. Insbesondere hat dann A genau zwei verschiedene Eigenwerte mit einfacher algebraischer Ordnung, sodass A diagonalisierbar ist.

Damit also eine reelle 2×2-Matrix A nicht diagonalisierbar ist, muss notwendig $\det A \geq 0$ sein. Diese Bedingung ist aber nicht hinreichend für fehlende Diagonalisierbarkeit, wie bereits die Einheitsmatrix E_2 zeigt.

Aufgabe 7.12.5 Warum ist jede reelle 2×2-Matrix mit nicht-reellen Eigenwerten über $\mathbb{C}$ diagonalisierbar? Geben Sie ein Beispiel für eine derartige Matrix an. Geben Sie zudem ein Beispiel für eine nicht über $\mathbb{C}$ diagonalisierbare reelle 2×2-Matrix an.

Lösung

Wenn die beiden Eigenwerte nicht-reell sind, so bilden sie ein konjugiertes Paar und sind insbesondere verschieden. Daher haben sie einfache algebraische Ordnung, sodass die Diagonalisierbarkeit folgt. Die Matrix

$$A = \begin{pmatrix} 1 & 1 \\ -1 & 1 \end{pmatrix}$$

besitzt das charakteristische Polynom $\chi_A(x) = (x-1)^2 + 1$. Die Nullstellen sind $\lambda_1 = 1 - i$ und $\lambda_2 = 1 + i = \overline{\lambda}_1$. Damit ist A (über $\mathbb{C}$) diagonalisierbar. Dagegen ist

$$J = \begin{pmatrix} 1 & 1 \\ 0 & 1 \end{pmatrix}$$

als reeller 2×2-Jordan-Block zum Eigenwert $\lambda = 1$ eine weder über $\mathbb{R}$ noch über $\mathbb{C}$ diagonalisierbare Matrix.

Aufgabe 7.13 (Spektralnorm) Es sei $A \in M(m \times n, \mathbb{K})$ eine Matrix über $\mathbb{K} = \mathbb{R}$ bzw. $\mathbb{K} = \mathbb{C}$. Zeigen Sie mithilfe der Singulärwertzerlegung (vgl. Aufgabe 6.19), dass für die von der 2-Norm induzierte Matrixnorm (Spektralnorm)

$$\|A\|_2 = \max_{\lambda \in \operatorname{Spec} A^* A} \sqrt{\lambda}$$

gilt.

Lösung

Wir zeigen die Behauptung für die Situation $\mathbb{K} = \mathbb{R}$. Im Komplexen verläuft der Beweis ähnlich. Wir nehmen die Situation $m \geq n$ an, ansonsten betrachten wir A^T statt A. Ist A eine reelle $m \times n$-Matrix, so gibt es eine Singulärwertzerlegung von A der Art

$$A = USV^T$$

mit orthogonalen Matrizen $U \in O(m, \mathbb{R})$ und $V \in O(n, \mathbb{R})$ sowie einer reellen $m \times n$-Matrix

$$S = \begin{pmatrix} \sigma_1 & & & 0 & \cdots & 0 \\ & \ddots & & \vdots & & \vdots \\ & & \sigma_r & 0 & \cdots & 0 \\ 0 & \cdots & & & \cdots & 0 \\ \vdots & & & & & \vdots \\ 0 & \cdots & & & \cdots & 0 \end{pmatrix}$$

mit $r = \operatorname{Rang} A$ und den Singulärwerten $\sigma_1 \geq \sigma_2 \geq \cdots \sigma_r > 0$. Für die von der 2-Norm induzierte Matrixnorm ist definitionsgemäß

$$\|A\|_2 = \max_{\|\mathbf{x}\|_2 = 1} \|A\mathbf{x}\|_2 = \max_{\|\mathbf{x}\|_2 = 1} \|USV^T\mathbf{x}\|_2 = \max_{\|\mathbf{x}\|_2 = 1} \|SV^T\mathbf{x}\|_2 = \max_{\|\mathbf{x}\|_2 = 1} \|S\mathbf{x}\|_2,$$

denn U erhält als Isometrie die 2-Norm. Zudem gilt $\|\mathbf{x}\|_2 = 1 \iff \|V^T\mathbf{x}\|_2 = 1$, da V^T ebenfalls eine Isometrie ist. Für $\mathbf{x} \in \mathbb{R}^n$ mit $\|\mathbf{x}\|_2 = 1$ wird der Ausdruck

$$\|S\mathbf{x}\|_2 = \|(\sigma_1 x_1, \sigma_2 x_2, \ldots, \sigma_r x_r, 0, \ldots, 0)^T\|_2 = \sigma_1^2 x_1^2 + \sigma_2^2 x_2^2 + \cdots + \sigma_2^2 x_r^2$$

maximal, wenn $x_1 = 1$ und $x_j = 0$ für $j \neq 1$ gewählt wird, denn es ist $\sigma_1 \geq \sigma_j$ für alle $j = 1,\ldots,r$. Dieser Vektor entspricht dem kanonischen Einheitsvektor $\hat{\mathbf{e}}_1 \in \mathbb{R}^n$ und hat den geforderten Betrag 1. Insgesamt folgt

$$\|A\|_2 = \max_{\|\mathbf{x}\|_2=1} \|S\mathbf{x}\|_2 = \|S\hat{\mathbf{e}}_1\|_2, = \sqrt{\sigma_1^2} \stackrel{\sigma_1>0}{=} \sigma_1.$$

Da die Singulärwerte von A die Quadratwurzeln der Eigenwerte von $A^T A$ sind, ist $\sigma_1 = \sqrt{\lambda}$, wobei λ der größte Eigenwert von $A^T A$ ist. Damit gilt $\|A\|_2 = \max_{\lambda \in \mathrm{Spec} A^T A} \sqrt{\lambda}$.

Aufgabe 7.13.1 Es sei $S \in \mathrm{O}(n)$ bzw. $S \in \mathrm{U}(n)$ eine orthogonale bzw. unitäre Matrix. Berechnen Sie die Spektralnorm $\|S\|_2$ von S. Welche Kondition (vgl. Aufgabe 5.7.4) besitzt S hinsichtlich der Spektralnorm? Wie verändert sich die Spektralnorm und die auf dieser Norm basierende Kondition einer reellen bzw. komplexen $m \times n$-Matrix A nach Links- bzw. Rechtsmultiplikation mit einer orthogonalen bzw. unitären Matrix?

Lösung

Für $S \in \mathrm{O}(n)$ bzw. $S \in \mathrm{U}(n)$ ist $S^T S = E_n$ bzw. $S^* S = E_n$. Damit ist $\|S\|_2 = 1$. Da mit S auch $S^{-1} = S^T$ bzw. $S^{-1} = S^*$ orthogonal bzw. unitär ist, ist auch $\|S^{-1}\|_2 = 1$. Für die Kondition gilt also $\mathrm{cond}\, S = \|S\|_2 \cdot \|S^{-1}\|_2 = 1$.

Es sei nun A eine reelle bzw. komplexe $m \times n$-Matrix. Dann gilt nach Definition der induzierten Matrixnorm und der Eigenschaft, dass orthogonale bzw. unitäre Matrizen normerhaltend sind, mit $S \in \mathrm{O}(m)$ bzw. $S \in \mathrm{U}(m)$

$$\|SA\|_2 = \max_{\|\mathbf{x}\|_2=1} \|SA\mathbf{x}\|_2 = \max_{\|\mathbf{x}\|_2=1} \|A\mathbf{x}\|_2 = \|A\|_2.$$

Zudem ist wegen $\|S\mathbf{x}\|_2 = 1 \iff \|\mathbf{x}\|_2 = 1$ für jede Matrix $S \in \mathrm{O}(n)$ bzw. $S \in \mathrm{U}(n)$

$$\|AS\|_2 = \max_{\|\mathbf{x}\|_2=1} \|AS\mathbf{x}\|_2 = \max_{\|S\mathbf{x}\|_2=1} \|A(S\mathbf{x})\|_2 = \max_{\|\mathbf{x}\|_2=1} \|A\mathbf{x}\|_2 = \|A\|_2.$$

Ist A eine reguläre $n \times n$-Matrix mit reellen oder komplexen Einträgen, so bleibt auch die auf der Spektralnorm basierende Kondition von A nach Links- und Rechtsmultiplikation mit orthogonalen bzw. unitären Matrizen erhalten.

Bemerkung 7.3 *Da die Kondition einer Matrix ein Maß für die Empfindlichkeit relativer Fehler ist (vgl. Aufgabe 5.7.4), sollten Rechenoperationen nicht dazu führen, dass gut konditionierte Probleme zu schlechter konditionierten Problemen werden. Operationen, die mit orthogonalen bzw. unitären Matrizen durchgeführt werden, sind aufgrund der Norm- und Konditionserhaltung daher von Vorteil in der numerischen Mathematik. Die Singulärwertzerlegung ist ein derartiges Verfahren. Sie kann beispielsweise eine gute Alternative zu einer ZAS-Zerlegung sein, wenn die Matrix A besonders großformatig ist.*

Aufgabe 7.13.2 (Kondition bezüglich der Spektralnorm) Es sei $A \in \mathrm{GL}(n, \mathbb{R})$. Zeigen Sie, dass die von der Spektralnorm induzierte Kondition von A das Verhältnis des größten Singulärwertes σ_1 zum kleinsten Singulärwert σ_n von A ist:

$$\mathrm{cond}_2 A = \frac{\sigma_1}{\sigma_n}.$$

Lösung

Nach Aufgabe 7.13 ist

$$\|A\|_2 = \max_{\lambda \in \mathrm{Spec}\, A^T A} \sqrt{\lambda} = \sigma_1.$$

Die Eigenwerte von $(A^T A)^{-1}$ sind bekanntlich die Kehrwerte der Eigenwerte von $A^T A$ (vgl. Aufgabe 6.3). Zudem ist $\mathrm{Spec}\, A A^T = \mathrm{Spec}\, A^T A$ (vgl. Aufgabe 6.18). Daher ist

$$\|A^{-1}\|_2 = \max_{\lambda \in \mathrm{Spec}(A^{-1})^T A^{-1}} \sqrt{\lambda} = \max_{\lambda \in \mathrm{Spec}(A^T)^{-1} A^{-1}} \sqrt{\lambda} = \max_{\lambda \in \mathrm{Spec}(A A^T)^{-1}} \sqrt{\lambda}$$

$$= \max_{\lambda \in \mathrm{Spec}(A^T A)^{-1}} \sqrt{\lambda} = \max_{\lambda \in \mathrm{Spec}\, A^T A} \sqrt{1/\lambda} = \min_{\lambda \in \mathrm{Spec}\, A^T A} \sqrt{\lambda} = \sigma_n.$$

Damit ist $\mathrm{cond}_2 A = \sigma_1/\sigma_n$.

Aufgabe 7.14 Es sei

$$1_{n \times n} = (1)_{1 \leq i,j \leq n} = \begin{pmatrix} 1 & 1 & \cdots & 1 \\ 1 & 1 & & 1 \\ \vdots & & \ddots & \vdots \\ 1 & 1 & \cdots & 1 \end{pmatrix} \in \mathrm{M}(n, \mathbb{R})$$

die reelle $n \times n$-Matrix, die nur aus der 1 besteht. Geben Sie ohne Rechnung sämtliche Eigenwerte von $1_{n \times n}$ an. Warum ist $1_{n \times n}$ diagonalisierbar? Bestimmen Sie ohne Rechnung eine Matrix V mit $V^{-1} \cdot 1_{n \times n} \cdot V = \Lambda$, wobei Λ eine Diagonalmatrix ist.

Lösung

Wir erkennen unmittelbar, dass $\mathrm{Rang}\, 1_{n \times n} = 1$ ist. Damit ist $1_{n \times n}$ singulär und 0 ein Eigenwert von $1_{n \times n}$ mit $\mathrm{geo}\, 0 = n - \mathrm{Rang}\, 1_{n \times n} = n - 1$. Für den nicht-trivialen Vektor

$$\mathbf{v} = \begin{pmatrix} 1 \\ 1 \\ \vdots \\ 1 \end{pmatrix} \in \mathbb{R}^n$$

gilt $1_{n \times n} \mathbf{v} = n \cdot \mathbf{v}$. Damit ist n ein weiterer Eigenwert von $1_{n \times n}$. Da bereits $\mathrm{geo}(0) = n - 1$ ist, bleibt nur $\mathrm{geo}(n) = 1$. Zudem ist $\mathrm{geo}(0) + \mathrm{geo}(n) = n$. Es kann also keinen weiteren

Eigenwert geben. Außerdem ist $1_{n \times n}$ diagonalisierbar. Der Kern von $1_{n \times n}$ kann nach der Ableseregel direkt aus dem Tableau $[1\,1\,\cdots\,1]$ entnommen werden:

$$\operatorname{Kern} 1_{n \times n} = \operatorname{Kern}\begin{pmatrix} 1 & 1 & \cdots & 1 \end{pmatrix} = \left\langle \begin{pmatrix} -1 \\ 1 \\ 0 \\ \vdots \\ 0 \end{pmatrix}, \begin{pmatrix} -1 \\ 0 \\ 1 \\ \vdots \\ 0 \end{pmatrix}, \cdots \begin{pmatrix} -1 \\ 0 \\ 0 \\ \vdots \\ 1 \end{pmatrix} \right\rangle.$$

Wir erhalten dann zusammen mit $\mathbf{v}$ eine Basis des $\mathbb{R}^n$ aus Eigenvektoren von $1_{n \times n}$. Somit ist

$$V = \begin{pmatrix} -1 & -1 & \cdots & -1 & 1 \\ 1 & 0 & & 0 & 1 \\ 0 & 1 & & \vdots & 1 \\ \vdots & & & \vdots & \\ 0 & 0 & \cdots & 1 & 1 \end{pmatrix}$$

eine reguläre Matrix mit

$$V^{-1} \cdot 1_{n \times n} \cdot V = \begin{pmatrix} 0 & \cdots & 0 & 0 \\ \vdots & \ddots & \vdots & \vdots \\ 0 & \cdots & 0 & 0 \\ 0 & \cdots & 0 & n \end{pmatrix} = \Lambda.$$

Kapitel 8
Anwendungen

8.1 Orthogonale Entwicklung

Aufgabe 8.1 Es sei $(V, \langle \cdot, \cdot \rangle)$ ein durch das Skalarprodukt

$$\langle f, g \rangle := \int\limits_{-\pi}^{\pi} f(x)g(x)\,\mathrm{d}x$$

definierter euklidischer und durch die Basis $B = (\frac{1}{\sqrt{2}}, \cos(x), \cos(2x), \ldots, \cos(5x))$ erzeugter, 6-dimensionaler $\mathbb{R}$-Vektorraum. Für die 2π-periodische Funktion

$$f(x) = 4\cos(x)\cos^2\left(\tfrac{3}{2}x\right), \quad x \in \mathbb{R},$$

gilt $f \in V$. Weisen Sie nach, dass B eine Orthogonalbasis von V ist, und berechnen Sie den Koordinatenvektor von f bezüglich B. Wie lautet die Fourier-Reihe von f?

Lösung

Es gilt für die Basisvektoren $\mathbf{b}_0 = \frac{1}{\sqrt{2}}$ und $\mathbf{b}_k = \cos(kx)$, $k = 1, \ldots, 5$ von V aufgrund des vorgegebenen Skalarprodukts

$$\langle \mathbf{b}_j, \mathbf{b}_k \rangle = \int_{-\pi}^{\pi} \cos(jx)\cos(kx)\,\mathrm{d}x = \ldots = \begin{cases} \pi, & j = k \\ 0, & j \neq k \end{cases}.$$

Nach der orthogonalen Entwicklung (Satz 5.20 aus [5]) ergeben sich für die Komponenten des Koordinatenvektors $\mathbf{a} = (a_0, \ldots, a_5)^T = \mathbf{c}_B(f)$ der Funktion $f(x) = 4\cos(x)\cos^2\left(\tfrac{3}{2}x\right)$ bezüglich B

© Springer-Verlag GmbH Deutschland, ein Teil von Springer Nature 2019
L. Göllmann und C. Henig, *Arbeitsbuch zur linearen Algebra*,
https://doi.org/10.1007/978-3-662-58766-9_8

$$a_0 = \frac{\langle \mathbf{b}_0, f \rangle}{\langle \mathbf{b}_0, \mathbf{b}_0 \rangle} = \frac{1}{\pi} \int_{-\pi}^{\pi} \cos(0x) f(x) \, dx = \ldots = 0$$

$$a_1 = \frac{\langle \mathbf{b}_1, f \rangle}{\langle \mathbf{b}_1, \mathbf{b}_1 \rangle} = \frac{1}{\pi} \int_{-\pi}^{\pi} \cos(1x) f(x) \, dx = \ldots = 2$$

$$a_2 = \frac{\langle \mathbf{b}_2, f \rangle}{\langle \mathbf{b}_2, \mathbf{b}_2 \rangle} = \frac{1}{\pi} \int_{-\pi}^{\pi} \cos(2x) f(x) \, dx = \ldots = 1$$

$$a_3 = \frac{\langle \mathbf{b}_3, f \rangle}{\langle \mathbf{b}_3, \mathbf{b}_3 \rangle} = \frac{1}{\pi} \int_{-\pi}^{\pi} \cos(3x) f(x) \, dx = \ldots = 0$$

$$a_4 = \frac{\langle \mathbf{b}_4, f \rangle}{\langle \mathbf{b}_4, \mathbf{b}_4 \rangle} = \frac{1}{\pi} \int_{-\pi}^{\pi} \cos(4x) f(x) \, dx = \ldots = 1$$

$$a_5 = \frac{\langle \mathbf{b}_5, f \rangle}{\langle \mathbf{b}_5, \mathbf{b}_5 \rangle} = \frac{1}{\pi} \int_{-\pi}^{\pi} \cos(5x) f(x) \, dx = \ldots = 0,$$

woraus $\mathbf{c}_B(f) = \mathbf{a} = (0, 2, 1, 0, 1, 0)^T$ folgt. In der Tat kann gezeigt werden, dass der Basis-isomorphismus auf diesen Vektor angewandt wieder die Funktion f ergibt:

$$\mathbf{c}_B^{-1}(\mathbf{a}) = 2 \cdot \cos(x) + 1 \cdot \cos(2x) + 1 \cdot \cos(4x) = \ldots = 4 \cos(x) \cos^2\left(\tfrac{3}{2}x\right) = f(x).$$

Die Fourier-Reihe von f ist daher eine endliche Summe und lautet

$$\sum_{k=-\infty}^{\infty} a_k e^{ikx} = 2 \cdot \tfrac{1}{2}(e^{ix} + e^{-ix}) + 1 \cdot \tfrac{1}{2}(e^{2ix} + e^{-2ix}) + 1 \cdot \tfrac{1}{2}(e^{4ix} + e^{-4ix})$$

$$= \tfrac{1}{2}e^{-4ix} + \tfrac{1}{2}e^{-2ix} + e^{-ix} + e^{ix} + \tfrac{1}{2}e^{2ix} + \tfrac{1}{2}e^{4ix}.$$

Aufgabe 8.1.1 Bestimmen Sie die Fourier-Reihen von

$$f(x) = 2\sin(x)\cos(x), \qquad g(x) = \cos^2(x) - \sin^2(x)$$

in der Darstellung mit komplexer Exponentialfunktion unter Verwendung der Additionstheoreme.

Lösung

Bei den Funktionen f und g handelt es sich um 2π-periodische, auf $[-\pi, \pi]$ (stückweise) stetige und stückweise monotone Funktionen. Die Fourier-Reihe von f bzw. g in der Darstellung mit komplexer Exponentialfunktion

$$\sum_{k=-\infty}^{\infty} c_k e^{ikx}, \qquad c_k := \frac{1}{2\pi} \int_{-\pi}^{\pi} f(x) e^{-ikx} \, dx$$

$$\sum_{k=-\infty}^{\infty} d_k e^{ikx}, \qquad d_k := \frac{1}{2\pi} \int_{-\pi}^{\pi} g(x) e^{-ikx} \, dx$$

konvergiert daher gegen $f(x)$ bzw. $g(x)$. Die Additionstheoreme lauten

(i) $\sin(x \pm y) = \sin(x)\cos(y) \pm \sin(y)\cos(x)$,

(ii) $\cos(x \pm y) = \cos(x)\cos(y) \mp \sin(x)\sin(y)$

für alle $x, y \in \mathbb{R}$. Die Fourier-Reihen von f und g bestehen dann jeweils nur aus zwei Exponentialsummanden, denn es sind

$$f(x) = 2\sin(x)\cos(x) = \sin(x)\cos(x) + \sin(x)\cos(x) = \sin(2x) = \tfrac{i}{2}e^{-2ix} + \tfrac{-i}{2}e^{2ix},$$
$$g(x) = \cos^2(x) - \sin^2(x) = \cos(2x) = \tfrac{1}{2}e^{-2ix} + \tfrac{1}{2}e^{2ix}.$$

Wir können uns dieses Ergebnis bestätigen lassen, indem wir die Koeffizienten c_k und d_k jeweils über die Integrale bestimmen. Da MATLAB® mit der Symbolic Math Toolbox™ auch als Computeralgebrasystem verwendet werden kann, überlassen wir zu diesem Zweck den Aufwand für die beiden Integrationen dieser Software. Wir begnügen uns dabei mit der Berechnung der Koeffizienten c_k für f:

```
1  >> syms k x
2  >> int(2*sin(x)*cos(x)*exp(-i*k*x),x)
3
4  ans =
5
6  (exp(-k*x*1i)*(2*cos(2*x) + k*sin(2*x)*1i))/(k^2 - 4)
```

Hieraus entnehmen wir

$$c_k = \frac{1}{2\pi} \int_{-\pi}^{\pi} f(x)e^{-ikx}\,\mathrm{d}x = \frac{1}{2\pi} \cdot \left[\frac{e^{-ikx}(2\cos(2x) + ik\sin(2x))}{k^2 - 4} \right]_{-\pi}^{\pi}$$

$$= \frac{e^{-ik\pi}(2\cos(2\pi) + ik\sin(2\pi)) - e^{ik\pi}(2\cos(-2\pi) + ik\sin(-2\pi))}{2\pi(k^2 - 4)}$$

$$= \frac{2e^{-ik\pi} - 2e^{ik\pi}}{2\pi(k^2 - 4)} = \frac{e^{-ik\pi} - e^{ik\pi}}{\pi(k^2 - 4)} = \frac{-2i\sin(k\pi)}{\pi(k^2 - 4)} = 0$$

für $k \neq \pm 2$. Für $k = 2$ oder $k = -2$ ergeben die jeweiligen Integrale

```
1  >> syms k x
2  >> int(2*sin(x)*cos(x)*exp(-i*(-2)*x),x)
3
4  ans =
5
6  (x*1i)/2 - exp(x*4i)/8
7
8  >> int(2*sin(x)*cos(x)*exp(-i*2*x),x)
9
10 ans =
11
12 - (x*1i)/2 - exp(-x*4i)/8
```

Also sind

$$c_{-2} = \frac{1}{2\pi} \int_{-\pi}^{\pi} f(x)e^{-(-2)ix}\,\mathrm{d}x = \frac{1}{2\pi} \left[\frac{ix}{2} - \frac{1}{8}e^{4ix} \right]_{-\pi}^{\pi} = \frac{1}{2\pi}\left(\frac{i\pi}{2} + \frac{i\pi}{2} \right) = \frac{i}{2},$$

$$c_2 = \frac{1}{2\pi} \int_{-\pi}^{\pi} f(x)e^{-2ix}\,\mathrm{d}x = \frac{1}{2\pi} \left[-\frac{ix}{2} - \frac{1}{8}e^{-4ix} \right]_{-\pi}^{\pi} = \frac{1}{2\pi}\left(-\frac{i\pi}{2} - \frac{i\pi}{2} \right) = -\frac{i}{2}$$

die beiden übrig bleibenden Koeffizienten in der Fourier-Reihe von f.

8.2 Markov-Ketten

Aufgabe 8.2 Zeigen Sie, dass die durch die Matrix

$$A = \begin{pmatrix} 0 & 0 & 1 \\ 0 & 1 & 0 \\ 1 & 0 & 0 \end{pmatrix}$$

definierte Markov-Kette im Allgemeinen keinen stationären Zustand besitzt. Für welche Startvektoren gibt es einen stationären Zustand?

Lösung

Es ist

$$A = \begin{pmatrix} 0 & 0 & 1 \\ 0 & 1 & 0 \\ 1 & 0 & 0 \end{pmatrix} = P_{13}$$

die 3×3-Permutationsmatrix P_{13}. Damit gilt

$$A^2 = E_3, \quad A^3 = A, \quad A^4 = E_3, \quad \ldots$$

bzw. allgemein

$$A^k = \begin{cases} E_3, & \text{für } k \text{ gerade} \\ A, & \text{für } k \text{ ungerade.} \end{cases}$$

Mit dem Startvektor

$$\mathbf{x}_0 = \begin{pmatrix} a \\ b \\ c \end{pmatrix} \in \mathbb{R}^3$$

folgt

$$\mathbf{x}_k = A_k \mathbf{x}_0 = \begin{cases} \mathbf{x}_0, & \text{für } k \text{ gerade} \\ A\mathbf{x}_0 = \begin{pmatrix} c \\ b \\ a \end{pmatrix}, & \text{für } k \text{ ungerade.} \end{cases}$$

Einen stationären Zustand gibt es also genau dann, wenn $c = a$ gilt. In diesem Fall ist die Markov-Kette konstant:

$$\mathbf{x}_k = \begin{pmatrix} a \\ b \\ a \end{pmatrix} \Rightarrow \lim_{n \to \infty} \mathbf{x}_k = \mathbf{x}_0.$$

Aufgabe 8.3 Innerhalb einer Firma gebe es drei Abteilungen: A, B und C. Am Ende jeder Woche gibt jede Abteilung die Hälfte ihres Geldbestandes zu gleichen Teilen an die anderen beiden Abteilungen ab.

a) Stellen Sie die Markov-Matrix für den gesamten Geldfluss in der Firma auf.
b) Berechnen Sie das Verhältnis der Geldbestände der drei Abteilungen nach drei Wochen und nach drei Monaten, wenn die Anfangsverteilung durch den Start-vektor

$$\mathbf{x}_0 = \begin{pmatrix} 0\,\% \\ 10\,\% \\ 90\,\% \end{pmatrix}$$

gegeben ist.
c) Wie lautet die durch den stationären Zustand gegebene Grenzverteilung?

Lösung

a) Die Markov-Matrix für den gesamten Einnahmenfluss lautet

$$A = \begin{pmatrix} 1/2 & 1/4 & 1/4 \\ 1/4 & 1/2 & 1/4 \\ 1/4 & 1/4 & 1/2 \end{pmatrix}.$$

Da diese Matrix reell-symmetrisch ist, existiert eine Orthonormalbasis des $\mathbb{R}^3$ aus Eigenvektoren von A.

b) Wir berechnen zunächst die Eigenwerte von A:

$$\begin{aligned}
\chi_a(x) &= \det \begin{pmatrix} x-1/2 & -1/4 & -1/4 \\ -1/4 & x-1/2 & -1/4 \\ -1/4 & -1/4 & x-1/2 \end{pmatrix} = \det \begin{pmatrix} x-1/2 & -1/4 & -1/4 \\ -1/4 & x-1/2 & -1/4 \\ 0 & -x+1/4 & x-1/4 \end{pmatrix} \\
&= \det \begin{pmatrix} x-1/2 & -1/2 & -1/4 \\ -1/4 & x-3/4 & -1/4 \\ 0 & 0 & x-1/4 \end{pmatrix} = (x-1/4)\det \begin{pmatrix} x-1/2 & -1/2 \\ -1/4 & x-3/4 \end{pmatrix} \\
&= (x-\tfrac{1}{4})\cdot\big((x-\tfrac{1}{2})(x-\tfrac{3}{4})-\tfrac{1}{8}\big) = (x-\tfrac{1}{4})\cdot(x^2-\tfrac{5}{4}x+\tfrac{1}{4}) \\
&= (x-\tfrac{1}{4})(x-\tfrac{1}{4})(x-1) = (x-\tfrac{1}{4})^2(x-1).
\end{aligned}$$

Es ist also $\operatorname{Spec} A = \{1, 1/4\}$ mit $\operatorname{alg}(1/4) = 2 = \operatorname{geo}(1/4)$. Wir bestimmen nun die Eigenräume von A. Zunächst gilt

$$V_{A,1/4} = \operatorname{Kern}(A - \tfrac{1}{4}E) = \operatorname{Kern} \begin{pmatrix} 1/4 & 1/4 & 1/4 \\ 1/4 & 1/4 & 1/4 \\ 1/4 & 1/4 & 1/4 \end{pmatrix} = \operatorname{Kern}(1\,1\,1) = \left\langle \begin{pmatrix} -1 \\ 1 \\ 0 \end{pmatrix}, \begin{pmatrix} -1 \\ 0 \\ 1 \end{pmatrix} \right\rangle.$$

Aufgrund der Symmetrie von A sind die Vektoren der beiden Eigenräume orthogonal zueinander. Zudem ist der Eigenraum zu $\lambda = 1$ nur eindimensional. Wir können daher den

Eigenraum zu $\lambda = 1$ auch per Vektorprodukt aus den beiden Basisvektoren von $V_{A,1/4}$ bestimmen. Es gilt demnach

$$V_{A,1} = \left\langle \begin{pmatrix} -1 \\ 1 \\ 0 \end{pmatrix} \times \begin{pmatrix} -1 \\ 0 \\ 1 \end{pmatrix} \right\rangle = \left\langle \begin{pmatrix} 1 \\ 1 \\ 1 \end{pmatrix} \right\rangle .$$

Wir können nun nicht erwarten, dass die beiden Basisvektoren $(-1,1,0)^T$ und $(-1,0,1)^T$ des Eigenraums $V_{A,1/4}$ bereits orthogonal zueinander sind. In der Tat gilt für das Skalarprodukt $(-1,1,0)(-1,0,1)^T = 1 \neq 0$. Daher ist

$$B = \begin{pmatrix} -1 & -1 & 1 \\ 1 & 0 & 1 \\ 0 & 1 & 1 \end{pmatrix}$$

keine orthogonale Matrix. Wir benötigen die Inverse der Basismatrix, um durch Koordinatentransformation die Elemente $\mathbf{x}_k$ der Markov-Kette effektiv zu bestimmen. Wir könnten nun die ersten beiden Spalten von B orthogonalisieren und durch anschließende Normierung alle drei Spalten in eine Orthonormalbasis C des $\mathbb{R}^3$ überführen. In diesem Fall ist es aber mit weniger Aufwand verbunden, B zu invertieren als C zu bestimmen, um dann die orthogonale Matrix $C^{-1} = C^T$ zu verwenden. Es gilt für die Inverse von B

$$B^{-1} = \tfrac{1}{3} \begin{pmatrix} -1 & 2 & -1 \\ -1 & -1 & 2 \\ 1 & 1 & 1 \end{pmatrix} .$$

Damit folgt

$$B^{-1}AB = \begin{pmatrix} 1/4 & 0 & 0 \\ 0 & 1/4 & 0 \\ 0 & 0 & 1 \end{pmatrix} =: \Lambda$$

und somit für $\mathbf{x}_0 = (a, b, c)^T \in [0, \infty)^3$ mit $\|\mathbf{x}_0\|_1 = a+b+c = 1$

$$\mathbf{x}_k = A\mathbf{x}_0 = (B\Lambda B^{-1})^k \mathbf{x}_0 = B\Lambda^k B^{-1} \mathbf{x}_0$$

$$= B \begin{pmatrix} (1/4)^k & 0 & 0 \\ 0 & (1/4)^k & 0 \\ 0 & 0 & 1 \end{pmatrix} \cdot \tfrac{1}{3} \begin{pmatrix} -1 & 2 & -1 \\ -1 & -1 & 2 \\ 1 & 1 & 1 \end{pmatrix} \begin{pmatrix} a \\ b \\ c \end{pmatrix}$$

$$= \tfrac{1}{3} \cdot B \begin{pmatrix} 1/4^k & 0 & 0 \\ 0 & 1/4^k & 0 \\ 0 & 0 & 1 \end{pmatrix} \begin{pmatrix} 2b-a-c \\ 2c-a-b \\ a+b+c \end{pmatrix} = \tfrac{1}{3} \cdot B \begin{pmatrix} 1/4^k(2b-a-c) \\ 1/4^k(2c-a-b) \\ a+b+c \end{pmatrix}$$

$$= \tfrac{1}{3} \cdot \begin{pmatrix} -1 & -1 & 1 \\ 1 & 0 & 1 \\ 0 & 1 & 1 \end{pmatrix} \begin{pmatrix} 1/4^k(2b-a-c) \\ 1/4^k(2c-a-b) \\ a+b+c \end{pmatrix}$$

$$= \tfrac{1}{3} \cdot \begin{pmatrix} -1/4^k(2b-a-c+2c-a-b)+a+b+c \\ 1/4^k(2b-a-c)+a+b+c \\ 1/4^k(2c-a-b)+a+b+c \end{pmatrix}$$

$$= \frac{1}{3} \cdot \begin{pmatrix} 1/4^k(2a-b-c)+a+b+c \\ 1/4^k(2b-a-c)+a+b+c \\ 1/4^k(2c-a-b)+a+b+c \end{pmatrix}$$

$$\xrightarrow{k\to\infty} \frac{1}{3} \cdot \begin{pmatrix} a+b+c \\ a+b+c \\ a+b+c \end{pmatrix} = \begin{pmatrix} 1/3 \\ 1/3 \\ 1/3 \end{pmatrix}, \quad \text{da } a+b+c=1.$$

Es folgt bei der Anfangsverteilung

$$\mathbf{x}_0 = \begin{pmatrix} 0 \\ 1/10 \\ 9/10 \end{pmatrix}$$

nach k Wochen die Zustandsverteilung

$$\mathbf{x}_k = \begin{pmatrix} 1/4^k(-1/10 - 9/10)+1 \\ 1/4^k(2/10 - 9/10)+1 \\ 1/4^k(18/10 - 1/10)+1 \end{pmatrix} = \frac{1}{3} \cdot \begin{pmatrix} -1/4^k + 1 \\ -1/4^k \cdot 7/10 + 1 \\ 1/4^k \cdot 17/10 + 1 \end{pmatrix}.$$

Speziell folgt für den Zustand nach $k=3$ Wochen

$$\mathbf{x}_3 = \begin{pmatrix} 0.3281250 \\ 0.3296875 \\ 0.3421875 \end{pmatrix}.$$

Nach drei Monaten, also nach $k=12$ Wochen gilt bereits

$$\mathbf{x}_{12} = \begin{pmatrix} 0.3333333134651184 \\ 0.3333333194255829 \\ 0.3333333671092987 \end{pmatrix}.$$

c) Der stationäre Zustand ist die Grenzverteilung $\mathbf{x}_\infty = (1/3,\ 1/3,\ 1/3)^T$.

Aufgabe 8.3.1 Ein Autoverleih habe drei Filialen F_1, F_2 und F_3. An jeder Filiale werden Autos verliehen und auch wieder im Empfang genommen. Kunden können ihr Fahrzeug an jeder der drei Filialen zurückgeben. Vereinfachend betrachten wir die Situation, dass die Autos jeweils nur für einen Tag geliehen werden. Der Autoverleih beobachtet das Rückgabeverhalten seiner Kunden über einen langen Zeitraum und stellt fest, dass nach Geschäftsschluss in Filiale F_1 60 % der Autos aus dieser Filiale stammen, 30 % an der Filiale F_2 abgegeben werden und die restlichen 10 % an der Filiale F_3 stehen. Für Filiale F_2 ergibt sich folgendes Rückgabeverhalten: 50 % der Autos verbleiben dort, 20 % gehen an Filiale F_1, 30 % an Filiale F_3. Die Filiale F_3 behält 80 % ihrer Autos, 10 % werden an Filiale F_1, 10 % an Filiale F_2 abgegeben. Für den Autoverleih stellt sich die Frage, ob der gesamte Fuhrpark von 100 Autos so auf die drei Filialen aufgeteilt werden kann, dass sich von Tag zu Tag die Anzahl der Autos an jeder Filiale nicht ändert (Schwankungen im Rückgabeverhalten seien hier vernachlässigt). Sollte dies möglich sein, dann könnte der Autoverleih Transporte von Autos von einer zur anderen Filiale einsparen und an jeder Filiale verlässlich Autos anbieten. Zur Lösung dieser Frage verwenden wir einen Vektor $\mathbf{x}^n \in \mathbb{R}^3$, dessen Komponenten der Bestand an Autos in den Filialen am Tag n sind.

a) Geben Sie die Matrix A an, die den Übergang von $\mathbf{x}^n$ zu $\mathbf{x}^{n+1}$, den Bestand am Tag $n+1$, beschreibt.

b) Behandeln Sie die Frage, ob durch geeignete Verteilung der Autos auf die Filialen der Bestand an Autos an jeder Filiale konstant gehalten werden kann, als Eigenwertproblem und bestimmen Sie die geeignete Verteilung, wenn möglich. Hierzu kann eine Mathematiksoftware, z. B. MATLAB®, eingesetzt werden.

Lösung

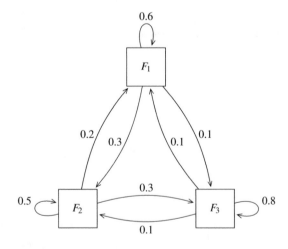

Abb. 8.1 Graph zur Veranschaulichung des Rückgabeverhaltens

a) Das Rückgabeverhalten der Verleihfirma wird in Abb. 8.1 gezeigt. Aus dem Bestand $\mathbf{x}^n$ der Autos am Tag n kann der Bestand am Folgetag, $\mathbf{x}^{n+1}$, mit der Gleichung

$$\mathbf{x}^{n+1} = A \cdot \mathbf{x}^n$$

berechnet werden. Die Matrix A, die den Übergang von einem auf den nächsten Tag beschreibt, lautet mit dem genannten Rückgabeverhalten:

$$A = \begin{pmatrix} 0.6 & 0.2 & 0.1 \\ 0.3 & 0.5 & 0.1 \\ 0.1 & 0.3 & 0.8 \end{pmatrix}.$$

b) Wenn der Bestand an Autos in jeder Filiale von Tag zu Tag unverändert bleiben soll, dann müssen die Vektoren $\mathbf{x}^n$ und $\mathbf{x}^{n+1}$ gleich sein. Das heißt aber, dass die Zeitabhängigkeit des Vektors $\mathbf{x}$ keine Rolle spielt. Damit erhalten wir die Gleichung $\mathbf{x} = A \cdot \mathbf{x}$. Diese Gleichung stellt ein Eigenwertproblem mit dem Eigenwert 1 dar. Die grundsätzliche Frage ist also, ob die Matrix A den Eigenwert 1 hat. Mithilfe von MATLAB® können wir die Eigenwerte und normierte Eigenvektoren der Matrix A berechnen. Der Einsatz von MATLAB® könnte sein:

```
>> A=[0.6, 0.2, 0.1; 0.3, 0.5, 0.1; 0.1, 0.3, 0.8];
>> [V,D]=eig(A)

V =

    0.4082   -0.4082    0.4082
   -0.8165   -0.4082    0.4082
    0.4082    0.8165    0.8165


D =

    0.3000         0         0
         0    0.6000         0
         0         0    1.0000
```

Die Matrix V enthält bezüglich der 2-Norm normierte Eigenvektoren der Matrix A. Die Diagonalelemente der Matrix D sind die Eigenwerte der Matrix A. Offensichtlich hat die Übergangsmatrix A den Eigenwert 1. Schließlich können wir die Verteilung der Autos auf die Filialen berechnen: Der zum Eigenwert 1 berechnete Eigenvektor ist

$$\mathbf{x} = \begin{pmatrix} 0.4082 \\ 0.4082 \\ 0.8165 \end{pmatrix}.$$

Um aus diesem stationären Vektor die absolute Verteilung der Autos auf die Filialen für einen stationären Zustand zu bestimmen, skalieren wir den Vektor abschließend noch ent-

sprechend, indem wir ihn hinsichtlich der 1-Norm normieren und mit der Gesamtzahl der
Autos multiplizieren:

```
1  >> x=abs(V(:,3));
2  >> x=100/sum(x)*x
```

Das Ergebnis der Skalierung ist:

```
1  x =
2
3     25.0000
4     25.0000
5     50.0000
```

Also sollte der Autoverleih 25 seiner Autos in Filiale F_1, 25 Autos in Filiale F_2 und 50
Autos in Filiale F_3 abstellen, um dauerhaft diese Verteilung zu erhalten (vorausgesetzt,
dass sich das Kundenverhalten nicht ändert).

Aufgabe 8.4 Wie lautet der stationäre Zustand einer symmetrischen Markov-Matrix
des Formats $n \times n$ mit positiven Komponenten?

Lösung

Ist $A \in M(n, \mathbb{R})$ eine symmetrische Markov-Matrix, so summieren sich mit den Zeilen in
jeder Spalte auch die Spalten in jeder Zeile zu 1. Damit gilt

$$A \begin{pmatrix} 1 \\ \vdots \\ 1 \end{pmatrix} = \begin{pmatrix} 1 \\ \vdots \\ 1 \end{pmatrix} = 1 \cdot \begin{pmatrix} 1 \\ \vdots \\ 1 \end{pmatrix}.$$

Es ist also

$$\mathbf{p} = \begin{pmatrix} 1 \\ \vdots \\ 1 \end{pmatrix} \in \mathbb{R}^n$$

Eigenvektor zum Eigenwert $\lambda = 1$. Da alle Komponenten von A positiv sind, folgt nach
Satz 8.10 aus [5], dass

$$\mathbf{x}_\infty = \frac{1}{\|\mathbf{p}\|_1} \mathbf{p} = \frac{1}{n} \begin{pmatrix} 1 \\ \vdots \\ 1 \end{pmatrix} = \begin{pmatrix} 1/n \\ \vdots \\ 1/n \end{pmatrix}$$

stationärer Zustand der Markov-Kette $\mathbf{x}_k = A^k \mathbf{x}_0$ ist. Insbesondere folgt, dass es unabhängig von der Anfangsverteilung $\mathbf{x}_0$ langfristig auf eine Gleichverteilung der Anteile in allen
Komponenten hinausläuft.

8.3 Lineare Differenzialgleichungssysteme

Aufgabe 8.5 Betrachten Sie das Anfangswertproblem

$$\dot{x}_1 = x_2 \qquad x_1(0) = 1$$
$$\dot{x}_2 = 4x_1 + t, \qquad x_2(0) = 0.$$

a) Bringen Sie das Problem in die Standardform $\dot{\mathbf{x}} = A\mathbf{x} + \mathbf{b}(t)$ eines gekoppelten inhomogenen linearen Differenzialgleichungssystems erster Ordnung mit konstanten Koeffizienten.
b) Entkoppeln Sie das System durch eine geeignete Basiswahl.
c) Bestimmen Sie die Lösung $\mathbf{y}(t)$ des entkoppelten Systems.
d) Transformieren Sie die Lösung des entkoppelten Systems zurück in die Lösung $\mathbf{x}(t)$ des ursprünglichen Koordinatensystems.

Lösung

a) Mit

$$A = \begin{pmatrix} 0 & 1 \\ 4 & 0 \end{pmatrix}, \quad \mathbf{b}(t) = \begin{pmatrix} 0 \\ t \end{pmatrix}$$

lautet das Anfangswertproblem

$$\dot{\mathbf{x}} = A\mathbf{x} + \mathbf{b}(t), \quad \mathbf{x}(0) = \begin{pmatrix} 1 \\ 0 \end{pmatrix} =: \mathbf{x}_0.$$

b) Zur Entkopplung durch Diagonalisierung von A bestimmen wir zunächst die Eigenwerte von A. Es gilt

$$\chi_A(x) = \det(xE - A) = \det\begin{pmatrix} x & -1 \\ -4 & x \end{pmatrix} = x^2 - 4 = (x-2)(x+2).$$

Die 2×2-Matrix A besitzt also zwei verschiedene Eigenwerte 2 und -2 und ist daher diagonalisierbar. Die Eigenräume lauten

$$V_{A,2} = \mathrm{Kern}(A - 2E) = \mathrm{Kern}\begin{pmatrix} -2 & 1 \\ 4 & -2 \end{pmatrix} = \mathrm{Kern}(1 - 1/2) = \left\langle \begin{pmatrix} 1/2 \\ 1 \end{pmatrix} \right\rangle$$

sowie

$$V_{A,-2} = \mathrm{Kern}(A + 2E) = \mathrm{Kern}\begin{pmatrix} 2 & 1 \\ 4 & 2 \end{pmatrix} = \mathrm{Kern}(1\ 1/2) = \left\langle \begin{pmatrix} -1/2 \\ 1 \end{pmatrix} \right\rangle.$$

Hieraus ergibt sich mit

$$B = \begin{pmatrix} 1/2 & -1/2 \\ 1 & 1 \end{pmatrix}$$

eine Basis aus Eigenvektoren von A. Da $\det B = 1$ ist, folgt unmittelbar die Inverse der Basismatrix

$$B^{-1} = \begin{pmatrix} 1 & 1/2 \\ -1 & 1/2 \end{pmatrix}.$$

Damit bestimmen wir den Koordinatenvektor der Inhomogenität und des Anfangswertes bezüglich der Basis B. Es gilt

$$\beta(t) := \mathbf{c}_B(\mathbf{b}(t)) = B^{-1}\mathbf{b}(t) = \begin{pmatrix} 1 & 1/2 \\ -1 & 1/2 \end{pmatrix} \begin{pmatrix} 0 \\ t \end{pmatrix} = \tfrac{1}{2} \begin{pmatrix} t \\ t \end{pmatrix}$$

und

$$\mathbf{y}_0 := \mathbf{c}_B(\mathbf{x}_0)) = B^{-1}\mathbf{x}_0 = \begin{pmatrix} 1 & 1/2 \\ -1 & 1/2 \end{pmatrix} \begin{pmatrix} 1 \\ 0 \end{pmatrix} = \begin{pmatrix} 1 \\ -1 \end{pmatrix}.$$

Zudem gilt

$$B^{-1}AB = \begin{pmatrix} 2 & 0 \\ 0 & -2 \end{pmatrix} =: \Lambda.$$

Mit $\mathbf{y}(t) := \mathbf{c}_B(\mathbf{x}(t))$ lautet das Anfangswertproblem im B-System

$$\dot{\mathbf{y}} = \Lambda \mathbf{y} + \beta(t), \quad \mathbf{y}(0) = \mathbf{y}_0$$

im Detail

$$\begin{pmatrix} \dot{y}_1 \\ \dot{y}_2 \end{pmatrix} = \begin{pmatrix} 2 & 0 \\ 0 & -2 \end{pmatrix} \begin{pmatrix} y_1 \\ y_2 \end{pmatrix} + \tfrac{1}{2} \begin{pmatrix} t \\ t \end{pmatrix}, \quad \begin{pmatrix} y_1(0) \\ y_2(0) \end{pmatrix} = \begin{pmatrix} 1 \\ -1 \end{pmatrix}.$$

Dies ergibt zwei voneinander entkoppelte Differenzialgleichungen erster Ordnung mit jeweiligem Anfangswert:

$$\dot{y}_1 = 2y_1 + \tfrac{1}{2}t, \qquad\qquad y_1(0) = 1$$
$$\dot{y}_2 = -2y_2 + \tfrac{1}{2}t, \qquad\qquad y_2(0) = -1.$$

c) Diese beiden skalaren Anfangswertprobleme lassen sich nun unabhängig voneinander durch Variation der Konstanten lösen. Es folgt

$$y_1(t) = e^{2t} \left(y_1(0) + \int_0^t \tfrac{1}{2}\tau e^{-2\tau}\,d\tau \right) = e^{2t} + e^{2t} \cdot \tfrac{1}{2} \int_0^t \tau e^{-2\tau}\,d\tau$$

$$= e^{2t} + e^{2t} \cdot \tfrac{1}{2} \left([-\tfrac{1}{2}\tau e^{-2\tau}]_0^t + \tfrac{1}{2} \int_0^t e^{-2\tau}\,d\tau \right)$$

$$= e^{2t} + e^{2t} \cdot \tfrac{1}{2} \left(-\tfrac{1}{2}t e^{-2t} + \tfrac{1}{2} \cdot (-\tfrac{1}{2}) \cdot [e^{-2\tau}]_0^t \right)$$

$$= e^{2t} + \tfrac{1}{4}e^{2t} \left(-t e^{-2t} + \tfrac{1}{2} - \tfrac{1}{2}e^{-2t} \right)$$

$$= e^{2t} + \tfrac{1}{8}e^{2t} \left(-2t e^{-2t} + 1 - e^{-2t} \right)$$

$$= e^{2t} + \tfrac{1}{8} \left(-2t + e^{2t} - 1 \right)$$

$$= \tfrac{9}{8}e^{2t} - \tfrac{1}{4}t - \tfrac{1}{8},$$

$$y_2(t) = e^{-2t}\left(y_2(0) + \int_0^t \tfrac{1}{2}\tau e^{2\tau}\,d\tau \right) = -e^{-2t} + e^{-2t}\cdot\tfrac{1}{2}\int_0^t \tau e^{2\tau}\,d\tau$$

$$= -e^{-2t} + e^{-2t}\cdot\tfrac{1}{2}\left(\tfrac{1}{2}[\tau e^{2\tau}]_0^t - \tfrac{1}{2}\int_0^t e^{2\tau}\,d\tau \right)$$

$$= -e^{-2t} + \tfrac{1}{4}e^{-2t}\left(te^{2t} - \tfrac{1}{2}[e^{2\tau}]_0^t \right)$$

$$= -e^{-2t} + \tfrac{1}{4}e^{-2t}\left(te^{2t} + \tfrac{1}{2} - \tfrac{1}{2}e^{2t} \right)$$

$$= -e^{-2t} + \tfrac{1}{4}\left(t + \tfrac{1}{2}e^{-2t} - \tfrac{1}{2} \right) = -\tfrac{7}{8}e^{-2t} + \tfrac{1}{4}t - \tfrac{1}{8}.$$

Damit lautet die Lösung des entkoppelten Systems

$$\mathbf{y}(t) = \begin{pmatrix} \tfrac{9}{8}e^{2t} - \tfrac{1}{4}t - \tfrac{1}{8} \\ -\tfrac{7}{8}e^{-2t} + \tfrac{1}{4}t - \tfrac{1}{8} \end{pmatrix}.$$

d) Der Basisisomorphismus liefert nun die Lösung im ursprünglichen Koordinatensystem. Es gilt

$$\mathbf{x}(t) = \mathbf{c}_B^{-1}(\mathbf{y}(t)) = B\mathbf{y}(t) = \begin{pmatrix} 1/2 & -1/2 \\ 1 & 1 \end{pmatrix} \begin{pmatrix} \tfrac{9}{8}e^{2t} - \tfrac{1}{4}t - \tfrac{1}{8} \\ -\tfrac{7}{8}e^{-2t} + \tfrac{1}{4}t - \tfrac{1}{8} \end{pmatrix} = \begin{pmatrix} \tfrac{9}{16}e^{2t} + \tfrac{7}{16}e^{-2t} - \tfrac{t}{4} \\ \tfrac{9}{8}e^{2t} - \tfrac{7}{8}e^{-2t} - \tfrac{1}{4} \end{pmatrix}.$$

Aufgabe 8.6 Betrachten Sie das homogene lineare Differenzialgleichungssystem erster Ordnung mit Anfangswert

$$\dot{\mathbf{x}} = \begin{pmatrix} 0 & 1 \\ -1 & 0 \end{pmatrix}\mathbf{x}, \qquad \mathbf{x}(0) = \begin{pmatrix} 0 \\ 2 \end{pmatrix}.$$

a) Entkoppeln Sie das System.
b) Berechnen Sie die Lösung $y(t)$ des entkoppelten Systems und die Lösung $x(t)$ des Ausgangsproblems.
c) Überprüfen Sie die Lösung durch Einsetzen in die Anfangswertaufgabe.

Lösung

a) Um das System zu entkoppeln, bestimmen wir eine Basis aus Eigenvektoren von

$$A = \begin{pmatrix} 0 & 1 \\ -1 & 0 \end{pmatrix}.$$

Das charakteristische Polynom von A lautet

$$\chi_A(x) = \det\begin{pmatrix} x & -1 \\ 1 & x \end{pmatrix} = x^2 + 1 = (x - i)(x + i).$$

Mit $-i$ und i liegen genau zwei verschiedene, nicht-reelle Eigenwerte von A vor. Die 2×2-Matrix A ist somit über $\mathbb{C}$ diagonalisierbar. Die beiden Eigenräume lauten

$$V_{A,-i} = \text{Kern}(A + iE) = \text{Kern}\begin{pmatrix} i & 1 \\ -1 & i \end{pmatrix} = \text{Kern}(1 \ -i) = \left\langle \begin{pmatrix} i \\ 1 \end{pmatrix} \right\rangle,$$

$$V_{A,i} = \text{Kern}(A - iE) = \text{Kern}\begin{pmatrix} -i & 1 \\ -1 & -i \end{pmatrix} = \text{Kern}(1 \ \ i) = \left\langle \begin{pmatrix} -i \\ 1 \end{pmatrix} \right\rangle.$$

Wir erhalten mit

$$B = \begin{pmatrix} i & -i \\ 1 & 1 \end{pmatrix}$$

eine komplexe Basis(matrix) aus Eigenvektoren von A. Ihre Inverse lautet

$$B^{-1} = \tfrac{1}{2i}\begin{pmatrix} 1 & i \\ -1 & i \end{pmatrix} = \tfrac{1}{2}\begin{pmatrix} -i & 1 \\ i & 1 \end{pmatrix}.$$

Die Anfangswertaufgabe lautet mit $\mathbf{y} = \mathbf{c}_B(\mathbf{x})$ im B-System

$$\dot{\mathbf{y}} = \begin{pmatrix} -i & 0 \\ 0 & i \end{pmatrix}\mathbf{y}, \quad y(0) = y_0 = \mathbf{c}_B(\mathbf{x}_0) = B^{-1}\mathbf{x}_0 = \begin{pmatrix} 1 \\ 1 \end{pmatrix}.$$

b) Das entkoppelte System lautet im Detail

$$\begin{aligned}
\dot{y}_1 &= -iy_1, & y_1(0) &= 1 \\
\dot{y}_2 &= iy_2, & y_2(0) &= 1
\end{aligned}$$

und wird gelöst durch

$$\begin{aligned}
\dot{y}_1 &= e^{-it}, \\
\dot{y}_2 &= e^{it}.
\end{aligned}$$

Die Lösung lautet im ursprünglichen Koordinatensystem

$$\mathbf{x}(t) = \mathbf{c}_B^{-1}\mathbf{y}(t) = B\mathbf{y}(t) = \begin{pmatrix} i & -i \\ 1 & 1 \end{pmatrix}\begin{pmatrix} e^{it} \\ e^{-it} \end{pmatrix} = \begin{pmatrix} ie^{-it} - ie^{it} \\ e^{-it} + e^{it} \end{pmatrix} = \begin{pmatrix} 2\sin t \\ 2\cos t \end{pmatrix}.$$

c) Wir überprüfen zunächst die Anfangswerte. Es gilt

$$\begin{aligned}
x_1(0) &= 2\sin 0 = 0, \\
x_2(0) &= 2\cos 0 = 2.
\end{aligned}$$

Wegen

$$\begin{aligned}
\dot{x}_1 &= 2\cos t = x_2, \\
\dot{x}_2 &= -2\sin t = -x_1
\end{aligned}$$

wird auch die Differenzialgleichung $\dot{\mathbf{x}} = A\mathbf{x}$ bestätigt.

8.4 Vertiefende Aufgaben

Aufgabe 8.7 (Lineares Ausgleichsproblem) Es sei $A \in \mathrm{M}(m \times n, \mathbb{R})$ eine reelle $m \times n$-Matrix mit $m \geq n$ und $\mathbf{b} \in \mathbb{R}^m$ ein Vektor mit $\mathbf{b} \notin \mathrm{Bild}\, A$. Da das lineare Gleichungssystem $A\mathbf{x} = \mathbf{b}$ keine Lösung besitzt, betrachten wir ersatzweise das lineare Ausgleichsproblem

$$\min_{\mathbf{x} \in \mathbb{R}^n} \|A\mathbf{x} - \mathbf{b}\|_2.$$

Zeigen Sie, dass jede Lösung $\mathbf{x}$ dieses Problems die Normalgleichungen

$$A^T A \mathbf{x} = A^T \mathbf{b}$$

erfüllt.

Lösung

Wir betrachten zunächst die Zielfunktion

$$f : \mathbb{R} \to \mathbb{R}$$
$$\mathbf{x} \mapsto f(\mathbf{x}) := \|A\mathbf{x} - \mathbf{b}\|_2^2.$$

Das lineare Ausgleichsproblem ist dann äquivalent zur Minimierung von f. Wir berechnen nun den Gradienten von f. Dazu formen wir den Term von f zuvor geeignet um. Es gilt

$$
\begin{aligned}
f(\mathbf{x}) = \|A\mathbf{x} - \mathbf{b}\|_2^2 &= (A\mathbf{x} - \mathbf{b})^T (A\mathbf{x} - \mathbf{b}) \\
&= (\mathbf{x}^T A^T - \mathbf{b}^T)(A\mathbf{x} - \mathbf{b}) \\
&= \mathbf{x}^T A^T (A\mathbf{x} - \mathbf{b}) - \mathbf{b}^T (A\mathbf{x} - \mathbf{b}) \\
&= \mathbf{x}^T A^T A\mathbf{x} - \mathbf{x}^T A^T \mathbf{b} - \mathbf{b}^T A\mathbf{x} + \mathbf{b}^T \mathbf{b} \\
&= \mathbf{x}^T (A^T A)\mathbf{x} - \underbrace{\mathbf{x}^T (A^T \mathbf{b})}_{=(\mathbf{b}^T A)\mathbf{x}} - (\mathbf{b}^T A)\mathbf{x} + \|\mathbf{b}\|_2^2 \\
&= \mathbf{x}^T (A^T A)\mathbf{x} - 2(\mathbf{b}^T A)\mathbf{x} + \|\mathbf{b}\|_2^2.
\end{aligned}
$$

Damit lautet der Gradient von f als Zeilenvektor (vgl. Aufgabe 4.10)

$$\nabla f = 2\mathbf{x}^T A^T A - 2(\mathbf{b}^T A).$$

Die notwendige Bedingung im Falle eines Minimums ist, dass der Gradient zum Nullvektor wird, also

$$\nabla f = 2\mathbf{x}^T A^T A - 2(\mathbf{b}^T A) = \mathbf{0}^T \iff \mathbf{x}^T A^T A = \mathbf{b}^T A.$$

Das Transponieren der letzten Gleichung ergibt die notwendige Bedingung $A^T A\mathbf{x} = A^T \mathbf{b}$.

Aufgabe 8.7.1 Es sei $A \in \mathrm{M}(m \times n, \mathbb{R})$ eine reelle $m \times n$-Matrix mit $m \geq n$ und $\mathbf{b} \in \mathbb{R}^m$. Zeigen Sie, dass es stets eine Lösung der Normalgleichungen $A^T A \mathbf{x} = A^T \mathbf{b}$ gibt. Betrachten Sie dabei die orthogonale Zerlegung $\mathbb{R}^m = \mathrm{Bild}\, A \oplus (\mathrm{Bild}\, A)^\perp$, wobei $(\mathrm{Bild}\, A)^\perp = \{\mathbf{v} \in \mathbb{R}^m : \mathbf{v}^T \mathbf{w} = 0, \text{ für alle } \mathbf{w} \in \mathrm{Bild}\, A\}$ das orthogonale Komplement von $\mathrm{Bild}\, A$ ist.

Lösung

Wir können den Vektor $\mathbf{b} \in \mathbb{R}^m = \mathrm{Bild}\, A \oplus (\mathrm{Bild}\, A)^\perp$ als Summe $\mathbf{b} = \mathbf{b}_1 + \mathbf{b}_2$ von zwei eindeutig bestimmten Teilvektoren $\mathbf{b}_1 \in \mathrm{Bild}\, A$ und $\mathbf{b}_2 \in (\mathrm{Bild}\, A)^\perp$ darstellen. Für $\mathbf{w} \in \mathrm{Bild}\, A$ ist $\mathbf{b}_2^T \mathbf{w} = 0$. Da die Spalten von A spezielle Bildvektoren von A sind, gilt für jede Spalte $\mathbf{a}_j$ von A ebenfalls $\mathbf{b}_2^T \mathbf{a}_j = 0$ bzw. in Kompaktform $\mathbf{b}_2^T A = \mathbf{0}^T$. Nach Transponieren folgt hieraus $A^T \mathbf{b}_2 = \mathbf{0} \in \mathbb{R}^n$. Da $\mathbf{b}_1 \in \mathrm{Bild}\, A$ ist, gibt es ein $\mathbf{x}_1 \in \mathbb{R}^n$ mit $A\mathbf{x}_1 = \mathbf{b}_1$. Nach Linksmultiplikation dieser Gleichung mit A^T folgt

$$\begin{aligned}
A^T A \mathbf{x}_1 &= A^T \mathbf{b}_1 \\
&= A^T \mathbf{b}_1 + \mathbf{0} = A^T \mathbf{b}_1 + A^T \mathbf{b}_2 = A^T (\mathbf{b}_1 + \mathbf{b}_2) = A^T \mathbf{b}.
\end{aligned}$$

Der Vektor $\mathbf{x}_1$ löst also die Normalgleichungen.

Aufgabe 8.7.2 Es sei $A \in \mathrm{M}(m \times n, \mathbb{R})$ eine reelle $m \times n$-Matrix mit $m \geq n$ und $\mathbf{b} \in \mathbb{R}^m$. Zeigen Sie, dass auch die Umkehrung der Aussage von Aufgabe 8.7 gilt: Ist $\mathbf{x}_0 \in \mathbb{R}^n$ eine Lösung der Normalgleichungen $A^T A \mathbf{x} = A^T \mathbf{b}$, so ist $\mathbf{x}_0$ eine Lösung des linearen Ausgleichsproblems

$$\min_{x \in \mathbb{R}^n} \|A\mathbf{x} - \mathbf{b}\|_2.$$

Hinweis: Betrachten Sie beliebige Vektoren der Form $A(\mathbf{x} - \mathbf{x}_0) \in \mathrm{Bild}\, A$ und weisen Sie nach, dass $(A(\mathbf{x} - \mathbf{x}_0))^T (A\mathbf{x}_0 - \mathbf{b}) = 0$ gilt. Zeigen Sie dann durch geschicktes Abschätzen $\|A\mathbf{x}_0 - \mathbf{b}\|_2^2 \leq \|A\mathbf{x} - \mathbf{b}\|_2^2$.

Lösung

Es gelte also $A^T A \mathbf{x}_0 = A^T \mathbf{b}$. Wir betrachten nun einen beliebigen Vektor $\mathbf{x} \in \mathbb{R}^n$ und zeigen, dass $\|A\mathbf{x}_0 - \mathbf{b}\|_2^2 \leq \|A\mathbf{x} - \mathbf{b}\|_2^2$ gilt. Wegen $A^T A \mathbf{x}_0 = A^T \mathbf{b}$ ist $A^T (A\mathbf{x}_0 - \mathbf{b}) = \mathbf{0}$ und nach Transponieren $(A\mathbf{x}_0 - \mathbf{b})^T A = \mathbf{0}^T$. Damit ist für jede Spalte $\mathbf{a}_j$ von A die Orthogonalitätseigenschaft $(A\mathbf{x}_0 - \mathbf{b})^T \mathbf{a}_j = 0$ erfüllt. Der Vektor $A\mathbf{x}_0 - \mathbf{b}$ ist also zu allen Spalten von A orthogonal. Da das Bild von A das lineare Erzeugnis der Spalten von A darstellt, ist $A\mathbf{x}_0 - \mathbf{b} \in (\mathrm{Bild}\, A)^\perp$. Weil nun $A(\mathbf{x} - \mathbf{x}_0) \in \mathrm{Bild}\, A$ ist, gilt daher $(A(\mathbf{x} - \mathbf{x}_0))^T (A\mathbf{x}_0 - \mathbf{b}) = 0$. Nun schätzen wir $\|A\mathbf{x}_0 - \mathbf{b}\|_2^2$ nach oben ab:

$$\begin{aligned}
\|A\mathbf{x}_0 - \mathbf{b}\|_2^2 &\leq \|A\mathbf{x}_0 - \mathbf{b}\|_2^2 + \|A(\mathbf{x} - \mathbf{x}_0)\|_2^2 \\
&= \|A\mathbf{x}_0 - \mathbf{b}\|_2^2 + 2 \underbrace{(A(\mathbf{x} - \mathbf{x}_0))^T (A\mathbf{x}_0 - \mathbf{b})}_{=0} + \|A(\mathbf{x} - \mathbf{x}_0)\|_2^2 \\
&= \left(A\mathbf{x}_0 - \mathbf{b} + A(\mathbf{x} - \mathbf{x}_0)\right)^T \left(A\mathbf{x}_0 - \mathbf{b} + A(\mathbf{x} - \mathbf{x}_0)\right)
\end{aligned}$$

$$= \|A\mathbf{x}_0 - \mathbf{b} + A(\mathbf{x} - \mathbf{x}_0)\|_2^2 = \|A\mathbf{x} - \mathbf{b}\|_2^2.$$

Damit ist $\|A\mathbf{x}_0 - \mathbf{b}\|_2 = \min\limits_{\mathbf{x} \in \mathbb{R}^n} \|A\mathbf{x} - \mathbf{b}\|_2$.

Bemerkung 8.1 *Das Erfülltsein der Normalgleichungen ist nach Aufgabe 8.7 notwendig und nach der letzten Aufgabe auch hinreichend für eine Lösung des linearen Ausgleichsproblems. Zudem wissen wir durch Aufgabe 8.7.1, dass es immer eine Lösung der Normalgleichungen gibt. Jedes lineare Ausgleichsproblem besitzt daher eine Lösung. Um eine Lösung zu bestimmen, können wir die Normalgleichungen $A^T A\mathbf{x}_0 = A^T\mathbf{b}$ lösen. Hierbei handelt es sich um ein lineares Gleichungssystem mit einer $n \times n$-Matrix A. Aufgrund von Aufgabe 3.10 ist $\mathrm{Rang}(A^T A) = \mathrm{Rang}\, A$. Gilt also $\mathrm{Rang}\, A = n$, so existiert eine eindeutige Lösung.*

Aufgabe 8.7.3 Lösen Sie das lineare Ausgleichsproblem

$$\min_{\mathbf{x} \in \mathbb{R}^2} \left\| \begin{pmatrix} 1 & 2 \\ 1 & 1 \\ 2 & 3 \end{pmatrix} \cdot \begin{pmatrix} x_1 \\ x_2 \end{pmatrix} - \begin{pmatrix} 6 \\ 5 \\ 5 \end{pmatrix} \right\|_2.$$

Lösung

Mit

$$A = \begin{pmatrix} 1 & 2 \\ 1 & 1 \\ 2 & 3 \end{pmatrix}, \qquad \mathbf{b} = \begin{pmatrix} 6 \\ 5 \\ 5 \end{pmatrix}$$

lauten die Normalgleichungen $A^T A\mathbf{x} = A^T\mathbf{b}$ im Detail

$$\begin{pmatrix} 6 & 9 \\ 9 & 14 \end{pmatrix} \mathbf{x} = \begin{pmatrix} 21 \\ 32 \end{pmatrix}.$$

Da in diesem Fall $A^T A$ regulär ist, gibt es nur eine Lösung. Sie ergibt sich nach der Cramer'schen Regel zur Matrixinversion als

$$\mathbf{x}_0 = \tfrac{1}{3} \begin{pmatrix} 14 & -9 \\ -9 & 6 \end{pmatrix} \cdot \begin{pmatrix} 21 \\ 32 \end{pmatrix} = \begin{pmatrix} 2 \\ 1 \end{pmatrix}.$$

Für den Vektor $\mathbf{x} = \mathbf{x}_0$ ist also $\|A\mathbf{x} - \mathbf{b}\|_2^2$ minimal. Da $\dim \mathrm{Bild}\, A = \mathrm{Rang}\, A = 2$ ist, können wir uns das Bild der Matrix A als Fläche im $\mathbb{R}^3$ durch den Nullpunkt vorstellen. Der Vektor $\mathbf{b}$ ist ein Punkt im $\mathbb{R}^3$, dessen Abstand zur Fläche durch die Minimaldistanz $\|A\mathbf{x}_0 - \mathbf{b}\|_2$ bemessen werden kann. In diesem Beispiel beträgt der Abstand des Punktes $\mathbf{b}$ von der Fläche $\mathrm{Bild}\, A$

$$\|A\mathbf{x}_0 - \mathbf{b}\|_2 = \left\| \begin{pmatrix} 4 \\ 3 \\ 7 \end{pmatrix} - \begin{pmatrix} 6 \\ 5 \\ 5 \end{pmatrix} \right\|_2 = \sqrt{12} = 3\sqrt{2}.$$

Den Vektor

$$A\mathbf{x}_0 = \begin{pmatrix} 4 \\ 3 \\ 7 \end{pmatrix} \in \text{Bild}\,A$$

können wir uns als den Punkt auf der Fläche Bild$A$ veranschaulichen, der sich durch orthogonale Projektion von $\mathbf{b}$ auf die Fläche ergibt.

Aufgabe 8.8 Betrachten Sie das lineare Ausgleichsproblem

$$\min_{\mathbf{x}\in\mathbb{R}^n} \|A\mathbf{x} - \mathbf{b}\|_2$$

mit $A \in \mathrm{M}(m \times n, \mathbb{R})$, $m \geq n$ und $\mathbf{b} \in \mathbb{R}^m \backslash \in \text{Bild}\,A$. Wie kann dieses Problem unter ausschließlicher Verwendung der Singulärwertzerlegung (vgl. Aufgaben 6.19 und 6.19.1) gelöst werden?

Lösung

Es sei

$$A = USV^T, \quad \text{mit} \quad S := \begin{pmatrix} \sigma_1 & & & \\ & \ddots & & \\ & & \sigma_r & \\ & & & \end{pmatrix} \in \mathrm{M}(m \times n, \mathbb{R})$$

sowie mit den orthogonalen Matrizen $U \in \mathrm{O}(m)$, $V \in \mathrm{O}(n)$ und den Singulärwerten

$$\sigma_1 \geq \cdots \geq \sigma_r > 0 \quad (r = \text{Rang}\,A),$$

eine Singulärwertzerlegung von A. Nun gilt aufgrund der Singulärwertzerlegung von A und der Normerhaltung von U

$$\|A\mathbf{x} - \mathbf{b}\|_2 = \|USV^T\mathbf{x} - \mathbf{b}\|_2 = \|USV^T\mathbf{x} - UU^T\mathbf{b}\|_2$$
$$= \|U(SV^T\mathbf{x} - U^T\mathbf{b})\|_2 = \|SV^T\mathbf{x} - U^T\mathbf{b}\|_2.$$

Wir setzen nun $\mathbf{y} := V^T\mathbf{x}$. Die k-te Zeile von U^T ist $\hat{\mathbf{e}}_k^T U^T$. Die k-te Komponente von $U^T\mathbf{b}$ können wir als $\hat{\mathbf{e}}_k^T U^T\mathbf{b}$ notieren. Damit ist

$$\|A\mathbf{x} - \mathbf{b}\|_2^2 = \|S\mathbf{y} - U^T\mathbf{b}\|_2^2$$

$$= \left\| \begin{pmatrix} \sigma_1 y_1 \\ \vdots \\ \sigma_r y_r \\ 0_{m-r\times 1} \end{pmatrix} - U^T\mathbf{b} \right\|_2^2 = \left\| \begin{pmatrix} \sigma_1 y_1 \\ \vdots \\ \sigma_r y_r \\ 0_{m-r\times 1} \end{pmatrix} - \begin{pmatrix} \hat{\mathbf{e}}_1^T U^T\mathbf{b} \\ \vdots \\ \hat{\mathbf{e}}_r^T U^T\mathbf{b} \\ * \end{pmatrix} \right\|_2^2$$

$$= \sum_{k=1}^r (\sigma_k y_k - \hat{\mathbf{e}}_k^T U^T\mathbf{b})^2 + *.$$

Dieser Ausdruck wird minimal, wenn

$$y_k = \tfrac{1}{\sigma_k} \cdot \hat{\mathbf{e}}_k^T U^T \mathbf{b}, \quad k = 1, \dots, r.$$

Die übrigen Komponenten von $\mathbf{y}$ können beliebig gewählt werden, da sie nicht in die Rechnung einfließen. Mit $V = (\mathbf{v}_1 \,|\, \cdots \,|\, \mathbf{v}_n)$ folgt nun

$$\mathbf{x} = V\mathbf{y} = \sum_{k=1}^{n} y_k \mathbf{v}_k = \sum_{k=1}^{r} y_k \mathbf{v}_k + \sum_{k=r+1}^{n} y_k \mathbf{v}_k = \sum_{k=1}^{r} \tfrac{1}{\sigma_k} \cdot \hat{\mathbf{e}}_k^T U^T \mathbf{b} \mathbf{v}_k + \sum_{k=r+1}^{n} y_k \mathbf{v}_k.$$

Für die letzten $n - r$ Spalten $\mathbf{v}_k$, $r < k \leq n$ von V gilt

$$A\mathbf{v}_k = (USV^T)\mathbf{v}_k = (US) \cdot \underbrace{V^T \mathbf{v}_k}_{= \hat{\mathbf{e}}_k}$$

$$= (*_{m \times r} \,|\, 0_{m \times n-r}) \cdot \hat{\mathbf{e}}_k = \mathbf{0}, \quad (\text{da } k > r).$$

Jeder dieser $n - r$ linear unabhängigen Spaltenvektoren $\mathbf{v}_k$ von V liegt also im Kern von A. Da $\dim \operatorname{Kern} A = n - r$, ist bereits

$$\operatorname{Kern} A = \langle \mathbf{v}_{r+1}, \dots, \mathbf{v}_n \rangle.$$

Somit wird das lineare Ausgleichsproblem durch alle Vektoren aus dem affinen Teilraum

$$\sum_{k=1}^{r} \tfrac{1}{\sigma_k} \cdot \hat{\mathbf{e}}_k^T U^T \mathbf{b} \mathbf{v}_k + \operatorname{Kern} A$$

gelöst. Gilt $\operatorname{Rang} A = n$, so ist der Kern von A trivial. Der Vektor

$$\sum_{k=1}^{r} \tfrac{1}{\sigma_k} \cdot \hat{\mathbf{e}}_k^T U^T \mathbf{b} \mathbf{v}_k$$

ist dann die einzige Lösung des linearen Ausgleichsproblems.

Aufgabe 8.9 (Pseudoinverse) Liegt für eine Matrix $A \in M(m \times n, \mathbb{R})$ durch $U \in O(m)$ und $V \in O(n)$ eine Singulärwertzerlegung $A = USV^T$ mit

$$
S = \begin{pmatrix} \sigma_1 & & \\ & \ddots & \\ & & \sigma_r \\ & & & \\ & & & \end{pmatrix} \in M(m \times n, \mathbb{R})
$$

vor, so wird die $n \times m$-Matrix $A^+ := VTU^T$ mit

$$
T = \begin{pmatrix} 1/\sigma_1 & & \\ & \ddots & \\ & & 1/\sigma_r \\ & & & \\ & & & \end{pmatrix} \in M(n \times m, \mathbb{R})
$$

als Pseudoinverse von A bezeichnet. Zeigen Sie Folgendes:

(i) Es gilt $A^+AA^+ = A$ und $AA^+A = A$. Hinweis: Offensichtlich ist $TST = T$ und $STS = S$.

(ii) AA^+ und A^+A sind symmetrisch.

(iii) Unabhängig von der Wahl der Singulärwertzerlegung ergibt sich stets dieselbe Pseudoinverse. Sie ist daher als *die* Pseudoinverse von A wohldefiniert.

(iv) $T = S^+$ ist die Pseudoinverse von S, und es gilt $T^+ = S$.

(v) $(A^+)^+ = A$.

(vi) Ist $m \geq n$ und $\text{Rang}\, A = n$, so ist A^TA regulär, und es gilt $A^+ = (A^TA)^{-1}A^T$.

(vii) Ist $A \in GL(n, \mathbb{R})$, so ist $A^+ = A^{-1}$.

Lösung

(i) Es ist

$$
A^+AA^+ = (VTU^T)A(VTU^T) = VT(U^TAV)TU^T = VTSTU^T = VTU^T = A^+,
$$
$$
AA^+A = A(VTU^T)A = USV^TVTU^TUSV^T = USTSV^T = USV^T = A.
$$

(ii) Es gilt offensichtlich $(ST)^T = ST$ und $(TS)^T = TS$. Daher folgt

$$
(AA^+)^T = (USV^TVTU^T)^T = (USTU^T)^T = U(ST)^TU^T
$$
$$
= U(ST)U^T = USV^TVTU^T = AA^+,
$$
$$
(A^+A)^T = (VTU^TUSV^T)^T = (VTSV^T)^T = V(TS)^TV^T
$$
$$
= V(TS)V^T = VTU^TUSV^T = A^+A.
$$

(iii) Es seien $A = USV^T = U'S(V')^T$ zwei Singulärwertzerlegungen von A. Die Matrizen U und U' sowie V und V' können verschieden sein. Dagegen sind die Singulärwerte in beiden Zerlegungen identisch, sodass S und damit T eindeutig bestimmt sind. Wir erhalten basierend auf diesen Zerlegungen die beiden Pseudoinversen $P_1 = V'T(U')^T$ und $P_2 = VTU^T$ und zeigen, dass $P_1 = P_2$ gilt. Sowohl P_1 als auch P_2 genügen den bereits nachgewiesenen Rechengesetzen (i) und (ii). Damit gilt

$$P_1 \overset{\text{(i)}}{=} P_1 A P_1 \overset{\text{(i)}}{=} P_1(AP_2A)P_1 = (P_1A)(P_2A)P_1 \overset{\text{(ii)}}{=} (P_1A)^T(P_2A)^T P_1$$

$$= (P_2AP_1A)^T P_1 \overset{\text{(i)}}{=} (P_2A)^T P_1 \overset{\text{(ii)}}{=} P_2 A P_1 \overset{\text{(ii)}}{=} P_2(AP_1)^T$$

$$\overset{\text{(i)}}{=} P_2(AP_2AP_1)^T = P_2(AP_1)^T(AP_2)^T \overset{\text{(ii)}}{=} P_2AP_1AP_2 \overset{\text{(i)}}{=} P_2AP_2 \overset{\text{(i)}}{=} P_2.$$

Wir haben in diesem Eindeutigkeitsnachweis nicht von der expliziten Konstruktion von A^+ Gebrauch gemacht, sondern einzig mit den Rechengesetzen (i) und (ii) gearbeitet. Wir können den vorausgegangenen Nachweis auch so lesen: Jede Matrix $P \in \mathrm{M}(n \times m, \mathbb{R})$, für die $PAP = P$, $APA = A$, $(AP)^T = AP$ und $(PA)^T = PA$ gilt, stimmt mit der Pseudoinversen von A überein. Durch diese vier Eigenschaften ist die Pseudoinverse eindeutig charakterisiert. Ihre Konstruktion aus einer Singulärwertzerlegung zeigt die Existenz einer derartigen Matrix.

(iv) Für S gilt die triviale Singulärwertzerlegung $S = E_m S E_n^T$. Damit ist $S^+ = E_n T E_m^T = T$. Analog ist S die Pseudoinverse von T, also $T^+ = S$.

(v) $(A^+)^+ = (VTU^T)^+ \overset{\text{Def.}}{=} U T^T T^+ V^T = USV^T = A$.

(vi) Nach Aufgabe 3.10 ist $\mathrm{Rang}(A^TA) = \mathrm{Rang}\,A = n$. Daher ist A^TA regulär. Nun gilt für die $n \times m$-Matrix $P = (A^TA)^{-1}A^T$

$$PAP = (A^TA)^{-1}A^T A (A^TA)^{-1}A^T = (A^TA)^{-1}(A^TA)(A^TA)^{-1}A^T$$

$$= (A^TA)^{-1}A^T = P,$$

$$APA = A(A^TA)^{-1}A^T A = A(A^TA)^{-1}(A^TA) = A,$$

$$(AP)^T = (A(A^TA)^{-1}A^T)^T = A((A^TA)^{-1})^T A^T$$

$$= A((A^TA)^T)^{-1}A^T = A(A^TA)^{-1}A^T = AP,$$

$$(PA)^T = ((A^TA)^{-1}A^T A)^T = E_n^T = E_n = (A^TA)^{-1}A^T A = PA.$$

Die Matrix P erfüllt nun die vier Rechengesetze aus (i) und (ii) und muss daher mit A^+ übereinstimmen.

Alternativ können wir den Nachweis auch mit der expliziten Konstruktion von A^+ führen. Dazu beachten wir, dass A genau n Singulärwerte $\sigma_1, \ldots, \sigma_n > 0$ besitzt, sodass

$$S^T S = \begin{pmatrix} \sigma_1 & & \\ & \ddots & \\ & & \sigma_n \end{pmatrix} \begin{pmatrix} \sigma_1 & & \\ & \ddots & \\ & & \sigma_n \end{pmatrix} = \begin{pmatrix} \sigma_1^2 & & \\ & \ddots & \\ & & \sigma_n^2 \end{pmatrix} \in GL(n, \mathbb{R}).$$

Damit ist zunächst

$$(S^T S)^{-1} S^T = \begin{pmatrix} 1/\sigma_1^2 & & \\ & \ddots & \\ & & 1/\sigma_n^2 \end{pmatrix} \begin{pmatrix} \sigma_1 & & \\ & \ddots & \\ & & \sigma_n \end{pmatrix} = \begin{pmatrix} 1/\sigma_1 & & \\ & \ddots & \\ & & 1/\sigma_n \end{pmatrix} = S^+.$$

Mit einer Singulärwertzerlegung $A = USV^T$ ist $A^+ = VS^+U^T$ die Pseudoinverse von A. Wir berechnen das Produkt

$$(A^T A)^{-1} A^T = \left((USV^T)^T (USV^T)\right)^{-1} A^T = \left(VS^T U^T USV^T\right)^{-1} A^T$$

$$= \left(VS^T SV^T\right)^{-1} A^T \overset{V^{-1} = V^T}{=} V(S^T S)^{-1} V^T A^T = V(S^T S)^{-1} V^T (USV^T)^T$$

$$= V(S^T S)^{-1} V^T V S^T U^T = V(S^T S)^{-1} S^T U^T = VS^+U^T \overset{(iv)}{=} A^+.$$

(vii) Ist $A \in GL(n, \mathbb{R})$, so gilt nach (vi)

$$A^+ = (A^T A)^{-1} A^T = A^{-1} (A^T)^{-1} A^T = A^{-1}.$$

Bemerkung 8.2 *Wenn wir für ein lineares Ausgleichsproblem die Normalgleichungen $A^T A\mathbf{x} = A^T\mathbf{b}$ im Fall einer $m \times n$-Matrix A mit $\mathrm{Rang}\, A = n \leq m$ betrachten, so liefert uns die Regularität von $A^T A$ durch Linksmultiplikation der Normalgleichungen $A^T A\mathbf{x} = A^T\mathbf{b}$ mit $(A^T A)^{-1}$ genau eine Lösung*

$$\mathbf{x} = (A^T A)^{-1} A^T \mathbf{x} = A^+\mathbf{b}.$$

Die Lösung des linearen Ausgleichsproblems ist also das Produkt der Pseudoinversen A^+ mit der rechten Seite $\mathbf{b}$. Wir haben dies in der Lösung von Aufgabe 8.7.3 praktiziert, ohne von der Pseudoinversen zu sprechen. Die hier auftretende 3×2-Matrix

$$A = \begin{pmatrix} 1 & 2 \\ 1 & 1 \\ 2 & 3 \end{pmatrix}$$

besitzt die Pseudoinverse

$$A^+ = (A^T A)^{-1} \cdot A^T = \tfrac{1}{3} \begin{pmatrix} 14 & -9 \\ -9 & 6 \end{pmatrix} \cdot \begin{pmatrix} 1 & 1 & 2 \\ 2 & 1 & 3 \end{pmatrix} = \tfrac{1}{3} \begin{pmatrix} -4 & 5 & 1 \\ 3 & -3 & 0 \end{pmatrix}.$$

Die Lösung des linearen Ausgleichsproblems $\min \|A\mathbf{x} - \mathbf{b}\|_2$ mit $\mathbf{b} = (6\,5\,5)^T$ ergibt sich wie in der Lösung berechnet als

$$A^+\mathbf{b} = \tfrac{1}{3} \begin{pmatrix} -4 & 5 & 1 \\ 3 & -3 & 0 \end{pmatrix} \begin{pmatrix} 6 \\ 5 \\ 5 \end{pmatrix} = \begin{pmatrix} 2 \\ 1 \end{pmatrix}.$$

Aufgabe 8.9.1 Zeigen Sie, dass das lineare Ausgleichsproblem $\min \|A\mathbf{x} - \mathbf{b}\|_2$ auch im Fall einer $m \times n$-Matrix A mit $\mathrm{Rang}\, A < n \leq m$ durch das Produkt $A^+\mathbf{b}$ gelöst wird.

Lösung

Es sei $A = USV^T$ eine Singulärwertzerlegung von A und $\sigma_1 \geq \cdots \geq \sigma_r > 0$ die Singulärwerte von A. Das lineare Ausgleichsproblem $\min \|A\mathbf{x} - \mathbf{b}\|_2$ wird nach Aufgabe 8.8 durch alle Vektoren des affinen Teilraums

$$L := \sum_{k=1}^{r} \tfrac{1}{\sigma_k} \cdot \hat{\mathbf{e}}_k^T U^T \mathbf{b} \mathbf{v}_k + \mathrm{Kern}\, A$$

gelöst. Hierbei ist $\hat{\mathbf{e}}_k^T U^T \mathbf{b}$ die k-te Komponente des Vektors $U^T \mathbf{b}$. Für den Vektor $\mathbf{x}_s := A^+\mathbf{b}$ gilt

$$\begin{aligned}
\mathbf{x}_s = A^+\mathbf{b} = VS^+U^T\mathbf{b} &= \left(\tfrac{1}{\sigma_1}\mathbf{v}_1 \,\middle|\, \cdots \,\middle|\, \tfrac{1}{\sigma_r}\mathbf{v}_r \,\middle|\, 0_{n \times m-r} \right) \cdot U^T\mathbf{b} \\
&= \left(\tfrac{1}{\sigma_1}\mathbf{v}_1 \,\middle|\, \cdots \,\middle|\, \tfrac{1}{\sigma_r}\mathbf{v}_r \,\middle|\, 0_{n \times m-r} \right) \cdot \begin{pmatrix} \hat{\mathbf{e}}_1^T U^T \mathbf{b} \\ \vdots \\ \hat{\mathbf{e}}_m^T U^T \mathbf{b} \end{pmatrix} \\
&= \sum_{k=1}^{r} \tfrac{1}{\sigma_k} \cdot \hat{\mathbf{e}}_k^T U^T \mathbf{b} \mathbf{v}_k \in L.
\end{aligned}$$

Wir erhalten den obigen Stützvektor des affinen Lösungsraums L als spezielle Lösung des linearen Ausgleichsproblems.

Bemerkung 8.3 *Es kann gezeigt werden, dass* $\mathbf{x}_s = A^+\mathbf{b}$ *die bezüglich der 2-Norm des* $\mathbb{R}^n$ *normkleinste Lösung des linearen Ausgleichsproblems ist.*

Aufgabe 8.9.2 Berechnen Sie mithilfe von MATLAB® zunächst eine Singulärwert-zerlegung der 5×3-Matrix

$$A = \begin{pmatrix} 1\,2\,3 \\ 1\,1\,2 \\ 2\,3\,5 \\ 2\,2\,4 \\ 3\,1\,4 \end{pmatrix}$$

und bestimmen Sie hieraus die Pseudoinverse von A. Vergleichen Sie dieses Resultat mit der Pseudoinversen, die durch die MATLAB®-Funktion **pinv** berechnet werden kann. Lösen Sie die beiden linearen Ausgleichsprobleme

$$\min_{\mathbf{x} \in \mathbb{R}^3} \|A\mathbf{x} = \mathbf{b}_1\|_2, \quad \text{für} \quad \mathbf{b}_2 = \begin{pmatrix} 5 \\ 3 \\ 0 \\ 0 \\ 0 \end{pmatrix}, \quad \mathbf{b}_2 = \begin{pmatrix} 5 \\ 3 \\ 8 \\ 6 \\ 5 \end{pmatrix}.$$

Was fällt auf?

Lösung

Zunächst definieren wir A und bestimmen eine Singulärwertzerlegung von A, sodass U, S und V mit ausgegeben werden. Hieraus bestimmen wir die Pseudoinverse nach Definition.

```
>> A=[1,2,3; 1,1,2; 2,3,5; 2,2,4; 3,1,4];
>> [U,S,V]=svd(A)

U =

    -0.3586    -0.4082     0.8257    -0.0649    -0.1367
    -0.2390     0.0000    -0.2720    -0.2475    -0.8987
    -0.5976    -0.4082    -0.4261    -0.3760     0.3915
    -0.4781     0.0000    -0.1505     0.8629    -0.0649
    -0.4781     0.8165     0.1998    -0.2205     0.1274


S =

    10.2470          0          0
          0     1.7321          0
          0          0     0.0000
          0          0          0
          0          0          0


V =

    -0.4082     0.7071    -0.5774
    -0.4082    -0.7071    -0.5774
    -0.8165    -0.0000     0.5774
```

```
27
28   >> T=[1/S(1,1),0,0,0,0; 0,1/S(2,2),0,0,0; 0,0,0,0,0]
29
30   T =
31
32      0.0976        0         0         0         0
33           0   0.5774         0         0         0
34           0        0         0         0         0
35
36   >> P=V*T*U'
37
38   P =
39
40     -0.1524    0.0095   -0.1429    0.0190    0.3524
41      0.1810    0.0095    0.1905    0.0190   -0.3143
42      0.0286    0.0190    0.0476    0.0381    0.0381
```

Nun vergleichen wir das Ergebnis mit der Pseudoinversen, die durch die MATLAB®-eigene Funktion **pinv** berechnet wird. Ihre Differenz ergibt tatsächlich die Nullmatrix.

```
1    >> pinv(A)
2
3    ans =
4
5      -0.1524    0.0095   -0.1429    0.0190    0.3524
6       0.1810    0.0095    0.1905    0.0190   -0.3143
7       0.0286    0.0190    0.0476    0.0381    0.0381
8
9    >> ans-P
10
11   ans =
12
13          0         0         0         0         0
14          0         0         0         0         0
15          0         0         0         0         0
```

Wir lösen nun beide linearen Ausgleichsprobleme

$$\min_{\mathbf{x} \in \mathbb{R}^3} \|A\mathbf{x} = \mathbf{b}_1\|_2, \quad \text{für} \quad \mathbf{b}_2 = \begin{pmatrix} 5 \\ 3 \\ 0 \\ 0 \\ 0 \end{pmatrix}, \quad \mathbf{b}_2 = \begin{pmatrix} 5 \\ 3 \\ 8 \\ 6 \\ 5 \end{pmatrix}$$

durch Linksmultiplikation der rechten Seiten $\mathbf{b}_1$ und $\mathbf{b}_2$ mit der Pseudoinversen. Wir achten darauf, die beiden Vektoren $\mathbf{b}_1$ und $\mathbf{b}_2$ als Spaltenvektoren zu definieren, indem wir die Komponenten durch ein Semikolon jeweils voneinander trennen.

```
1    >> b1=[5;3;0;0;0];
2    >> b2=[5;3;8;6;5];
3    >> pinv(A)*b1
4
5    ans =
```

```
 6
 7        -0.7333
 8         0.9333
 9         0.2000
10
11   >> pinv(A)*b2
12
13   ans =
14
15        -0.0000
16         1.0000
17         1.0000
```

Es ist $\mathbf{b}_2$ die Summe der zweiten und dritten Spalte von A, daher ist $\mathbf{b}_2 \in \text{Bild}A$. Der von MATLAB® ausgegebene Lösungsvektor $(0, 1, 1)^T$ löst das lineare Gleichungssystem $A\mathbf{x} = \mathbf{b}_2$. Der Vektor $\mathbf{b}_1$ liegt nicht im Bild von A. Wir berechnen nun durch

$$\|A \cdot (A^+ \mathbf{b}_1) - \mathbf{b}_1\|_2$$

den (Minimal-)Abstand von $\mathbf{b}_1$ zu $\text{Bild}A$.

```
1   >> norm(A*pinv(A)*b1-b1,2)
2
3   ans =
4
5        4.8511
```

Kapitel 9
Minitests

9.1 Lineare Gleichungssysteme, Matrizen und Rang

Gegeben sei eine $n \times n$-Matrix A über $\mathbb{R}$, für die es keinen nicht-trivialen Vektor $\mathbf{v} \in \mathbb{R}^n$ gibt mit $\mathbf{0} = A\mathbf{v}$.

F R ← Bitte ankreuzen: F=falsch, R=richtig

□ □ Durch elementare Zeilenumformungen kann keine Zeile von A vollständig eliminiert werden.

□ □ Es gilt Rang $A < n$.

□ □ Es gibt einen Vektor $\mathbf{v} \in \mathbb{R}^n$ mit $A\mathbf{v} \neq \mathbf{0}$.

□ □ Durch Zeilenvertauschungen ändert sich der Rang von A nicht.

□ □ Die Matrix A ist singulär.

□ □ Das Gleichungssystem $A\mathbf{x} = \mathbf{b}$ mit einem beliebigen Vektor $\mathbf{b} \in \mathbb{R}^n$ ist stets eindeutig lösbar.

□ □ Das Produkt AB mit einer regulären $n \times n$ Matrix B ist auf jeden Fall eine reguläre Matrix.

□ □ Es gibt genau einen Vektor $\mathbf{v} \in \mathbb{R}^n$, mit $A\mathbf{v} = \mathbf{0}$.

□ □ Die Matrix A muss eine Nullspalte besitzen.

□ □ Das Tableau $[A|E_n]$ ist durch elementare Zeilenumformungen in ein Tableau der Gestalt $[E_n|*]$ überführbar.

□ □ Es gilt Rang $A = n - c$, wobei c die Anzahl aller durch elementare Umformungen eliminierbaren Zeilen darstellt.

□ □ Die Matrix A ist invertierbar.

□ □ Es gibt eine nicht-triviale Lösung des homogenen linearen Gleichungssystems $A\mathbf{x} = \mathbf{0}$.

□ □ Eine Matrix B, die aus A durch elementare Zeilenumformungen hervorgeht, hat denselben Rang.

□ □ Das homogene lineare Gleichungssystem $A\mathbf{x} = \mathbf{0}$ ist in diesem Fall nicht lösbar.

© Springer-Verlag GmbH Deutschland, ein Teil von Springer Nature 2019
L. Göllmann und C. Henig, *Arbeitsbuch zur linearen Algebra*,
https://doi.org/10.1007/978-3-662-58766-9_9

Gegeben sei eine $n \times n$-Matrix A über $\mathbb{R}$, für die es keinen nicht-trivialen Vektor $\mathbf{v} \in \mathbb{R}^n$ gibt mit $\mathbf{0} = A\mathbf{v}$.

F R $\leftarrow$ Bitte ankreuzen: F=falsch, R=richtig

☐ ☒ Durch elementare Zeilenumformungen kann keine Zeile von A vollständig eliminiert werden.

☒ ☐ Es gilt Rang $A < n$.

☐ ☒ Es gibt einen Vektor $\mathbf{v} \in \mathbb{R}^n$ mit $A\mathbf{v} \neq \mathbf{0}$.

☐ ☒ Durch Zeilenvertauschungen ändert sich der Rang von A nicht.

☒ ☐ Die Matrix A ist singulär.

☐ ☒ Das Gleichungssystem $A\mathbf{x} = \mathbf{b}$ mit einem beliebigen Vektor $\mathbf{b} \in \mathbb{R}^n$ ist stets eindeutig lösbar.

☐ ☒ Das Produkt AB mit einer regulären $n \times n$ Matrix B ist auf jeden Fall eine reguläre Matrix.

☐ ☒ Es gibt genau einen Vektor $\mathbf{v} \in \mathbb{R}^n$, mit $A\mathbf{v} = \mathbf{0}$.

☒ ☐ Die Matrix A muss eine Nullspalte besitzen.

☐ ☒ Das Tableau $[A|E_n]$ ist durch elementare Zeilenumformungen in ein Tableau der Gestalt $[E_n|*]$ überführbar.

☐ ☒ Es gilt Rang $A = n - c$, wobei c die Anzahl aller durch elementare Umformungen eliminierbaren Zeilen darstellt.

☐ ☒ Die Matrix A ist invertierbar.

☒ ☐ Es gibt eine nicht-triviale Lösung des homogenen linearen Gleichungssystems $A\mathbf{x} = \mathbf{0}$.

☐ ☒ Eine Matrix B, die aus A durch elementare Zeilenumformungen hervorgeht, hat denselben Rang.

☒ ☐ Das homogene lineare Gleichungssystem $A\mathbf{x} = \mathbf{0}$ ist in diesem Fall nicht lösbar.

Gegeben sei eine $n \times n$-Matrix A über $\mathbb{R}$, deren Rang kleiner als die Spaltenzahl ist.

F R ← Bitte ankreuzen: F=falsch, R=richtig

☐ ☐ Durch elementare Zeilenumformungen kann mindestens eine Zeile von A vollständig eliminiert werden.

☐ ☐ Es ist Rang A stets die Anzahl aller durch elementare Zeilenumformungen eliminierbaren Zeilen.

☐ ☐ Das Produkt AE_n ist eine singuläre Matrix.

☐ ☐ Durch Zeilenvertauschungen ändert sich der Rang von A nicht.

☐ ☐ Das Gleichungssystem $A\mathbf{x} = \mathbf{b}$ mit einem beliebigen Vektor $\mathbf{b} \in \mathbb{R}^n$ ist stets eindeutig lösbar.

☐ ☐ Die Matrix A ist regulär.

☐ ☐ Es gilt $AE_n = E_nA$.

☐ ☐ Es gibt genau einen Vektor $\mathbf{v} \in \mathbb{R}^n$, mit $A\mathbf{v} = \mathbf{0}$.

☐ ☐ Das Tableau $[A|E_n]$ ist durch elementare Zeilenumformungen in ein Tableau der Gestalt $[E_n|*]$ überführbar.

☐ ☐ Für eine Matrix B, die aus A durch elementare Zeilenumformungen hervorgeht, gilt $A\mathbf{x} = \mathbf{0} \iff B\mathbf{x} = \mathbf{0}$.

☐ ☐ Der Rang der Matrix A entspricht ihrer Spaltenzahl abzüglich der Anzahl aller durch elementare Umformungen eliminierbaren Zeilen.

☐ ☐ Es gilt stets Rang A = Spaltenzahl von A.

☐ ☐ Es gibt eine nicht-triviale Lösung des homogenen linearen Gleichungssystems $A\mathbf{x} = \mathbf{0}$.

☐ ☐ Für eine Matrix B, die aus A durch genau eine elementare Zeilenumformung hervorgeht, gilt Rang B = Rang $A - 1$.

☐ ☐ Das homogene lineare Gleichungssystem $A\mathbf{x} = \mathbf{0}$ hat keine Lösung.

Gegeben sei ein lineares Gleichungssystem $M\mathbf{x} = \mathbf{c} \in \mathbb{R}^2$ mit reellen Koeffizienten und die Menge

$$L = \begin{pmatrix} -6 \\ -1 \\ 0 \end{pmatrix} + \left\langle \begin{pmatrix} 1 \\ 1 \\ 0 \end{pmatrix}, \begin{pmatrix} 2 \\ 0 \\ 1 \end{pmatrix} \right\rangle$$

mit $M\mathbf{x} = \mathbf{c} \iff \mathbf{x} \in L$.

(i) Ergänzen Sie: Das lineare Gleichungssystem hat _____ Unbekannte. Bei der Matrix M handelt es sich um eine _____ $\times$ _____-Matrix.

(ii) Mit den Vektoren

$$\mathbf{v}_0 = \begin{pmatrix} \square \\ 2 \\ 3 \end{pmatrix}, \qquad \mathbf{w}_1 = \begin{pmatrix} \square \\ 0 \\ 0 \end{pmatrix}, \qquad \mathbf{w}_2 = \begin{pmatrix} 0 \\ 3 \\ \square \end{pmatrix}$$

gilt $M\mathbf{v}_0 = \mathbf{0}$ sowie $M\mathbf{w}_1 = M\mathbf{w}_2 = \mathbf{c}$.

Gegeben sei eine $n \times n$-Matrix A über $\mathbb{R}$, deren Rang kleiner als die Spaltenzahl ist.

F R ← Bitte ankreuzen: F=falsch, R=richtig

☐ ☒ Durch elementare Zeilenumformungen kann mindestens eine Zeile von A vollständig eliminiert werden.

☒ ☐ Es ist Rang A stets die Anzahl aller durch elementare Zeilenumformungen eliminierbaren Zeilen.

☐ ☒ Das Produkt AE_n ist eine singuläre Matrix.

☐ ☒ Durch Zeilenvertauschungen ändert sich der Rang von A nicht.

☒ ☐ Das Gleichungssystem $A\mathbf{x} = \mathbf{b}$ mit einem beliebigen Vektor $\mathbf{b} \in \mathbb{R}^n$ ist stets eindeutig lösbar.

☒ ☐ Die Matrix A ist regulär.

☐ ☒ Es gilt $AE_n = E_n A$.

☒ ☐ Es gibt genau einen Vektor $\mathbf{v} \in \mathbb{R}^n$, mit $A\mathbf{v} = \mathbf{0}$.

☒ ☐ Das Tableau $[A|E_n]$ ist durch elementare Zeilenumformungen in ein Tableau der Gestalt $[E_n|*]$ überführbar.

☐ ☒ Für eine Matrix B, die aus A durch elementare Zeilenumformungen hervorgeht, gilt $A\mathbf{x} = \mathbf{0} \iff B\mathbf{x} = \mathbf{0}$.

☐ ☒ Der Rang der Matrix A entspricht ihrer Spaltenzahl abzüglich der Anzahl aller durch elementare Umformungen eliminierbaren Zeilen.

☒ ☐ Es gilt stets Rang A = Spaltenzahl von A.

☐ ☒ Es gibt eine nicht-triviale Lösung des homogenen linearen Gleichungssystems $A\mathbf{x} = \mathbf{0}$.

☒ ☐ Für eine Matrix B, die aus A durch genau eine elementare Zeilenumformung hervorgeht, gilt Rang B = Rang $A - 1$.

☒ ☐ Das homogene lineare Gleichungssystem $A\mathbf{x} = \mathbf{0}$ hat keine Lösung.

Gegeben sei ein lineares Gleichungssystem $M\mathbf{x} = \mathbf{c} \in \mathbb{R}^2$ mit reellen Koeffizienten und die Menge

$$L = \begin{pmatrix} -6 \\ -1 \\ 0 \end{pmatrix} + \left\langle \begin{pmatrix} 1 \\ 1 \\ 0 \end{pmatrix}, \begin{pmatrix} 2 \\ 0 \\ 1 \end{pmatrix} \right\rangle$$

mit $M\mathbf{x} = \mathbf{c} \iff \mathbf{x} \in L$.

(i) Ergänzen Sie: Das lineare Gleichungssystem hat __3__ Unbekannte. Bei der Matrix M handelt es sich um eine __2__ × __3__ -Matrix.

(ii) Mit den Vektoren

$$\mathbf{v}_0 = \begin{pmatrix} \boxed{8} \\ 2 \\ 3 \end{pmatrix}, \qquad \mathbf{w}_1 = \begin{pmatrix} \boxed{-5} \\ 0 \\ 0 \end{pmatrix}, \qquad \mathbf{w}_2 = \begin{pmatrix} 0 \\ 3 \\ \boxed{1} \end{pmatrix}$$

gilt $M\mathbf{v}_0 = \mathbf{0}$ sowie $M\mathbf{w}_1 = M\mathbf{w}_2 = \mathbf{c}$.

Es sei U eine Matrix aus vier Spalten, V eine Matrix aus drei Zeilen und W eine quadratische Matrix. Zudem sei das Produkt $U(WV)^T$ eine aus fünf Zeilen bestehende Matrix. Ergänzen Sie: U ist eine ____×____-Matrix, V^T ist eine ____×____-Matrix und W ist eine ____×____-Matrix.

Es sei A eine $m \times n$-Matrix über dem Körper $\mathbb{K}$ und $\mathbf{r}, \mathbf{s}$ Lösungen von $A\mathbf{x} = \mathbf{b} \neq \mathbf{0}$ und $\mathbf{u}$ eine Lösung des zugehörigen homogenen linearen Gleichungssystems $A\mathbf{x} = \mathbf{0}$. Dann ist

$$\mathbf{b} \in \mathbb{K}^{\Box}, \qquad \mathbf{r}, \mathbf{s} \in \mathbb{K}^{\Box}.$$

Für $q \in \mathbb{N}$ und $\mathbf{v} \in \mathbb{K}^p$ mit $p \in \{m, n\}$ bedeutet

$$q\mathbf{v} = \underline{\hspace{3cm}}.$$

Es gilt nun

$$A(8\mathbf{s} - 5\mathbf{r} + 4\mathbf{u}) = \underline{\hspace{6cm}}.$$

Für char $\mathbb{K} = $ ____ ist $\mathbf{s} + \mathbf{r}$ ebenfalls eine Lösung des homogenen Systems, denn es gilt dann $\underline{\hspace{3cm}}$.

Ergänzen Sie die Lücken in den folgenden reellen Matrizen, sodass sich eine wahre Aussage ergibt:

$$\begin{pmatrix} 3 & 2 \\ \Box & \Box \end{pmatrix} \cdot \begin{pmatrix} 0 & \Box & -1 \\ 3 & 0 & 2 \end{pmatrix} = \begin{pmatrix} \Box & 9 & 1 \\ 12 & 6 & \Box \end{pmatrix}.$$

Für $\lambda \in \mathbb{R}$ sei

$$M_\lambda := \begin{bmatrix} \lambda & 0 & 2 \\ 0 & \lambda^3 - \lambda & 0 \\ 1 & 0 & 1 \end{bmatrix} \qquad \text{und} \qquad \mathbf{b}_k = \begin{pmatrix} 4 \\ 1 \\ \lambda \end{pmatrix}.$$

Es gilt nun

(i) Rang $M_\lambda = 2 \iff \lambda \in \{\underline{\hspace{2cm}}\}$.

(ii) $\{\text{Rang}\, M_\lambda : \lambda \in \mathbb{R}\} = \{\underline{\hspace{1cm}}\}$.

(iii) M_λ ist regulär $\iff \lambda \underline{\hspace{2cm}}$.

(iv) $M_\lambda \mathbf{x} = \mathbf{b}_\lambda$ besitzt unendlich viele Lösungen $\iff \underline{\hspace{2cm}}$.

Es sei $A \in \text{GL}(n, \mathbb{K})$ eine reguläre Matrix mit $A^5 = A^4$. Ergänzen Sie:

(i) Es gilt $A^{-1} = $ ____ und damit auch $A = $ ____.

(ii) Für $\mathbb{K} = \mathbb{R}$, $n = 3$ und $\mathbf{b} \in \mathbb{R}^3$ ist das lineare Gleichungssystem $(A - 2E_n)\mathbf{x} = \mathbf{b}$ eindeutig durch $\mathbf{x} = $ ____ lösbar.

Es sei U eine Matrix aus vier Spalten, V eine Matrix aus drei Zeilen und W eine quadratische Matrix. Zudem sei das Produkt $U(WV)^T$ eine aus fünf Zeilen bestehende Matrix. Ergänzen Sie: U ist eine __5__ $\times$ __4__-Matrix, V^T ist eine __4__ $\times$ __3__-Matrix und W ist eine __3__ $\times$ __3__-Matrix.

Es sei A eine $m \times n$-Matrix über dem Körper $\mathbb{K}$ und $\mathbf{r}, \mathbf{s}$ Lösungen von $A\mathbf{x} = \mathbf{b} \neq \mathbf{0}$ und $\mathbf{u}$ eine Lösung des zugehörigen homogenen linearen Gleichungssystems $A\mathbf{x} = \mathbf{0}$. Dann ist

$$\mathbf{b} \in \mathbb{K}^{\boxed{m}}, \qquad \mathbf{r}, \mathbf{s} \in \mathbb{K}^{\boxed{n}}.$$

Für $q \in \mathbb{N}$ und $\mathbf{v} \in \mathbb{K}^p$ mit $p \in \{m, n\}$ bedeutet

$$q\mathbf{v} = \Big(\sum_{k=1}^{q} 1 \Big) \mathbf{v} = \sum_{k=1}^{q} \mathbf{v}.$$

Es gilt nun

$$A(8\mathbf{s} - 5\mathbf{r} + 4\mathbf{u}) = 8A\mathbf{s} - 5A\mathbf{r} + 4A\mathbf{u} = 8\mathbf{b} - 5\mathbf{b} + \mathbf{0} = 3\mathbf{b}.$$

Für $\operatorname{char} \mathbb{K} = $ __2__ ist $\mathbf{s} + \mathbf{r}$ ebenfalls eine Lösung des homogenen Systems, denn es gilt dann $\underline{A(\mathbf{s} + \mathbf{r}) = 2\mathbf{b} = \mathbf{0}}$.

Ergänzen Sie die Lücken in den folgenden reellen Matrizen, sodass sich eine wahre Aussage ergibt:

$$\begin{pmatrix} 3 & 2 \\ \boxed{2} & \boxed{4} \end{pmatrix} \cdot \begin{pmatrix} 0 & \boxed{3} & -1 \\ 3 & 0 & 2 \end{pmatrix} = \begin{pmatrix} \boxed{6} & 9 & 1 \\ 12 & 6 & \boxed{6} \end{pmatrix}.$$

Für $\lambda \in \mathbb{R}$ sei

$$M_\lambda := \begin{bmatrix} \lambda & 0 & 2 \\ 0 & \lambda^3 - \lambda & 0 \\ 1 & 0 & 1 \end{bmatrix} \quad \text{und} \quad \mathbf{b}_k = \begin{pmatrix} 4 \\ 1 \\ \lambda \end{pmatrix}.$$

Es gilt nun

(i) $\operatorname{Rang} M_\lambda = 2 \iff \lambda \in \{ \underline{-1, 0, 1, 2} \}$.

(ii) $\{ \operatorname{Rang} M_\lambda : \lambda \in \mathbb{R} \} = \{ \underline{2, 3} \}$.

(iii) M_λ ist regulär $\iff \lambda \underline{\notin} \{ -1, 0, 1, 2 \}$.

(iv) $M_\lambda \mathbf{x} = \mathbf{b}_\lambda$ besitzt unendlich viele Lösungen $\iff \underline{\lambda = 2}$.

Es sei $A \in \operatorname{GL}(n, \mathbb{K})$ eine reguläre Matrix mit $A^5 = A^4$. Ergänzen Sie:

(i) Es gilt $A^{-1} = \underline{E_n}$ und damit auch $A = \underline{E_n}$.

(ii) Für $\mathbb{K} = \mathbb{R}$, $n = 3$ und $\mathbf{b} \in \mathbb{R}^3$ ist das lineare Gleichungssystem $(A - 2E_n)\mathbf{x} = \mathbf{b}$ eindeutig durch $\mathbf{x} = \underline{-\mathbf{b}}$ lösbar.

9.2 Determinanten

Es seien $A, B \in \mathrm{M}(n, \mathbb{K})$, $R \in \mathrm{GL}(n, \mathbb{K})$ und $S \in \mathrm{M}(n, \mathbb{K}) \setminus \mathrm{GL}(n, \mathbb{K})$. Welche der folgenden Aussagen gelten?

☐ $\det AB = \det(A) \cdot \det(B)$ ☐ $\det(A + B) = \det(A) + \det(B)$

☐ $\det(-A) = -\det A$ ☐ $\det(-A) = \det(A)$

☐ $\det(R^{-1}) = \det R$ ☐ $\det(R^{-1}) = (\det R)^{-1}$

☐ $\det(AS) = 0$ ☐ $\det(2A) = 2^n \det A$

☐ $\det(A^T) = \det A$ ☐ $\det(AB) = \det(BA)$

☐ $\det R = 0$ ☐ $\det(ASB) = \det S$

Es sei $A \in \mathrm{M}(n, \mathbb{K})$. Ergänzen Sie:

(i) Wird bei A das Vielfache einer Zeile (bzw. Spalte) zu einer anderen Zeile (bzw. Spalte) addiert, so gilt für die Determinante der sich hieraus ergebenden Matrix A' die Eigenschaft $\det A' = \underline{\hspace{2cm}}$.

(ii) Werden bei A zwei Zeilen (bzw. zwei Spalten) miteinander vertauscht, so gilt für die Determinante der sich hieraus ergebenden Matrix A' die Eigenschaft $\det A' = \underline{\hspace{2cm}}$.

(iii) Wird eine Zeile oder eine Spalte von A mit einem Skalar $\lambda \in \mathbb{K}$ multipliziert, so gilt für die Determinante der sich hieraus ergebenden Matrix A' die Eigenschaft $\det A' = \underline{\hspace{2cm}}$.

(iv) Werden bei A insgesamt $2k$ Zeilen (bzw. $2k$ Spalten) paarweise miteinander vertauscht, so gilt für die Determinante der sich hieraus ergebenden Matrix A' die Eigenschaft $\det A' = \underline{\hspace{2cm}}$.

(v) Wird A mit einem Skalar $\lambda \in \mathbb{K}$ multipliziert, so gilt für die Determinante der sich hieraus ergebenden Matrix A' die Eigenschaft $\det A' = \underline{\hspace{2cm}}$.

Ergänzen Sie die Lücken:

$$
\det \begin{pmatrix} 2 & 1 & 3 & 4 \\ 0 & 0 & 2 & 4 \\ 3 & 2 & 9 & 7 \\ 0 & 0 & 3 & 7 \end{pmatrix} = \underline{\hspace{1cm}} \cdot \det \begin{pmatrix} 2 & 1 & 3 & 4 \\ 3 & 2 & 9 & 7 \\ 0 & 0 & 2 & 4 \\ 0 & 0 & 3 & 7 \end{pmatrix}
$$

$$
= \underline{\hspace{0.5cm}} \left(\det \underline{\hspace{2cm}} \right) \cdot \left(\det \underline{\hspace{2cm}} \right)
$$

$$
= \underline{\hspace{3cm}}
$$

Es seien $A, B \in M(n, \mathbb{K})$, $R \in GL(n, \mathbb{K})$ und $S \in M(n, \mathbb{K}) \setminus GL(n, \mathbb{K})$. Welche der folgenden Aussagen gelten?

$\boxtimes$ $\det AB = \det(A) \cdot \det(B)$ $\square$ $\det(A + B) = \det(A) + \det(B)$

$\square$ $\det(-A) = -\det A$ $\square$ $\det(-A) = \det(A)$

$\square$ $\det(R^{-1}) = \det R$ $\boxtimes$ $\det(R^{-1}) = (\det R)^{-1}$

$\boxtimes$ $\det(AS) = 0$ $\boxtimes$ $\det(2A) = 2^n \det A$

$\boxtimes$ $\det(A^T) = \det A$ $\boxtimes$ $\det(AB) = \det(BA)$

$\square$ $\det R = 0$ $\boxtimes$ $\det(ASB) = \det S$

Es sei $A \in M(n, \mathbb{K})$. Ergänzen Sie:

(i) Wird bei A das Vielfache einer Zeile (bzw. Spalte) zu einer anderen Zeile (bzw. Spalte) addiert, so gilt für die Determinante der sich hieraus ergebenden Matrix A' die Eigenschaft $\det A' = \underline{\det A}$.

(ii) Werden bei A zwei Zeilen (bzw. zwei Spalten) miteinander vertauscht, so gilt für die Determinante der sich hieraus ergebenden Matrix A' die Eigenschaft $\det A' = \underline{-\det A}$.

(iii) Wird eine Zeile oder eine Spalte von A mit einem Skalar $\lambda \in \mathbb{K}$ multipliziert, so gilt für die Determinante der sich hieraus ergebenden Matrix A' die Eigenschaft $\det A' = \underline{\lambda \det A}$.

(iv) Werden bei A insgesamt $2k$ Zeilen (bzw. $2k$ Spalten) paarweise miteinander vertauscht, so gilt für die Determinante der sich hieraus ergebenden Matrix A' die Eigenschaft $\det A' = \underline{\det A}$.

(v) Wird A mit einem Skalar $\lambda \in \mathbb{K}$ multipliziert, so gilt für die Determinante der sich hieraus ergebenden Matrix A' die Eigenschaft $\det A' = \underline{\lambda^n \det A}$.

Ergänzen Sie die Lücken:

$$\det \begin{pmatrix} 2 & 1 & 3 & 4 \\ 0 & 0 & 2 & 4 \\ 3 & 2 & 9 & 7 \\ 0 & 0 & 3 & 7 \end{pmatrix} = \underline{(-1)} \cdot \det \begin{pmatrix} 2 & 1 & 3 & 4 \\ 3 & 2 & 9 & 7 \\ 0 & 0 & 2 & 4 \\ 0 & 0 & 3 & 7 \end{pmatrix}$$

$$= \underline{-} \left(\det \begin{pmatrix} 2 & 1 \\ 3 & 2 \end{pmatrix} \right) \cdot \left(\det \begin{pmatrix} 2 & 4 \\ 3 & 7 \end{pmatrix} \right)$$

$$= \underline{-1 \cdot 2 = -2}.$$

9.3 Homomorphismen

Wir betrachten für $n \geq 1$ den reellen Polynomraum $\mathbb{R}[x]_{\leq n} = \langle x^n, x^{n-1}, \ldots, x, 1 \rangle$ sowie eine lineare Abbildung $\varphi \in \mathrm{Hom}(\mathbb{R}[x]_{\leq n} \to \mathbb{R}[x]_{\leq n-1})$, deren Koeffizientenmatrix bezüglich der Basen $B = (x^n, x^{n-1}, \ldots, x, 1)$ von $\mathbb{R}[x]_{\leq n}$ und $C = (x^{n-1}, \ldots, x, 1)$ von $\mathbb{R}[x]_{\leq n-1}$ die folgende Gestalt besitzt:

$$M_C^B(\varphi) = \begin{pmatrix} n & 0 & 0 & \cdots & 0 \\ 0 & n-1 & 0 & \cdots & 0 \\ \vdots & & \ddots & & \vdots \\ 0 & 0 & \cdots & 1 & 0 \end{pmatrix} \in \mathrm{M}(n \times n+1, \mathbb{R}).$$

Ergänzen Sie:

(i) Es gilt

$$\mathrm{Kern}\, M_C^B(\varphi) = \underline{\hspace{3cm}} \quad , \quad \mathrm{Bild}\, M_C^B(\varphi) = \underline{\hspace{3cm}}$$

und damit

$$\mathrm{Kern}\, \varphi = \underline{\hspace{3cm}} \quad , \quad \mathrm{Bild}\, \varphi = \underline{\hspace{3cm}}.$$

(ii) Mit $n = 3$ ist $\varphi(x(x+3)^2+1) = \underline{\hspace{5cm}}$.

(iii) Die Abbildung φ stellt analytisch betrachtet nichts weiter als $\underline{\hspace{3cm}}$ von $p(x) \in \mathbb{R}[x]_{\leq n}$ dar.

(iv) Bezüglich der Basen

$$B = (x^n, x^{n-1}, \ldots, x, 1), \qquad C' = (\underline{\hspace{5cm}})$$

bzw.

$$B' = (\underline{\hspace{4cm}}), \qquad C = (x^{n-1}, x^{n-2}, \ldots, x, 1)$$

gilt

$$M_{C'}^B(\varphi) = \begin{pmatrix} 1 & 0 & 0 & \cdots & 0 \\ 0 & 1 & 0 & \cdots & 0 \\ \vdots & & \ddots & & \vdots \\ 0 & 0 & \cdots & 1 & 0 \end{pmatrix} = M_C^{B'}(\varphi).$$

Wir betrachten für $n \geq 1$ den reellen Polynomraum $\mathbb{R}[x]_{\leq n} = \langle x^n, x^{n-1}, \ldots, x, 1 \rangle$ sowie eine lineare Abbildung $\varphi \in \mathrm{Hom}(\mathbb{R}[x]_{\leq n} \to \mathbb{R}[x]_{\leq n-1})$, deren Koeffizientenmatrix bezüglich der Basen $B = (x^n, x^{n-1}, \ldots, x, 1)$ von $\mathbb{R}[x]_{\leq n}$ und $C = (x^{n-1}, \ldots, x, 1)$ von $\mathbb{R}[x]_{\leq n-1}$ die folgende Gestalt besitzt:

$$
M_C^B(\varphi) = \begin{pmatrix} n & 0 & 0 & \cdots & 0 \\ 0 & n-1 & 0 & \cdots & 0 \\ \vdots & & \ddots & & \vdots \\ 0 & 0 & \cdots & 1 & 0 \end{pmatrix} \in \mathrm{M}(n \times n+1, \mathbb{R}).
$$

Ergänzen Sie:

(i) Es gilt

$$
\mathrm{Kern}\, M_C^B(\varphi) = \left\langle \begin{pmatrix} 0 \\ \vdots \\ 0 \\ 1 \end{pmatrix} \right\rangle \subset \mathbb{K}^{n+1}, \quad \mathrm{Bild}\, M_C^B(\varphi) = \left\langle \begin{pmatrix} 1 \\ 0 \\ \vdots \\ 0 \end{pmatrix}, \cdots, \begin{pmatrix} 0 \\ 0 \\ \vdots \\ 1 \end{pmatrix} \right\rangle = \mathbb{K}^n
$$

und damit

$$
\mathrm{Kern}\, \varphi = \underline{\{a_0 : a_0 \in \mathbb{R}\}}, \qquad \mathrm{Bild}\, \varphi = \underline{\mathbb{R}[x]_{\leq n-1}}.
$$

(ii) Mit $n = 3$ ist $\varphi(x(x+3)^2 + 1) = \varphi(x^3 + 6x^2 + 9x + 1) = \underline{3x^2 + 12x + 9}$.

(iii) Die Abbildung φ stellt analytisch betrachtet nichts weiter als $\underline{\text{die Ableitung}}$ von $p(x) \in \mathbb{R}[x]_{\leq n}$ dar.

(iv) Bezüglich der Basen

$$
B = (x^n, x^{n-1}, \ldots, x, 1), \qquad C' = (\underline{nx^{n-1}, (n-1)x^{n-2}, \ldots, 2x, 1})
$$

bzw.

$$
B' = (\underline{\tfrac{1}{n}x^n, \tfrac{1}{n-1}x^{n-1}, \ldots, x, 1}), \qquad C = (x^{n-1}, x^{n-2}, \ldots, x, 1)
$$

gilt

$$
M_{C'}^B(\varphi) = \begin{pmatrix} 1 & 0 & 0 & \cdots & 0 \\ 0 & 1 & 0 & \cdots & 0 \\ \vdots & & \ddots & & \vdots \\ 0 & 0 & \cdots & 1 & 0 \end{pmatrix} = M_C^{B'}(\varphi).
$$

Es sei $A \in \mathrm{M}(m \times n, \mathbb{K})$, $Z \in \mathrm{GL}(m, \mathbb{K})$ und $S \in \mathrm{GL}(n, \mathbb{K})$. Welche der folgenden Aussagen gelten?

☐ Kern ZAS = Kern A ☐ Bild ZAS = Bild A

☐ Kern ZA = Kern A ☐ Bild ZA = Bild A

☐ Kern AS = Kern A ☐ Bild AS = Bild A

☐ Rang ZAS = Rang A ☐ dim Kern ZAS = dim Kern A

☐ Rang ZA = Rang A ☐ dim Kern ZA = dim Kern A

☐ Rang AS = Rang A ☐ dim Kern AS = dim Kern A

Ergänzen Sie:

(i) Der Kern einer Matrix ändert sich nicht, wenn an dieser Matrix elementare _____-Umformungen durchgeführt werden.

(ii) Das Bild einer Matrix ändert sich nicht, wenn an dieser Matrix elementare _____-Umformungen durchgeführt werden.

(iii) Der Rang einer Matrix ändert sich nicht, wenn an dieser Matrix _____ durchgeführt werden.

(iv) Die Anzahl der linear unabhängigen Spalten einer Matrix entspricht _____.

(v) Das lineare Erzeugnis der Spalten einer Matrix ist _____.

Es seien V und W zwei $\mathbb{K}$-Vektorräume mit den Basen $B = (\mathbf{b}_1, \ldots, \mathbf{b}_n)$ von V und $C = (\mathbf{c}_1, \ldots, \mathbf{c}_m)$ von V. Zudem sei $f \in \mathrm{Hom}(V \to W)$ eine lineare Abbildung. Ergänzen Sie:

(i) Die Koordinatenmatrix von f bezüglich B und C ist eine ____ $\times$ ____ -Matrix.

(ii) Wir betrachten eine alternative Basis B' von V und eine alternative Basis C' von W. Für die Koordinatenmatrix von f bezüglich B' und C' gilt

$$M_{C'}^{B'}(f) = (\underline{\hspace{2cm}})^{-1} \cdot M_C^B(f) \cdot \underline{\hspace{2cm}}.$$

Welche der folgenden Aussagen gelten?

☐ Kern $M_{C'}^{B'}(f)$ = Kern $M_C^B(f)$ ☐ Bild $M_{C'}^{B'}(f)$ = Bild $M_C^B(f)$

☐ Kern $M_{C'}^B(f)$ = Kern $M_C^B(f)$ ☐ Bild $M_{C'}^B(f)$ = Bild $M_C^B(f)$

☐ Kern $M_C^{B'}(f)$ = Kern $M_C^B(f)$ ☐ Bild $M_C^{B'}(f)$ = Bild $M_C^B(f)$

Es sei $A \in M(m \times n, \mathbb{K})$, $Z \in GL(m, \mathbb{K})$ und $S \in GL(n, \mathbb{K})$. Welche der folgenden Aussagen gelten?

☐ Kern ZAS = Kern A ☐ Bild ZAS = Bild A

☒ Kern ZA = Kern A ☐ Bild ZA = Bild A

☐ Kern AS = Kern A ☒ Bild AS = Bild A

☒ Rang ZAS = Rang A ☒ dim Kern ZAS = dim Kern A

☒ Rang ZA = Rang A ☒ dim Kern ZA = dim Kern A

☒ Rang AS = Rang A ☒ dim Kern AS = dim Kern A

Ergänzen Sie:

(i) Der Kern einer Matrix ändert sich nicht, wenn an dieser Matrix elementare ___Zeilen___-Umformungen durchgeführt werden.

(ii) Das Bild einer Matrix ändert sich nicht, wenn an dieser Matrix elementare ___Spalten___-Umformungen durchgeführt werden.

(iii) Der Rang einer Matrix ändert sich nicht, wenn an dieser Matrix ___elementare Zeilen- oder Spaltenumformungen___ durchgeführt werden.

(iv) Die Anzahl der linear unabhängigen Spalten einer Matrix entspricht ___ihrem Rang bzw. ihrer Bilddimension___.

(v) Das lineare Erzeugnis der Spalten einer Matrix ist ___ihr Bild___.

Es seien V und W zwei $\mathbb{K}$-Vektorräume mit den Basen $B = (\mathbf{b}_1, \ldots, \mathbf{b}_n)$ von V und $C = (\mathbf{c}_1, \ldots, \mathbf{c}_m)$ von V. Zudem sei $f \in \text{Hom}(V \to W)$ eine lineare Abbildung. Ergänzen Sie:

(i) Die Koordinatenmatrix von f bezüglich B und C ist eine ___m___ $\times$ ___n___-Matrix.

(ii) Wir betrachten eine alternative Basis B' von V und eine alternative Basis C' von W. Für die Koordinatenmatrix von f bezüglich B' und C' gilt

$$M_{C'}^{B'}(f) = (\; \underline{\mathbf{c}_C(C')} \;)^{-1} \cdot M_C^B(f) \cdot \underline{\mathbf{c}_B(B')}\;.$$

Welche der folgenden Aussagen gelten?

☐ Kern $M_{C'}^{B'}(f)$ = Kern $M_C^B(f)$ ☐ Bild $M_{C'}^{B'}(f)$ = Bild $M_C^B(f)$

☒ Kern $M_{C'}^{B}(f)$ = Kern $M_C^B(f)$ ☐ Bild $M_{C'}^{B}(f)$ = Bild $M_C^B(f)$

☐ Kern $M_C^{B'}(f)$ = Kern $M_C^B(f)$ ☒ Bild $M_C^{B'}(f)$ = Bild $M_C^B(f)$

9.4 Eigenwerte

Es sei A eine 5×5-Matrix über $\mathbb{R}$ mit $\operatorname{Spec} A = \{0, 1, 2, 3\}$ und $\dim \operatorname{Kern} A = 2$. Ergänzen Sie den folgenden Lückentext:

(i) Das lineare Gleichungssystem $A\mathbf{x} = \mathbf{0}$ besitzt _____ nicht-triviale Lösung(en).

(ii) Das lineare Gleichungssystem $A\mathbf{x} + \mathbf{x} = \mathbf{0}$ besitzt _____ nicht-triviale Lösung(en).

(iii) Die Matrix $A + 2E_4$ ist: □ singulär,   □ regulär.

(iv) Die Matrix $3E_4 - A$ ist: □ invertierbar,   □ nicht invertierbar.

(v) Für $\lambda \in \{1, 2, 3\}$ ist $\operatorname{alg}(\lambda) =$ ____.

(vi) Es gilt $\operatorname{Rang} A =$ ____ sowie (möglichst präzise!):

$$\text{\_\_\_\_} = \operatorname{geo}(0) \text{\_\_\_\_} \operatorname{alg}(0) \text{\_\_\_\_} 5.$$

Ergänzen Sie den folgenden Satz:

> Jede reelle $n \times n$-Matrix mit n verschiedenen Eigenwerten ist diagonalisierbar, da

Es sei B eine 5×5-Matrix über $\mathbb{R}$, die ausschließlich ganzzahlige Eigenwerte besitzt. Zudem gelte $\det B = -18$ und $\operatorname{Rang}(B + 3E) = 3 = \operatorname{Rang}(B - E_5) - 1$.

(i) Notieren Sie alle Eigenwerte von B und geben Sie deren algebraische und geometrische Ordnung jeweils an.

Eigenwert λ	$\operatorname{alg}(\lambda)$	$\operatorname{geo}(\lambda)$
Σ		

(ii) Das charakteristische Polynom von B lautet in vollständig faktorisierter Form

$\chi_B(x) =$ _____ .

(iii) Die Matrix B ist   □ diagonalisierbar,   □ nicht diagonalisierbar.

Es sei A eine 5×5-Matrix über $\mathbb{R}$ mit $\operatorname{Spec} A = \{0,1,2,3\}$ und $\dim \operatorname{Kern} A = 2$. Ergänzen Sie den folgenden Lückentext:

(i) Das lineare Gleichungssystem $A\mathbf{x} = \mathbf{0}$ besitzt __unendlich viele__ nicht-triviale Lösung(en).

(ii) Das lineare Gleichungssystem $A\mathbf{x} + \mathbf{x} = \mathbf{0}$ besitzt __keine__ nicht-triviale Lösung(en).

(iii) Die Matrix $A + 2E_4$ ist: ☐ singulär,   ☒ regulär.

(iv) Die Matrix $3E_4 - A$ ist: ☐ invertierbar,   ☒ nicht invertierbar.

(v) Für $\lambda \in \{1,2,3\}$ ist $\operatorname{alg}(\lambda) = $ __1__ .

(vi) Es gilt $\operatorname{Rang} A = $ __3__ sowie (möglichst präzise!):

$$\underline{2} = \operatorname{geo}(0)\underline{=}\operatorname{alg}(0)\underline{<}5.$$

Ergänzen Sie den folgenden Satz:

> Jede reelle $n \times n$-Matrix mit n verschiedenen Eigenwerten ist diagonalisierbar, da bei n verschiedenen Eigenwerten jeder Eigenwert nur von einfacher algebraischer Ordnung sein kann. Da für jeden Eigenwert die geometrische Ordnung mindestens 1 ist und durch die algebraische Ordnung (in diesem Fall ebenfalls 1) nach oben begrenzt ist, stimmen algebraische und geometrische Ordnung bei jedem Eigenwert überein. Derartige Matrizen sind diagonalisierbar.

Es sei B eine 5×5-Matrix über $\mathbb{R}$, die ausschließlich ganzzahlige Eigenwerte besitzt. Zudem gelte $\det B = -18$ und $\operatorname{Rang}(B + 3E) = 3 = \operatorname{Rang}(B - E_5) - 1$.

(i) Notieren Sie alle Eigenwerte von B und geben Sie deren algebraische und geometrische Ordnung jeweils an.

Eigenwert λ	$\operatorname{alg}(\lambda)$	$\operatorname{geo}(\lambda)$
-3	2	2
-2	1	1
1	2	1
Σ	5	4

(ii) Das charakteristische Polynom von B lautet in vollständig faktorisierter Form

$$\chi_B(x) = \underline{(x+3)^2(x+2)(x-1)^2}.$$

(iii) Die Matrix B ist   ☐ diagonalisierbar,   ☒ nicht diagonalisierbar.

Gegeben sei eine *symmetrische* 10×10-Matrix A über $\mathbb{R}$, die nur die Eigenwerte -1 und 1 besitzt. Des Weiteren gelte Rang$(A + E_{10}) = 3$.

F R ← Bitte ankreuzen: F=falsch, R=richtig

☐ ☐ Es gilt $\det A = -1$.
☐ ☐ Es gibt nicht-triviale Vektoren $\mathbf{x}$, die das LGS $\mathbf{x} + A\mathbf{x} = \mathbf{0}$ lösen.
☐ ☐ Der Kern von A stellt einen Eigenraum von A dar.
☐ ☐ Es gilt $\dim \mathrm{Kern}(A + E_{10}) = 3$.
☐ ☐ A ist singulär.
☐ ☐ Es gilt $\det(A + E_{10}) = 0$.
☐ ☐ Der Nullvektor ist die einzige Lösung des Gleichungssystems $A\mathbf{x} - 2\mathbf{x} = \mathbf{0}$.
☐ ☐ Die Zeilen von A sind linear abhängig.
☐ ☐ Es gilt $\det(A - E) > 0$.
☐ ☐ Es ist Rang $A = 10$.
☐ ☐ A ist negativ definit.
☐ ☐ Kern A enthält nur den Nullvektor.
☐ ☐ Es gibt einen Vektor $\mathbf{b} \in \mathbb{R}^n$, $\mathbf{b} \neq \mathbf{0}$ mit $A\mathbf{b} = -\mathbf{b}$.
☐ ☐ Die Matrix A ist invertierbar.
☐ ☐ Das lineare Gleichungssystem $A\mathbf{x} = \hat{\mathbf{e}}_1$ ist eindeutig lösbar. (Hierbei bezeichne $\hat{\mathbf{e}}_1$ den ersten kanonischen Einheitsvektor des $\mathbb{R}^{10}$.)

Es seien $\lambda_1, \ldots, \lambda_n$ die Eigenwerte einer $n \times n$-Matrix M. Ergänzen Sie:

$$\mathrm{Spur}\, M = \underline{\hspace{3cm}}, \qquad \det M = \underline{\hspace{3cm}}.$$

Die Eigenwerte der Matrix

$$B = \begin{pmatrix} 2 & 1 & 3 & 4 & 7 \\ 0 & 2 & 9 & 1 & 8 \\ 0 & 0 & 3 & 1 & 2 \\ 0 & 0 & 6 & 2 & 5 \\ 0 & 0 & 0 & 0 & 1 \end{pmatrix}$$

lauten

Eigenwert λ	alg(λ)	geo(λ)	Begründung

Die Matrix B ist   ☐ diagonalisierbar,   ☐ nicht diagonalisierbar.

Gegeben sei eine *symmetrische* 10×10-Matrix A über $\mathbb{R}$, die nur die Eigenwerte -1 und 1 besitzt. Des Weiteren gelte Rang$(A + E_{10}) = 3$.

F R $\leftarrow$ Bitte ankreuzen: F=falsch, R=richtig

☐ ☒ Es gilt det $A = -1$.
☐ ☒ Es gibt nicht-triviale Vektoren $\mathbf{x}$, die das LGS $\mathbf{x} + A\mathbf{x} = \mathbf{0}$ lösen.
☒ ☐ Der Kern von A stellt einen Eigenraum von A dar.
☒ ☐ Es gilt dim Kern$(A + E_{10}) = 3$.
☒ ☐ A ist singulär.
☐ ☒ Es gilt det$(A + E_{10}) = 0$.
☐ ☒ Der Nullvektor ist die einzige Lösung des Gleichungssystems $A\mathbf{x} - 2\mathbf{x} = \mathbf{0}$.
☒ ☐ Die Zeilen von A sind linear abhängig.
☒ ☐ Es gilt det$(A - E) > 0$.
☐ ☒ Es ist Rang $A = 10$.
☒ ☐ A ist negativ definit.
☐ ☒ Kern A enthält nur den Nullvektor.
☐ ☒ Es gibt einen Vektor $\mathbf{b} \in \mathbb{R}^n$, $\mathbf{b} \neq \mathbf{0}$ mit $A\mathbf{b} = -\mathbf{b}$.
☐ ☒ Die Matrix A ist invertierbar.
☐ ☒ Das lineare Gleichungssystem $A\mathbf{x} = \hat{\mathbf{e}}_1$ ist eindeutig lösbar. (Hierbei bezeichne $\hat{\mathbf{e}}_1$ den ersten kanonischen Einheitsvektor des $\mathbb{R}^{10}$.)

Es seien $\lambda_1, \ldots, \lambda_n$ die Eigenwerte einer $n \times n$-Matrix M. Ergänzen Sie:

$$\text{Spur}\, M = \underline{\lambda_1 + \cdots + \lambda_n}\,, \qquad \det M = \underline{\lambda_1 \cdot \cdots \cdot \lambda_n}\,.$$

Die Eigenwerte der Matrix

$$B = \begin{pmatrix} 2 & 1 & 3 & 4 & 7 \\ 0 & 2 & 9 & 1 & 8 \\ 0 & 0 & 3 & 1 & 2 \\ 0 & 0 & 6 & 2 & 5 \\ 0 & 0 & 0 & 0 & 1 \end{pmatrix}$$

lauten

Eigenwert λ	alg(λ)	geo(λ)	Begründung
2	2	1	2×2-Jordan-Block links oben
5	1	1	Spur$\begin{pmatrix} 3 & 1 \\ 6 & 2 \end{pmatrix} = 5$, zudem ist der
0	1	1	2×2-Block $\begin{pmatrix} 3 & 1 \\ 6 & 2 \end{pmatrix}$ singulär
1	1	1	1×1-Jordan-Block rechts unten

Die Matrix B ist   ☐ diagonalisierbar,   ☒ nicht diagonalisierbar.

9.5 Definitheit, Länge, Winkel und Orthogonalität

Es sei M eine symmetrische $n \times n$-Matrix über $\mathbb{R}$. Ergänzen Sie:

  (i) M ist genau dann negativ definit, wenn ihre Eigenwerte _____ sind.

  (ii) M ist genau dann positiv definit, wenn ihre Eigenwerte _____ sind.

  (iii) M ist genau dann positiv semidefinit, wenn für jedes $\lambda \in \operatorname{Spec} M$ gilt _____.

  (iv) M ist genau dann negativ semidefinit, wenn für jedes $\lambda \in \operatorname{Spec} M$ gilt _____.

  (v) M ist genau dann indefinit, wenn _____.

Es seien A, B und C symmetrische Matrizen über $\mathbb{R}$ mit $A \approx B \simeq C$. Ergänzen Sie: Die Matrix B ist kongruent zur Matrix ____, während B _____ zur Matrix ____ ist. Es gibt reguläre $n \times n$-Matrizen $R, S \in \operatorname{GL}(n, \mathbb{R})$ mit $R^{-1}BR =$ ____ und $S^T BS =$ ____. Die Matrizen _____ haben dasselbe Definitheitsverhalten, da sie reell-symmetrisch sind, die Eigenwerte von ____ und ____ identisch sind und die Signatur von ____ mit der von ____ übereinstimmt. Wenn es zwei Vektoren $\mathbf{x}, \mathbf{y} \in \mathbb{R}^n$ gibt mit $\mathbf{x}^T B\mathbf{x} < 0 < \mathbf{y}^T B\mathbf{y}$, dann ist B

        □ positiv definit,   □ indefinit,   □ negativ definit.

Sind $\mathbf{x}, \mathbf{y} \in \mathbb{R}^n$, mit $n \in \{2,3\}$, so gilt für den Einschlusswinkel zwischen beiden Vektoren

$$\cos \sphericalangle(\mathbf{x}, \mathbf{y}) = \underline{\qquad}.$$

Beide Vektoren stehen also genau dann senkrecht aufeinander, wenn _____. Für das Skalarprodukt von $\mathbf{x}$ und $\mathbf{y}$ gilt die Ungleichung

$$\underline{\qquad\qquad} \leq \mathbf{x}^T \cdot \mathbf{y} \leq \underline{\qquad\qquad}.$$

Es sei $S \in \operatorname{O}(n) = \operatorname{O}(n, \mathbb{R})$ eine orthogonale Matrix. Ergänzen Sie:

  (i) $S \cdot S^T =$ ____, $S^{-1} =$ ____

  (ii) $\det S \in$ _____

  (iii) Für alle $\mathbf{x} \in \mathbb{R}^n$ ist $\|S\mathbf{x}\|_2 =$ ____.

  (iv) Für alle $\mathbf{x}, \mathbf{y} \in \mathbb{R}^n$ ist das Skalarprodukt $\langle S\mathbf{x}, S\mathbf{y} \rangle = (S\mathbf{x})^T (S\mathbf{y}) = \langle \_\_\_, \_\_\_ \rangle$.

  (v) Ist $n = 2$ oder $n = 3$ und $\mathbf{x}, \mathbf{y} \in \mathbb{R}^n$, so gilt für den Winkel $\sphericalangle(S\mathbf{x}, S\mathbf{y}) =$ _____.

  (vi) Für die Menge der reellen Eigenwerte von S gilt $\mathbb{R} \cap \operatorname{Spec} S = \{$ _____$\}$.

  (vii) Für jeden Eigenwert $\lambda \in \operatorname{Spec} S$ gilt $|\lambda| =$ ____.

  (viii) Für die Spektralnorm von S gilt $\|S\|_2 =$ ____.

  (ix) Ist $R \in \operatorname{O}(n)$ eine weitere orthogonale Matrix, so ist RS _____.

Es sei M eine symmetrische $n \times n$-Matrix über $\mathbb{R}$. Ergänzen Sie:

(i) M ist genau dann negativ definit, wenn ihre Eigenwerte __negativ__ sind.

(ii) M ist genau dann positiv definit, wenn ihre Eigenwerte __positiv__ sind.

(iii) M ist genau dann positiv semidefinit, wenn für jedes $\lambda \in \operatorname{Spec} M$ gilt __$\lambda \geq 0$__.

(iv) M ist genau dann negativ semidefinit, wenn für jedes $\lambda \in \operatorname{Spec} M$ gilt __$\lambda \leq 0$__.

(v) M ist genau dann indefinit, wenn es vorzeichenverschiedene Eigenwerte gibt.

Es seien A, B und C symmetrische Matrizen über $\mathbb{R}$ mit $A \approx B \simeq C$. Ergänzen Sie: Die Matrix B ist kongruent zur Matrix __C__, während B __ähnlich__ zur Matrix __A__ ist. Es gibt reguläre $n \times n$-Matrizen $R, S \in \operatorname{GL}(n, \mathbb{R})$ mit $R^{-1}BR = $ __A__ und $S^T BS = $ __C__. Die Matrizen __A, B, C__ haben dasselbe Definitheitsverhalten, da sie reell-symmetrisch sind, die Eigenwerte von __A__ und __B__ identisch sind und die Signatur von __B__ mit der von __C__ übereinstimmt. Wenn es zwei Vektoren $\mathbf{x}, \mathbf{y} \in \mathbb{R}^n$ gibt mit $\mathbf{x}^T B\mathbf{x} < 0 < \mathbf{y}^T B\mathbf{y}$, dann ist B

$\square$ positiv definit, $\boxtimes$ indefinit, $\square$ negativ definit.

Sind $\mathbf{x}, \mathbf{y} \in \mathbb{R}^n$, mit $n \in \{2, 3\}$, so gilt für den Einschlusswinkel zwischen beiden Vektoren

$$\cos \sphericalangle(\mathbf{x}, \mathbf{y}) = \frac{\mathbf{x}^T \cdot \mathbf{y}}{\|\mathbf{x}\|_2 \|\mathbf{y}\|_2}.$$

Beide Vektoren stehen also genau dann senkrecht aufeinander, wenn __$\mathbf{x}^T \cdot \mathbf{y} = 0$__. Für das Skalarprodukt von $\mathbf{x}$ und $\mathbf{y}$ gilt die Ungleichung

$$\underline{-\|\mathbf{x}\|_2 \|\mathbf{y}\|_2} \leq \mathbf{x}^T \cdot \mathbf{y} \leq \underline{\|\mathbf{x}\|_2 \|\mathbf{y}\|_2}.$$

Es sei $S \in \operatorname{O}(n) = \operatorname{O}(n, \mathbb{R})$ eine orthogonale Matrix. Ergänzen Sie:

(i) $S \cdot S^T = $ __E_n__, $S^{-1} = $ __S^T__

(ii) $\det S \in $ __$\{-1, 1\}$__

(iii) Für alle $\mathbf{x} \in \mathbb{R}^n$ ist $\|S\mathbf{x}\|_2 = \|\mathbf{x}\|_2$.

(iv) Für alle $\mathbf{x}, \mathbf{y} \in \mathbb{R}^n$ ist das Skalarprodukt $\langle S\mathbf{x}, S\mathbf{y} \rangle = (S\mathbf{x})^T (S\mathbf{y}) = \langle$ __$\mathbf{x}$__ , __$\mathbf{y}$__ $\rangle$.

(v) Ist $n = 2$ oder $n = 3$ und $\mathbf{x}, \mathbf{y} \in \mathbb{R}^n$, so gilt für den Winkel $\sphericalangle(S\mathbf{x}, S\mathbf{y}) = $ __$\sphericalangle(\mathbf{x}, \mathbf{y})$__.

(vi) Für die Menge der reellen Eigenwerte von S gilt $\mathbb{R} \cap \operatorname{Spec} S = \{$ __$-1, 1$__ $\}$.

(vii) Für jeden Eigenwert $\lambda \in \operatorname{Spec} S$ gilt $|\lambda| = $ __1__.

(viii) Für die Spektralnorm von S gilt $\|S\|_2 = $ __1__.

(ix) Ist $R \in \operatorname{O}(n)$ eine weitere orthogonale Matrix, so ist RS __orthogonal__.

Bei welchen der folgenden Matrizen handelt es sich um Jordan'sche Normalformen?

☐ $\begin{pmatrix} 1 & 2 & 3 \\ 0 & 3 & 1 \\ 0 & 0 & 2 \end{pmatrix}$
☐ $\begin{pmatrix} 3 & 1 & 0 & 0 \\ 0 & 3 & 0 & 0 \\ 0 & 0 & 2 & 0 \\ 0 & 0 & 0 & 2 \end{pmatrix}$
☐ $\begin{pmatrix} 3 & 1 & 0 & 0 \\ 0 & 3 & 1 & 0 \\ 0 & 0 & 2 & 1 \\ 0 & 0 & 0 & 2 \end{pmatrix}$
☐ $\begin{pmatrix} 3 & 1 & 0 & 0 & 0 \\ 0 & 3 & 0 & 0 & 0 \\ 0 & 0 & 2 & 1 & 0 \\ 0 & 0 & 0 & 2 & 1 \\ 0 & 0 & 0 & 0 & 2 \end{pmatrix}$

☐ $\begin{pmatrix} 1 & 1 & 0 & 0 \\ 0 & 2 & 1 & 0 \\ 0 & 0 & 3 & 1 \\ 0 & 0 & 0 & 4 \end{pmatrix}$
☐ $\begin{pmatrix} 1 & 0 & 0 & 0 \\ 0 & 2 & 0 & 0 \\ 0 & 0 & 3 & 0 \\ 0 & 0 & 0 & 4 \end{pmatrix}$
☐ $\begin{pmatrix} 2 & 0 & 0 & 0 \\ 1 & 2 & 0 & 0 \\ 0 & 0 & 3 & 0 \\ 0 & 0 & 1 & 3 \end{pmatrix}$
☐ $\begin{pmatrix} 1 & 2 & 0 & 0 & 0 \\ 0 & 1 & 0 & 0 & 0 \\ 0 & 0 & 2 & 1 & 0 \\ 0 & 0 & 0 & 2 & 0 \\ 0 & 0 & 0 & 0 & 2 \end{pmatrix}$

Ergänzen Sie:

(i) Die Anzahl der Jordan-Blöcke zu einem Eigenwert λ einer quadratischen Matrix entspricht _____.

(ii) Ist $p \in \mathbb{K}[x]$ mit $\deg p = n$ das charakteristische Polynom einer quadratischen Matrix A, so gilt $p(A) = $ ____ $\in$ _____ .

(iii) Ist λ Eigenwert einer quadratischen Matrix A, so entspricht der algebraischen Ordnung der Nullstelle λ im Minimalpolynom von A _____.

(iv) Bei einer diagonalisierbaren Matrix zeichnet sich das Minimalpolynom dadurch aus, dass es _____.

(v) Besitzt die Jordan'sche Normalform einer quadratischen Matrix A zu jedem Eigenwert nur einen Jordan-Block, so gilt für jeden Eigenwert λ dieser Matrix $\dim \operatorname{Kern}(A - \lambda E) = $ ____ .

Es seien $A, B \in \mathrm{M}(n, \mathbb{K})$ zwei gleichformatige Matrizen. Ergänzen Sie:

$$A \approx B \iff xE - A \sim \text{_____} .$$

Zwei Matrizen sind also genau dann ähnlich zueinander, wenn ihre charakteristischen Matrizen _____ sind.

Es sei $A \in \mathrm{M}(n, \mathbb{K})$ eine nilpotente Matrix, d. h., es gibt ein $k \in \mathbb{N}$ mit $A^k = 0_{n \times n}$, $A^{k-1} \neq 0_{n \times n}$. Ergänzen Sie:

(i) Die Hauptdiagonale einer Jordan'schen Normalform von A besteht dann aus lauter _____ . Damit ist $\operatorname{Spec} A = $ _____ .

(ii) Das Minimalpolynom von A lautet $\mu_A(x) = $ _____ .

(iii) Jede zu A ähnliche Matrix ist ebenfalls _____ .

Bei welchen der folgenden Matrizen handelt es sich um Jordan'sche Normalformen?

☐ $\begin{pmatrix} 1 & 2 & 3 \\ 0 & 3 & 1 \\ 0 & 0 & 2 \end{pmatrix}$
☒ $\begin{pmatrix} 3 & 1 & 0 & 0 \\ 0 & 3 & 0 & 0 \\ 0 & 0 & 2 & 0 \\ 0 & 0 & 0 & 2 \end{pmatrix}$
☐ $\begin{pmatrix} 3 & 1 & 0 & 0 \\ 0 & 3 & 1 & 0 \\ 0 & 0 & 2 & 1 \\ 0 & 0 & 0 & 2 \end{pmatrix}$
☒ $\begin{pmatrix} 3 & 1 & 0 & 0 & 0 \\ 0 & 3 & 0 & 0 & 0 \\ 0 & 0 & 2 & 1 & 0 \\ 0 & 0 & 0 & 2 & 1 \\ 0 & 0 & 0 & 0 & 2 \end{pmatrix}$

☐ $\begin{pmatrix} 1 & 1 & 0 & 0 \\ 0 & 2 & 1 & 0 \\ 0 & 0 & 3 & 1 \\ 0 & 0 & 0 & 4 \end{pmatrix}$
☒ $\begin{pmatrix} 1 & 0 & 0 & 0 \\ 0 & 2 & 0 & 0 \\ 0 & 0 & 3 & 0 \\ 0 & 0 & 0 & 4 \end{pmatrix}$
☒ $\begin{pmatrix} 2 & 0 & 0 & 0 \\ 1 & 2 & 0 & 0 \\ 0 & 0 & 3 & 0 \\ 0 & 0 & 1 & 3 \end{pmatrix}$
☐ $\begin{pmatrix} 1 & 2 & 0 & 0 & 0 \\ 0 & 1 & 0 & 0 & 0 \\ 0 & 0 & 2 & 1 & 0 \\ 0 & 0 & 0 & 2 & 0 \\ 0 & 0 & 0 & 0 & 2 \end{pmatrix}$

Ergänzen Sie:

(i) Die Anzahl der Jordan-Blöcke zu einem Eigenwert λ einer quadratischen Matrix entspricht der geometrischen Ordnung von λ .

(ii) Ist $p \in \mathbb{K}[x]$ mit $\deg p = n$ das charakteristische Polynom einer quadratischen Matrix A, so gilt $p(A) = \underline{\ 0\ } \in \mathrm{M}(n, \mathbb{K})$.

(iii) Ist λ Eigenwert einer quadratischen Matrix A, so entspricht der algebraischen Ordnung der Nullstelle λ im Minimalpolynom von A
 das Format des größten Jordan-Blocks von λ .

(iv) Bei einer diagonalisierbaren Matrix zeichnet sich das Minimalpolynom dadurch aus, dass es nur einfache Nullstellen besitzt .

(v) Besitzt die Jordan'sche Normalform einer quadratischen Matrix A zu jedem Eigenwert nur einen Jordan-Block, so gilt für jeden Eigenwert λ dieser Matrix $\dim \mathrm{Kern}(A - \lambda E) = \underline{\ 1\ }$.

Es seien $A, B \in \mathrm{M}(n, \mathbb{K})$ zwei gleichformatige Matrizen. Ergänzen Sie:

$$A \approx B \quad \Longleftrightarrow \quad xE - A \ \sim \ \underline{xE - B}\,.$$

Zwei Matrizen sind also genau dann ähnlich zueinander, wenn ihre charakteristischen Matrizen äquivalent zueinander sind.

Es sei $A \in \mathrm{M}(n, \mathbb{K})$ eine nilpotente Matrix, d. h., es gibt ein $k \in \mathbb{N}$ mit $A^k = 0_{n \times n}$, $A^{k-1} \neq 0_{n \times n}$. Ergänzen Sie:

(i) Die Hauptdiagonale einer Jordan'schen Normalform von A besteht dann aus lauter Nullen . Damit ist $\mathrm{Spec}\, A = \underline{\{0\}}$.

(ii) Das Minimalpolynom von A lautet $\mu_A(x) = \underline{x^k}$.

(iii) Jede zu A ähnliche Matrix ist daher ebenfalls nilpotent .

Literaturverzeichnis

1. Beutelspacher, A., *Lineare Algebra*, 8. Aufl., Springer Spektrum 2013.
2. Dobner, G., Dobner, H.-J., *Lineare Algebra für Naturwissenschaftler und Ingenieure*, 1. Aufl., Elsevier - Spektrum Akad. Verlag 2007.
3. Fischer, G., *Lineare Algebra*, 13. Aufl., Springer Spektrum, Wiesbaden 2014.
4. Fischer, G., *Lehrbuch der Algebra*, 2. überarb. Aufl. Springer Spektrum, Wiesbaden 2011.
5. Göllmann, L., *Lineare Algebra*, Springer Spektrum, Heidelberg 2017.
6. Jong, Th. de, *Lineare Algebra*, Pearson Higher Education, München 2013.
7. Karpfinger, Ch., Meyberg, K., *Algebra*, 3. Aufl. Springer Spektrum, Heidelberg 2013.
8. Lorenz, F., *Lineare Algebra I*, 4. Aufl., Spektrum Akad. Verlag 2005.
9. Lorenz, F., *Lineare Algebra II*, 3. überarb. Aufl., 4. korrigierter Nachdruck, Spektrum Akad. Verlag 2005.
10. Strang, G., *Lineare Algebra*, Englische Originalausgabe erschienen bei Wellesley-Cambridge Press, 1998, Springer-Lehrbuch, 2003.

© Springer-Verlag GmbH Deutschland, ein Teil von Springer Nature 2019
L. Göllmann und C. Henig, *Arbeitsbuch zur linearen Algebra*,
https://doi.org/10.1007/978-3-662-58766-9

Sachverzeichnis

© Springer-Verlag GmbH Deutschland, ein Teil von Springer Nature 2019
L. Göllmann und C. Henig, *Arbeitsbuch zur linearen Algebra*,
https://doi.org/10.1007/978-3-662-58766-9

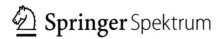
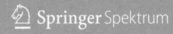

Printed in the United States
By Bookmasters